Kurt G. Blüchel · Bionik

Kurt G. Blüchel

BIONIK

*Wie wir die geheimen Baupläne
der Natur nutzen können*

C. Bertelsmann

Umwelthinweis
Dieses Buch und der Schutzumschlag wurden
auf chlorfrei gebleichtem Papier gedruckt.

2. Auflage
© 2005 by C. Bertelsmann Verlag, München,
einem Unternehmen der Verlagsgruppe Random House GmbH
Umschlaggestaltung: R·M·E Roland Eschlbeck/Rosemarie Kreuzer
Satz: Uhl + Massopust, Aalen
Druck und Bindung: GGP Media GmbH, Pößneck
Printed in Germany
ISBN 3-570-00850-9
www.bertelsmann-verlag.de

Inhalt

Ein persönliches Wort an den Leser   7

  1. Wettlauf zwischen Bildung und Katastrophe   10

  2. Als die Neugier auf die Erde kam   32

  3. Alles Leben ist Problemlösen   43

  4. ... und weltweit kichern die Laborratten   59

  5. Wo Extremisten den Ton angeben   88

  6. »Unendlich groß ist die Rolle
     des unendlich Kleinen...« 107

  7. Pflanzen, die es in sich haben 117

  8. Lug und Trug in Perfektion 140

  9. Die Weltwunder der Zukunft sind biologisch getunt . . . 164

10. So gut wie die Schöpfung sind wir noch lange nicht! . . 174

11. Vorwärts zur Natur! 186

12. Der Rüstungswettlauf biologischer Systeme 206

13. Eine bionische Welt im Jahr 2099 230

14. Großer Lauschangriff auf tierische Propheten 239

15. Bionik als Innovationsmotor der Wirtschaft 276

16. Wie zuverlässig ist die Forschung? 294

17. Tricksereien bei der Wahrheitssuche 319

18. Fauler Zauber in der Wissenschaft 341

19. Narren, Gaukler, Biokraten 362

Anhang

Ausgewählte Literatur 382

Personenregister 396

Orts- und Sachregister 400

Dank 414

Ein persönliches Wort
an den Leser

Jedes Buch ist ein Dialog zwischen Autor und Leser (natürlich auch »Leserin«, doch möchte ich der Einfachheit halber bei der Anredeform »Leser« bleiben). Wer etwas schreibt, muss sich einen bestimmten, interessierten Leser vorstellen. Die Art, wie der Autor Sie, seinen Leser, vor sich sieht, der Blick, mit dem er ihn über seinen Schreibtisch hinweg bedenkt, ist vermutlich entscheidend für den Stil und den Rang eines Buches. Ich stelle mir meinen Leser, also Sie, so feinfühlig im Verstehen, so unbeirrbar im Urteil vor, dass ich niemals versucht sein werde, mit oberflächlichen Mitteln Eindruck zu schinden oder Ihre Aufmerksamkeit und Geduld mit verquasten Formulierungen zu strapazieren. Ich will Sie mir eher ein wenig hilfsbedürftig ausmalen dürfen, und deshalb werde ich keine Mühe scheuen, mein Anliegen verständlich und das, was ich Ihnen sagen möchte, so ergötzlich wie möglich zu machen.

Der devote Blick eines Bediensteten hat im Zwiegespräch zwischen Autor und Leser ebenso wenig Platz wie die besserwisserische Miene eines Schulmeisters oder der Beifall heischende Augenaufschlag eines Komödianten. Er, der Autor, sollte seinem Leser mit der ruhigen Würde und dem ehrlichen Wohlwollen eines Freundes begegnen. Aus diesem Grunde werde ich Ihnen nicht den grüblerischen Gesichtsausdruck eines Gelehrten, der ich nicht bin, vorgaukeln. Ich bin auch kein professioneller Wissenschaftler, lehre keine Philosophie, will keine wissenschaftliche Schule begründen und ebenso wenig weiser Ratgeber sein. Wie Sie, mein Leser, bin ich ein Suchender. Stets habe ich jene bewundert, die in Büchern oder Gazetten über unsere immer komplizierter werdende

Welt freiweg zu referieren vermögen. Es sind sicherlich alles ganz große Könner, Koryphäen auf ihrem Gebiet und wortmächtige Schreiber. Mir selbst ist die Arbeit an diesem Buch, obwohl das Schreiben seit Jahrzehnten mein Beruf ist, elendiglich schwer gefallen. Denn körperlich fühlbar fast spürte ich über meine Schultern hinweg die Blicke meiner Freunde aus der Wissenschaft und prominenter Bestsellerkollegen aufs Papier gerichtet – ihr beredtes Schweigen, das ironisch zustimmende und gleichermaßen vernichtende Blinzeln um ihre Augenwinkel, vergleichbar den gesenkten Daumen in der Arena der Gladiatoren. Man muss schon ein ganz großer Fachmann – oder Angeber – sein, um in diesem kundigen Kreis bestehen zu können. Deshalb mein freimütiges Bekenntnis: Ich weise die selbst geschneiderte Toga eines Experten im Voraus zurück und erkläre freimütig, sie mir auch niemals umhängen zu wollen. Ich möchte Ihnen stattdessen Ihre Mitarbeit, die Sie bei der Lektüre dieses Buches vermutlich aufbringen müssen, nach Kräften erleichtern, die Form meines Vortrags lebendig und transparent gestalten und im Übrigen all meine Sorge und Konzentration dem Thema dieses Buches widmen.

Und damit reiht sich der Autor ein in den Kreis derer, die schweigen, wenn am Katheder oder auf dem Podium der Fachmann das Wort ergreift, und salutiert in Ehrfurcht dem mit dem Antilopenknochen am Anfang der Straße des Menschengeschlechts. Denn dort, von woher sich unsere Spezies durch Jahrmillionen tastend-unsicheren Schrittes heranbewegte, lungerte zunächst ein merkwürdiges Wesen – nicht mehr ganz Tier, noch nicht ganz Mensch. Als Raubaffe wird der Unbekannte von einem Teil der neueren Forschung bezeichnet und dem Tierreich zugezählt. Andere, die meinen, dass ein Geschöpf, das künstliche Waffen gebraucht, sich bereits außerhalb des Tierreichs befinde, nennen diese Kreatur Vormensch und verweisen auf die Keule aus Antilopenknochen, mit der sie ihre Beute erschlagen sowie sich unliebsamer Artgenossen kurzerhand entledigt hat...

Aus solchen persönlichen Gedanken ist dieses Buch entstanden.

Ursprünglich sollte es eine Abhandlung nur über die »Natur als Vorbild«, also über das spannende Thema Bionik werden. Aber als ich dieses Problem von allen Seiten beleuchtete, wuchs mir das Manuskript unter den Händen zu einer Auseinandersetzung mit Gott und der Welt. Ich hoffe, Sie haben gerade aus diesem Grunde ein bisschen Freude beim Lesen – und falls Sie nach der Lektüre das Bedürfnis verspüren sollten, mit mir über das eine oder andere zu diskutieren, so schreiben Sie mir. Ich verspreche Ihnen, auf jeden Fall zu antworten.

1. Wettlauf zwischen Bildung und Katastrophe

Nigel Calder, Herausgeber der englischen Fachzeitschrift *New Scientist*, warnte schon vor Jahren: »Vorhersagen und Prognosen über mittlere Zeiträume von vielleicht zehn bis fünfzig Jahren sind nicht länger zum Amüsieren da, sondern ein ernsthaftes Erfordernis, wenn wir nicht durch größere Veränderungen unserer Umwelt plötzlich in der Falle sitzen wollen und wenn andererseits die wissenschaftliche Revolution klug und weise durchgeführt werden soll.«

Noch früher, im Jahre 1959, propagierte ein gewisser Charles Percy Snow seine griffige Formel der »zwei Kulturen«. Der englische Physiker und Romancier behauptete damals, dass sich zwischen Naturwissenschaften auf der einen und »literarisch Gebildeten« auf der anderen Seite ein Graben der Verständnislosigkeit und gegenseitigen Nichtbeachtung auftue, ein Zustand, der »in einem sehr konkreten Sinne sogar gefährlich« sei: In einer Zeit, in der modernste Hochtechnologien längst über das »Schicksal der Menschheit« entschieden, eröffne das provokante Desinteresse der Literaten und Philosophen Wege in die Katastrophe.

Inzwischen haben Snows »zwei Kulturen« längst Kultstatus, sie sind zu einer stehenden Wendung avanciert. Auch ein zugespitzter Vorwurf an die Nicht-Naturwissenschaftler, sie würden sich dem praxisorientierten Denken der »exakten« Kultur häufig strikt verweigern, begleitet regelmäßig die Debatten über neueste Technologien. Ähnlich wie zu Snows Zeiten die Früchte der modernen Physik – etwa in Form atomarer Waffenarsenale – ein vorzeitiges Ende der Menschheit möglich erscheinen ließen, droht heute Unheil aus dem Lager der neuen Führungstechnologien Robotik, Gen- und Nanotechnik. Dabei fällt auf, dass auch in konservativen Medien nicht allein die »Frankenstein«-Szenarien von der Ausrottung des Homo sapiens durch eine vom Menschen selbst geschaffene Spezies rebellierender Superroboter immer mehr Platz einnehmen – unabhängig davon, ob die Alarmrufe berechtigt sind oder nicht: Die Debatten finden inzwischen nicht nur auf den Wissenschaftsseiten von Zeitungen und Zeitschriften sowie den Special-Interest-Formaten von Funk und Fernsehen statt, sondern immer häufiger auch im Feuilleton!

Das Signal für diese Trendwende ging vor einigen Jahren von der altehrwürdigen *Frankfurter Allgemeinen Zeitung (FAZ)* aus. Der Kunstgriff des verantwortlichen Herausgebers Frank Schirrmacher *(»Das Methusalem-Komplott«)* bestand zur Jahrtausendwende darin, der »anderen Kultur« Zugang zu den heiligen Seiten humanistischer Bürgerlichkeit und des Schöngeistes zu gewähren. Schirrmacher ist erklärter Sympathisant von John Brockmans Buch über *»Die dritte Kultur«.* Vor zehn Jahren hatte der amerikanische Literaturagent darin eine Reihe namhafter »Wissenschaftler und anderer Denker der Empirie« porträtiert, »die mit ihrer Arbeit und ihren schriftlichen Darlegungen den Platz der traditionellen Intellektuellen einnehmen, indem sie die tiefere Bedeutung unseres Lebens sichtbar machen und neu definieren, wer und was wir sind«. Die notwendige Synthese der »zwei Kulturen« kann Brockman zufolge also nur noch aus dem naturwissenschaftlichen Lager kommen! Die *FAZ*, die *Süddeutsche Zeitung*, die *Zeit* und viele andere führende Blätter haben sich der Protagonisten dieser neuen Brückenbauer-Avantgarde inzwischen angenommen und stellen sie ehrfürchtig als »System Builders« vor, als »Genies«, welche »die größte gesellschaftliche Umwandlung erzeugen« werden, »die je ohne Krieg zustande gekommen ist« (*FAZ*). Seither bekommen wir ihre Visionen und Warnungen regelmäßig ganz- und mehrseitig vorgelegt.

Worin besteht die »Revolution«? In der Entschlüsselung des

menschlichen Erbguts, in der Schöpfung von Hybridlebewesen aus Fischnerven und Mikrochips oder aber in der bitterherben Zumutung für Opernliebhaber und Gedichteleser, sich fortan auch mit Gensequenzen, Nanorobotern und anderen Vorbildern aus der Natur herumschlagen zu müssen?

Spannende Zeiten kommen also auf naturwissenschaftlich interessierte Denker und Lenker zu – welcher »Kultur« auch immer sie angehören mögen! Bleibt abzuwarten, wer aus *diesem* Krieg der Kulturen am Ende als Sieger hervorgeht. Ein Zurück – weder für den Vorreiter in der Mainmetropole noch für seine geisteswissenschaftlichen Kontrahenten in anderen humanistisch geprägten Hochburgen – wird es vermutlich nicht geben. Die Zeiten eines arrogant-betulichen und allzu oft weltfremden, weil rückwärts gewandten Feuilletons, das sich ausschließlich literarischen Neuerscheinungen, Schauspielpremieren und geisteswissenschaftlichen Kuriositäten widmen kann, sind mit dem letzten Jahrhundert wahrscheinlich begraben worden.

Auch dieses Buch verfolgt die Absicht, die dringend erforderlichen Kontakte zwischen Wissenschaftlern und Nicht-Wissenschaftlern, Technikern und Nicht-Technikern zu vermehren. Es will vor allem auch Brücken schlagen zwischen isolierten gesellschaftlichen Gruppierungen unterschiedlichster Ausrichtung, zwischen den sich teils widersprechenden Forschungsergebnissen, ihren Anwendungsmöglichkeiten in der Praxis und den allgemeinen Auswirkungen, die sich daraus für unsere Zukunft ergeben können.

Dass in der Öffentlichkeit bisher nicht mehr Misstrauen entstanden ist gegenüber der ständigen Hinhaltetaktik, dem ewigen Schönreden, den nicht gehaltenen Versprechungen, begrabenen Illusionen und den oft völlig gegenteiligen Meinungen etwa der Krebsforscher, lässt sich offensichtlich nur mit dem reichlich naiven Vertrauen zur ärztlichen Allmacht erklären, das auch »Primitive« ihren Medizinmännern gegenüber an den Tag legen. In Wirklichkeit erweist sich der Kampf gegen den Krebs als das größte Versagen von Medizin und Naturwissenschaft der letzten 100 Jahre, und es ist durchaus möglich, dass die Forschung noch viele Milliarden verschlingen wird, ehe man vielleicht letzten Endes feststellen muss, dass die von so genannten Päpsten dieses Gebietes vorgezeichnete Marschroute über Generationen in einer Sackgasse endete. Die Entwicklung der Krebsforschung ist ein eindeutiger Beweis dafür, zu welcher Stagnation eine Abkapselung in getrennte Fachgebiete führen kann, wenn von der Natur der Sache her interdisziplinäre Forschung geboten wäre. Der Chirurg, der nur seine Operationen sieht, der Radiologe, der nur die Ausbrennung von Tumoren und nicht die damit erneut geschaffene Krebsdisposition im Auge hat, der Virologe, der keine äußeren Reize, Stresssituationen oder hormonelle Faktoren gelten lässt, und der Chemiker, der darauf beharrt, dass alles über Nitrosamine oder kondensierte Kohlenwasserstoffe läuft – sie befinden sich sämtlich auf dem Holzweg, solange sie sich stur weigern, die Vernetzung aller Faktoren zur Kenntnis zu nehmen. Solange die einzelnen »Schulen« keine befruchtenden Ideen von außen hereinlassen, bekämpfen sie sich eher gegenseitig als ihren gemeinsamen Feind, den Krebs.

Es dürfte mittlerweile allgemein bekannt sein, dass von der Lawine der in den letzten Jahrzehnten neu entwickelten Medikamente nur eine Hand voll einen wirklichen Fortschritt bedeuten. Die meisten Präparate behaupten sich – trotz jahrelanger Tier- und Menschenversuche im Vorfeld der staatlichen Zulassung – eine Zeit lang auf dem Markt, dann verschwinden sie sang- und klanglos aus den Apothekenregalen und werden sofort wieder durch neue ersetzt, von denen die allermeisten sich wiederum mehr negativ als positiv auswirken und deren Nutzen letztlich darin besteht, der Gemeinschaft der Versicherten finanziell das Fell über die Ohren zu ziehen. Diese in medizinischen und pharmakologischen Fachblättern immer wieder ernsthaft dargelegte und von vielen weitsichtigen Ärzten und Arzneimittelspezialisten geteilte Auffassung kann nicht verhindern, dass die Flut neuer Medikamente ununterbrochen weiter anschwillt, keinem Arzt mehr eine eigene Prüfung erlaubt und ihn auf Treu und Glauben dem »Waschzettel« ausliefert, der als Gebrauchsanweisung und »wissenschaftliche« Information den Arzneipackungen beiliegt – so abgefasst, dass er zumindest den Geschäftsinteressen der Hersteller nicht zuwiderläuft, den Patienten jedoch immer mehr der Abhängigkeit vom Medizinbetrieb ausliefert. Der Arzt, längst zum Funktionär der pharmazeutischen Industrie degradiert, macht zwar saure Miene zum bitterbösen Spiel, ist jedoch ansonsten zum Stillschweigen verdonnert, will er nicht seine eigene Existenz aufs Spiel setzen.

Soll es in Zukunft echte Lösungen für unsere gesellschaftlichen Probleme geben, so muss vermutlich neben der wissenschaftlichen Schulung in gleichem Maße eine neue Einsicht in die sozialen und politischen Konsequenzen wissenschaftlicher Ergebnisse erwachsen. Einer solchen Einsicht stehen gewissermaßen naturbedingt die machtvollen Institutionen samt ihren verkrusteten Traditionen im Wege. Diesen Teufelskreis, geprägt von Stillschweigen und Angst, müssen wir durchbrechen, Machthaber und ihre Seilschaften zur Disposition stellen. Dies kann am besten dadurch geschehen, dass wir die Fülle des heute verfügbaren Wissens kritisch unter die Lupe nehmen, zwischen den zahlreichen Wissensgebieten neue Beziehungen knüpfen, die Tatsachen unaufgeregt mit Augen sehen, die nicht auf traditionelle Hierarchien Rücksicht nehmen.

Bedauerlicherweise sind vor allem die Bildung und die Erziehung, über die sämtliche Änderungen ihren Eingang in die Gesellschaft finden müssen, ihren Traditionen am stärksten verhaftet. Wie es scheint, wird es unserer gesamten Kraft bedürfen, unsere Mitmenschen von der Notwendigkeit einer radikalen Reform gerade in Schulen und Universitäten zu überzeugen, die sich nicht im sinnlosen Speichern von lexikalischem Wissen erschöpft, das sehr viel besser von Computern bewältigt werden kann, sondern die den Mut hat, vom ersten Schuljahr an auf das kritische Denken, die

Synthese, die Analyse, das Erkennen von Analogien – wir werden in den Kapiteln zum Thema Bionik (Lernen von der Natur und ihren biologischen Systemen) gerade auf diesen Aspekt ausführlich zu sprechen kommen – und tiefere Zusammenhänge innerhalb des gebotenen Wissensstoffs vorzubereiten. Wir sollten uns endlich darüber klar werden, dass an der heute in Deutschland noch allgemein praktizierten Unterrichtsmethodik die Neuzeit fast spurlos vorübergegangen ist. Das Vortragen eines Lehrers vor mehr oder weniger aufmerksam zuhörenden Schülern entstand zu einer Zeit, als die Buchdruckerkunst noch nicht erfunden war, als es zwar schon einen Leonardo von Pisa, genannt Fibonacci, aber noch längst keine PISA-Untersuchungen gab. Immer noch wird der Text einer Unterrichtsstunde oder Vorlesung mündlich übermittelt, anstelle ihn vorher in gedruckter Form zu verteilen und die Zusammenarbeit mit dem Lehrer auf Übungen und Diskussionen auszurichten, geschweige denn die modernen Möglichkeiten der Kommunikationstechnologie hierfür wirklich auszuschöpfen. Auch die Atmosphäre in vielen unserer Bildungseinrichtungen, in Hochschulen und Forschungsstätten, ist bis heute eine einzige Verhöhnung der in der Verfassung festgelegten Bestimmung, wonach Wissenschaft, Forschung und Lehre frei seien. Denn alle sind noch der Allgewalt von Professoren und Bildungsfunktionären unterworfen, die bei ihren Entscheidungen nur relativ selten moderne Maßstäbe anlegen. Neue Methoden und Ideen werden vielfach abgewürgt, und es wird eine akademisch gedrillte Lehrerschaft herangezüchtet, die ihren Schülern kaum noch etwas zu sagen hat.

Viel zu lange lebten wir in einer Welt, in der zahlreiche Schriftsteller, Historiker und Philosophen stets voller Stolz erklärten, sie dächten nicht einmal entfernt an die Möglichkeit, irgendetwas, das mit den Naturwissenschaften zu tun hat, zu erlernen. Diese bildeten für sie das Ende eines gewundenen Tunnels, der viel zu lang ist, als dass ein gewitzter Mann auch nur den Kopf hineinstecken würde. Unsere Philosophie – sofern wir überhaupt eine haben – war also eindeutig anachronistisch und Herausforderungen unserer Zeit ganz und gar unangemessen. Ein typisches Beispiel bot unlängst der inzwischen verstorbene Literaturprofessor Dietrich Schwanitz, der sich als erfolgreicher Autor einen Namen machen konnte. Schwanitz hat sich vor ein paar Jahren von der Seele geschrieben, was er unter moderner »Bildung« versteht, und seine bemerkenswerte Bilanz in einem dicken Buch mit ebendieser Formulierung als Titel der bundesdeutschen Öffentlichkeit zugemutet. Darin konnte man unverblümt noch Folgendes lesen: »Die naturwissenschaftlichen Kenntnisse werden zwar in der Schule gelehrt; sie tragen auch einiges zum Verständnis der Natur, aber wenig zum Verständnis der Kultur bei…« Und wenig später: »…So bedauerlich es manchem erscheinen mag: Naturwissenschaftliche Kenntnisse müssen zwar nicht versteckt werden, aber zur Bildung gehören sie nicht.«

Haben so oder so ähnlich nicht auch andere große Katastrophen der jüngeren Vergangenheit begonnen? Zum Beispiel auch verheerende Atomreaktorunfälle, wie etwa die Tragödie von Tschernobyl? Dort nahm das Verhängnis seinen Lauf, als die Ingenieure des Unglücksreaktors sich wie hirnlose Wesen gebärdeten, indem sie die Sicherheitssysteme ausschalteten und glaubten, den wenige Augenblicke später im nuklearen Feuer dahinschmelzenden Koloss im Handbetrieb steuern zu können: Ihr Verhalten war zunächst überheblich und selbstherrlich, kurzsichtig und blind für jedes Risiko. Am Ende agierten sie nur noch in panischem Aktionismus – Kontroll- und Warnsysteme, Checks und Balances: ausgeschaltet! Die Höllenfahrt in den GAU war nicht mehr zu stoppen.

Auch in Deutschland wird immer mehr im Handbetrieb gelenkt. Bildung, Forschung und Wissenschaft – alle reden davon, kaum einer tut etwas. Und dies ist nicht erst seit gestern der Fall. Der Staat mit seinen Kontroll- und Warnsystemen, seinen Checks und Balances, seiner Denk- und Ideenhierarchie befindet sich in Schreckstarre. Die Brennstäbe des deutschen Reaktors beginnen schon zu schmelzen. Ein Beispiel für die Degeneration des deutschen Systems: 2004, das Jahr der Innovationen! Erinnern wir uns, wie alles begann, damals, im Januar beim Bundeskanzler – und wie jetzt vieles hoffnungslos dem Ende zutaumelt. Jahrzehnte verschlossen Politik und Wirtschaft die Augen vor den Notwendigkeiten des Technologie- und Forschungsmarktes. Nichts wächst von unten, aus den Denkapparaten des Wohlstandssystems, den Parteien und Wirtschaftsverbänden, Parlamenten, Vorstandsetagen und Ministerien. Jetzt, in letzter Sekunde, schaltet die Regierung auf Handbetrieb – und verlässt das System. Kommissionen, demokratisch weder legitimiert noch kontrolliert, präsentieren ihre wohlfeilen Vorschläge mit religiösem Pathos wie einst Moses die Gesetzestafeln. Der Kanzler erklärt sie zum Nonplusultra, sie seien gefälligst »eins zu eins« umzusetzen – basta.

Was soll aus Deutschland werden? Dereinst ein Hort der Dichter und Denker, der Erfinder und Entdecker, der Sozialarchitekten, der risikofreudigen Unternehmer und innovativen Wissenschaftler – jetzt ein Land ohne Hirne, ohne Ideen und Kreativität, ohne Schwung und Eigeninitiative? Sind die Ideen-Tanks der Nation leer und ausgebrannt? Private Stiftungen und große gemeinnützige Organisationen intellektuell unterbesetzt? Bundesdeutsche Arbeitskreise für umweltorientiertes Management gaukeln Effizienz vor, sind jedoch in Wirklichkeit zu Schamlappen der Wirtschaft verkommen. Statt tatkräftigen Handelns für die Gesellschaft dominieren Täuschungsmanöver und ignorantes Schweigen den Alltag. Selbst Gewerkschaften und Arbeitgeberverbände funktionieren nur noch als Alarmanlagen zur Wahrung eigener Interessen.

Es gibt in Deutschland eine Aufsichtsbehörde, zu deren Aufgabenbereich die Verpflichtung gehört, jugendgefährdende Schriften aus dem Verkehr zu ziehen. Wie es scheint, hat man zumindest bisher noch keine Schritte unternommen, ein brunnenvergiftendes Elaborat wie das von Dietrich Schwanitz auf den Index zu setzen – im Gegenteil: An zahlreichen Schulen und Universitäten wird dieses mittelalterliche »Bildungs«ideal jungen Menschen noch immer mit Nachdruck empfohlen! Und kein Bildungspoliti-

17

ker, schon gar nicht die Ständige Kultusministerkonferenz der 16 Bundesländer, erhebt auch nur den leisesten Protest, wenn an deutschen Bildungsstätten junge Menschen von wissenschaftlich-ignorantem Lehrpersonal, fürstlich entlohnt mit dem Geld des Steuerzahlers, taub und blind in die Wirklichkeit des 21. Jahrhunderts entlassen werden. Doch unerbittlich, als müsse ein Sakrileg gesühnt werden, und in ihrem Sendungseifer kaum noch zu bremsen, geht dieselbe Bildungsmafia zu Werke, wenn es gilt, ein unschuldiges »h« aus der »rauen« Wirklichkeit zu eliminieren.

Als wir in unserer Kindheit die Zehn Gebote lernten, nahmen wir es als selbstverständlich hin, dass alle ethischen Werte absolut sind. Die technische Revolution, die medizinische Revolution, die chemische und die genetische Revolution haben uns inzwischen gelehrt, dass viele der früher von uns hochgehaltenen Werte dem heutigen Zeitgeist weichen mussten. Das Recht, eine unbeschränkte Anzahl von Kindern in die Welt zu setzen, das Recht auf Leben um jeden Preis – gehören zu jenen Werten, die neu überdacht werden müssen. Nur dieses grundlegende Neuüberdenken kann eine Fortdauer der Humanität des Menschen garantieren. Dies alles ist letztlich eine Bildungsfrage, deren Lösung in der Erziehung zum interdisziplinären Denken und zur Ausrichtung auf das Erfassen von Gesamtzusammenhängen liegt. Von einer angewandten Ökologie ist zu fordern, vor allem junge Menschen umfassend aufzuklären. Kenntnismangel ist die entscheidende Ursache für die meisten verhängnisvollen Entwicklungen in der Welt. Noch aber fehlt den für die Bildungspläne Verantwortlichen die Einsicht für die Anforderungen für die Welt von heute, geschweige denn für die von morgen und übermorgen. Sie ziehen naturwissenschaftliche Analphabeten heran, die ihre Nachfolge antreten und neue absurde Bildungspläne ohne den geringsten Bezug zur Realität entwerfen.

Noch immer werden Wissenschaftler und Ingenieure so ausgebildet, dass sie verständnislos bleiben müssen für Sinn und Stellenwert der Dinge in unserer heutigen Welt. Man lehrt sie bei-

spielsweise, Insektizide zu entwickeln, nicht aber darüber nachzudenken, wie sich diese später auf die biologischen Systeme auswirken können. Wie sagte schon H.G. Wells: »Die menschliche Geschichte wird immer mehr ein Wettlauf zwischen Erziehung und
Katastrophe.« Bildung ist auch nach dem PISA-Debakel grundsätzlich historisch und geisteswissenschaftlich ausgerichtet. Unsere Kinder erfahren im Unterricht mehr von den Schlachten
Napoleons als von Ökologie, von der amerikanischen Unabhän-
gigkeit mehr als vom verletzlichen Zusammenspiel der Gehirn-
funktionen, wie auch mehr von Römern und Griechen als darüber,
was Tiere und Pflanzen uns lehren könnten.

Die Kultur der Maya ging unter, weil die Gelehrten dieses Volkes zwar die Gestirne beobachteten und exakt ihre Bahn berech-
neten, jedoch keine biologischen Studien betrieben. Sie vernach-
lässigten das Erdenleben, weil ihnen winzige Mücken, die ihnen
das tödliche Fieber brachten, nicht der Beachtung wert schienen.
Die Vorfahren der Roten Khmer rodeten die üppigen Regenwälder
und ließen ihren architektonischen Ambitionen freien Lauf. Das
Material der prächtigen Gebäudekomplexe und Tempelanlagen
von Angkor und Angkor Vat in Kambodscha, welche die Khmer
vor etwa 800 Jahren errichteten, besteht aus Sandstein und dem
so genannten Laterit. Es erwies sich jedoch als verhängnisvoll,
dass sich ihr Land infolge von Rodung und Ackerbau in Laterit
verwandelte, das sich zwar bestens dazu eignete, dauerhafte Tempel zu bauen, jedoch völlig ungeeignet für den Anbau von Nutz-
pflanzen war. Das Material, dem ihre Kultur ihr bleibendes Denk-
mal verdankt, war vermutlich auch der Hauptgrund für ihren
Untergang. Was den Maya und den Ahnen der Roten Khmer fehlte
und was auch wir erst noch entwickeln müssen, ist ein ökologi-
sches Gewissen als gesamtgesellschaftliche Herausforderung.

Die ebenso arrogante wie dummdreiste Einstellung vieler Menschen, Natur- und Umweltschutz seien notwendig, die Natur und
die Umwelt um ihrer selbst willen zu schützen, hat hier besonders

fatale Auswirkungen. Seit vier Milliarden Jahren hat sich das Leben auf unserer Erde höher und höher entwickelt – egal, ob sintflutartige Überschwemmungen oder das Höllenfeuer gigantischer Vulkanausbrüche die Kontinente unter sich begruben, zerstörerische Riesenmeteoriten und verheerende Erdbeben den Planeten erschütterten, Millionen Tier- und Pflanzenarten in einem unaufhörlichen Strom lautlos kamen und genauso lautlos wieder gingen. Angesichts dieser Gegebenheiten sollten wir langsam erkennen, dass nur wir selbst des Schutzes bedürfen. Die Natur braucht den Menschen nicht, um zu überleben. Wir sollten deshalb nicht länger so tun, als sei die Schöpfung nur zu existieren imstande, wenn wir ihr gnädig unser gönnerhaftes Wohlwollen angedeihen lassen.

Wir können auf diesem bescheiden kleinen Stern, verloren in den unendlichen Weiten unserer Milchstraße, nur glücklich werden, wenn wir unser Handeln den Gesetzen der Natur harmonisch unterordnen, statt sie unseren kleinkarierten Ritualen und von Gewinnmaximierung diktierten Vorstellungen zu unterwerfen. Wir selbst aber können auf diesem staubkorngroßen Eiland des Universums vermutlich nur dann etwas gewinnen, wenn wir die ewigen Regeln der Natur beherzigen und befolgen. Die Menschen früherer Jahrhunderte wussten das, was wir uns heute offensichtlich erst mühsam erarbeiten müssen: »Wir können die Natur nur beherrschen«, so beschwor der englische Philosoph und Staatsmann Francis Bacon (1561–1626) die Führer der damaligen Welt, »wenn wir ihren Gesetzen gehorchen.«

Immerhin lassen sich – zaghaft noch – Anzeichen für eine grundlegende Neuorientierung, bisweilen auch deutliche Umkehrtendenzen erkennen: Nicht nur bei Vertretern technischer und naturwissenschaftlicher Disziplinen zeichnet sich zurzeit eine Trendwende im Hinblick auf ihre überkommenen Denkstrukturen ab – auch in der bildenden Kunst, in der Musik, in der Literatur und in sozialpolitischen Bereichen wie in den Kategorien ökonomisch begründeter Managementsysteme schlägt das Pendel zunehmend in Richtung evolutionäre Strategien und Vorbilder aus. Wir alle spüren allmählich, wie bedenklich sich die Gegenwart mit ihren janusköpfigen Erfolgen auf unser Leben und die ganze Gesellschaft auswirkt, wie zerstörerisch der Weg ist, den die globalisierte Welt sowohl im Hinblick auf das einzelne Individuum als auch hinsichtlich des bürokratischen Irrgartens sozial- und gesellschaftspolitischer Systeme betreten hat. Wir spüren offenbar immer deutlicher, wie notwendig es ist, die Biosphäre unseres Heimatplaneten wieder in ihre angestammten Rechte einzusetzen.

Noch immer aber wenden viele Menschen wie in einer Reflexbewegung die Augen ab, sobald die Wirklichkeit phantastische Formen annimmt. Dabei ist die Grenze zwischen der sichtbaren und der unsichtbaren Welt unendlich dünn geworden, manchmal nur getrennt durch einen Elektronenstrahl im Rasterkraftmikroskop. Die Übergänge von der Makro- zur Mikrowelt, vom Reich der Riesen zu dem der unendlich kleinen Zwerge, sind fließend geworden. Der Mensch stellt wie fast alle übrigen biologischen Systeme beides zugleich dar: Jede einzelne Zelle ist ein winziger Teil des ganzen Systems und im Nanomaßstab selbst Kosmos, Hort einer faszinierenden Welt auf atomarer und molekularer Ebene. Was jeden normalen Menschen ins Grübeln bringt, sind die buchstäblich unvorstellbaren Dimensionen, welche die Grenzen unseres Erkenntnisvermögens längst überschritten haben. Hinzu kommen mag, dass scheinbar unzusammenhängende Einzelheiten aus allen Wissensgebieten mitunter bestürzende Querverbindungen offenbaren und die vermeintlich so vertraute Welt in völlig neuem Licht erscheinen lassen.

Im vorliegenden Buch wird der Versuch unternommen, gleichsam eine Inventur unseres bisherigen Weltbildes zu wagen. Es wurden dabei nicht nur missglückte und gelungene Experimente zusammengetragen, sondern auch höchst gefährliche und diabolisch herausfordernde Unternehmungen des menschlichen Geistes. Neben dem Blick auf historische Entwicklungen sollen aber auch zukünftige Szenarien beschrieben werden. Das Buch will vor allem anregen, uns jener berühmten weißen Flecken des allgemeinen Wissenshorizonts bewusst zu werden, die eine rechte Einsicht – häufig aus religiöser Enge oder wissenschaftlichem Dogmatismus heraus geboren – bisher nahezu unmöglich gemacht haben.

Wir leben in einer Zeit, in der die Fragezeichen ins Riesenhafte gewachsen sind, und der Hunger nach Antworten scheint unstillbar. In einer Welt der erdumspannenden Projekte und kosmischen Mythen, in einer Welt, die sich plötzlich ganz anders erweist, als bisher angenommen, und in der wir alle fühlen, dass sich auch mit uns selbst ein grundsätzlicher Wandel vollzieht, sind überkommene Methoden zur Problembewältigung keinesfalls mehr angemessen. Wenn die gegenwärtig anbrechenden Stürme sich irgendwann beruhigt haben werden, wenn nach allen Unwettern der belebende, frische Geruch einer neuen Gesellschaft und einer neuen Kultur nach evolutionären Vorbildern von der Erde aufsteigt, wird man vielleicht mit Erstaunen feststellen, wie wenig Raum die Literaturszene diesen Geschehnissen zugestanden hat.

»Es gibt nichts Schöneres auf der Welt, als das zu erfassen, was sich im Schatten der Schwerter abspielt«, sagte Rudyard Kipling. Doch davon scheinen viele Zeugen zeitgenössischer Kontroversen nur wenig zu spüren, jene Autoren, die ihre Leser mit isolierten, belletristischen Traumtänzereien hinters Licht führen, anstatt uns wahre Geschichten zu erzählen. Wer die heutigen Romane liest, empfindet vermutlich ebenso wie ein moderner Chinese angesichts des Teeblütengedichts eines Literaten der Dreißigerjahre: Er taucht ein in die letzten wahnwitzigen Idyllen einer untergehenden Welt. Diese Literatur wird weder den tatsächlichen Gegebenheiten früherer, auf der Magie gründender Kulturen noch der kommenden, mithilfe evolutionärer Technik aufgebauten Zivilisation gerecht. Sowohl hinsichtlich der fernen Vergangenheit als auch im Hinblick auf die nahe Zukunft werden wir von Informationen überschwemmt, die an jene Kritzeleien erinnern, die von schläfrigen Konferenzteilnehmern während eines langweiligen Vortrags mit verbissener und doch absurder Sorgfalt angefertigt werden.

»Im kosmischen Maßstab – so lehrt uns die moderne Physik – hat nur das Phantastische eine Chance, wahr zu sein«, schrieb der französische Jesuitenpater Teilhard de Chardin. Und Robert Oppenheimer: »Wir erfahren, wie groß die Fremdartigkeit der Welt ist.« Und John Haldane: »Die Wirklichkeit ist nicht nur phantastischer, als wir glauben, sondern noch viel phantastischer als alles, was wir uns vorstellen können.« Für die meisten »Gebildeten« ist das Phantastische eine Verletzung der Naturgesetze, das Sichtbarwerden des Unmöglichen. Wie das Ungewöhnliche und das Bizarre ist es ein Aspekt des Pittoresken. Der Autor glaubt jedoch, dass die Beschäftigung mit dem Pittoresken ein müßiges Unterfangen ist, eine Beschäftigung für literarische Kaffeekränzchen. Das Phantastische ist jedoch keineswegs das Ergebnis einer Verletzung, sondern vielmehr eine Manifestation der Naturgesetze, eines Kontakts mit der evolutionären Wirklichkeit.

Ein Kosmos neuer Erkenntnisse wartet auf seine Entdeckung: »Schönheit ist Wahrheit, Wahrheit ist Schönheit – das ist alles, was du auf Erden weißt, und alles, was dir zu wissen nottut.« Zweifellos bergen diese berühmten letzten Zeilen der »Ode an eine Griechische Urne« des englischen Dichters John Keats aus dem Jahre 1817 Schönheit – sagen sie auch die Wahrheit? Es ist oft davon gesprochen worden, dass das Wesen einer wissenschaftlichen Erkenntnis darin beruht, dass man auf eine Analogie stößt, die vorher von niemandem bemerkt worden ist – die Entdeckung des Lotoseffekts durch Professor Wilhelm Barthlott vom Botanischen Garten in Bonn ist beispielsweise auf eine solche Analogie zurückzuführen. Auch als der britische Anatom und Arzt William Harvey zu Beginn des 17. Jahrhunderts den Blutkreislauf entdeckte, weil er plötzlich das entblößte Herz eines Fisches als eine Art von unsauberer mechanischer Pumpe wahrnahm, erblickte er eine Analogie, die vor ihm niemandem aufgefallen war. Und wenn König Salomo vor beinahe 3000 Jahren im Hohenlied den Hals der

Schulamith mit einem elfenbeinernen Turm verglich, dann tat er genau das Gleiche.

Welten scheinen diese drei Entdeckungen zu trennen, und doch folgt der ihnen zugrunde liegende psychologische Prozess der gleichen Vorschrift: Ein wohl bekanntes Objekt oder Ereignis wird auf eine neue, unbekannte, sich plötzlich offenbarende Weise wahrgenommen. Es ist, als ob dem Auge plötzlich der Star gestochen worden ist. So ein Prozess ist die Basis sowohl in der Kunst der Entdeckung als auch in der Entdeckung der Kunst. Arthur Koestler hat dafür den Ausdruck »Bisoziation« geprägt, um eine Unterscheidung von der alltäglichen Assoziation, die gewohnheitsmäßig wohlbekannten Pfaden folgt, zu schaffen.

Bisoziation bedeutet den plötzlichen Sprung der schöpferischen Vorstellungskraft, die zwei bisher nicht miteinander verbundene Ideen, Beobachtungen, Wahrnehmungsmomente oder »Bezugssysteme« in einer neuen Synthese zusammenfasst. Ihm folgt für gewöhnlich ein hörbarer »Heureka!«-Ruf, der die intellektuelle Erleuchtung mit emotioneller Katharsis verknüpft. Alle Kombinationsmuster, die man in der künstlerischen Schöpfung findet, haben ihren vergleichbaren Wert in der Untersuchung des Wissenschaftlers. Zum Beispiel ist der rhythmische Pulsschlag grundlegend nicht nur in der Poesie zu beobachten, sondern auch im Studium von Astronomie und Biologie – von der Alphawelle bis zur Systole und Diastole, die Jambus und Trochäus, also die Versmaße des Lebens, sind. Schon den Pythagoreern, die mit den wissenschaftlichen Entdeckungsfahrten in der Menschheitsgeschichte begannen, erschien das Weltall wie eine riesengroße Spieldose, in der die Musikintervalle den Entfernungen zwischen den Planetenbahnen entsprachen und damit die Grundlage für die Sphärenharmonie auch Johannes Keplers lieferten. Weit davon entfernt, mechanistische Materialisten zu sein, empfanden sie alle Materie als einen göttlichen Reigen von Zahlen, und die moderne Physik kehrte inzwischen, nachdem sie die Materie entmaterialisiert hatte, zur gleichen Grundeinstellung zurück.

Fast alle großen, kreativen Wissenschaftler haben vor allem nach Schönheit gestrebt. Ihre Lust auf Wissen entsprang der Freude an der Sinneswahrnehmung. Heute ist dieser ästhetische Akt beim Gros der exponenziell wachsenden Wissenschaftlerarmee weitgehend vergessen. Das ist eine der Hauptursachen dafür, weshalb so viele Forscher – getrieben von ungeduldigen Drittmittel- oder Sponsoring-Partnern aus Wirtschaft und Industrie – frustriert in ihren Laboratorien vor sich hin werkeln, dabei nicht selten manipulierte Publikationen veröffentlichen, statt ausdauernde Grundlagenforschung zu betreiben. Wissenschaft ist nicht ein seelenloser Prozess und der Wissenschaftler kein Fließbandarbeiter. Der kreative Akt des echten Wissenschaftlers gleicht dem des Künstlers.

Es ist ein weit verbreiteter Irrtum, dass die gedanklichen Prozesse des Wissenschaftlers streng logisch sind, gar der sinnlichen und visuellen Qualität der poetischen Einbildungskraft entbehren. Was wäre das sonst für eine armselige Wissenschaft! Das Fehlen eines emotionalen Erlebens allerdings, die eingeschränkte Gefühlswelt aufgrund mangelnder Wahrnehmungsmöglichkeiten, beschert der heutigen Forschergeneration immer mehr ethisch-moralische Probleme. Wer nie einen Apollofalter mit eigenen Augen in freier Natur beobachtet hat, denkt sich weniger dabei, wenn er ausgestorben ist. Nackte Zahlen und Formeln sind auf Dauer langweilig und töten jegliche Phantasie. Auch die Bevölkerung, die an der Finanzierung von Forschung und Lehre zumindest in erheblichem Maße beteiligt ist, erwartet von Wissenschaftlern kein blutleeres, mathematisches Konstrukt, sondern ein nachvollziehbares und wahrnehmbares Weltbild. In Wirklichkeit denken selbst Mathematiker in visuellen Bildern und weniger in präzisen Sprachkonzepten. Einer der größten Physiker aller Zeiten, Michael Faraday, stellte sich die Spannungen, die einen Magneten umgeben, als Raumkurven vor, die er als Kraftlinien bezeichnete und die in seiner Vorstellungswelt so real wie greifbare Röhren waren. Sein emotionales Verlangen, Harmonie und Symmetrie in der Natur zu finden, hatte derart plastische Formen angenommen, dass er das ganze Weltall durchkreuzt sah von Kurven und Parabeln – kurz darauf erlitt er allerdings einen schweren Anfall von Schizophrenie. Es besteht übrigens eine erstaunliche Affinität zwischen dem vermeintlichen Kraftlinienwirrwarr, das Faradays Weltall füllt und den wilden Wirbeln in van Goghs Firmamenten. Albert Einstein hat aus seinem ästhetischen Bedürfnis die Grundannahmen der Relativitätstheorie erfunden. Ihn störten Widersprüche zwischen Isaac Newtons Mechanik und James Maxwells Elektrodynamik. Um die Schönheit der Maxwell-Gleichungen erhalten zu können, änderte er Newtons Annahme, dass Zeit und Raum absolute Größen sind. »Nichts kann schöner sein als das Wunderbare«, bekannte Einstein. »Wer da ohne Empfindung bleibt, wer sich nicht versenken kann und nicht das tiefe Erzittern der verzauberten Seele kennt, der könnte ebenso gut tot sein – er hat schon geschlossene Augen.« Einstein war förmlich besessen von seinem Bedürfnis nach Ästhetik und Harmonie. Als junger Patentamtsangestellter bekam er den kritischen Brief eines Nobelpreisträgers, wonach bestimmte Experimente mit seiner Theorie nicht übereinstimmten. Einstein schrieb prompt zurück: »Meine Theorie kann gar nicht falsch sein, dafür bin ich viel zu zufrieden mit ihr.« Er war zufrieden, weil er sie schön fand. Und er sollte Recht behalten.

Natürlich ist es ein altersgrauer Gemeinplatz, dass die Wissenschaft die Wahrheit zum Ziel hat und die Kunst die Schönheit. Und deshalb scheint Keats' »Griechische Urne« einen Sprung und ihre Botschaft einen hohlen Klang zu haben. Sieht man allerdings etwas genauer hin, so verliert man den Sprung rasch wieder aus den Augen. Künstler und Wissenschaftler »leben nicht in getrennten Welträumen, sondern an den beiden Extremen eines kontinuierlichen Spektrums, eines Regenbogens, der sich vom Infrarot des Physikers bis zum Ultraviolett des Dichters erstreckt, mit zahlreichen Zwischenphasen – hybriden Berufen wie die Architektur, Fotografie, Schachspiel, Kochen, Psychiatrie oder das Töpfergewerbe. Es gibt keine klare Abgrenzung zwischen dem Ende der Wissenschaft und dem Beginn der Kunst und der Homo universalis der Renaissance war ein Bürger beider Gebiete.«*

Die Kriterien zur Beurteilung wissenschaftlicher und künstlerischer Leistungen sind natürlich variabel. So können beispielsweise die gleichen experimentellen Resultate in zahlreichen Fällen auf mehr als nur eine Weise ausgelegt werden; das ist der Grund, weswegen die Geschichte der Wissenschaft wie auch die Geschichte der literarischen Kritik das vielfache Echo unzähliger giftgetränkter Kontroversen liefert – das sollte uns alle tröstlich und versöhnlich stimmen. Tatsächlich liegen an den Wegrändern der Wissenschaft, ähnlich wie auf uralten Wüstenpfaden, die gebleichten Knochen abgelehnter Theorien, denen einstmals, zur ihren Lebzeiten, ein Ewigkeitsdasein beschieden schien. Doch neigen wir nicht alle ein wenig dazu, den Wert unseres Wissens zu überschätzen? Dabei ist nichts relativer als Wissen: Was gestern als unumstößliche Wahrheit galt, wird heute als primitiver Aberglaube belächelt; ebenso mag aber morgen schon als Irrlehre entlarvt werden, was wir heute für wissenschaftlich absolut erwiesen halten.

Um ein Beispiel zu nennen: Die Ärzte waren noch bis weit in die zweite Hälfte des 19. Jahrhunderts hinein einmütig und felsenfest davon überzeugt, dass »Miasmen« – aus dem Boden aufsteigende giftige Dünste – jene Krankheiten verursachen, welche wir heute als Infektionsleiden kennen. Da sie noch nichts von Bakterien und Viren ahnten, waren sie sich ihres Wissens ebenso sicher, wie wir heute vom unsrigen überzeugt sind. Oft vollzieht sich die Entwicklung vom vermeintlichen zum besseren – natürlich keineswegs letztgültigen – Wissen nur sehr zögerlich und mit zum Teil enormen Geburtswehen. Denn die Mühlen der Wissen-

---

* Um den Lesefluss nicht durch Anmerkungen zum Text zu unterbrechen, habe ich auf diese verzichtet und verweise stattdessen auf das ausführliche Literaturverzeichnis auf S. 383.

schaft mahlen langsam – unerträglich langsam im Bereich der Medizin, wie wir später noch sehen werden.

So starb der Wiener Frauenarzt Ignaz Semmelweis im Jahre 1865 geächtet und verspottet, nachdem er seine an jene »Miasmen« dogmatisch glaubenden Kollegen vergebens beschworen hatte, sich zwischen zwei gynäkologischen Untersuchungen die Hände zu waschen und in der Geburtsklinik ein Minimum an Hygiene walten zu lassen, um die katastrophale Verbreitung des Kindbettfiebers – einer heute sehr selten gewordenen Infektionskrankheit junger Mütter – einzudämmen. Wie Recht er hatte, zeigte sich erst nach seinem Tod, als die Erkenntnisse von Joseph Lister und Louis Pasteur sich durchzusetzen begannen. Allerdings war es nicht nur für Semmelweis, sondern auch für zehntausende Opfer des Kindbettfiebers zu spät.

Die Fortschritte in der Kunst verlangen ebenfalls schmerzhafte Neubeurteilungen einst akzeptierter Bewertungen, relevanter Kriterien, der Grenzen der Wahrnehmung. In der relativ kurzen Zeitspanne von zwei Jahrhunderten erlebte Europa den Aufstieg und Niedergang des Klassizismus, der Romantik und des Sturm und Drang; den Naturalismus, Surrealismus und Dadaismus; den Roman des sozialen Bewusstseins; den existenzialistischen Roman, den Nouveau Roman. In der Geschichte der Malerei waren die Veränderungen noch drastischer. Der gleiche Zickzackkurs ist aber auch charakteristisch für den Fortschritt der gesamten Wissenschaft, ob es sich nun um die Geschichte der Psychologie handelt oder um die grundlegenden Veränderungen in der Physik, angefangen bei den Weltallkonzeptionen des Aristoteles über die Newtons bis hin zu jener Einsteins. Der Dichter, der Maler, der Wissenschaftler, der Arzt – sie alle überbauen das Universum mit ihren eigenen, mehr oder weniger vergänglichen Visionen, jeder von ihnen entwickelt sein eigenes, subjektives Modell der Realität, indem er diejenigen Aspekte seiner Erfahrung, die er als bedeutsam empfindet, auswählt und beleuchtet, während er die, die er als irrelevant erachtet, ignoriert.

Gewiss gibt es bedeutende Unterschiede in der Präzision und der Objektivität der Methode, mit denen ein physikalischer Lehrsatz oder ein Kunstwerk beurteilt wird. Gleichwohl kann man immer wieder feststellen, dass sie ständig ineinander übergleiten. Darüber hinaus stellt sich der Prozess der Beurteilung – sei es nun in der Kunst oder in der Wissenschaft – stets erst nach dem schöpferischen Akt ein. Die entscheidende Phase des schöpferischen Entstehens ist fast immer ein Sprung ins Dunkel, ein Stochern im Nebel, ein, wie es Koestler formulierte, »Hinuntertauchen in die Zwielichtzone des Bewusstseins«. Und: »Es ist sehr viel wahrscheinlicher, dass der Taucher mit einer Hand voll Schlamm wieder an die Oberfläche kommen wird als mit einer Perle.« Falsche Erleuchtungen und verschrobene Theorien, denen der Leser in diesem Buch auf Schritt und Tritt begegnen wird, sind ebenso häufig in der Geschichte der Wissenschaft zu finden wie Schrott und wertlose Werke in der Kunst. Und doch lösen sie in der Gedankenwelt ihrer Opfer die kraftvolle Überzeugung, die gleiche Euphorie aus wie die Zufallsentdeckungen, deren Authentizität im Nachhinein erwiesen wurde. In dieser Hinsicht ist der Wissenschaftler nicht besser dran als der Künstler: »Im Brennpunkt des schöpferischen Prozesses«, sagt Koestler, »ist die Wahrheit ein ebenso unsicherer und subjektiver Leitfaden wie die Schönheit.«

Die erfolgreiche Bewältigung eines verzwickten Problems führt gewissermaßen zur harmonischen Auflösung einer Dissonanz, ruft die Empfindung der Schönheit hervor. Umgekehrt kann sich die Empfindung der Schönheit nur dann einstellen, wenn der schöpferische Geist die Gültigkeit einer grundlegenden Erkenntnis oder eines Kunstwerks bestätigt. Eine Botticelli-Venus und ein mathematisches Theorem des französischen Physikers Jules Henri Poincaré (1854–1912) weisen zwar keine Ähnlichkeit der Absichten ihrer Schöpfer auf; Ersterer scheint jedoch die »Schönheit« angestrebt zu haben, Letzterer die »Wahrheit«. Und doch war es Poincaré selbst, der schrieb, dass das, was ihn in seinem unbewussten Tasten nach »glückhaften Kombinationen«, die zu neuen Entdeckungen führen, leitete, »das Gefühl für mathematische Schönheit, für die Harmonie der Zahlen, der Formen, für geometrische Eleganz« gewesen sei. »Das ist ein echtes mathematisches Gefühl, das allen Mathematikern wohl bekannt ist.«

Viele hervorragende Wissenschaftler haben ähnliche Bekenntnisse abgelegt. »Schönheit ist der erste Prüfstein; die Welt bietet keinen dauernden Raum für unschöne Mathematik«, vermerkte ein führender englischer Mathematiker, Sir Godfrey Harold Hardy (1877–1947), in seiner klassischen *»Apologie eines Mathematikers«*. Der Doyen der englischen Physiker, Paul Dirac, ging mit seiner berühmten Behauptung, dass »es wichtiger sei, Schönheit in seinen Gleichungen zu finden, als dass sie den experimentellen Ergebnissen entsprechen«, sogar noch weiter. Damit vertrat er einen ketzerischen Standpunkt – und erhielt dennoch den Nobelpreis!

Schriftsteller und Dichter schaffen nicht in einem Vakuum – ob sie sich dessen bewusst sind oder nicht, ihr Weltbild ist begrenzt durch das wissenschaftliche und philosophische Panorama ihrer Zeit. Der englische Geistliche und Dichter John Donne (1572–1631) war vor allem ein Mystiker, doch erkannte er sofort, wenn auch in seiner für ihn typischen Ausdrucksweise etwas verklausuliert formuliert, die Bedeutung von Galileis Teleskop: Der Mensch hat ein Netz gewoben und dieses um das Firmament gespannt, das nun sein Eigen ist.

Newton übte eine ähnliche Wirkung aus. Und das Gleiche gilt natürlich für Marx, Fraser vom »Goldenen Zweig«, Freud oder Einstein. Was nun Botticelli angeht, so sind uns seine philosophischen Ansichten kaum bekannt, wir wissen aber, dass Maler und Bildhauer sich ständig leiten ließen und häufig sogar besessen waren von wissenschaftlichen und pseudowissenschaftlichen Theorien: der Goldene Schnitt der Griechen; Dürers »Geometrie der Perspektive und der Verkürzung«; Dürers und Leonardo da Vincis »Letztgültiges Gesetz der vollkommenen Proportion«; Cézannes Doktrin, dass alle natürlichen Formen zurückgeführt werden können auf Kugel, Zylinder, Kegel, Fläche, Stab, Band, Schraube und Kristallform. Das Gegenstück zum mathematischen Beweis, welcher der Schönheit Vorrang gibt vor der logischen Methode, ist die Erklärung des französischen Malers Georges Seurat (1859–1891): »Man sieht Poesie in dem, was ich getan habe. Nein, ich wende einfach meine Methode an, und das ist alles, was darüber zu sagen ist.«

Beide Parteien sind sich ihrer Verwandtschaft bewusst: der Wissenschaftler, indem er seine Abhängigkeit von intuitiven Eingaben bekennt, während der Künstler die abstrakten Prinzipien, die seiner Intuition Disziplin auferlegen, hoch oder überschätzt. Beide Faktoren ergänzen sich gegenseitig: Das Verhältnis, in dem sie auftreten, hängt von dem Medium ab, durch das der schöpferische Trieb seinen Ausdruck findet. Was aber ist das Wesen dieses Triebes und was die Motivation, der Drang, die Not dahinter? Biologen und Psychologen sind in letzter Zeit zur Anerkennung eines Forschungstriebes, eines Neugierverhaltens, gelangt, der beim Menschen und bei den höher entwickelten Tieren vorhanden und sich ebenso grundlegend manifestiert wie der Hunger und der Geschlechtstrieb. Existiert ein Trieb zur Erforschung der Umwelt auch im unsichtbaren Kosmos der Mikroben, gar im Reich der Pflanzen? Sicher scheint nur, dass Neugier, der überwältigende Wunsch, etwas zu erfahren, lediglich bei der toten Materie unbekannt ist.

2. Als die Neugier auf die Erde kam

In einem sehr frühen Stadium der biologischen Evolution bildete sich bei einigen Organismen die Fähigkeit zur selbstständigen Fortbewegung heraus. Das bedeutete für die Entwicklung des Lebens einen Quantensprung. Ein zur Ortsveränderung fähiges Wesen ist nicht darauf angewiesen, an einem bestimmten, einmal bezogenen Standort ständig darauf zu hoffen, dass etwas Nahrhaftes des Weges kommt. Dieser Organismus konnte sich vielmehr seinen Lebensunterhalt selbst erobern. Damit hielt gewissermaßen das Abenteuer auf der Erde Einzug – und die Neugier. Wer sich im Konkurrenzkampf um ein begrenztes Nahrungsangebot zu vorsichtig verhielt oder die Erkundung seiner Umwelt nur zögerlich vorantrieb, verhungerte. So wurde die Neugier an der Umgebung zu einer entscheidenden Voraussetzung für das Überleben und den Fortpflanzungserfolg schon der frühen Organismen. Das einzellige Pantoffeltierchen, das sich »forschend« durch seine Umwelt bewegt, gehorcht dabei sicherlich nicht einem bewussten Willen oder einer Wunschvorstellung, wie dies bei höheren Lebewesen der Fall ist. Aber es folgt einem inneren, freilich nur von simplen physikalisch-chemischen Reaktionen gesteuerten Trieb, der es dazu veranlasst, sich so zu verhalten, als ob es seine Umgebung zwecks Nahrungssuche oder nach einem sicheren Plätzchen erforsche. Und in ebendiesem »Neugierverhalten« erkennen wir spontan ein untrügliches Zeichen jener Lebendigkeit, die auch in uns Menschen pulsiert.

Irgendwann kommt der Zeitpunkt, an dem die Fähigkeit, Informationen aus der Umwelt aufzunehmen, zu speichern und zu interpretieren, über die Notwendigkeiten der Existenzsicherung hinauswächst. Ein biologisches System, das gerade seinen Hunger und Durst gestillt hat, keine akuten Fortpflanzungbedürfnisse verspürt, weder müde ist noch irgendeine Gefahr wittert – was macht ein Lebewesen in einer solchen Situation? Es könnte, wie bedauerlicherweise bei immer mehr Zeitgenossen zu beobachten, in völliges Nichtstun verfallen oder, noch schlimmer, ein Wochenende lang die TV-Fernbedienung malträtieren. Glücklicherweise zeigen zumindest viele höhere Organismen einen ausgeprägten Instinkt zur Erkundung ihrer Außenwelt. Wir könnten eine solche Aktivität als pure, zwecklose Neugier bezeichnen. Aber sosehr man sich auch darüber erhaben fühlen mag, es ist doch ein Zeichen für das Vorhandensein irgendeiner Intelligenz. Hunde beispielsweise laufen in ihrer »Freizeit« ziellos umher, schnüffeln hier und schnüffeln dort, spitzen als Reaktion auf Laute, die wir nicht hören können, ihre Ohren oder markieren mithilfe gewisser Hinterlassenschaften ihr Revier. Nicht selten halten wir Hunde mit einem solcherart festgelegten Erforschungsverhalten für intelligentere Tiere als beispielsweise Katzen, die sich in ihrer »Freizeit« lieber putzen, genüsslich strecken und zu dösen beginnen. Denn je höher entwickelt das Gehirn eines Säugetiers, desto ausgeprägter sein Erkundungsdrang, desto größer sein Neugierverhalten.

Zweifellos ist das menschliche Gehirn der komplizierteste und gleichzeitig wunderbarste Materieklumpen des bekannten Universums. Seine Kapazität zur Erfassung, Ordnung und Speicherung von Daten, Eindrücken und Empfindungen ist so unvorstellbar groß, dass dieses Aufnahmevolumen durch die Anforderungen selbst eines randvoll ausgefüllten Daseins nicht annähernd geleert wird. Dieser zunächst völlig unverständlichen Überkapazität haben es viele Mitbürger heute zu verdanken, dass sie ihr ganzes Leben an einem schmerzhaften Leiden laborieren, das man gemeinhin Langeweile nennt. Die meisten Menschen jedoch erfreuen sich einer kaum zu stillenden Wissbegier. Wie übermächtig die Neugier in solchen Individuen selbst unter Strafandrohung um sich greifen kann, dafür legen Mythen und Sagen der Menschheit Zeugnis ab. Die alten Griechen erzählten sich die Geschichte der Pandora und ihrer Büchse. In der christlichen Bibel ist von der Versuchung Evas die Rede, die vermutlich auch ohne die mahnenden Worte der Schlange von dem verbotenen Apfel gekostet hätte. Die etwas edlere Form der unbezähmbaren Neugier ist die Wissbegier – der Wunsch zu lernen.

Wie es scheint, ist die künstlerische Betätigung der Menschen als Ausdruck eines mit Macht zur Entfaltung drängenden geistigen Potenzials dem Leiden an der Langeweile, dem Nichtstun, entsprungen. Oder ist die Kunst doch eher einem Sinn für das Schöne zu danken? Jeder große Künstler birgt Elemente eines Entdeckers oder Erfinders in sich: Der Schriftsteller »handhabt nicht Worte«, wie der Verhaltenswissenschaftler es ausdrücken würde, er erforscht die emotionellen und beschreibenden Fähigkeiten der Sprache; der Maler ist sein ganzes Leben lang damit beschäftigt, sehen zu lernen – nach dem Motto: »Hoffnungsvoll zu reisen ist wertvoller, als ans Ziel zu gelangen.«

Der schöpferische Drang hat also eine einheitliche biologische Quelle, die jedoch in viele verschiedene Richtungen geleitet werden kann. Er ist eine Legierung aus Neugier und Staunen. Wobei die Neugier eher die intellektuellen Aspekte untersucht und das Staunen, vielleicht auch die Ehrfurcht, die emotionellen. Gemeinsam motivieren sie die erregenden Entdeckungsreisen sowohl des Wissenschaftlers als auch des Künstlers. Der Astronom Johannes Kepler berichtete von der Empfindung einer »wundervollen Klarheit«, die ihn in eine unbeschreibliche Hochstimmung versetzte, als er die Gesetze der Planetenbahnen entdeckte. Diese euphorische Erfahrung wird geteilt von jedem Schriftsteller, wenn ein Satz oder ein Vers die ihm gemäße Form erreicht oder wenn ein glückhafter Vergleich im Geiste Gestalt annimmt. Um hier noch einmal Arthur Koestler zu zitieren: »Erfahrungen dieser Art vereinen stets intellektuelle Befriedigung mit gefühlsmäßiger Befreiung – führen zu dem nahezu mystischen ›ozeanischen Gefühl‹, in dem für einen kurzen Augenblick das sterbliche Ich sich auflöst wie ein Salzkorn im Ozean.« Oder anders ausgedrückt: Geistige Erleuchtung und emotionale Katharsis bilden das Wesen der ästhetischen Erfahrung – Erstere lässt den Augenblick der Wahrheit entstehen, Letztere liefert die Erfahrung der Schönheit. Die Erfahrung der Wahrheit, wie subjektiv auch immer, muss vorhanden sein, damit die Erfahrung der Schönheit Gestalt annehmen kann. Umgekehrt zwingt einen die Lösung eines der Rätsel der Natur ebenso wie die Lösung eines verzwickten Schachproblems zum Ausruf: »Wie schön!« Wenn wir den Riss in der »Griechischen Urne« kitten und sie für unser Zeitalter annehmbar gestalten wollen, müssten wir Keats' Wortlaut geringfügig verändern und ihn in die Computersprache übersetzen: Schönheit ist im elektronischen Programm eine Funktion der Wahrheit, Wahrheit eine Funktion der Schönheit.

In der Antike stellte man sich den wissenschaftlichen Erkenntnisprozess gern als ein Erlebnis der Inspiration durch die Musen oder als eine Art himmlischer Offenbarung vor. Auf indirekte Weise übt auch jedes große Kunstwerk einen Einfluss auf die letztgültigen Probleme des Menschen aus. Jede Blume, selbst das bescheidene Gänseblümchen, muss eine Wurzel haben, und jedes Kunstwerk, sei es nun frivol, preziös oder abgeklärt, wird, wenngleich auf indirekte, unsichtbare Weise, letzten Endes »durch zarte Kapillarröhrchen aus den archetypischen Schichten der Erfahrung gespeist«. Der schöpferische Künstler oder Wissenschaftler kann, indem er gleichzeitig beide Ebenen, wenn auch unbewusst, bewohnt, »einen flüchtigen Blick auf die Ewigkeit durch das Fenster der Zeit werfen«.

Doch gleichgültig, ob es nun Inspiration, Offenbarung oder jenes schöpferische Denken war, dem auch Sagen und Märchen ihre Entstehung verdanken, die Erklärungen, die gegeben wurden, beruhten weitgehend auf einem Denken in Analogien. Ein Blitzschlag ist etwas Furchterregendes und Zerstörerisches, aber man

kann sich den Blitzstrahl auch als eine Art geschleuderten Feuer-
speer vorstellen, und die Schäden, die er anzurichten vermag, lassen sich ja in der Tat mit denen eines Feuerspeers – von allerdings
gigantischer Größe und Wucht – vergleichen. Derjenige, der eine
solche Waffe geschmiedet hat und zu schleudern versteht, muss
im Besitz übermenschlicher Kräfte sein. So wurde der Blitzstrahl
zum feurigen Speer des Zeus, der Donner zum Widerhall von
Thors Hammer. Auf diese Weise sind schließlich auch Mythen und
Märchen entstanden. Die Naturkräfte wurden personalisiert und
als Götter dargestellt. Die verschiedenen Mythen befruchteten
einander, wurden über die Generationen von Märchenerzählern
und Wandersängern immer weiter ausgeschmückt und verschö-
nert – so lange, bis möglicherweise die historischen Ursprünge,
wie beispielsweise in Bibel und Koran, nur noch bruchstückhaft
zu erkennen waren.

Solange launische und unberechenbare Gottheiten die Welt beherrschten, konnten sich die Menschen keinerlei Hoffnung machen, die Naturvorgänge je zu begreifen, geschweige von ihnen zu
lernen und sie gezielt zu beeinflussen – allenfalls durch Rituale
und Opfergaben, deren Wirkung natürlich durch nichts garantiert
war. Die griechischen Philosophen schließlich widmeten sich erstmals dem erregenden geistigen Abenteuer, das Wesen der Natur
und ihre Gesetzmäßigkeiten zu ergründen. Der Überlieferung zufolge war der erste Grieche, der sich dieser anfangs übermensch-
lich erscheinenden Aufgabe annahm, Thales von Milet, der um
600 vor unserer Zeitrechnung lebte. Die späteren griechischen
Schriftsteller schrieben ihm eine horrende Zahl von Entdeckungen
zu. Denkbar ist, dass er einfach der Erste war, der die griechische
Welt mit dem gesammelten Wissen der Babylonier bekannt
machte. Seine spektakulärste wissenschaftliche Tat bestand angeblich darin, für das Jahr 585 vor Christus eine Sonnenfinsternis
vorherzusagen – die dann auch tatsächlich eintreffen sollte.
    Auch die Nachfolger Thales' von Milet gingen davon aus, dass

die Natur sich »fair«, also berechenbar verhalte, dass sie also ihre Geheimnisse preisgebe und nicht plötzlich ihr Verhalten ändere, wenn man nur richtig mit ihr umginge. Es ist in der Tat erstaunlich, dass mehr als 2000 Jahre später Albert Einstein die gleiche Überzeugung in folgende Worte fasste: »Raffiniert ist der Herrgott, aber boshaft ist er nicht.« Auch der Optimismus der alten Griechen, dass die Naturgesetze, erst einmal entdeckt, auch begreifbar und nachvollziehbar seien, ist der Menschheit bis heute nie abhanden gekommen. Und im festen Vertrauen auf diese »Fairness« der Natur und ihrer lebenden wie nichtlebenden Systeme gingen die Menschen nun daran, ein geordnetes System der »Datenverarbeitung« zu entwickeln, mit dessen Hilfe sich aus den beobachteten Tatsachen die zugrunde liegenden Gesetze ableiten ließen. Anhand festgelegter Denkschablonen von einer Erkenntnis und Entdeckung zur nächsten aufzusteigen wird dann als »schlussfolgern« bezeichnet. Bei diesem Denkprozess kann man sich zwar auf seine »Intuition« verlassen, man sollte sich jedoch bei der Erprobung der Theorien und Hypothesen, die man dabei aufstellt, von einer strengen und logischen Methodik leiten lassen. Isaac Asimov hat dafür ein aufschlussreiches Beispiel geliefert: »Wenn Cognac, gemischt mit Wasser, oder Whisky, gemischt mit Wasser, oder Wodka, gemischt mit Wasser, oder Rum, gemischt mit Wasser, allesamt berauschende Getränke sind, könnte man zu der Schlussfolgerung gelangen, die berauschende Wirkung müsse von jenem Bestandteil ausgehen, der allen diesen Getränken gemeinsam ist: vom Wasser. Dies ist, wie wir wissen, ein Trugschluss, aber der logische Fehler ist an sich nicht ohne weiteres zu erkennen; und in anderen, subtileren Fällen mag es vielleicht ungemein schwierig sein, einen Trugschluss dieser Art zu bemerken.«

Seit den Zeiten der alten Griechen ist das Aufspüren von Trugschlüssen oder anderen logischen Denkfehlern zwar ein Lieblingssport vieler Denker geblieben, doch bedauerlicherweise längst nicht aller, was wir noch an etlichen Stellen dieses Buches feststellen werden. Die ersten Grundzüge einer systematischen Logik verdanken wir einem gewissen Aristoteles von Stagira, der im vierten vorchristlichen Jahrhundert als Erster die Regeln des logischen Schlussfolgerns systematisch zusammenfasste. Es sind vor allem drei wesentliche Vorschriften, die man beim intellektuellen Spiel Mensch gegen Natur tunlichst beachten sollte: Zunächst muss man Beobachtungen über einen bestimmten Bereich oder ein bestimmtes Phänomen der Natur zusammentragen; diese müssen anschließend in eine systematische Ordnung gebracht werden. Diese scheinbare Manipulation verändert die Beobachtungsdaten in keiner Weise, macht sie lediglich überschaubarer – wie beispielsweise das Ordnen von Spielkarten nach Farben und Werten beim Skat oder Schafkopf auch nichts an den Spielkarten ändert, die der einzelne Spieler auf der Hand hat; es ändert auch nichts an den Reizmöglichkeiten, die das Blatt bietet, sondern es erleichtert lediglich dem Spieler die Übersicht, um sein Spiel logisch aufzubauen. Zuletzt muss man aus den systematisch geordneten Beobachtungsdaten eine Theorie abzuleiten versuchen, die allen diesen Daten gerecht wird. Zur Illustration dieser drei wichtigen Regeln ist ebenfalls bei Isaac Asimov ein schönes Beispiel nachzulesen:

»Angenommen beispielsweise, wir beobachten, dass ein Stück Marmor, ins Wasser geworfen, untergeht, während ein Stück Holz auf dem Wasser schwimmt, dass Eisen untergeht, während eine Feder schwimmt, dass Quecksilber sinkt, während Olivenöl oben bleibt, usw. Wenn wir alle Materialien, von denen wir durch Beobachtung festgestellt haben, dass sie sinken, in einer Liste aufführen, und alle auf dem Wasser schwimmenden in einer anderen Liste, und dann nach einem Merkmal suchen, durch das sich alle in der ersten Liste genannten Materialien von allen in der zweiten Liste aufgeführten unterscheiden, werden wir zu der Schlussfolgerung gelangen: Materialien, die eine höhere Dichte aufweisen als Wasser, versinken im Wasser, während Materialien mit geringerer Dichte auf dem Wasser schwimmen.«

Übrigens, die alten Griechen bezeichneten ihre neue Forschungsmethode, die Schöpfung zu studieren, als *philosophia*, was soviel bedeutet wie »Weisheitsliebe« oder, etwas freier übersetzt, »Wissbegier«. Zu den besten Resultaten gelangten die Hellenen in der Geometrie. Was die alten Philosophen besonders faszinierte, war die Herausarbeitung eines Beweises dafür, dass eine allgemeine Lösung für eine ganze Gruppe vergleichbarer Probleme verwendet werden konnte, was bedeutete, dass eine einmal entdeckte Beziehung in *allen* Fällen galt und gelten musste. Die Beziehung zwischen den Seitenlängen eines rechtwinkligen Dreiecks in ihrer allgemeinen Form soll um das Jahr 525 vor Christus von Pythagoras von Samos formuliert worden sein und wird ihm zu Ehren noch heute der »Satz des Pythagoras« genannt. Betört von ihren glänzenden Erfolgen und epochalen Schlussfolgerungen – niemals zuvor in der Menschheitsgeschichte war mit so wenigen Lehrsätzen so vieles und so Schönes und gleichzeitig allgemein Gültiges über unseren Planeten der Nachwelt vererbt worden –, waren die griechischen Denker aber schließlich doch Opfer zweier grandioser Fehleinschätzungen. Sie waren zwar durchaus bereit, an der Natur selbst Maß zu nehmen, gleichwohl sahen sie in praktischen Experimenten und der direkten Naturbeobachtung stets nur ein notwendiges Übel. Ja, sie neigten dazu, Erkenntnisse, die mit dem täglichen Leben, mit ihrer unmittelbaren Umwelt zu tun hatten, gering zu schätzen. Stattdessen hielten sie jenes Wissen, zu dem man ausschließlich durch Nachdenken im stillen Kämmerlein gelangte, für das Nonplusultra aller Weisheit. Einer Überlieferung zufolge soll ein Schüler Platos, der bei dem Gelehrten mathematischen Unterricht genommen hatte, den Meister am Ende ungeduldig gefragt haben: »Aber wozu soll denn das alles nütze sein?« Plato, zutiefst gekränkt, habe daraufhin einen Sklaven herbeigerufen und diesen angewiesen, dem undankbaren Schüler eine Geldmünze zu geben. Und mit der sarkastischen Bemerkung: »Damit du nicht das Gefühl hast, dass dein Unterricht zu gar nichts nütze war« sah sich der Schüler unsanft vor die Tür gesetzt.

Der Mangel an Interesse für praktische Dinge, dieser gewisse »Kult der Nutzlosigkeit«, war jedoch nur einer der Faktoren, die das griechische Denken lähmten und letztlich unvollkommen machten. Die Tatsache, dass die griechischen Philosophen das Schwergewicht ihrer Überlegungen auf das rein abstrakte und formale Denken legten, verleitete sie schließlich zu einem zweiten folgenschweren Fehler: Sie konnten der Versuchung nicht widerstehen, ihren Lehrsätzen »absolute Wahrheiten« zu unterstellen. Zur Zeit Platos gab es die Vorstellung, dass die Mathematik unabhängig davon existiert, ob der Mensch sie kennt oder nicht. Würde man dieser Einschätzung folgen, so wäre die Mathematik eine Art absoluter Wahrheit, und die Aufgabe der Mathematiker bestünde darin, diese Wahrheit zu entdecken. Allerdings teilten durch die Jahrhunderte nicht alle Mathematiker diesen Glauben an eine gleichsam von Gott verliehene Kunst, mit Zahlen umzugehen. Beispielsweise war ein deutsche Mathematiker aus dem 19. Jahrhundert, Leopold Kronecker, der Ansicht, dass nur das Zählen vorgegeben sei. »Die ganze Zahl schuf der liebe Gott«, schrieb er, »alles andere ist Menschenwerk.« So gesehen besteht die Aufgabe der Mathematiker nicht darin, die Mathematik zu entdecken, sondern sie zu erfinden.

Der selbstherrliche Kult der Griechen, Beweisführung ausschließlich durch Schlussfolgerungen zu erzielen, musste die Weisen dieser versunkenen Welt am Ende in eine Sackgasse führen. So kamen sie zu dem Schluss, dass es künftig keine wesentlichen Erkenntnisse auf mathematischem und astronomischem Gebiet mehr geben könne. Das philosophische Wissen, so formulierte es Isaac Asimov in seinem Buch »*Die exakten Geheimnisse unserer Welt*«, erschien ihnen absolut und vollkommen. Und über einen Zeitraum von mehr als 2000 Jahren nach dem Goldenen Zeitalter der griechischen Antike konnte man in der Tat den Eindruck gewinnen, dass Plato und seinesgleichen mit ihrer Einschätzung richtig gelegen hatten. Denn wann immer Fragen bezüglich der Natur und des Universums gestellt wurden, war die bevorzugte und allen selbstverständliche Antwort: »Aristoteles hat gesagt...« oder »Euklid hat gesagt...«

Fragt man heute ein Kind, wie Blüten des Enzians zu ihrem azurfarbenen Blau gekommen sind, so wird es vielleicht antworten, dass diese alpinen Pflanzen das Blau des Himmels getrunken haben. So abwegig ist das keineswegs, auch wissenschaftlich betrachtet nicht – und außerdem noch schön gesagt. Aber für die griechischen Stars der Philosophie wäre diese Antwort im wahrsten Sinne des Wortes undenkbar gewesen. Plato, der bedeutendste aller Moralapostel, sowie Aristoteles, der renommierteste Naturwissenschaftler des alten Griechenland, hatten grundsätzlich kein Interesse daran, warum es regnete oder was man vom Flug der Schmetterlinge lernen könne. Maßgebend für sie waren ethisch-moralische Grundsatzfragen wie: Was ist Gerechtigkeit? Oder: Was ist Tugend? Eine ihnen vollkommen erscheinende Theorie mit unvollkommenen Methoden experimentell zu überprüfen – darin sahen die geistigen Ahnherren der humanistischen Elite von heute keinen gangbaren Weg zur Erlangung von Wissen. In dieser mittlerweile fast 2500 Jahre alten Tradition sind, wie man im Feuilleton zahlreicher Gazetten und in vielen unserer Bildungseinrichtungen tagtäglich erleben kann, nicht wenige unserer Geistesheroen heute noch gefangen. Ihre einseitige und völlig unzeitgemäße Haltung ließe sich am besten mit einer Karikatur darstellen, die zeigt, wie die Geister von Pythagoras, Euklid und Aristoteles wohlwollend und anerkennend auf ein paar Kinder herabblicken, die im Sandkasten mit Murmeln spielen und sich Humanisten nennen.

Um zu einem befriedigenden Verständnis der aktuellen Entwicklungen auf naturwissenschaftlichem Gebiet zu gelangen, ist es nicht unbedingt erforderlich, selbst ein gründlich und allseits gebildeter Wissenschaftler zu sein. Schließlich behauptet auch niemand, dass man selbst ein großer Schriftsteller sein muss, um Goethe oder Shakespeare verstehen und schätzen zu können. Und derjenige, der mit Genuss einer Beethoven-Sinfonie lauscht, muss deswegen nicht imstande sein, selbst eine Sinfonie zu komponieren. Entsprechend gilt, dass man sich einen, vielleicht sogar mit Begeisterung verbundenen, Überblick über die Errungenschaften der modernen Naturwissenschaft verschaffen kann, ohne sich selbst zu wissenschaftlicher Tätigkeit berufen zu fühlen. Was damit gewonnen wäre? Niemand kann sich in unserer modernen Welt wirklich noch zu Hause fühlen und die Probleme dieses Planeten beurteilen, wenn er nicht eine halbwegs intelligente Vorstellung davon hat, was heute in den Wissenschaften vor sich geht und möglich ist, welche globalen Revolutionen sich vor allem auch auf sozialpolitischem Gebiet bereits klar abzeichnen. Wer weiß schon etwas von der interdisziplinären Querschnittswissenschaft Bionik und ihren faszinierenden Lösungsmöglichkeiten, die aufgrund einer Melange aus Biologie und Technik erzielt werden könnten und dabei nichts anderes bezwecken sollen, als unserer Gesellschaft nach dem Vorbild der Natur das Überleben auf dieser Erde zu erleichtern? Darüber hinaus ist Wissen um die erregende Welt von Naturwissenschaft und Technik in besonderer Weise geeignet, eindrucksvolle ästhetische Erlebnisse zu vermitteln, insbesondere auch bei jungen Menschen Kreativität und Phantasie zu beflügeln, Wissbegier zu befriedigen und ein geschärftes Bewusstsein für die großartigen Möglichkeiten und Leistungen des menschlichen Geistes zu wecken.

3. Alles Leben ist Problemlösen

Wer an einem sonnigen Frühlingstag gelegentlich aus dem Fenster schaut, dem kann es, ein wenig Glück vorausgesetzt, passieren, dass genau in diesem Augenblick die Lösung seines aktuellen Problems vorüberflattert – und zwar in Gestalt eines Schmetterlings. Denn wenn die Natur in einem sich selbst organisierenden Prozess imstande war, so komplexe biologische Systeme wie Termiten, Delfine, Fledermäuse, Menschen, Orchideen, Elefanten, Bäume und Millionen andere Organismen hervorzubringen, dann liegt die Vermutung nahe, dass diese evolutionären Prinzipien auch erfolgreich zur Lösung technischer, sozialer, wirtschaftlicher und organisatorischer Probleme genutzt werden könnten. Trotz zahlreicher Rückschläge, existenzbedrohender Krisensituationen und planetarischer Katastrophen hat der »Global Player« Natur nie schlappgemacht oder sich in die Insolvenz geflüchtet. Als weltumspannender Megakonzern vermochte die Natur sich stattdessen immer wieder selbst zu stabilisieren und unter Anwendung nobelpreiswürdiger Ideen und Strategien sich auch noch ständig zu verfeinern, zu optimieren und höher zu entwickeln. So entstanden schließlich aus ein paar völlig undefinierbaren Schleimklümpchen zahllose Lebewesen, am Ende die Affen und viele andere Säugetiere, der Neandertaler und der Homo sapiens, Indianer und Eskimos, Araber und Juden, Kelten und Römer, auch Päpste, Kaiser und Könige: insgesamt, seitdem es Menschen gibt, etwa 100 Milliarden von unserer Art – Sie und mich eingeschlossen. Hinzu gesellte sich alles, was dieses biologische System Mensch bisher zuwege brachte: Kunst und Kultur, Wissenschaft und Technik. Die geometrisch exakten Honigwaben der Bienen und »Taipeh 101«, mit 508 Metern der zurzeit höchste Büroturm der Welt – beides sind Resultate biologischer Intelligenz auf dem blau-grünen Planeten namens Erde.

Wenn es gelänge, die genialen »Erfindungen« der Schöpfung als Innovationspool nutzbar zu machen, beispielsweise als planmäßig konstruierte Übersinne, elektronische Instinkte und künstliche Intelligenz nachzuahmen und zu beherrschen, würde sich das Gesicht der Welt vermutlich von Grund auf ändern. Hunger und Arbeitslosigkeit, Überbevölkerung und Weltkriege hat die Natur im Verlauf ihrer Entwicklung vermieden beziehungsweise gar nicht erst entstehen lassen. Andererseits liegen Millionen Produkte und Verfahrensweisen, über Jahrmillionen in unendlichen Testläufen erprobt und bewährt, unerforscht und in ihrer überwiegenden Mehrzahl auch noch völlig unbekannt in den technischen Arsenalen der Natur verborgen. Eine systematische Erkundung der Kompetenz biologischer Systeme durch den Menschen ist längst überfällig. Tausende neue, vor allem umweltverträgliche Produkte könnten dadurch geschaffen, zahllose Probleme in Gesellschaft, Wirtschaft und Industrie einer naturorientierten Lösung zugeführt werden.

Alles Leben ist Problemlösen, das erkannte der österreichische Naturphilosoph Karl Popper schon vor einem halben Jahrhundert. Aber beim Erkennen ist es bis heute geblieben – von rühmenswerten Ausnahmen, auf die wir später in diesem Buch noch ausführlich zu sprechen kommen, einmal abgesehen. Das ist vor allem deshalb erstaunlich, weil beispielsweise die technischen Grundmuster alles Lebendigen mit den technischen Grundmustern der menschlichen Gesellschaft als einem biologischen System völlig übereinstimmen. Denn alles, was Pflanzen, Tiere und Menschen zustande bringen, ist stets den Naturgesetzen unterworfen, kann nur funktionieren, wenn die seit ewigen Zeiten geltenden Vorschriften des Schöpfungsprogramms penibel eingehalten werden. Wir könnten uns allerdings viel Zeit und noch mehr Geld sparen, wenn Biologen und Ingenieure, Architekten und Genetiker, Soziologen und Zoologen, Manager und Verhaltensforscher, Designer und Nanotechnologen, Politiker und Mediziner künftig an einem Strang ziehen würden, um die ungeheure Fülle evolutionärer Vorbilder zum wirtschaftlichen Vorteil unserer Gesellschaft zu nutzen.

Die technische Schatztruhe der Natur quillt förmlich über von Prototypen für Problemlösungen, deren Realisierung den Menschen auf den Nägeln brennen: So sehen manche Tiere auch elektrische Felder, infrarotes, ultraviolettes und polarisiertes Licht. Sie hören Bilder, riechen kilometerweit, spüren Erdbeben und Vulkanausbrüche, lange bevor diese sich ereignen und von den uns derzeit verfügbaren sensibelsten Seismographen registriert werden. Sie konstruieren mit geringstem Aufwand an Material und Energie, gleichzeitig ihren Lebensraum schonend und gigantische Müllberge vermeidend, phantastische Gebilde, die an außerirdische Kreationen in Science-Fiction-Filmen erinnern. Sie navigieren nach magnetischen Feldern und dem kosmischen Licht der Sterne.

Wie können wir praktisch von diesem unermesslichen Reichtum biologischer Systeme profitieren? Wie können wir riesige Mengen kostbarer Ressourcen sparen und uns der Fülle lebender Vorbilder bedienen? Wie lautet das Grundkonzept für die Entwicklung von Leben? Wie sieht die Betriebsanleitung aus – und wer vermag sie zu lesen? –, mit der die Natur dieses gigantische Angebot von High Tech Produkten und subtilen Verfahrenstechniken, eleganten Organisationsstrukturen und sozialen Mechanismen auf die Beine gestellt hat? Und auch solche Fragen sind berechtigt: Was wissen wir bereits, ohne zu wissen, dass wir es wissen? Was hat die moderne Wissenschaft, was haben uralte, längst versunkene Kulturen in Form vielleicht mündlicher Überlieferungen an Erkenntnissen angehäuft, auf die wir heute nur zurückzugreifen bräuchten? Womöglich liegen verschlüsselte Botschaften dieser Art in mystischen Gesängen verborgen, in astrologischen Regel-

45

werken und Aufzeichnungen von Geheimgesellschaften – etwa in der Kabbala, in den Schriftrollen vom Toten Meer, ja vielleicht sogar im Alten Testament –, die bis zum Jüngsten Tag unentschlüsselt ihrer Dekodierung harren? Die hebräische Akasha-Chronik, die Atbash-Chiffren, einer der ältesten Geheimcodes der Menschheitsgeschichte, kaum bekannte Bibliotheken jüdischer Schriftgelehrter, asiatische Mantras oder die Legende vom Heiligen Gral, womöglich auch die erstaunlichen Erkenntnisse altgriechischer Weiser wie Sokrates und Hippokrates – vielleicht verfügten sie über geheimes, rätselhaftes Wissen, von dem die Menschen des 21. Jahrhunderts entweder nicht die geringste Ahnung haben oder es in arroganter Selbstüberschätzung als esoterische Hirngespinste abtun. Der römisch-katholischen Kirche ist es von ihren Anfängen bis in die heutige Zeit gelungen, uraltem Wissen eine andere Bedeutung überzustülpen. Im Zuge ihrer teilweise martialischen Bemühungen, nichtchristliche Religionen, geheime Kulte und Sekten auszurotten und die Massen zum Christentum zu bekehren, hat die Kirche in einer kaum nachvollziehbaren Verleumdungskampagne den Wahrheitsgehalt abweichender Lehren und Wissenschaften zum Schaden der menschlichen Zivilisation ins Negative gewendet. Bereits einfachste Symbole früherer Kulturen wurden zunächst lächerlich gemacht und später ganz verboten. Neptuns Dreizack zum Beispiel verkam zur Mistgabel des Teufels, der spitze Hut der weisen Frauen wurde als Hexenhut diskreditiert, der fünfzackige Venusstern als Pentagramm Satans verunglimpft. Zu allem Überfluss hat auch das Militär der USA zur Perversion des griechischen Fünfsterns, des Drudenfußes, beigetragen und das magische Zeichen mit den Proportionen des Goldenen Schnitts als kriegerisches Hoheitszeichen missbraucht. Man hat nicht nur das amerikanische Verteidigungsministerium, das berühmte Pentagon, als regelmäßiges Fünfeck erbaut, sondern den fünfzackigen Stern auch auf sämtliches Kriegsgerät gemalt und auf die Schulterstücke der Generäle geheftet.

Die Liste verborgener und geheim gehaltener Symbole, heidnischer Überlieferungen und strikt gehüteter Wissensschätze scheint endlos und wird in einigen Kapiteln dieses Buches noch eine Rolle spielen. Der Respekt vor der »Weisheit der Natur«, einem Motto, das von den Verantwortlichen der diesjährigen Weltausstellung in Japan zur aktuellen Botschaft an die großen Industrienationen erhoben wurde, wird erstmals Entscheidendes dazu beitragen können, den Weg in eine schönere und friedlichere Zukunft der Menschheit zu finden.

Der Reiz biologischer Systeme, die ausnahmslos den mathematischen Gesetzmäßigkeiten des Goldenen Schnitts gehorchen, erwächst vor allem aus den unfassbaren, phantastischen und unglaublichen Phänomenen ihrer innersten Strukturen. Selbst für nüchternste Techniker und Wissenschaftler ist es zumindest eine faszinierende Vorstellung, in den unbekannten Tiefen des Mikrokosmos einer einzigen Zelle mit Antworten konfrontiert zu werden, zu denen sie bislang noch nicht einmal die entsprechenden Fragen stellen konnten. Inzwischen ist auch für viele Architekten und Ingenieure, Wirtschaftswissenschaftler, Lehrer und Designer die Enthüllung rätselhafter Erscheinungen ebenso wie die Anwendung messbarer Gegebenheiten bei den technischen Systemen der lebenden Natur zu einer modernen Droge im Berufsalltag geworden. Die Aussicht auf Inspirationen der sozusagen Dritten Art, auf längst verloren geglaubte Dokumente in den Archiven des Lebens, auf verlässliche Orientierungshilfen in unserer chaotischen Welt spornt immer mehr Menschen an, die letzten großen Abenteuer der Menschheit an vorderster Front mitzugestalten und hautnah mitzuerleben.

Warum bestehen Apfelblüten immer aus fünf Blütenblättern? Nur Kinder stellen solche Fragen. Erwachsene interessieren sich nicht für diese Dinge, sie halten sie für selbstverständlich. Sie wundern sich ja auch nicht darüber, dass wir nur so viele Zahlen benutzen, wie wir Finger an beiden Händen haben, um daraus alle Rechenvorgänge zu entwickeln. Wenn wir uns aber eine Apfelblüte genauer anschauen oder eine Seemuschel oder ein schwingendes Pendel, dann entdecken wir eine Perfektion und eine so unglaubliche Ordnung, dass wir – wie in den Tagen unserer Kindheit – plötzlich so etwas wie Ehrfurcht empfinden. Denn hier offenbart sich etwas, das unendlich viel größer als wir selbst und dennoch ein Teil von uns ist; in den Grenzen zeigt sich das Grenzenlose.

Dass zwischen der Fülle unterschiedlichster Formen dieser Welt eine Verbindung besteht, ist eine der ältesten Erkenntnisse der Menschheit. Die alten Kulturen schrieben diese bindende Kraft den Göttern oder einem einzelnen Schöpfer zu. Die vorsokratischen Philosophen vermuteten, dass das Geheimnis dieser einheitlichen Formel in einer universalen Substanz läge – Thales von Milet hielt das Wasser für eine solche machtvolle Substanz, Anaximenes die Luft und Heraklit das Feuer. Heraklit wird auch die Wendung von der »Einheit in der Vielheit« zugeschrieben. In neuerer Zeit ist diese Erkenntnis ein Grundbegriff von Kunst und Wissenschaft geworden. 1928 entwickelte der amerikanische Mathematiker George David Birkhoff eine Theorie der Ästhetik, die von diesem Prinzip ausging. Er fand dafür die Bezeichnung *order in complexity* (»Ordnung in der Vielfalt«). Seiner Theorie zufolge steht ein ästhetischer Wert in direkter Beziehung zur Ordnung und in umgekehrter Beziehung zur Vielfalt. In einem Buch über den Goldenen Schnitt heißt es: »Wissenschaft ist nichts anderes als die Suche nach Einheit in der Vielfalt unserer Erfahrungen. Auch Dichtung, Malerei und Geisteswissenschaften sind auf der Suche nach der Einheit in der Vielfalt« (J. Bronowski). Eines der schönsten Beispiele für dieses Prinzip in der Natur stellt die Schneeflocke dar: Jeder einzelne der Myriaden Eissterne ist anders, und doch bilden alle eine Einheit durch ihr sechseckiges Grundmuster. Die phantastisch anmutenden Schneekristalle verfügen in Gemeinschaft auch noch über ganz andere Qualitäten, wie der US-Forscher Kenneth Libbrecht vom renommierten California Institute of Technology in Pasadena herausgefunden hat. Abgesehen davon, dass Schneeflocken leichter sind als in ihrer ursprünglich flüssigen Phase, fungieren sie vor allem als geniale Schallschlucker. Jeder, der schon einmal einen Waldspaziergang durch frisch gefallenen Schnee unternommen hat, kennt diese eigenartige, geheimnisvolle Stille. Selbst vertraute Alltagsgeräusche und die menschliche Stimme wehen weicher und samtener an unser Ohr. Manchmal geht in solchen Situationen sogar ein wenig das Orientierungsvermögen verloren, da wir uns normalerweise, weitgehend unbewusst, auch an der akustischen Umwelt ausrichten.

Verantwortlich für diesen Lärmkiller-Effekt ist der Aufbau der einzelnen Schneeflocken: Jeder Ton läuft ständig zwischen den kristallinen Wänden der eisigen Strukturen hin und her, bis er sich im frostigen Labyrinth verliert. Die hauchdünnen Kristallspitzen – durch die Schallwellen angeregt mitzuschwingen – verformen sich und brechen schließlich auseinander. Auf diese Weise verwandeln sie Schallenergie in Wärme und bauen damit das Lärmvolumen immer mehr ab. Vor allem für grelle Töne gibt es aus diesem verwirrenden Dschungel der Schall schluckenden Schneekristalle kein Entrinnen.

Der amerikanische Wissenschaftler erforscht den Schnee nicht nur in frostklirrenden, mit Wasserdampf gefüllten Kammern, wo er die fein ziselierten Eiskristalle auf glatten Metallflächen wachsen lässt, um ihre unglaublich faszinierenden Strukturen zu studieren. Vor allem wenn draußen im Freien Minusgrade herrschen, hat der Physiker Libbrecht nur noch Augen für die Windschutzscheiben parkender Autos: »Alles, wirklich alles, was man braucht, um die himmlische Formenvielfalt dieser wie in Silber getriebenen Miniskulpturen zu bestaunen«, schwärmt der Flockenforscher, »ist eine billige Lupe.« Auch an der Universität der japanischen Stadt Sapporo wird erfolgreich Schneewissenschaft betrieben. Professor Teisaku Kobayashi untersucht hier die Abhängigkeit der eisigen Pracht von Temperatur, Luftfeuchtigkeit und Luftströmung. Erst der fertige Kristall, entworfen gewissermaßen nach himmlischen Designvorschriften, ist ein einzigartiges Unikat. Er hat in seiner nur ihm eigenen Ebenmäßigkeit seinen ganz individuellen meteorologischen Werdegang eingefroren. Sind diese Zusammenhänge bekannt, so können aus dem jeweiligen Erscheinungsbild einer Schneeflocke Schlüsse gezogen werden auf die gerade vorherrschenden Gegebenheiten in den verschiedenen Wolkenschichten. Ein Schneekristall vermag somit seine eigene Geschichte zu erzählen und stellt sozusagen »einen Brief dar, der uns vom Himmel gesandt wird«.

Die Einheit innerhalb der Vielfalt im Bereich sowohl der organischen als auch anorganischen, der lebenden wie der toten Formen zeigt sich ebenfalls in den Spiralmustern zahlreicher Galaxien, die in kosmischen Dimensionen das spiralige Muster etwa in Muscheln und Blumen widerspiegeln. Auch die Gestalt des Urmusters allen Lebens, des DNS-Moleküls, folgt penibel der Wendeltreppenform einer Doppelhelix nach geometrischen Gesetzen, wie sie schon vor Jahrtausenden im Goldenen Schnitt entdeckt wurden. Schon zu Anfang des 20. Jahrhunderts publizierte Theodora Andrea Cook in England ein reich illustriertes Buch, *»The Curves of Life«* (»Lebenslinien«), in dem sie die Vorherrschaft des Goldenen Schnitts in Natur und Kunst ausführlich darlegte. Die britische Wissenschaftlerin betonte allerdings nicht die paradoxe Verbindung von Einheit und Vielfalt, sondern allein die Vielfalt, als ob Einheit gleichbedeutend sei mit Einförmigkeit, was sich ja inzwischen eher als genaues Gegenteil erwiesen hat. Ahnungsvoll schrieb bereits im 16. Jahrhundert der französische Philosoph Michel Eyquem Montaigne (1533–1592): »Da keine Form vollkommen der anderen gleicht, unterscheidet sich auch keine vollkommen von der anderen. ...Wenn sich unsere Gesichter nicht glichen, könnten wir nicht Mensch und Tier unterscheiden; wenn sie keine Unterschiede aufwiesen, könnten wir Mensch von Mensch nicht unterscheiden.«

Wie die Natur das scheinbar Unmögliche vollbringt, nämlich Formen zu schaffen, die ähnlich und unähnlich zugleich sind, hat auf brillante Weise Sir D'Arcy Wentworth Thompson mit seiner »Theorie der Transformationen« nachgewiesen, anhand derer sich beweisen lässt, wie sich die Form einer Art aus einer anderen, verwandten Art entwickelt hat. So leitet der Autor zum Beispiel von der Form eines gewöhnlichen Igelfischs (*Diodon*) die Form des ganz anders aussehenden Sonnenfischs (*Orthagoriscus mola*) ab, indem er das rechtwinklige Koordinatensystem, mit dessen Hilfe der erste graphisch dargestellt werden kann, in ein korrespondierendes Liniennetz abwandelt, in dessen gekrümmte Linien der zweite Fisch hineinpasst. Er kann dies tun, sagt der Autor, weil es ein wesentliches Element gibt, das beiden gemeinsam ist. Um welches Element es sich dabei handelt, erkennt man, wenn man die Grundproportionen der Umrisse von Igel- und Sonnenfisch vergleicht: Beide sind Variationen der Proportionen des Goldenen Schnitts.

Es grenzt an ein Wunder, dass man in der so vielfältig gestalteten Natur immer wieder auf die Einheit eines zentralen Grundmusters stößt, die alle Gattungen in ihrer Einmaligkeit miteinander verbindet. Wie sehr unterscheidet sich der gaukelnde Flatterflug der Schmetterlinge doch von dem Dahinschießen der Libellen und dem langsamen Krabbeln der Käfer, wie sehr die plump-schwerfällige Gangart eines gigantischen Dinosauriers vom anmutigen Galopp eines Pferdes, das Kriechen eines Krebses von den eleganten Sprüngen eines Frosches! Wie einzigartig ist jedes Tier für sich, und es scheint so gar nichts mit einem Ahornsamen gemeinsam zu haben oder mit einem Gänseblümchen beziehungsweise einer Sonnenblume! Und doch sind sie alle durch die Grundmuster bildenden Proportionen miteinander verbunden, die den musikalischen Elementarharmonien entsprechen. Diese faszinierende Einheit in der überströmenden Fülle der Vielfalt findet sich auch in den Proportionen des menschlichen Körpers.

Eines der frühesten Dokumente, die sich mit den harmonischen Proportionen des menschlichen Körpers beschäftigen, stammt von Marcus Vitruvius Pollio, einem römischen Architekten und Schriftsteller. Er beginnt seine *»Zehn Bücher über Architektur«* im Jahre 25 vor Christus mit der ausdrücklichen Empfehlung, Tempel analog zur menschlichen Anatomie zu erbauen, die seiner Meinung nach eine vollkommene Harmonie zwischen allen Teilen aufwies. Die Menschen der Aufklärung und des Rationalismus entrüsteten sich über einen derart mystisch orientierten Ideenkult. Der englische Maler und Kupferstecher William Hogarth (1697–1764) fand es »befremdlich«, dass zwischen der vom Auge erschauten Schönheit und der vom Ohr gehörten Harmonie ein Zusammenhang bestehen sollte. Der englische Philosoph und Geschichtsforscher David Hume (1711–1776) war der Ansicht, dass die Schönheit im Auge des Betrachters liege und daher ganz und gar subjektiv sei. Sein Zeitgenosse und Landsmann, der Politiker und Publizist Edmund Burke (1729–1797), sagte, dass »keine zwei Dinge weniger Ähnlichkeit haben können als ein Mensch und ein Haus oder ein Tempel«. Am Ende des 19. Jahrhunderts erklärte der englische Sozialreformer und Maler John Ruskin (1819–1900), dass es ebenso unendlich viele Proportionen gebe wie mögliche Melodien und man es daher der Inspiration des Künstlers überlassen müsse, schöne Proportionen zu erfinden. Doch schon zu einer Zeit, da die Renaissance das Erbe Griechenlands und Roms für sich entdeckte, übertrug Leonardo da Vinci die schriftlichen Aufzeichnungen des Marcus Vitruvius in seine zu Weltruhm gelangte graphische Darstellung, die heute nicht nur auf Chipkarten von Krankenkassen prangt, sondern selbst so schillernden Ausnahmearchitekten wie Luigi Colani als Vorlage dient für einen ganzen Stadtteil vor den Toren Shanghais.

Die Vorstellung, dass die harmonischen Dreiklänge der Musik – in der Renaissance lebte auch die pythagoreische Harmonielehre wieder auf – den Proportionen des menschlichen Körpers entsprechen und daher auch der Architektur als Richtlinien gelten sollten, wurde bei den Künstlern jener Epoche zur Leitidee. Die Fähigkeit der verschiedenen Körperteile, sich zu einem Ganzen zu verbinden, hat auch einen anderen großen Maler der Renaissance fasziniert: Albrecht Dürer. Über die menschlichen Proportionen gab er mehrere Bücher heraus, und seine Theorien stützte er unter anderem auf die Harmonielehre, wobei er anhand der Zeichnungen eines kindlichen und eines männlichen Körpers deren harmonische Verhältnisse nachgewiesen hat. Erst in späteren Jahrhunderten wurde dieses Ideengut mit mystischen Überlegungen befrachtet: mit den Lehren der Kabbala, der jüdisch-mystischen Tradition, zu der man durch die lateinischen Übersetzungen alter hebräischer Texte Zugang bekam. Der englische Arzt, Theosoph und Rosenkreuzler Robert Fludd (1574–1637), der die Ansicht vertrat, dass die Gegensätzlichkeit der Dinge in der Welt, wie etwa Licht und Dunkel, Form und Materie, auf Gott zurückzuführen seien, entwarf ein Bild vom Menschen als Mikrokosmos, der mit dem Makrokosmos des Universums über musikalische Harmonien verbunden ist und mit ihm eine Einheit bildet.

»Schönheit ist der harmonische Zusammenklang aller Teile, der so vollendet ist, dass man nichts hinzufügen, wegnehmen oder verändern kann, ohne die Wirkung zu zerstören.« Dies sind die Worte eines italienischen Künstlers und Gelehrten der Renaissance, Leon Battista Alberti (1404–1472), Autor eines berühmten Traktats über die Architektur. Nach Ansicht dieses genialen, mit universaler Begabung ausgestatteten Denkers und Baumeisters kommen diese Voraussetzungen nirgendwo deutlicher zum Vorschein als in den graziösen Bewegungen einer Balletttänzerin. »Grazie« wird in einschlägigen Wörterbüchern definiert als »scheinbar mühelose Schönheit oder Anmut der Bewegung, der Form oder der Proportion«. Nun ist Ballett sicher alles andere als mühelos, wie im Übrigen jede Kunst. Dass dennoch die Bewegungen einer Ballerina so wunderbar leicht, gelöst, ja schwebend wirken, liegt vermutlich darin, dass sie auf einer höheren Ordnung beruhen oder, anders formuliert, auf der virtuosen Beherrschung der Kräfte, ohne die keine menschliche Meisterleistung möglich ist. Wer etwa die Schweizer Primaballerina Kusha Alexi auf den Opernbühnen dieser Welt erleben kann, wird von der zauberhaften Schwerelosigkeit tänzerischen Könnens hingerissen sein.

Das Geheimnis dieser Grazie ist die ideale Balance des menschlichen Körpers, die am oberen Rand des Kreuzbeins ihren Schwerpunkt findet. Dass eine einzige, auf die Größe eines Centstücks begrenzte Stelle unseres Körpers als Zentrum des Wachsens, des Gewichts und der Harmonie zugleich fungiert, ist ein weiteres Beispiel für die machtvolle Existenz der Proportionen und die Kraft der Grenzen. Es ist die scheinbar von aller irdischen Schwerkraft befreite Last, die Anmut so märchenhaft beschwingt und traumhaft elegant erscheinen lässt. *»La pesanteur et la grâce«* (»Schwerkraft und Anmut«) lautet der Titel eines der posthum herausgegebenen Notizbücher von Simone Weill, der französischen Philosophin aus der ersten Hälfte des 20. Jahrhunderts, in denen sie schildert, auf welch seltsame Weise oft Gegensätze wie Notwendigkeit und Schönheit, Ordnung und Freiheit, Schwerkraft und Anmut, Einheit und Vielheit in der Natur und im menschlichen Schicksal miteinander verflochten sein können. Die junge Autorin, deren erstaunliche, für eine Jüdin besonders bemerkenswerte Affinität zum Katholizismus auffällt, schreibt in einem anderen Band ihrer weltweit berühmt gewordenen Notizbücher: »Etwas unendlich Kleines kann sich unter bestimmten Bedingungen sehr effektiv auswirken..., und kein Körper kann fallen, wenn er auch nur in einem einzigen Punkt gestützt wird: in seinem Schwerpunkt.« – »Brutale Gewalt«, erkannte sie, während die Nazis Frankreich besetzten, »kann niemals eine souveräne Macht in dieser Welt darstellen. Denn jede Gewalt hat ihre Grenzen, die nie überschritten werden dürfen. So kann sich eine Welle immer höher und höher erheben, aber an einem bestimmten Punkt erreicht sie ihre Grenze und stürzt in sich zusammen. ... Das ist die Wahrheit, die uns ans Herz greift, wenn wir die Schönheit der Welt erleben. Das ist die Wahrheit, die aus den unvergleichlich schönen Passagen des Alten Testaments spricht, aus den Texten der Pythagoreer und anderer griechischer Philosophen, aus den Werken des Laotse, aus den heiligen Schriften der Inder und den Kunstwerken der Ägypter.«

Harmonie und Grazie entstehen aus der Verbindung von Überfluss und Mangel, wie Plato in seinem *»Symposion«* erklärt. Eine

Gegenüberstellung von klassischer westlicher und fernöstlicher Kunst mag diese These erhärten. Vergleicht man einen griechischen Apollo mit einem tibetischen Buddha, den Parthenon auf der Akropolis von Athen mit einer Pagode im thailändischen Bangkok, das Epos des Vergil mit einem japanischen Haiku, so fallen einem zunächst nur Unterschiede auf. Erst bei näherem Hinsehen erkennt man bemerkenswerte Übereinstimmungen. »Der Mensch ist das Maß aller Dinge«, behauptete Protagoras, ein griechischer Philosoph aus Abdera; er lebte von etwa 481 bis 411 vor Christus und verbreitete seine Lehren in ganz Griechenland, wurde wegen Gottlosigkeit angeklagt und verurteilt, konnte jedoch fliehen und ertrank bei einem Schiffbruch. Um seine Maxime zu begreifen, braucht man bloß eine klassische griechische Plastik zu betrachten, zum Beispiel den Speerträger (»Doryphoros«) des Polykleitos aus dem fünften vorchristlichen Jahrhundert. Polykleitos soll eine Abhandlung über die Proportionen des menschlichen Körpers geschrieben haben, die leider verloren gegangen ist. Wenn man die Skulptur mit dem Maßstab des Goldenen Schnitts vermisst, dann erhält man zwei Serien reziproker goldener Rechtecke. Bei der Aphrodite von Kyrene lassen sich die gleichen harmonischen Größenverhältnisse feststellen, auch wenn bei dieser Statue bedauerlicherweise der Kopf fehlt. Auch die Köpfe von Hypnos, dem Gott des Schlafes, und der Hygieia, der Göttin der Gesundheit und Schutzherrin der Pythagoreer, beides Kunstwerke aus dem vierten vorchristlichen Jahrhundert, weisen en miniature die gleichen proportionalen Verhältnisse auf wie die kyrenische Aphrodite und der Doryphoros. Die Maße und Diagramme, die sich beim Vermessen selbst einzelner Gesichtsteile der beiden Gottheiten ergeben, entsprechen den gleichen Proportionen, die sich auch bei vielen Pflanzen und Tieren feststellen lassen.

Wie sehr sich Römer und Griechen voneinander unterschieden, kommt in ihren Bauten zum Ausdruck. Während die Griechen Tempel und Theater von unübertrefflicher Schönheit errichteten, legten die Römer Straßen an und bauten Aquädukte, Paläste, öffentliche Bäder, Triumphbögen und Arenen. Die Ästhetik der griechischen Bauten versuchten sie durch souverän beherrschte Technik zu übertrumpfen. Der von den Griechen übernommenen Säulenreihe fügten sie Bögen, Gewölbe und Kuppeln hinzu, in Größenordnungen, welche die griechischen Tempelanlagen bescheiden erscheinen lassen. Aber trotz dieser Unterschiede haben griechische und römische Architektur einen gemeinsamen Nenner: Es sind die gleichen Proportionen, die ihre Baupläne und Strukturen bestimmen – und es sind die gleichen Proportionen, die beim Vermessen von Orchideen- und Edelweißblüten, von Linden- und Kastanienblättern, von Kolibris und Karpfen zutage treten.

In einem Punkt aber konnten die Römer den Griechen nicht das Wasser reichen – das war die Welt der Zahlen. Mit ihnen, den Zahlen, standen die Römer auf Kriegsfuß. Für die höhere Mathematik hielten sie sich deshalb griechische Sklaven. Und sowenig etwa Papst Julius II. den Petersdom erbaut hat, sondern nur als Auftraggeber fungierte, sowenig stammt der julianische Kalender von Julius Caesar. Mit dem Austüfteln des nach dem römischen Staatsmann und Feldherrn benannten Kalenders wurde ein gewisser Sosigenes aus Alexandria beauftragt. Überhaupt haben die Römer nur das Nötigste von den viel gebildeteren Griechen übernommen. Sie konnten weder mit Euklid noch mit Pythagoras etwas anfangen. Dabei ist, wie dieser erkannt hatte, »alles Zahl«. Gleichwohl regierte viel zuviel Rom bis ins Mittelalter hinein – blieb es deshalb finster? Licht in diese Düsternis brachten erst der Stauferkaiser Friedrich II., ein Enkel Barbarossas, und dessen Hofmathematiker Leonardo von Pisa, genannt Fibonacci, der langjährige Studien in Nordafrika betrieb. Von den Arabern, von denen auch sein kaiserlicher Brötchengeber in wissenschaftlichen Forschungsmethoden und der Jagd mit dem Falken unterwiesen wurde, lernte er, dass die Zahlen göttlichen Ursprungs sind, gewissermaßen himmlische Ideale, wie Plato fand. Es gebe kaum eine Religion, so lehrte man ihn, die nicht die geheimen Wahrheiten hinter den

Zahlen zu ergründen sucht. »Wahrlich«, so heißt es in einem islamischen Sprichwort, »wahrlich, Gott ist eine ungerade Zahl und liebt die ungeraden Zahlen.«

Mathematik, sagte sich Fibonacci, als er wieder zu seinem deutschen Kaiser und in die heimatlichen Gefilde Apuliens zurückgekehrt war, bringt das Chaos ins Gleichgewicht. Und so befasste er sich zuallererst mit der Kaninchenplage in Süditalien. Fibonacci wollte zunächst wissen, wie viele Kaninchenpaare in einer Generation geworfen werden, vorausgesetzt, jedes Kaninchenpaar bringt ein Kaninchenpaar der nächsten und eins der übernächsten Generation hervor und wird dann von den Bauern und ihren Familien vervespert. Spätestens in der fünften Generation, fand das Rechengenie heraus, nimmt die Plage ihren Lauf. Dabei entsteht folgende Zahlenreihe: 1, 2, 3, 5, 8, 13, 21, 34, 55, 89 ... Diese Reihe zu erklären und fortzuführen war für Fibonacci ein Kinderspiel. Wer aber, so fragte er sich, kann den folgenden Tatbestand erklären: Warum hat das Schneeglöckchen 3 Blütenblätter, die Dotterblume 5, der Rittersporn 8, Ringelblumen 13, Astern 21 und Gänseblümchen 34 oder 55 oder 89? Keiner konnte ihm auf seine Entdeckung eine Antwort geben, und vermutlich weiß auch heute noch niemand, warum das so ist. Oder doch? Aber davon später.

In der Johannesoffenbarung steht: »Wer Verstand hat, berechne die Zahl des Tieres. Sie ist nämlich die Zahl eines Menschen. Und seine Zahl ist 666.« Die dritte Potenz von 6 ist 216. Warum taucht diese Zahl immer wieder in Platos Werk auf? Warum glaubte Pythagoras an eine Wiedergeburt nach genau 216 Jahren? Gibt es ein Mysterium der Zahlen? Von den Juden wurde der Kult mit den Zahlen auf die Spitze getrieben: Zahlen oder Buchstaben – sie haben für alles die gleichen Schriftzeichen. »Aleph« ist der erste Buchstabe und gleichzeitig die Eins. »Beth« steht für den Buchstaben B und gleichzeitig für die Zwei. Jedes Schriftzeichen ist Buchstabe und Zahl zugleich. Das hebräische Wort für »Schlange« hat den Zahlenwert 358. Dies ist aber auch der Zahlenwert des hebräischen Wortes für »Messias«. Ein Zufall? Die Wissenschaft lehnt

Begriffe wie »Glück« und »Zufall« ab – von Ausnahmen abgesehen, wie wir noch sehen werden. Und die Kirche? Sie lässt erst recht keinen Zufall zu. Steckt doch für sie hinter allem der Wille Gottes. »Der liebe Gott würfelt nicht«, musste auch Einstein bereits einsehen.

4. ...und weltweit kichern die Laborratten

Unsere Zeit ist nicht nur durch immer neue Triumphe von Wissenschaft und Technik geprägt, sondern auch durch Angst und Verzweiflung gleichermaßen. Die traditionellen sozialen und religiösen Werte haben sich in einer Weise als unstabil erwiesen, dass das Leben für viele Menschen jeden Sinn verloren zu haben scheint. Warum spielt die Harmonie, die in der Natur so deutlich zutage tritt, nicht auch in unserem gesellschaftlichen Leben eine wesentlichere Rolle? Vielleicht, weil wir so fasziniert von unserer vermeintlichen Allmacht, der Macht des Erfindens und Vollbringens sind, dass wir die Kraft der Grenzen aus den Augen verloren haben. Aber nun sehen wir uns plötzlich gezwungen, die Ausbeutung unserer zur Neige gehenden Bodenschätze und den Bevölkerungszuwachs zumindest in manchen Teilen der Erde zu limitieren und auch der immer maßloseren Macht von Großkapital und Staat angemessene Grenzen zu setzen. Wir müssen wieder lernen, zu sparen und Maß zu halten, die richtigen und damit nachhaltigen Proportionen zu finden. Der Anschauungsunterricht in der Natur, das Lernen von biologischen Systemen, die sich seit Jahrmillionen durchgesetzt und bewährt haben, vermögen uns da wertvolle Hilfe zu leisten. Hier können wir vor allem lernen, dass Begrenzung nicht unbedingt restriktiv sein muss, sondern in besonderer Weise kreativ sein kann.

Es wird erzählt, Buddha habe einmal eine Predigt gehalten, ohne dabei ein einziges Wort zu sagen. Dabei soll er seiner vermutlich etwas verwirrten Anhängerschar nur eine Blume gezeigt haben. Dies war die berühmte »Blumenpredigt«, eine verschlüsselte Botschaft in der stummen Sprache der Pflanzen. Was aber hat ein schlichtes Gewächs uns Menschen am Anfang des 21. Jahrhunderts zu sagen? Beim aufmerksamen Betrachten einer ganz alltäglichen Wiesenblume oder einer kostbaren Orchidee, beim Betrachten eines berühmten Gemäldes oder einer anderen Schöpfung aus Menschenhand fällt auf, dass gewisse Proportionen sich überall wiederholen und trotz aller Gegensätzlichkeiten immer wieder eine harmonische Ordnung entstehen lassen. Dass wir also bei allen Formen in der Natur und den allgemein als schön empfundenen Werken des Menschen in Technik, Kunst und Wissenschaft immer wieder auf verblüffend ähnliche Grundstrukturen stoßen, könnte vielleicht ein Beweis dafür sein, dass alles in der Natur, einschließlich des Menschen und seiner Meisterwerke, auf geheimnisvolle Weise miteinander verwandt ist. Durch die Wahrnehmung dieser allgemeinen Ordnungsprinzipien haben wir zwangsläufig auch teil an der Harmonie des Universums. Vielleicht hat Buddha mit seiner legendären Blumenpredigt auf ebendieses Welträtsel hinweisen wollen, dass in der Struktur einer einzigen Blüte letztlich alle Formen des Lebens und der unendlichen Weiten des Kosmos verborgen sind. In dichterischer Überhöhung wurde uns dieser Sachverhalt von dem englischen Poeten, Maler und Kupferstecher William Blake (1757–1827) in einem berühmt gewordenen Vers zusammengefasst: »Du hältst mit einem Körnchen Sand / und einer Blume vom Wiesengrunde / eine ganze Welt in deiner Hand, / Unendlichkeit in einer Stunde.«

Der österreichische Physiker und Nobelpreisträger Erwin Schrödinger sagte vor einem halben Jahrhundert in einer Vorlesung am Trinity College in Cambridge: »Unsere jetzige Denkweise hätte vielleicht eine kleine Bluttransfusion aus östlichem Gedankengut nötig.« Diese Bluttransfusion ist seit etlichen Jahren im Gange. Westliche Forscher studieren östliche Medizin, Yoga, Buddhismus, Tai-Chi und andere orientalische Disziplinen. Die westliche Lebenskunst ist inzwischen jedoch mehr vom Wissen als von der Weisheit geprägt worden. Östliche Weisheit und westliches Wissen scheinen aber ebenfalls gemeinsame Wurzeln zu besitzen, die man in den harmonischen Grundmustern der Natur und auch der Kunst wiederfindet. Ehrfürchtige Gefühle werden in uns nicht nur durch das Übernatürliche geweckt. Auch betrachten wir staunend die Wunder der Schöpfung, besonders solche ganzheitlichen Muster wie die eigenwillige Struktur einer Distel, den komplexen Zellverband im Stiel einer Lilie oder Mohnblume oder die komplizierten Einzelzellen von zarten Wasserpflanzen, wie zum Beispiel einer Kieselalge. Jedoch können die Formen der unbelebten Natur ebenso bewundernswerte ganzheitliche Muster aufweisen, wie zum Beispiel die Tonfrequenzen einer Arie. Im Mittelalter stritten sich heilige Männer über die Anzahl der Engel, die auf der Spitze eines Schwertes tanzen könnten. Wenn wir heute mithilfe eines Rasterelektronenmikroskops in die atomaren Tiefen der Nanowelt hinabtauchen, erkennen wir, dass nicht nur eine Hand voll Engel, sondern ein ganzer Kosmos die Spitze einer Stecknadel mit Leben erfüllt.

Wir befinden uns hier am Anfang einer interdisziplinären Expedition in das Niemandsland zwischen Wissenschaft, Kunst, Philosophie und Religion, am Beginn der Erforschung eines Gebietes, das heutzutage immer noch sträflich vernachlässigt und häufig nur esoterischen Schwärmern und dogmatischen Mystikern überlassen wird. Und dennoch lohnt sich die Erkundung dieses vielleicht nicht ganz leicht zu begehenden Terrains, denn die Kräfte, die unser Leben und unsere Werte bestimmen, haben in diesem Niemandsland ihre Wurzeln – und vermutlich auch ihre Zukunft.

Das Wesentliche sollte die dahinter stehende Absicht sein, unser Weltbild im Interesse aller Menschen zu erweitern, die Begeisterung über die schier grenzenlose Vielfalt lebender Systeme und ihren Vorbildcharakter für technische, organisatorische und soziale Problemlösungen. Noch aber ist die Aufmerksamkeit der Öffentlichkeit nicht auf breiter Front geweckt, beschränken sich die neuen Einsichten in evolutionäre Lösungspotenziale auf einzelne Ingenieure und Wissenschaftler, Wirtschafts- und Industrieunternehmen. In zahlreichen Forschungslaboratorien rund um den Erdball wird im Geheimen fieberhaft an innovativen, naturorientierten Produkten und Verfahrenstechniken gearbeitet, bahnt sich auch im Bereich menschengerechter Organisationsformen und Managementsysteme ein revolutionärer Paradigmenwechsel an. Noch gibt es keine geschlossene Front, sondern wie bei allen Revolutionen eine Vielzahl von Schauplätzen. Die neuen Forschungsansätze auf zahlreichen Sektoren des weltweiten Wissenschaftsbetriebs erfordern allerdings eine Geisteshaltung, die weit über das hinausgeht, was die etablierte Technikkultur heute noch voraussetzt und unsere Bildungssysteme zu leisten vermögen.

Mein Urgroßvater, dessen Eltern Zeitgenossen Goethes waren, ging bereits in die vierte Volksschulklasse, als die Wissenschaft auf allen Kontinenten noch von einem göttlichen Konstrukteur des Lebens überzeugt war. Charles Darwin, der englische Privatgelehrte, veröffentlichte erst ein Jahr später, 1859, sein berühmtes Werk *»On the Origin of Species by Means of Natural Selection, or The Preservation of Favoured Races in the Struggle for Life«* (»Über die Entstehung der Arten durch natürliche Zuchtwahl oder Die Erhaltung begünstigter Rassen im Kampf ums Dasein«), in dem er seine für die Abstammungslehre bahnbrechende Evolutionstheorie darlegte. Aber noch 1925 – im »aufgeklärten« 20. Jahrhundert – konnte es geschehen, dass der amerikanische Biologielehrer John Scopes von einem Gericht des Staates Tennessee zu einer Geldstrafe verurteilt wurde, weil er es gewagt hatte, seinen Schülern zu erklären, dass der Mensch vom Affen abstamme.

Blüht uns in Zukunft ein noch größeres Desaster durch staatlich verordnete Tierversuche? Keine Arznei und kein Putzmittel darf heute in den Handel gebracht werden, ohne dass es zuvor in jahrelangen Testreihen an Ratten und Mäusen, Hunden, Katzen, Schweinen oder Affen erprobt wurde. Contergan und viele tausend andere angeblich absolut ungefährliche und sichere Medikamente haben in den letzten fünfzig Jahren unvorstellbares Leid über die Menschheit gebracht, obwohl sie allesamt unzählige Tierversuche erfolgreich durchlaufen hatten. Doch was heißt beim Tierversuch »erfolgreich«? Eine Substanz, die für das Pferd giftig ist, könnte dies vielleicht auch für den Menschen sein. Aber sicher ist das nicht. Sokrates, der Lehrer Platos, wurde von den Athenern gezwungen, den Schierlingsbecher zu trinken und so auf richterliche Anordnung Selbstmord zu begehen. Der Schierling, wegen seiner Ähnlichkeit mit der Petersilie besonders heimtückisch, wird von Pferden und Schafen, Ziegen und Mäusen mit Vergnügen gefressen.

Strychnin, bei den Mördern der Kriminalromane ebenso beliebt wie Arsen, lässt Hühner, Meerschweinchen und Affen kalt, und zwar in Quantitäten, nach deren Genuss eine sechsköpfige Menschenfamilie in tödliche Krämpfe verfiele. Tausende Menschen sind vom Methylalkohol in Likördestillaten blind geworden, für die Augen von Ratten und Mäusen, Kaninchen, Hamstern und Meerschweinchen ist das Zeug völlig ungefährlich. Wer die Verbraucher von überständigem Büchsenfleisch davon überzeugen möchte, dass das Gift Botulin unschädlich ist, der gibt einer Katze davon zu fressen – sie wird sich danach wohlig das Maul schlecken. Täte sich jedoch ihr Erbfeind, die Maus, daran gütlich, so würde diese tot umfallen. Wer Penizillin von der Liste der Arzneimittel streichen möchte, injiziert das segensreiche Heilmittel Karnickeln – sie werden schon tags darauf verenden. Wer jedoch darauf aus ist, den für Menschen hochgiftigen Knollenblätterpilz als Delikatesse in einem Feinschmeckerrestaurant einzuführen, verabreicht ihn Meerschweinchen oder Stallhasen mittags und abends als köstlichen Leckerbissen.

Wenn sich der tierische Organismus derart unterschiedlich verhält, wie soll es dann möglich sein, hochwirksame Medikamente beispielsweise an Mäusen und Ratten zu testen? Die Jahrhundertdroge Acetylsalizylsäure, auch Aspirin genannt, erweist sich für unzählige Menschen als segensreiches Heilmittel, das schon zahlreiche Herzpatienten vor dem sicheren Tod bewahrte. Aspirin ist aber gleichzeitig imstande, den Magen bestimmter Menschen buchstäblich zu zerfressen, auch als Zäpfchen. Mäuse sterben sogar daran. Insulin hat schon Millionen Menschen das Leben gerettet, Mäuse werden davon zu missgestalteten Kreaturen und gehen ein. Cortison ist für viele Menschen unentbehrlich, Mäuse bekommen davon grässlich verstümmelten Nachwuchs. Wie also können Mäuse – vom Gesetzgeber ausdrücklich vorgeschrieben – Stellvertreter des Menschen sein? Jedes Jahr müssen weltweit 100 Millionen Mäuse für uns dran glauben – alles für die Katz! Wenn ein neues Flugzeug entwickelt wird, bedarf es menschlicher Testpiloten – da setzt man keine Affen an den Steuerknüppel!

Die meisten Tierarten werden nicht von menschlichen Krankheiten befallen. Wie soll sich dann ausgerechnet am Testsystem Tier die Wirksamkeit eines Arzneimittels erweisen? Wenn Tiere bestimmte Krankheiten nicht bekommen können, müssen sie ihnen künstlich übertragen werden. Bei Infektionskrankheiten scheint das ziemlich einfach zu sein. Tatsächlich aber scheint es nur so und ist in Wirklichkeit voller Tücken. Die größte von allen: Jedes Tier reagiert auf die gleiche Infektion anders! Auch gentechnisch hergestellte »Krankheitsmodelle«, wie die berühmte »Krebsmaus«, brachten die Tumorforschung bislang kein Jota weiter. Ein anderes Beispiel liefert der Bluthochdruck. Man ist bei Ratten auf ein Gen gestoßen, das, wenn es krankhaft verändert ist, Hochdruck verursacht. Dieses Gen gibt es ebenfalls beim Menschen, jedoch als mutierte Form unglücklicherweise auch bei solchen Zeitgenossen, die gar nicht an Bluthochdruck leiden. Wie sich herausgestellt hat, springen fünf oder zehn andere Gene ein, um den Ausfall durch die Mutation zu kompensieren. Unsere genetische Ausstattung ist eben überaus fehlerfreundlich – ein Albtraum für die moderne Diagnostik.

Die Tiere halten uns auch zum Narren, wenn wir mit bestimmten Medikamenten versuchen, unser Leben zu verlängern, indem wir ihr Leben verkürzen. Hinzu kommt eine geradezu kindliche

Naivität, die viele Wissenschaftler bei ihren vorklinischen Studien an den Tag legen. Der italienische Medizinprofessor und ehemalige Tierexperimentator Pietro Croce berichtet in seinem Buch *»Tierversuch oder Wissenschaft«* von Forscherkollegen, die sich mit abenteuerlichen Hypothesen auf bestimmte Analogien im Verhalten von Mensch und Tier berufen. Etwa so: »Wenn man einen Hund mit dem Fuß tritt, heult er; wenn man einen Menschen tritt, heult er auch. Wenn man einer Affenmutter ihr Neugeborenes wegnimmt, ist sie verzweifelt; wenn man einer Menschenmutter ihren Säugling wegnimmt, ist sie auch verzweifelt.«

Revolutionen in der Wissenschaft brauchen ihre Zeit. Vermutlich müssen wir noch jahrelang mit einer Pharmaforschung leben, deren Verheißungen sich schon im Mittelalter nicht erfüllten. Bis dahin gilt die uralte Regel: Als Versuchsmodell für den Menschen nehmen wir das Tier. Aber welches Tier? Die Maus? Den Hund? Das Meerschweinchen? Warum nicht das Nilpferd oder die Giraffe? Einen Stellvertreter für uns Menschen gibt es nicht. Alle Arten sind grundverschieden, selbst die Individuen derselben Spezies sind nicht gleich. Deshalb kann kein Experiment, das mit einer Art gemacht wurde, auf eine andere übertragen werden. Der fundamentale Glaube, dass eine solche Übertragung vollzogen werden könnte, ist die Hauptursache vieler Misserfolge in der Medizin – und so mancher Katastrophen. Das sind Tatsachen, über die viel zu wenig gesprochen und viel zu wenig geschrieben wird.

Innerhalb von 40 Jahren sind 22 621 medizinische Spezialitäten von den Behörden zurückgezogen worden – von den gleichen Behörden, die ebendiese 22 621 pharmakologischen Produkte für die Anwendung am Menschen zugelassen haben, indem sie verkündeten, dass die Arzneimittel den Test am Tier bestanden hätten. Forderungen nach Abschaffung der Tierexperimente sind daher relativ wenig mit der Liebe zu Tieren begründet, sondern vielmehr mit der Sorge um die Gesundheit der eigenen Artgenossen.

Tierexperimente bieten keinerlei Sicherheit für den Menschen. Sie führen eher in die Irre, da die Ergebnisse nur zufällig auf den Menschen übertragbar sind. Und die Wissenschaftler können nie voraussehen, wann diese Übereinstimmung gegeben ist und wann nicht. Durch das Festhalten am Tierexperiment werden seit Jahrzehnten andere, eventuell ergiebigere Forschungsmöglichkeiten blockiert oder gar nicht erst entdeckt. Wie viele lebensrettende Arzneimittel aufgrund trügerischer Tierexperimente bisher nicht gefunden wurden, lässt sich nur erahnen.

Mitte des 20. Jahrhunderts erklärte der medizinische Forschungsleiter der amerikanischen Lederle-Laboratorien, Dr. James Gallegher, in der renommierten US-Ärztezeitschrift *Journal of the American Medical Association*: »Die Studien an Tieren werden gemacht, weil es die Gesetze verlangen, nicht aus wissenschaftlicher Notwendigkeit. Es ist unsinnig, diesen Studien irgendeinen Wert für den Menschen beizumessen. Dies bedeutet, dass die gesamte Arzneimittelforschung sich bald als völliger Unsinn herausstellen könnte.«

In allen Kulturen legten Ärzte und Heilkundige das Schwergewicht auf Vorbeugung und Verhütung von Krankheiten durch sinnvolle Ernährung, Vermeidung von Giftstoffen und Ausgleich der körperlichen und seelischen Kräfte im Menschen. Auftretende Krankheiten versuchten sie durch Zubereitungen von unterschiedlichsten Arzneien, meist pflanzlicher Herkunft, zu heilen. Chirurgische Eingriffe waren den Medizinern zu allen Zeiten geläufig, wobei schon in der Antike der Patient mit halluzinogenen oder einschläfernden Kräutern in Bewusstlosigkeit versetzt wurde. Es gab aber auch immer wieder Außenseiter, die versuchten, der Natur ihre Geheimnisse durch Experimente mit Tieren zu entreißen. Die Rolle dieser häufig in die Irre führenden Erkenntnisse blieb für die Entwicklung der Heilkunst jedoch gering. Bis ins späte 19. Jahrhundert befasste sich die Mehrheit der Ärzte und Heiler nach dem medizinischen Grundsatz »Nihil nocere« – also dem Patienten vor allem keinen Schaden zuzufügen – und kaum mit der Frage, ob aus künstlich krank gemachten oder absichtlich verletzten Tieren neues Wissen für die Therapie am Menschen bezogen werden könnte.

Erst nach Darwins weltberühmt gewordener Publikation, dass der Mensch sich aus dem Tierreich entwickelt habe und allem Anschein nach von affenartigen Vorfahren abstamme, erlebte der Bereich der Medizin einen regelrechten Dammbruch. Wenn der Mensch nicht mehr als Ebenbild Gottes zu respektieren war, würde man sich fortan sehr viel nüchterner mit der Behandlung seiner Krankheiten auseinander setzen können. Da aber auch die Tiere nicht länger als Geschöpfe Gottes zu achten waren, sondern als chemisch-physikalische Zufallsprodukte einer dumpfen Weltmaschinerie angesehen werden konnten, verwandelte sich die Heilkunde immer mehr in eine rein materialistische und zugleich kommerzielle Angelegenheit.

1865, also im Jahre 6 nach Darwin, erhob der französische Physiologe Claude Bernard mit seinem Buch »*Introduction a l'étude de la médicine experimentale*« (»Einführung in das Studium der Experimentalmedizin«) den Tierversuch zum Prüfstein jeglicher medizinischer Erkenntnis und verlieh dadurch der Medizinforschung eine inhumane und damit unärztliche Richtung. Mit brutalsten Methoden und ohne jede Anästhesie nahm Bernard an festgenagelten oder mit Stricken fixierten Hunden und Katzen Eingriffe und nicht zu beschreibende Experimente vor. Man weiß aus zahlreichen Dokumenten, dass ein Großteil der damaligen Ärzteschaft über die Grausamkeit ihres Medizinerkollegen entsetzt reagierte und auf solcherart gewonnene Forschungsergebnisse lieber verzichten wollte. Spätestens zu Beginn des 20. Jahrhunderts setzten sich jedoch die Anhänger der experimentellen Medizin an den europäischen Universitäten durch. Die Horrorschriften Claude Bernards, die er in Jahrzehnten verfasste, sind zum Teil heute noch in den Bibliotheken medizinischer Fakultäten nachzulesen.

Die Tierexperimentatoren versuchten, finanziell unterstützt

durch die aufblühende Pharmaindustrie, rücksichtslos ihre in unbeschreiblich qualvollen Versuchsreihen gewonnenen Resultate auf kranke Menschen anzuwenden. In zahllosen Fällen bedeutete dies für die Patienten ein bedauernswertes Schicksal, weil damals wie heute die Übertragbarkeit von tierexperimentellen Ergebnissen auf den Menschen nicht abgeschätzt werden konnte. In der Regel war es die klinische Erfahrung, die darüber entschied, ob eine Behandlungsmethode oder ein Medikament beim Menschen erfolgreich eingesetzt werden konnte.

Da seit Claude Bernard viele medizinische Wissenschaftler gleichzeitig tierexperimentell und am Menschen in der Klinik forschten, erscheint es aus heutiger Sicht fast unmöglich nachzuweisen, welche Erkenntnisse letztlich auf Tierexperimente und welche Resultate auf klinische Studien an Kranken zurückzuführen sind. Ohne Zweifel versuchen seit Claude Bernard, einem glühenden Verehrer Charles Darwins, die Experimentatoren und ihre Anhänger jeden Erfolg oder Durchbruch bei der Behandlung von Krankheiten auf tierexperimentelles Forschen zurückzuführen. Moderne Medizinhistoriker haben jedoch inzwischen nachgewiesen, dass die entscheidenden Fortschritte der Medizin nicht auf Tierversuchen beruhen. So gehörten bis ins frühe 20. Jahrhundert die Infektionskrankheiten zu den wichtigsten Todesursachen in den industrialisierten Ländern. Ihr massiver Rückgang seit der Jahrhundertwende, der zu einer bedeutenden Erhöhung der durchschnittlichen Lebenserwartung geführt hat, ist vor allem auf sozialmedizinische und hygienische Maßnahmen bei gleichzeitiger Verbesserung der Ernährung und des Lebensstandards zurückzuführen, aber nicht auf die erst relativ spät erfolgte Entwicklung von Antibiotika und Impfungen.

Die rasche Verbreitung der Experimente mit Tieren und der damit verbundenen naturwissenschaftlichen Ansätze verlagerte den Schwerpunkt der Medizin weg von der Idee des Heilens hin zu mechanistischen, durch die evolutionistische Lehre Darwins entscheidend gespeisten Vorstellungen bezüglich einer Reparatur defekter Organe. Über Jahrtausende wurde Heilung unter ganzheitlichen Aspekten, die Körper und Seele umfassen, gesehen. Im Gegensatz dazu wird jedoch Heilen nur dann von der heutigen Medizin und den Krankenkassen als real anerkannt, wenn sie sich in den naturwissenschaftlich vorgegebenen Rahmen fügen. »Aber woher wissen wir überhaupt«, wundert sich der Bielefelder Psychiater Bernhard Rambeck, »dass Heilen von der üblichen physikalisch definierten Realität insgesamt erfasst wird? Können wir ausschließen, dass sich Heilung letztlich in einem Bereich abspielt, zu dem auch bislang mechanistisch nicht erklärbare Phänomene im Zusammenhang mit Bewusstsein, Geist oder Seele gehören?«

Die systematische Einführung des Tierexperiments in die Medizin in der zweiten Hälfte des 19. Jahrhunderts hat dazu geführt, dass therapeutische Ideen vom Heilen mit mystischem Hintergrund zunehmend durch vermeintlich naturwissenschaftlich überprüfbare Modellvorstellungen ersetzt wurden. Dies wiederum war die Voraussetzung dafür, dass das wirtschaftliche Wachstum der pharmazeutischen Industrie und der Hersteller medizinischer Gerätetechnik einen grenzenlosen Boom erlebte, der bis heute anhält. Der sich abzeichnende Ruin der sozialen Sicherungssysteme hat hier seine Ursachen. Man kann natürlich nur darüber spekulieren, was aus der Medizin ohne jenen englischen Privatgelehrten, Theologen und Weltreisenden Charles Darwin geworden und das tierexperimentelle Forschungssystem aufgrund fehlender Rechtfertigungsmöglichkeiten gar nicht erst entstanden wäre. Vielleicht wäre stattdessen Gesundheitsfürsorge und Krankheitsvorsorge, die bereits zum massiven Rückgang von Seuchen und Infektionskrankheiten geführt hatten, auf breiter Front der Durchbruch gelungen. Vielleicht hätten sich alternative Heilmethoden in eine wissenschaftlich akzeptierte Richtung entwickelt – niemand kann es sagen. Sicher erscheint dagegen, dass die Verwunderung des stets vorsichtig abwägenden Geistes eines Charles Darwin beträchtlich sein dürfte, wie der überwiegende Teil seiner inzwischen neodarwinistisch geprägten Anhänger aus evolutionären Hypothesen gewissermaßen über Nacht kommerziell begründete Tatsachen geschaffen hat.

Der Tierversuch als wissenschaftlich hochstilisierte Methode fasste nicht zufällig erst im 19. Jahrhundert systematisch in der Medizin Fuß. Von den technischen Möglichkeiten her gesehen, wäre die Wissenschaft schon Jahrtausende vorher in der Lage gewesen, vergleichbare »Experimente« und Untersuchungen durchzuführen. Der Tierversuch konnte sich erst durchsetzen, als die Vorstellung, dass der Mensch wahrscheinlich nur ein etwas höher entwickeltes Säugetier ist, in der Öffentlichkeit auf hinreichende Zustimmung stieß. Solange es zum allgemein akzeptierten Gedankengut gehörte, dass sich der Mensch vom Tier vor allem durch seine geistig-seelischen Anlagen deutlich abhob, war keine Basis für experimentelles Forschen am Tier gegeben. Das Tierexperiment wurde erst in dem Maße »sinnvoll«, wie die Naturwissenschaften den Menschen zu einem Säugetier erster Ordnung erklären konnten.

Es ist kein Zufall, dass die heutige Medizin in der Kulturgeschichte des Menschen vermutlich der einzige medizinische Ansatz ist, der sich des Tierexperiments zur Erlangung von Innovationen zu bedienen versucht und gleichzeitig – im Gegensatz zu allen bekannten Heilsystemen der Menschheitsgeschichte – ohne spirituellen Überbau auszukommen glaubt. Ob antike Medizin der Perser, der Griechen, der Ägypter oder der Inka, ob die Heilkünste des Fernen Ostens oder indianischer Schamanen, immer waren an den Heilungsprozessen auch höhere Wesen beteiligt, und immer hatte der Heiler auch eine »seelsorgerische« Funktion.

Der Niedergang einer herzlosen tierexperimentellen Technomedizin begann mit der Contergan-Katastrophe in der Mitte des 20. Jahrhunderts, die gerade trotz umfangreichster Tierversuche die Welt erschütterte. Natürlich wurde dieses menschengemachte Drama als Grund für die behördliche Anordnung von noch mehr Tierversuchen benutzt, aber der dogmatische Glaube an die mo-

derne Medizin war erstmals ins Wanken geraten. Die tierexperimentelle Tradition im heutigen Medizinbetrieb hat dazu geführt,
dass Industrie und Hochschulen gigantische Investitionen in die
Tierversuchsforschung stecken in der Hoffnung, die medizinischen Probleme unserer Zeit vielleicht doch noch lösen zu können.
Mit zahllosen tierexperimentellen Versuchsanordnungen wird seit
Jahrzehnten nach den Ursachen von Krebs, Herz- und Kreislaufer-
krankungen, Aids, Diabetes, Epilepsien und rheumatischen Krank-
heitsbildern gefahndet, um chemotherapeutische oder chirurgische
Behandlungsmethoden zu entwickeln.

Ohne Zweifel haben Experimente den Naturwissenschaften seit
Galilei und Newton zu ihren bahnbrechenden Durchbrüchen und
zum Erkenntniszuwachs der Menschheit verholfen. Mit Experimenten ließen sich viele wichtige Naturkonstanten und Gesetzmäßigkeiten ermitteln. Wenn die ersten Physiker der Neuzeit
Gegenstände vom Schiefen Turm zu Pisa fallen ließen – Galilei
sagt man nach, er habe solche Versuche mit Äpfeln durchgeführt –,
um aus der Fallzeit Schlüsse auf die Schwerkraft der Erde zu ziehen,
war das sinnvoll, weil der Luftwiderstand vernachlässigt werden
kann und die Gravitation tatsächlich die entscheidende Einfluss-
größe darstellt. Wenn aber eine Krankheit des Menschen an einer
Maus oder Ratte modellhaft untersucht wird, ist das vom Metho-
denansatz her problematisch, weil zwischen Mensch und Tier relativ große Unterschiede bestehen – was übrigens kaum etwas mit
der weitgehenden Übereinstimmung der Erbstrukturen zu tun hat:
Ein Regenwurm stimmt in seinen Erbstrukturen immerhin zu mehr
als 60 Prozent mit uns Menschen überein, und selbst die Bäcker-
hefe ist so gesehen auch nur eine weitläufigere Verwandte von
Ihnen und mir. Die Stellvertreterfunktion setzt andere Kriterien
der Übereinstimmung voraus. Selbst die Vertreter derselben Art,
beispielsweise Inuit (Eskimos), farbige Afrikaner und weiße Mitteleuropäer, sind, obwohl allesamt der menschlichen Rasse zugehö-
rig, zumindest in ihrer physiologischen Konstitution erstaunlich

71

verschieden: Während bei Inuit cholesterinbedingte Krankheiten nahezu unbekannt sind (sie verzehren täglich Fisch und damit erhebliche Mengen ungesättigter Omega-3-Fettsäuren), werden westafrikanische Dschuka-Kinder regelmäßig mit einer Riesenmilz geboren, die zwar verantwortlich ist für die aufgeblähten Bäuche, aber diese Menschen vor Malaria bewahrt (es werden hin und wieder auch Dschuka-Kinder mit einer normalen Milz geboren, doch sie erkranken schon bald an Malaria und sterben daran). Auch Mitteleuropäer können grundverschieden sein – beispielsweise zwei »eingeborene« Münchner: Der eine krümmt sich aufgrund fürchterlicher Magenkrämpfe nach der Einnahme einer einzigen Aspirin-Tablette, der andere kann mit dem gleichen Medikament einer ansonsten tödlichen Herzattacke vorbeugen.

Diese wenigen Beispiele mögen genügen, das Prinzip der Stellvertreter-Experimente etwas verständlicher zu machen. Zwischen Mensch und Tier bestehen im Hinblick auf Physiologie, Biochemie und Stoffwechsel natürlich enorme Unterschiede, ganz zu schweigen von so entscheidenden Einflussfaktoren wie psychische, geistige oder seelische Komponenten. Ein physikalisches Experiment kann in der Regel nur physikalische Fragen beantworten, ein chemisches Experiment wird lediglich Antworten für Probleme aus der Welt der Chemie geben. Was aber ist mit medizinischen Experimenten? Kann man im Bereich der Heilkunst überhaupt auf naturwissenschaftlicher Basis experimentieren? Sicher lassen sich bei einem Meerschweinchen oder einem Menschen biochemische Wirkungen oder physiologische Fragestellungen untersuchen. Wie reagiert beispielsweise eine Ratte, der Äthanol (Äthylakohol) oder Methanol (Methylakohol) verabreicht wird? In beiden Fällen wird der Nager mehr oder weniger gestörte Verhaltensweisen zeigen bis hin zu schweren Nebenwirkungen. Aber welche Bedeutung kommt diesem Experiment im Hinblick auf den Menschen zu? Der Mensch reagiert auf Äthanol ähnlich wie ein Tier, unter Methanol wird er jedoch im Gegensatz zur Ratte rasch erblinden. Die Ursache für diese verschiedenartigen Reaktionsweisen von Mensch und Ratte besteht in einer unterschiedlichen Verarbeitung des Methanols in der Leber.

Auch das Problem der physiologischen Abhängigkeit von Äthanol lässt sich am Tier untersuchen. Ratten erhalten längere Zeit Alkohol (in manchen pharmazeutischen Laboratorien ist das auch schon mal süffiges Bier), und nach Absetzen der regelmäßigen Rationen beobachten die Wissenschaftler die auch bei diesen Tieren normalen Entzugserscheinungen. Aber »abgesehen von nicht vorhersehbaren Artunterschieden ist die Abhängigkeit des Menschen bekanntlich nicht nur biochemischer Natur, sondern auch psychisch-physisch bedingt, und die lässt sich am Tier eben überhaupt nicht untersuchen. Entsprechend gibt es trotz zahlreicher Tiermodelle bislang kein Medikament gegen Alkoholabhängigkeit«, schreibt Bernhard Rambeck in seinem Buch »*Mythos Tierversuche*«.

Der Vorwurf, dass die auf Tierexperimenten beruhende Humanmedizin nur Symptome bekämpfen oder gar verlagere, hängt also damit zusammen, dass ein heilkundliches Experiment im ganzheitlichen Sinn gar nicht möglich ist und dass im Tierversuch immer nur Teilaspekte ohne konkrete Vorhersagbarkeit der Wirkweise beim Menschen untersucht werden können. Es gibt kaum eine Wissenschaft, kaum eine Religion, die nicht die geheimen Wahrheiten hinter den Zahlen zu ergründen sucht. Nur die es ohne Zahlen treiben, beweisen alles, was man von ihnen verlangt. Sie setzen, wie etwa die Tierexperimentatoren, einen Floh auf einen Tellerrand und befehlen ihm: »Spring!« Hüpft der Floh, so notieren sie in das Buch ihrer kruden Wissenschaft: »Ein Floh springt, sobald man es ihm befiehlt.« Dann reißen sie dem Floh mit Bedacht zwei Beine aus, setzen ihn wieder auf den Tellerrand und befehlen ihm erneut zu hüpfen. Jetzt rührt er sich aber partout nicht von der Stelle. Da notieren sie in ihr schlaues Buch: »Reißt man dem Floh zwei Beine aus, so verliert er sein Gehör.«

Dabei stellt sich natürlich die Frage, warum trotz der fraglichen Übertragbarkeit von tierexperimentellen Resultaten im Verlauf des letzten Jahrhunderts doch eine große Zahl offensichtlich wirksamer Heilmittel entwickelt werden konnte. Die Antwort muss lauten: Nicht wegen, sondern trotz der weltweiten Millionenflut von Tierversuchen wurden immer wieder therapeutisch verwendbare Substanzen gefunden und im klinischen Versuch auf ihre Wirksamkeit erprobt. Allein schon die Tatsache, dass in jüngster Zeit trotz einer Inflation von Experimenten an Ratten und Mäusen immer seltener neue Wirkstoffe entdeckt werden – und die, die man glaubt entdeckt zu haben, stellen sich in den allermeisten Fällen schon bald als überwiegend schädlich heraus –, weist darauf hin, dass der Tierversuch letztlich nur eine geringe Rolle für die Entwicklung neuer Medikamente spielen dürfte.

Der unermessliche Schaden, der sowohl der Medizin als vor allem auch dem Heer ungezählter Patienten durch den Mythos Tierversuch zugefügt wurde, besteht in der maßlosen Überbetonung des naturwissenschaftlichen Aspektes bei gleichzeitiger Verdrängung und Vernachlässigung der geistig-seelischen Komponente von Gesundheit und Krankheit des Menschen. Niemand bezweifelt, dass wichtige Mechanismen in der Funktion von Mensch und Tier naturwissenschaftlich geklärt werden können – das Vorbild Natur bleibt auch in der Medizin unangetastet. Der grandiose Fehlschluss allerdings, der durch das tierexperimentell begründete Forschungssystem forciert wurde, besteht darin, zu glauben, dass nur die naturwissenschaftlich erklärbaren und materiell fassbaren Aspekte des Menschen für Gesundheit und Krankheit ausschlaggebend seien. Dieser Fehlschluss hat vor allem dazu geführt, dass die heutige Medizin trotz astronomischer Investitionen und einer gigantischen Aufblähung von Detailwissen am Kern des Problems Krankheit regelrecht vorbeiforscht und im Kampf gegen die entscheidenden Zivilisations- und Massenkrankheiten auf der Stelle tritt.

Es ist keineswegs Zufall, dass die allgemeine Ablehnung des tierexperimentellen Forschungssystems gerade in den letzten Jahren massiv zugenommen hat und immer häufiger auch von kritisch denkenden Ärzten und Wissenschaftlern getragen wird. Dabei handelt es sich hier weniger um tierschützerische Belange als vielmehr um die grundlegende Erkenntnis, dass die weitgehend mechanistisch-materialistische Ausrichtung der medizinischen Forschung die Heilkunst trotz scheinbarer Erfolge in eine bedrohliche Sackgasse getrieben hat. Analytisch-reduktionistische Denkweisen führten auf Kosten ganzheitlicher Vorstellungen dazu, dass Begriffe wie Leben, Bewusstsein, Seele, Krankheit, Gesundheit oder Heilung nur mehr mechanistisch interpretiert und auf biochemische oder physikalische Grundvorstellungen reduziert wurden. Mit dieser eher inhumanen Grundhaltung gingen aber wesentliche Inhalte dieser Begriffe und damit auch deren geistige Verarbeitung verloren.

Heute schwingt das Pendel in vielen Bereichen der Wissenschaft wieder mehr in die andere Richtung. Vor allem in der Physik revolutionieren völlig neue Ideen, beispielsweise im Bereich der Teilchenphysik, der Quantenmechanik oder der Chaostheorie das traditionelle Bild vom Kosmos, der vorbestimmt und vorhersehbar seine Bahn durch die unendliche Zeit zieht. Ganzheitliche Vorstellungen, in denen es keinen unbeteiligten Beobachter mehr gibt, in denen das Bewusstsein des Beobachters das Ergebnis des Experiments beeinflusst und jedes mit jedem in wechselseitigen Beziehungen steht, gewinnen zunehmend an Boden.

Auf die Medizin bezogen bedeutet dies, dass es den naturwissenschaftlich agierenden oder experimentierenden Arzt, der biochemische Gleichgewichte durch Chemikalien zuerst beim Tier und dann entsprechend beim Kranken in einem gewünschten Sinn beeinflusst, gar nicht gibt, sondern nur den Kranken und den Heiler und dazwischen ein vermittelndes Medium. Der Kranke erfährt im Rahmen der Krankheit nicht bloß irgendwelche mehr oder weniger zufälligen biochemischen Veränderungen, sondern seine physisch-psychische Grundhaltung wurde angestoßen. Möglicherweise schwingt sie in die ursprüngliche Position zurück, vielleicht findet sie ein neues Gleichgewicht, unter Umständen ist die

Veränderung aber auch nicht umkehrbar und führt zum Tode. Die Aufgabe des zukünftigen Arztes ist es, wieder mehr von der Natur und ihren biologischen Systemen zu lernen, vor allem die Selbstheilungskräfte des Menschen, die auf körperlichen und geistigen Ebenen wirksam werden können, zu unterstützen. Seine Möglichkeiten reichen von materiell kaum erklärbaren Funktionen wie Handauflegen im archaischen Sinne des »Behandelns« über psychische Stärkung bis zur Verwendung von Heilmitteln, welche die Heilung »vermitteln« sollen.

Viele Ärzte unserer Zeit haben ihre Tätigkeit auf das Erkennen physiologischer oder biochemischer Störungen und die anschließende Verschreibung von mehr oder weniger wirksamen Chemikalien zur Symptombehandlung reduziert. Wie weit ist diese Tätigkeit noch mit Heilen im ursprünglichen Sinn des »Ganzmachens« zu erklären? Vergleicht man die Biographie des Heilers in anderen Kulturen mit dem akademischen Werdegang unserer Ärzte, so fällt auf, dass in den meisten Heilsystemen das wesentliche Kriterium für die Fähigkeit zu heilen die eigene Krise und deren Überwindung ist. Erst wenn der Heiler selbst eine schwere, häufig lebensbedrohliche Krankheit durchlebt und sie mit eigener, oft mit letzter Kraft überwunden hat, ist er in der Lage, selbst zu heilen. Welch ein Unterschied zur Ausbildung unserer Ärzte, die, voll gestopft mit lexikalischem Lehrbuchwissen wie Martinsgänse und einem unüberschaubaren Sammelsurium unterschiedlichster Chemikalien und Pharmaka ausgestattet, auf die vertrauensvollen Kranken losgelassen werden! Glücklicherweise spüren viele Ärzte aber im Laufe ihres Berufslebens, dass ihre heilenden Fähigkeiten von innen kommen und immer seltener von den weitgehend austauschbaren Verkaufsschlagern der Arzneimittelkonzerne abhängen.

Wird der Arzt der Zukunft Heiler sein, der sich an den selbstheilenden Vorbildern der Natur orientiert, oder Außendienstmitarbeiter einer auf Gewinnmaximierung orientierten Pharmaindustrie? Vieles deutet darauf hin, dass die heute praktizierte Medizin in fast jeder Beziehung an ihre Grenzen gestoßen ist: nahezu unbezahlbar, streckenweise ausgesprochen gefährlich und im Hinblick auf die entscheidenden Massenkrankheiten weitgehend ineffizient. Wenn wir die globalen Probleme unserer Zeit durch Annäherung an über Jahrmillionen bewährte Vorbilder in der Natur bewältigen werden, könnte auch eine ganzheitliche Medizin das Erbe der traditionellen und unkonventionellen Heilsysteme unter sinnvoller Einbeziehung von naturwissenschaftlichen Erkenntnissen antreten. Der Tierversuch wird darin vermutlich keine Rolle mehr spielen und als säkularer Irrtum in die Medizingeschichte eingehen.

Ein ähnliches Schicksal könnte auch dem »genetischen Paradigma« in der Medizin blühen. Trotz rasanter Fortschritte bei der Entschlüsselung unserer Gene im Rahmen des Humane Genome Project sind die versprochenen Erfolge ausgeblieben, viele Illusionen längst wieder zu Grabe getragen worden. In mehr als 10 000 klinischen Protokollen mit weltweit Zehntausenden von Patienten ist bislang keine einzige wirkliche Heilung durch Gentherapie zu verzeichnen. Gentechnisch hergestellte tierische »Krankheitsmodelle«, wie etwa die berühmte Krebsmaus, vermochten die Forschung kein Stück weiterzubringen. Während mehrerer Jahrzehnte hat der bis zu seiner Emeritierung an der Universität von Kalifornien in Berkeley für Zell- und Molekularbiologie forschende Wissenschaftler Richard Strohmann die genetisch bedingte Krankheit der Muskeldystrophie studiert. Der Muskelschwund ist eine so genannte monogene, also eine durch ein einzelnes defektes Gen verursachte Krankheit. Im Verlauf seiner Forschungsarbeit erkannte Professor Strohmann, dass »selbst das genetische oder molekulare Verständnis einer solch monogenen Erkrankung von äußerst komplizierten und vielschichtigen Problemen verdunkelt« wird. »Ich war einfach unzufrieden mit meiner eigenen Forschung«, gesteht der US-Wissenschaftler und erklärt: »Das sage ich, obwohl ich im herkömmlichen Sinne durchaus erfolgreich war: Meine Projekte wurden

77

32 Jahre ohne Unterbrechung durch das amerikanische Gesundheitsministerium gefördert – also bewegte ich mich durchaus im ›mainstream‹ und war akzeptiert. Aber am Ende meiner Karriere habe ich einsehen müssen, dass die Dinge doch ganz anders liegen, als ich es von meiner Ausbildung und meiner Arbeit her anzunehmen gewöhnt war.«

Die klassische Lehre besagt, wenn die Wissenschaft ein Gen und eine krankhafte Veränderung kennt, dann weiß sie, was falsch läuft. Auf dieser Grundlage können dann Mediziner diagnostizieren und Therapien entwickeln. »Aber so ist es nicht«, widerspricht Richard Strohmann. »Nehmen Sie zum Beispiel das BRCA-I-Gen, das so genannte Brustkrebs-Gen. Bislang sind über 100 Mutationen in diesem Gen gefunden worden, und es gibt keine Korrelation zwischen dem Mutationsereignis und dem Symptom. Bei der Mukoviszidose [Erkrankung der Bauchspeicheldrüse] ist es genauso. Das bedeutet, dass selbst diese monogenen Erkrankungen, für die es lineare Tiermodelle gibt – hier das Gen als Ursache, da die Krankheit als Folge –, nichtlinear sind. Ob eine Mutation ein Produkt hervorbringt, das defekt, normal oder irgendetwas dazwischen ist, das hängt ab von den Umständen, vom genetischen Kontext, von der Umwelt und einer Kombination dieser Faktoren. Und es ist praktisch unmöglich, diese Elemente von Modulation und Regulation bei Tier und Mensch vorauszusagen – noch nicht einmal bei Tier *oder* Mensch.«

Die Vorstellung, dass man Erb- und Umweltfaktoren fein säuberlich voneinander abgrenzen oder sogar beziffern kann, sei einer der gravierendsten Irrtümer, die es in der Biologie jemals gegeben habe. Dieses additive Konzept vereinfache die Dinge so unglaublich, dass sie mit der Wirklichkeit absolut nichts mehr zu tun hätten. Kein ernsthafter Populations- und auch kein Pflanzengenetiker würde so vorgehen, aber Human- und auch Verhaltensgenetik arbeiteten mit diesen falschen Modellen. Professor Strohmann: »Das kann nicht funktionieren, weil die Vererbung eben nicht einer additiven, linearen Logik folgt, nicht einmal bei den monogenen Erkrankungen. Das additive Modell in der Humangenetik gibt einfache Antworten auf Fragen, die keineswegs einfach sind. Es hat zu nichts als Verwirrung geführt, zu einer völlig falschen Vorstellung von Vererbung.«

Sind sich viele Wissenschaftler nicht im Klaren darüber, dass in unseren zehn Billionen Zellen zwei ganz verschiedene Informationssysteme existieren? Das eine ist das genetische System, das den Code für die Produktion von Eiweißmolekülen enthält, die für die Existenz der Zelle notwendig sind. Das andere Informationssystem, das höheren biologischen Systemen zur Verfügung steht, ist das so genannte epigenetische System, dessen Funktion darin besteht, die Genexpression, also die Verwertung der genetischen Information, zu kontrollieren.

Wie muss man sich das Zusammenspiel dieser beiden Informationssysteme vorstellen, sagen wir, bei einer komplexen Erkrankung wie Bluthochdruck oder Krebs, von denen die Humangenetik ja heute behauptet, dass sie erblich sind? Wenn man davon ausgeht, dass an einer solchen komplexen Krankheit beispielsweise 100 Gene beteiligt sind – das ist eine keineswegs unrealistische Zahl –, dann ergibt sich etwa folgendes Szenarium: Die 100 Gene kodieren 100 Proteine, einige davon sind Enzyme, sodass wir ein epigenetisches Netzwerk von 100 Proteinen, zahlreichen biochemischen Reaktionen und vielen Reaktionsprodukten haben. Das ist ein System, das sich unter dem Einfluss von Signalen aus dem Körper und der Umwelt von Minute zu Minute ändert und über verschiedene Komponenten auch wieder auf die DNS zurückwirkt, also das An- und Abschalten von Genen steuert. Wenn wir des Weiteren annehmen, dass wir eine Mutation haben, die ein fehlerhaftes Protein in dieses Netzwerk einschleust, dann ist das Ergebnis schlicht unvorhersehbar. Vielleicht bricht das ganze Netzwerk zusammen, vielleicht reagiert es, indem es andere Gene aktiviert, vielleicht produziert es aber auch andere Proteine, um das durch das fehlerhafte Gen entstandene Leck gewissermaßen zu reparieren. Denn das epigenetische System ist anpassungsfähig und kann genetische Veränderungen wie Mutationen oftmals ganz einfach kompensieren.

Ein Beispiel für eine solche genetische Kompensation ist der Bluthochdruck. Da hat man bei Ratten ein Gen gefunden, das Bluthochdruck verursacht, wenn es mutiert ist; das ist beim Menschen durchaus ähnlich. Das Problem dabei ist nur, dass man dieses mutierte Gen auch bei solchen Menschen findet, die gar nicht an Bluthochdruck leiden. Es stellt sich nämlich heraus, dass fünf oder zehn andere Gene einspringen, um den durch die Mutation bedingten Ausfall zu egalisieren. Denn nicht nur die Erbstruktur von Pflanzen und Tieren, sondern auch die genetische Ausstattung der Menschen ist wie bei allen biologischen Systemen besonders fehleranfällig. Aber genau diese Tatsache ist für die genetische Diagnostik und überhaupt für alle derartigen Ansätze – und mechanistisch geprägten Überlegungen – ein Albtraum.

Diese wunderbare Anpassungsfähigkeit unseres Organismus ist auch der Grund dafür, dass die so genannten Knock-out-Mäuse oder jene berühmt gewordene Krebsmaus als Stellvertreter für menschliche Krankheiten nur wenig geeignet sind, obwohl in den letzten anderthalb Jahrzehnten Milliarden an Forschungsgelder in dieses System hineingepumpt wurden. Die Vorstellung der Wissenschaftler bestand darin, in diese »Onko-Maus« von 1987 ein paar Gene, mutierte Krebsgene, einzubauen, um damit bei Tieren Krebs zu erzeugen (denn von allein bekommt eine Maus keinen Krebs). Doch schon allein die Bezeichnung dieser Gene ist irreführend, wie selbst deren Mitentdecker Mike Bishop ausdrücklich bestätigt. Denn selbst wenn die »Onko-Mäuse« infolge dieses künstlichen Eingriffs Krebs bekommen, besagt dies zunächst einmal gar nichts über die Rolle der angeblichen Krebsgene. Um solche Tiere im Wortsinn zu konstruieren, muss man an den Eizellen herummanipulieren. Diese sind jedoch hochsensible, feinst strukturierte Organbereiche, sodass derart traumatische Experimente Effekte hervorrufen, die sich nur sehr schwer oder überhaupt nicht kontrollieren lassen. Führt man dann auch noch Gene ein, die das Zellwachstum beeinflussen, so kann man mit allen möglichen Resultaten rechnen, auch mit einer Krebsrate, die etwas über dem Durchschnitt liegt.

Aber dies alles verrät den Medizinern nichts über die normale Entstehung des Krebsgeschehens. Die »Onko-Maus« ist lediglich ein armseliges, völlig wertloses Modell für Krebs beim Menschen. Auch die mittlerweile patentierten »Knock-out-Tiere« führen in eine Sackgasse. Diesen werden manipulativ beide Kopien – die väterliche und die mütterliche – von bestimmten Genen entfernt, die für sehr wichtig erachtet werden. Doch wenn die Mäuse dann Junge bekommen, sind diese ganz normal, obwohl doch erwartet wurde, dass der Organismus ohne diese Gene gar nicht funktionieren kann. Auch das beweist, dass die herkömmlichen genetischen Modelle im Tierversuch ein kostspieliger Irrweg sind.

Die Hoffnung, sagt Richard Strohmann, dass man auch bei so komplizierten Erkrankungen wie Schizophrenie, Krebs oder Bluthochdruck mit dem linearen genetischen Ansatz endlich den lang ersehnten Durchbruch erzielen würde, beruhe auf dem Enthusiasmus aus den Anfängen der Molekularbiologie, der vielleicht verständlich sei. Aber »angesichts der zahllosen Versprechungen, die nach und nach zurückgenommen werden müssen, sollten wir endlich einsehen, dass wir mit genetischer Analyse allein überhaupt nichts erklären oder vorhersagen können«, resümiert der US-Wissenschaftler. Natürlich werde sie uns einige Informationen über den Zusammenhang zwischen Genen und Produkten liefern, aber mehr eben nicht. »Meine Erfahrung als Entwicklungsbiologe sagt mir, dass wir mit dem linearen Denken nicht weiterkommen. Aber die komplexe, adaptive Logik der Epigenetik verstehen wir einfach noch nicht. Wir müssen weg von der einfachen Beschreibung, und wir brauchen Biologen, die in Theorie, in mathematischer Modellbildung, in nichtlinearer Logik ausgebildet sind. Ich sehe in der Biologie einen enormen Bedarf an theoretischer Modellbildung.

Wir haben im Augenblick überhaupt nicht die Begriffssysteme, um über die Probleme reden zu können.«

Man kann sich jedoch in der medizinischen Wissenschaft nur schwer vorstellen, wie sich das profitabel umsetzen lässt. Dieser Umstand ist zweifellos einer der Hauptgründe, warum bislang keine Abkehr vom reduktionistischen Prinzip des Tierversuchs erfolgte – die Millionen Kranken, die händeringend auf medizinische Hilfe warten, spielen dabei offensichtlich keine entscheidende Rolle. Nur diese vergleichsweise primitiven, weil allzu simplen Modelle führen eben zu einzelnen Genen, zu genetischen Voraussagen, zu Gentherapie-Modellen. So etwas lässt sich manipulieren, patentieren, in Flaschen abfüllen und verkaufen. Es ist hingegen nicht so klar, was die Erkenntnisse einer epigenetischen Biologie für die Biotechnologie bedeuten würden. Deswegen müssen wir unter Umständen noch jahrelang mit Versprechungen leben, die sich niemals realisieren lassen. Denn wenn die Idee einer einfachen Technologie, von einfachen Antworten auf komplexe Fragestellungen in unserer immer noch mechanistisch geprägten Kultur erst einmal Fuß gefasst hat, ist es offenbar sehr schwer, sich wieder davon zu trennen. Vielleicht erachten es viele wissenschaftliche Geister auch als zu mühsam, sich mit den komplizierten Sachverhalten in biologischen Systemen zu befassen – in jedem Fall ist zu viel Geld im Spiel. Um an dieser Stelle Missverständnissen vorzubeugen: Nicht Geld an sich stinkt, aber sinnlos verpulverte Milliarden sollte sich auch eine globalisierte Weltwirtschaft nicht länger leisten. Sonst könnten, wie an den großen Börsen, selbst Wohlstandsgesellschaften über Nacht zu armen Schluckern mutieren.

Düstere Aussichten, wie es scheint, enttäuschte Hoffnungen und begrabene Illusionen – das ist schon bitter. Zeichnet sich überhaupt kein Silberstreif am Horizont einer künftigen Medizin ab? Zwar bleibt der US-Forscher Richard Strohmann letztlich zuversichtlich, doch die Molekulargenetik hält er für ein Auslaufmodell: »Diese Wissenschaftsdisziplin ist rein deskriptiv, es gibt keinerlei strukturelle Theorie über das Zusammenspiel der Gene, der Genetik und der Epigenetik, kein Gefühl für diese ungeheure Dynamik in der lebenden Zelle. Insofern trägt die Molekulargenetik den Keim ihres eigenen Untergangs in sich, und wir leben in aufregenden Zeiten. Wissenschaftliche Revolutionen brauchen Zeit, aber sie sind nicht aufzuhalten.«

Das Kichern der Laborratten ist jetzt schon nicht mehr zu überhören. Bezeugt wird dies von Jaak Panksepp von der Ohio State University in Bowling Green, der mit seinen Mitarbeitern bereits seit 20 Jahren das Spiel- und Sozialverhalten von Tieren, speziell von Nagern, studiert: Ratten besitzen zwar keinen Sinn für Humor, so der aus Estland stammende Professor für Psychobiologie ironisch, aber »sie haben sicherlich einen Sinn für Spaß und Freude«. Den haben Panksepp und sein Team in einer bemerkenswerten Studie förmlich aus den Tieren herausgekitzelt. Jahrzehntelang nahmen die US-Wissenschaftler das Gelächter aus den Laborkäfigen nicht wahr. Erst als sie ihre Kitzelexperimente begannen und mit speziellen Ultraschalldetektoren einen konzentrierten Lauschangriff starteten, schlug ihnen das Nagergezwitscher entgegen – so etwas nennt sich dann kreative Wissenschaft. Entsprechend umwerfend sind die Resultate des Forscherteams: »Es sieht so aus, als ob Ratten genau wie wir besonders kitzelige Körperzonen haben«, versichert Panksepp. Der Rattendompteur ist überzeugt, dass beide Seiten – die Ratten und die Forscher – ihre Freude an den Experimenten hatten. In Folgeversuchen, so die Vorstellung der US-Biologen, will man noch mehr über die tierischen Mechanismen des Lachens in Erfahrung bringen: »Wir hoffen, dass die neurologischen Prinzipien bei Mensch und Tier ähnlich sind.« Falls sich dies bestätigen sollte, schwärmt der engagierte Wissenschaftler, »können wir mithilfe von Tiermodellen mehr über positive menschliche Emotionen lernen«.

»Unsinn« ist in diesem Zusammenhang vielleicht nicht das richtige Wort; »Zeitbombe« wäre der vermutlich passendere Ausdruck.

Der Klinische Pharmakologe Professor Dr. med. Jürgen C. Frölich von der Medizinischen Hochschule Hannover hat kürzlich in der ärztlichen Fachzeitschrift *Der Internist* dargelegt, dass in Deutschland jährlich 58 000 Arzneimitteltote zu beklagen sind. Die Folgekosten der durch Medikamente geschädigten Patienten beläuft sich nach Meinung dieses renommierten Experten auf mehr als 30 Milliarden Euro – jährlich! Ein anderer Klinischer Pharmakologe, Professor Dr. med. Manfred Wehling, Leiter eines Arzneimittelinstituts an der Universität Mannheim, stellte in der *Deutschen Medizinischen Wochenschrift* fest, dass jährlich mehr als zwei Millionen ältere Menschen wegen Arzneimittelschäden in Kliniken eingeliefert werden, etwa 100 000 Patienten würden an der Verschreibung falscher Medikamente sterben. Aneinander gereiht würden die Särge dieser Arzneimitteltoten eine Strecke von Frankfurt am Main bis Düsseldorf ergeben.

Anstelle eines trügerischen Füllhorns viel gepriesener Arzneimittelinnovationen, die an Ratten und Mäusen ein Wunder nach dem anderen bewirken, uns Menschen aber eine Katastrophe nach der anderen bescheren, brauchen wir neue, kreative und phantasievolle Wissenschaftskonzepte. Wenn seit Jahren in der Arzneimitteltherapie ein »Waffenschein für Ärzte« gefordert wird und Medizinstudenten alles über die Dosierung von Medikamenten bei Ratten und Mäusen, jedoch so gut wie nichts über die richtig dosierte Verabreichung von Arzneimitteln an ihre zukünftigen Patienten erfahren, sind grundlegende Änderungen auch bei der Medizinerausbildung dringend vonnöten.

Tausende Arzneimittel, die uns mit behördlichem Segen vom modernen Medizinbetrieb weitergereicht wurden, haben sich als schädlich und nicht selten lebensgefährlich, zumindest aber als zweischneidiges Schwert entpuppt. Einziger Grund: Tierexperimente, die in die Irre führen und jegliche Risikoabschätzung illusorisch machen. Die moderne Medizin mit ihren auf Tierversuchen aufbauenden Behandlungsmethoden stabilisiert nicht nur die bekannten Krankheiten unserer Zeit, sondern sie erzeugt zudem ständig neue – vor allem chronische – Leiden und bringt dadurch auch unsere sozialen Sicherungssysteme in eine bedrohliche Schieflage.

Die Lösung dieser Problematik kann nicht darin bestehen, künftig auf ein paar Tierexperimente zu verzichten, einige mehr oder weniger alternative Ergänzungsmethoden einzuführen und ansonsten unser so genanntes Gesundheitssystem in unveränderter Form vor sich hinwursteln zu lassen. Die Medizin muss neue Wege gehen, Wege, die aus der tierexperimentellen Sackgasse herausführen. Wege vor allem, die sich mit dem Thema Heilen beschäftigen und nicht mit dem immer neuen Unterdrücken und Verlagern von Symptomen, Wege, die sich mit der Verhinderung unserer Krankheiten befassen, nicht mit dem Erfinden neuer Leiden und Gebrechen.

Vielleicht ist das Ende des tierexperimentellen Forschungssystems nur noch eine Frage der Zeit. In der Geschichte der Menschheit gab es immer wieder Ideen, deren Verwirklichung – einmal begonnen – nicht mehr aufzuhalten war. Beispiele sind der Kampf gegen Sklaverei, Apartheid und Hexenverfolgung. Die mittelalterliche Wissenschaft war von der Notwendigkeit der Hexenfolter genauso unerschütterlich überzeugt wie die heutige Wissenschaft von der Notwendigkeit der Tierversuche. Die Gelehrten der damaligen Zeit waren sich absolut sicher, dass nur mit einer totalen Vernichtung der Hexen Krankheiten und Seuchen, Hungersnöte und Naturkatastrophen, Tod und Elend vom Menschen abgewandt werden konnten – genauso sicher wie die Gelehrten von heute zu wissen glauben, dass sich Krankheiten von Krebs bis Aids nur mittels Tierexperimenten beseitigen lassen. Wer die Verfolgung der Hexen kritisierte oder behinderte, war ein Ketzer oder Verächter der Menschen, der selbst mit dem Teufel im Bunde stand – genauso wie heute ein Tierversuchsgegner nach Meinung der offiziellen Wissenschaft und Schulmedizin entweder ein weltfremder Spinner oder ein unverbesserlicher Ignorant sein muss, der den Fortschritt aufhält und damit der Menschheit schadet.

Exemplarisch wurde die Idiotie tierexperimenteller Forschung vor etlicher Zeit im US-Fernsehen einer breiten Öffentlichkeit vorgeführt: Amerikanische Astronauten nahmen Ratten mit in den Orbit, um ihnen dort mithilfe einer Spielzeugguillotine den Kopf abzuhacken. Forschungszweck dieser galaktischen Exekution: die physiologischen Folgen abgetrennter Rattenköpfe in der Schwerelosigkeit testen. Offenbar sollen kopflose Astronauten aus derart innovativen Experimenten Nutzen ziehen. Als geisteskrank sollte man solche Wissenschaftler jedoch nicht bezeichnen. Im Dezember 1996 sendete der Westdeutsche Rundfunk den englischen Tierfilm »Mensch und Tier – ein absolut verrücktes Verhältnis« von Antony Thomas. Darin schwören hinduistische Tempelpriester der indischen Stadt Deshnoke auf die Heilkraft der Ratten. Sie sind überzeugt: »Wenn die Ratten sterben, werden sie zu Menschen, und wir werden als Ratten wiedergeboren.« Anderen Vorstellungen zufolge sind Ratten die Inkarnation der Seelen toter Dichter und Schriftsteller – künftig vielleicht auch toter Astronauten.

Wenn sich der tierische Organismus so unterschiedlich verhält, warum müssen gleichwohl immer neue Mäuseheere als Stellvertreter des Menschen herhalten? Womöglich eignen sich die Natur und ihre biologischen Systeme gar nicht zum Vorbild für Menschen, die selbst ein biologisches System repräsentieren. So viel scheint heute festzustehen: Für die Stellvertreterposition sind Tiere und Pflanzen nur in Ausnahmefällen geeignet. Namhafte Bioniker, wie Professor Dr. Werner Nachtigall von der Universität des Saarlands, predigen schon seit Jahrzehnten, man sollte nicht dem Kinderglauben verfallen, technische Einrichtungen und Verfahrensweisen lebender Systeme als Blaupausen für menschliche Zwecke heranzuziehen. Dies wäre ziemlich naiv und letzten Endes nicht viel mehr als Scharlatanerie – mit einem Wort: unweise. Aber ebenso unweise ist es eben auch, die unermessliche Fülle biologischer Vorbilder für eigenständiges Entwickeln nicht zur

Kenntnis zu nehmen, Pflanzen und Tiere lediglich als schützens-
werte Zierde unserer Welt zu behandeln.

Von diesbezüglichen Beispielen wird noch ab Seite 186 die Rede
sein.

5. Wo Extremisten den Ton angeben

Wir schreiben das Jahr 1808: Die Truppen Napoleons liefern sich mit spanischen Freiheitskämpfern schwere Gefechte. Militärarzt beim 3. französischen Armeekorps ist ein gewisser L. Dufour. Während einer Feuerpause in den Pyrenäen entdeckt der junge Mediziner, am Rande eines kleines Wäldchens flach auf dem Boden liegend, ein verblüffendes Kriegsszenario en miniature: Unmittelbar vor sich beobachtet er im halbhohen Gras einen kleinen Käfer – der auf ihn schießt! Fassungslos vor Staunen, begreift der Soldat im ersten Augenblick gar nicht, was sich da auf der winzigen Naturbühne abspielt. Sein Liliputgegner ist ein schlanker, knapp einen Zentimeter großer Laufkäfer mit kupferrotem Vorderleib und in der Sonne blaugrün schillernden Flügeldecken. Der wissenschaftliche Name des Artilleristen ist *Brachynus crepitans*, im Volksmund heißen er und seine ziemlich große Verwandtschaft nur »Bombardierkäfer«. Als Dufour von dem sechsbeinigen Schützen unter Beschuss genommen wird, ist der Wissenschaft dieses Insekt bereits ein halbes Jahrhundert bekannt. In einer alten Beschreibung heißt es: »So wie die mütterliche Natur den Geschöpfen mannigfaltige Waffen gegen ihre Feinde gab, so hat sie auch diesen Käfer mit einem ganz eigenen Verteidigungsmittel ausgerüstet. Er schießt nämlich seinen Verfolgern, deren er unter den Laufkäfern manchen hat, einen bläulichen Dunst, den ein ziemlicher Gestank und Knall begleitet, ins Gesicht. ... Lässt man sie gegen einen Spiegel feuern, so bekommt dieser einen Dampfflecken.«

Man wusste seinerzeit auch schon, dass die Geschosse des Bombardierkäfers sehr wirkungsvoll waren, und da bereits Luftdruckgewehre verwendet wurden – fast hätte Napoleon die Schlacht im Marchfeld bei Wagram verloren, da seine Truppen vor den lautlosen und raschen Schüssen der österreichischen Windbüchsen-Kompanien in panischem Schrecken flohen –, erklärte man die gut gezielten und rasch aufeinander folgenden Salven des kecken Sechsbeiners kurzerhand zu »Windschüssen«. Der französische Militärarzt mochte diese Meinung allerdings nicht so ohne weiteres teilen. Doch nachdem er den Käfer »geärgert« hatte, starrte er verdutzt auf seine Finger, wo sich an mehreren Stellen rötlichbraune Flecken bildeten. Von Luftdruck keine Spur, eher war das die Wirkung von Salpetersäure oder nitrosen Gasen – der kleine Kerl schoss ja wie eine Kanone! Und es roch deutlich nach Pulverdampf. Denn versehentlich hatte Dufour eine ganze Kolonie dieser Krabbeltiere aufgeschreckt – unmittelbar vor ihm im Gras herrschte regelrechtes Kriegsgetöse...

US-Wissenschaftler haben inzwischen das auf reine Verteidigung angelegte Waffensystem der Bombardierkäfer gründlich untersucht. Die wehrhaften Insekten besitzen am Hinterleibsende zwei Drüsenkammern, die in spezielle Spritzdüsen münden. In der einen Vorratskammer lagert das starke Zellgift Wasserstoffsuperoxid, in der anderen eine weitere chemische Verbindung – das nach Pulver riechende Hydrochinon. Beide »Raketenbrennkammern« sind in ihrem Inneren mit hitze- und giftbeständigem Chitin gepanzert und normalerweise durch einen Schließmuskel getrennt. Trotz dieser hochgerüsteten Armierung schießen Bombardierkäfer nie zum Angriff, ihre Zwillingskanone ist ausschließlich Defensivzwecken vorbehalten. Bei einem Überfall durch Ameisen allerdings werden Hydrochinone und Wasserstoffsuperoxid freigesetzt, die in hörbaren Explosionen zu Chinonen und kochend heißem Wasser verpuffen und gezielt auf den Feind gespritzt werden.

Wie aber wird angesichts der hochexplosiven Gemengelage das chemische Gleichgewicht im Inneren des Käferkörpers gewahrt? Warum hat dieses Waffensystem nicht längst zu einer Rasse explodierter Käfer geführt? Chemiker wissen darauf die Antwort:

Wasserstoffsuperoxid und Hydrochinone reagieren nur dann heftig miteinander, wenn den beiden Chemikalien ein bestimmtes Enzym als Katalysator zugegeben wird. Und genau das tun Bombardierkäfer, wenn sie in Bedrängnis geraten. Das Enzym wirkt wie ein Zündplättchen und bringt das C-Waffengemisch zur Explosion.

Der britische Evolutionsbiologe Richard Dawkins hat in seinem Bestseller *»Der blinde Uhrmacher«* in amüsanter Weise geschildert, wie er der Natur auf ihre trickreichen Schliche kam. Bei einem Kollegen, der von Beruf Biochemiker ist, besorgte er sich eine Flasche Wasserstoffsuperoxid und so viel Hydrochinon, dass es für eine ganze Kompanie Bombardierkäfer ausgereicht hätte. Er wollte wissen, ob ihm die Chemikalien um die Ohren fliegen. So goss er das Wasserstoffsuperoxid in die Flasche mit Hydrochinon – aber »es ist absolut nichts geschehen«, erzählt der Wissenschaftler. »Mir ist noch nicht einmal warm geworden. Natürlich wusste ich das im Voraus – so verrückt bin ich nun auch wieder nicht!« Die Aussage vieler Biologen, dass »diese zwei Chemikalien, wenn sie zusammengemischt werden, im wahrsten Sinne des Wortes explodieren«, ist demnach falsch, obwohl sie in Teilen der wissenschaftlichen Literatur bis heute so verbreitet wird. Die Tiere selbst braucht man lediglich mit einer Pinzette an den Hinterbeinen zu »kitzeln«, und schon feuern sie los. Je nach Richtung, aus der einem Käfer Gefahr droht, vermag dieser seine Düsenöffnung so auszurichten, dass der über 100 Grad heiße Flüssigkeitsstrahl wie aus einer Wasserpistole entweder nach hinten, seitlich nach unten oder – zwischen den drei Beinpaaren hindurch – nach vorn gelenkt wird. Auch die Geschwindigkeit eines solchen Strahls aus der käfereigenen doppelläufigen Heißwasserkanone haben amerikanische Zoologen inzwischen ermitteln können: Sie beträgt etwa 250 Zentimeter pro Sekunde. Und die »Munition« der Tiere ist nach einem Schuss keineswegs erschöpft – der explosive Flüssigkeitsvorrat reicht im Bedarfsfall für Schnellfeuersalven von 15 Schüssen aus der schwenkbaren Zwillingskanone!

Hätte der Mediziner Dufour bei seiner denkwürdigen Begegnung mit *Brachynus crepitans* erkannt, wie die Schießchemie des Bombardierkäfers wirklich beschaffen ist, so wäre der Kriegstechnik ein Sprung von 100 Jahren geglückt. Das dem Schießpulver weit überlegene Wasserstoffsuperoxid, mit dem der Käfer aus seinem Zwillingsgeschütz am Hinterleib seine Angreifer auf Distanz hält, ist auch heute noch modern – als Treibstoff von Weltraumraketen.

Sind derartige Waffensysteme wie das des Bombardierkäfers einem puren Zufall zu verdanken? Kann die Kette komplizierter Ereignisse, die zur Evolution eines solch komplexen Prozesses geführt haben, mittels zahlreicher kleinster Entwicklungsschritte im Versuch-Irrtum-Verfahren entstanden sein? Dawkins, engagierter Verfechter der Darwin-Doktrin, erklärt die Entwicklung dieses biologischen Waffensystems so: »Was die evolutiven Vorläufer des Systems betrifft, so werden sowohl Wasserstoffsuperoxid als auch verschiedene Arten von Chinonen in der Körperchemie zu anderen Zwecken benutzt. Die Vorfahren des Bombardierkäfers taten nichts anderes, als Chemikalien, die zufällig bereits sowieso vorhanden waren, einem anderen Dienst zuzuführen. Dieser Methode bedient sich die Evolution häufig.« Was Dawkins nicht erklärt und geflissentlich unter den Tisch fallen lässt: Wer oder was ist im richtigen Augenblick für das entscheidende Zündplättchen verantwortlich?

Grundsätzlich ist die Wehrchemie des Bombardierkäfers kein Einzelfall. Die ganze Käferfamilie der Tenebrioniden (Schwarzkäfer) kämpft wie der Bombardierkäfer. Sowohl Totenkäfer als auch Ohrwurm benutzen Chinone als chemische Kampfstoffe. Kaum fasst man einen Tausendfüßler an, so rollt er sich auch schon zusammen und scheidet dabei einen gelben Saft aus, der als Giftstoff Chinone enthält. Mit giftigen Carbonylen – wie die Chinone organisch-chemische Verbindungen, die Sauerstoff enthalten – kämpfen Wanzen und Ameisen. Mit organischen Säuren verteidigen sich Schwimmkäfer. Wie wirksam beispielsweise das Gift der Tausendfüßler (*Glomeris marginata*) ist, veranschaulichte ein Versuch mit Mäusen. Eine junge Waldmaus, die nur sechs Tausendfüßler gefressen hatte, starb, andere Mäuse zeigten schwere Vergiftungserscheinungen. Eine erwachsene Maus starb, nachdem sie elf Tausendfüßler vertilgt hatte. Offenbar enthalten die Tausendfüßler auch noch ein hochgiftiges Alkaloid, wie überhaupt die verfügbaren Gifte im Tierreich umso tödlicher erscheinen, je kleiner beziehungsweise verletzlicher die betreffende Tierart ist. Der Feuersalamander scheidet bei drohender Lebensgefahr ein Alkaloid aus (ein stark wirkendes Gift, das in abgewandelter Form als Atropin, Kokain, Nikotin, Morphin und Opium besonders in Pflanzen vorkommt), Schmetterlinge verfügen über Stoffe, die Vögeln den Appetit verderben, und natürlich sondern vor allem Pilze Substanzen ab, die für ihre Konkurrenten tödlich sind. Unsere Antibiotika, wie etwa Penizillin oder Aureomycin, sind solche Pilzstoffe, die Ärzte anwenden, um bei einem Kranken gefährliche Mikroorganismen zu »vergiften«.

Im Prinzip scheinen C-Waffen in der Natur, das Unschädlichmachen des Gegners durch einen direkten Eingriff in seinen Stoffwechsel, eine rationellere Methode zu sein, als seinen Organismus durch brutale mechanische Gewalt zu zerstören. Für uns Menschen sind Kampfmittel dieser Kategorie eine relativ neue Errungenschaft. Im Jahre 1914 hatten erstmals die Franzosen ein Kampfgas eingesetzt, nämlich Tränengas. Zu den ersten Leidtragenden aufseiten des Feindes gehörte ein österreichischer Gefreiter namens Adolf Hitler, der vorübergehend völlig erblindet war und in einem ostpreußischen Lazarett wieder aufgepäppelt wurde. Ein Jahr später war der deutsche Angriff mit Chlorgas bei Ypern offenbar die logische Eskalation. Als »Vater des Gaskriegs« machte sich der konvertierte Jude Fritz Haber einen Namen. Der spätere Nobelpreisträger, einer der berühmtesten Chemiker seiner Zeit, wurde seit 1915 als deutscher Nationalheld gefeiert. Haber leitete in vorderster Front höchstpersönlich den Einsatz des von ihm entwickelten Senfgases Lost. Als Direktor des 1927 gegründeten Kaiser-Wilhelm-Instituts für physikalische Chemie in Berlin-Dahlem entwickelte Haber – mit seinem Namen ist das Haber-Bosch-Verfahren zur Herstellung von Düngemitteln und Schießpulver verbunden – noch teuflischere Giftgase. Dabei stieß er, gewissermaßen ganz nebenbei, auf Blausäure, von der Haber einmal sagte: »Angenehmer kann man nicht sterben.« Tatsächlich starben die mit Blausäure vergifteten Menschen weniger qualvoll als jene bedauernswerten Opfer, die elendiglich an den frühen Giftgasen erstickten, schreibt der bekannte Wissenschaftshistoriker Ernst Peter Fischer. Seine »tragische Dimension bekommt die Geschichte um die Blausäure, weil Habers Forschungen und Aktivitäten nicht unwesentlich zu der Entwicklung der handlichen Büchsen beigetragen haben, mit denen Nazi-Schergen das Gift unter der Bezeichnung Zyklon B zur Vernichtung jüdischer Menschen in den Konzentrationslagern einsetzen konnten«.

Der Mensch hatte das Entwicklungsniveau des Bombardierkäfers erreicht. Die Angst vor immer stärkeren, immer scheußlicheren Kampfmitteln führte 1925 zum so genannten Genfer Protokoll. Die zilisierte Welt, die USA ausgenommen, verpflichtete sich, im Kriegsfall auf solche chemischen Waffen zu verzichten. Das Resultat des Genfer Protokolls blieb indes zweifelhaft: Die Armee Italiens setzte 1936 im Krieg gegen Äthiopien chemische Kampfstoffe ein, und angeblich soll auch Japan in seinem Krieg mit China entsprechende Mittel angewendet haben. Erstaunlicherweise hielt man sich während des Zweiten Weltkriegs auf beiden Seiten an die Abmachungen. Hitler sollen seine persönlichen Erfahrungen im Ersten Weltkrieg von einem Fronteinsatz abgehalten haben – was ihn allerdings nicht daran gehindert hat, Millionen Juden sadistisch in den Tod zu schicken.

Was uns heute weltweit droht, ist vermutlich beängstigender als alle Atombombenarsenale zusammen genommen. Im aktuellsten Entwicklungsschritt hat sich der von der Schöpfung nicht mit chemischen Kampfstoffen ausgerüstete Mensch darangemacht, Bakterien- und Virengifte in seinen Waffendepots zu horten. Diese biosynthetischen Stoffe sind, wie sich das meist bei Naturprodukten beobachten lässt, den ersten Syntheseprodukten weit überlegen. Das Scheußlichste an ihnen ist allerdings etwas ganz anderes: Es bedarf keiner technisch-industriellen Weisheit mehr, um unbegrenzte Mengen für unbegrenzte Massenmorde herzustellen. Jeder Hinterwäldlerstaat, der zumindest eine Brauerei besitzt, ist auch imstande, Tod und Verderben zu züchten. Denn ob jemand nun Brauhefe wachsen lässt oder einen tödlichen Krankheitskeim, macht keinen großartigen Unterschied. Auch die Methoden zur Herstellung von Antibiotika, Impfstoffen, Joghurt und saurer Sahne können zur Massenproduktion von Waffen nach dem Vorbild der Natur erweitert werden.

Die holländische Polizei hat im Dezember 2004 einen 62 Jahre alten Niederländer festgenommen, der in Kriegsverbrechen und Völkermord unter der Herrschaft von Saddam Hussein verwickelt gewesen sein soll. Der B+C-Waffenhändler wird verdächtigt, zwischen 1984 und 1988 einige tausend Tonnen chemiewaffenfähiger Stoffe an den Irak geliefert zu haben. Nach Angaben der Staatsanwaltschaft stammten die Basissubstanzen für Senfgas und Nervengase aus Japan und den USA. Saddam Hussein habe den Einsatz dieser Kampfstoffe im Krieg gegen den Iran und am 16. März 1988 gegen die Bewohner der kurdischen Stadt Halabdscha im Nordirak befohlen, wo es mehr als 5000 Tote gegeben haben soll. Der niederländische Geschäftsmann soll nach Ansicht der Justiz gewusst haben, wohin die Stoffe geliefert wurden und wozu sie verwendet werden sollten. Für seine widerwärtige Transaktion soll er sich eines panamaischen Unternehmens mit Sitz in Lugano (Schweiz) bedient haben. Der Prozess gegen Saddam Hussein wird vermutlich mehr Licht in eines der bedrohlichsten Szenarien der Gegenwart bringen.

Noch ist der Mensch als vorläufig jüngster Spross am Baum des Lebens den »natürlichen« Giften hilflos ausgeliefert – im Gegensatz zur riesigen Verwandtschaft des Bombardierkäfers: Während des Vietnamkriegs fühlten sich zahlreiche Insektenarten ausgerechnet auf und in jenen amerikanischen Giftfässern am wohlsten, dessen Inhalt sie eigentlich umbringen sollte. Kaum ein Mensch würde das Hiroshima dieser chemischen und biologischen Kampfstoffe überleben. Diese Waffen sind von kaum glaublicher Wirkungskraft. Im Fall des Botulinus-Gifts genügt schon ein einziges Gramm, um zwei Millionen Menschen zu töten. Es gehört zu einer Gruppe tödlicher Toxine, die von bestimmten Bakterien, Muscheln oder Fischen herrühren und manchmal auch in verdorbenen Konserven zu finden sind.

Man kennt auch Techniken, um eine konzentrierte Paste herzustellen, die 25 Trillionen (1 Trillion: eine 10 mit 18 Nullen) Brucellabakterien pro Kubikzentimeter enthalten, genug, um mehr als zwei Milliarden Menschen zu infizieren, wenn die Bakterien optimal verteilt würden. Brucellabakterien verursachen normalerweise keine tödlichen, aber völlig entkräftende Krankheiten, die als Brucellosen bekannt sind. Die Symptome – Kopfschmerzen, Appetitlosigkeit, Gewichtsverlust, Fieber, Schweißausbrüche, Rheuma und Depressionen – können monate- oder sogar jahrelang anhalten.

Weitere Kandidaten auf der Liste der B-Waffen sind Viren, Rickettsien (Organismen zwischen Viren und Bakterien) und Pilze. Obgleich ansteckende Krankheiten für Armeen schon immer ein ernstes Problem darstellten, waren Versuche in der biologischen Kriegführung bisher rar gesät und vom Status eines bedeutenden Waffensystems weit entfernt. Aber die inzwischen weltweit erzielten Fortschritte auf dem Gebiet der B-Kampfstoffverteilung mithilfe von Aerosolen oder Staubwolken haben ernsthafte Überlegungen hinsichtlich des Einsatzes von B-Waffen in der Kriegführung ausgelöst. Diese Fortschritte haben den B- und C-Waffen mindestens den gleichen Rang verliehen wie den Atomwaffen. Die Verbreitungsmöglichkeiten mit Aerosolen beschwören die Horrorvision eines Angriffs einzelner Saboteure und Terroristen herauf.

Aerosolgeneratoren, die in Einzelanschlägen – oder zum Angriff auf terroristische Geiselnehmer wie etwa vor ein paar Jahren in einem Moskauer Theater – benutzt werden, sind so klein und handlich, dass jeder Mensch sie leicht und unauffällig mit sich herumtragen könnte. Ein Terrorist dieser Sorte wäre vermutlich schutzgeimpft und könnte es so einrichten, dass er längst wieder verschwunden ist, bevor die ersten Krankheitsfälle auftreten. Im Falle eines Anschlags mit Hasenpest-Erregern (Tularämie) zum Beispiel würden zwei bis fünf Tage vergehen, bevor sich die ersten Krankheitssymptome allmählich bemerkbar machten. Weit reichende und schnelle Beförderungsmittel vergrößern den »Wirkungsbereich« schon eines einzelnen Terroristen. Die Konzentration auf Anschlagsziele mit relativ kleinen Flächen, jedoch umso großräumigerer Wirkung, wird dabei künftig im Vordergrund stehen: Schlachthöfe, Molkereien, Wasserwerke und Nahrungsmittelfabriken sowie der zunehmende Bedarf an großflächig angebauten Feldfrüchten, riesigen Viehherden und die zentralisierte Futtermittelherstellung machen die Nahrungs- und Trinkwasserversorgung besonders verwundbar.

Schon vor Jahren beschrieb der amerikanische Wissenschaftspublizist Dr. Carl-Goran Heden in seinem Buch *»Unless Peace Comes«* ein solches von Dr. Brock Chrisholm, dem ehemaligen Chef der Weltgesundheitsorganisation (WHO), skizziertes Schreckensszenario, wobei 100 geimpfte Agenten einer hypothetischen Nation die Vereinigten Staaten mit Botulinus-Erregern attackieren. Jeder dieser Terroristen importiert einige Pfund in einem Spezialgürtel und begibt sich in eine größere Stadt, zu einem Energieversorgungszentrum oder einer größeren militärischen Basis. Zu einer vorher verabredeten Zeit mietet jeder von ihnen ein Sportflugzeug und verbreitet mit einem schnell hergestellten Aerosolgenerator von der Windseite her eine Giftwolke über seinem Zielgebiet. Nach einem solchen Angriff könnten die Ausfälle zwischen 40 und 100 Prozent betragen und irgendein Land oder eine Terrororganisation rasch in Verdacht geraten. Die USA könnten ihrerseits mit einem nuklearen Schlag antworten, wobei ein

Vergeltungsschlag des angegriffenen Landes unter Umständen unabwendbar wäre.

Biologische Kriegführung ist praktisch ein Maskenball der öffentlichen Gesundheitspflege. Sie richtet sich direkt gegen jeglichen Fortschritt der Zivilisation auf den Gebieten der Medizin und Biologie und deren jahrhundertelangen Kampf gegen die Krankheiten. Ein Großteil des medizinischen und biologischen Wissens, zu dem engagierte Ärzte und Wissenschaftler gelangt sind, wird jetzt nicht mehr angewandt, um Krankheiten auszurotten, sondern um sie eventuell perfekt zu verbreiten. Kontrolliert eingesetzte nukleare Sprengstoffe sind unter Umständen noch denkbar, um Tunnels, Hafenanlagen oder Kanäle zu zerstören – aber welchen Nutzen haben antibiotikaresistente Pestbakterien, wenn nicht zur Erzeugung einer Pestepidemie? Biologisch-chemische Kriegführung beschwört bewusst die schrecklichsten Zeiten des Mittelalters herauf, als die Pest ihre tödliche Herrschaft ausübte.

Während die Rockefeller-Stiftung Kampagnen gegen den Hunger in der Welt führt, indem sie etwa die Reisernte in Asien durch hochgezüchtete Reissorten steigerte, besprühte gleichzeitig die US-Luftwaffe die asiatischen Reisfelder mit arsen- und dioxinhaltigen Herbiziden, um die Ernten zu vernichten. Die US-Armee verleiht die Dienstauszeichnungsmedaille, die höchste Ehre, die sie Zivilpersonen erweist, einem Wissenschaftler in einem B-Waffen-Forschungszentrum in Maryland für die Entwicklung einer neuen, gentechnisch veränderten Pilzart, die beim Reis Mehltau hervorruft – eine Krankheit, die in der Natur wiederholt weite Teile asiatischer Reisanbaugebiete völlig vernichtete.

Während Wissenschaftler und Ärzte der pharmazeutischen Forschung mit Hochdruck nach neuen Antibiotika fahnden, um den Menschen in ihrem Kampf gegen bakterielle Krankheiten zu helfen, entwickeln ihre Kollegen auf dem B-Waffen-Gebiet neue Gattungen von Bakterien, die selbst gegen stärkste Pharmaka resistent sind. B- und C-Waffen werden gesucht, die gezielt Hitzschlag,

Ohnmacht, hohen Blutdruck, Muskelzittern und Übelkeit hervorrufen – genau jene Unannehmlichkeiten, deretwegen Arzneimittelhersteller Milliardenbeträge investieren, um ihre Produkte von diesen Nebenwirkungen zu befreien. Da die Lebensvorgänge beziehungsweise der Stoffwechsel in einem Organismus auch unter dem Begriff Metabolismus geführt werden, hat man die Wissenschaftler der B- und C-Waffen-Forschung schon als gedungene Agenten bezeichnet, die »Heilmittel gegen Metabolismus« erforschen.

Biologische Waffen stellen aber erst die eine Hälfte dieser modernen Todesmaschinerie dar; die andere Hälfte besteht aus chemischen Waffen, mit denen sich beispielsweise der Bombardierkäfer gegen seine Feinde verteidigt. Jedes Jahr schicken amerikanische Pharmakonzerne Tausende von chemischen Erzeugnissen an das Edgewood Arsenal im US-Staat Maryland, um sie auf ihre mögliche Eignung als C-Waffen testen zu lassen. Chemiekonzerne, die so nützliche Dinge erzeugen wie Pflanzenschutzmittel, können im Handumdrehen auf die Produktion tödlicher Kampfstoffe umgestellt werden. Das Gas zum Beispiel, das im März 1968 in der Nähe des 3300 Quadratkilometer großen C-Waffen- und Strahlen-Testzentrums Dugway im US-Bundesstaat Utah 6400 Schafe tötete, war ein langlebiges, geruchloses Nervengas mit dem Namen »VX«. Seine chemische Formel ist zwar geheim, aber es wurde tonnenweise in einer nördlich von Terre Haute am Wabash River bei Newport, US-Bundesstaat Indiana, gelegenen Fabrik hergestellt. Das Unternehmen gehörte der Food Machinery and Chemical Corporation, einer Gesellschaft, die hauptsächlich Kunstdünger und landwirtschaftliche Geräte herstellte. Eine VX-Variante verwendeten auch die tschetschenischen Terroristen bei ihrem Anschlag auf ein Moskauer Theater, bei dem mehr als 100 Menschen ums Leben kamen.

Die chemische Verwandtschaft zwischen Insektengiften und Nervengasen macht es so schwierig, die Produktion von Giftgasen weltweit zu verbieten. Wahrscheinlich ist auch das ausgeklügelste

Kontrollsystem der internationalen Gemeinschaft nicht in der Lage, die geheime Herstellung wirksam zu unterbinden. Wenn selbst ein Feuersalamander und zahlreiche Pflanzen, denen wir in freier Natur auf Schritt und Tritt begegnen, wenn Pilze und Tausendfüßler sich seit Jahrmillionen dieser tödlichen Giftpalette gewissermaßen als Überlebenselixier bedienen, ist die alltägliche Bedrohung durch terroristische Elemente vorprogrammiert. Von der Natur und ihren nach Millionen zählenden biologischen Systemen zu lernen ist ein Kinderspiel. Die Frage, die sich dabei stellt, lautet: Führt ein Zuviel an naturwissenschaftlichen Erkenntnissen zu globalen Katastrophen oder eher ein Zuwenig?

Die äußerst giftigen Nervengase wurden in den späten Dreißigerjahren »durch Zufall entdeckt«, wie Dr. Gerhard Schrader, ein Chemiker der IG Farben, des heutigen Bayer-Konzerns, glaubhaft versichert hat. Auf der Suche nach einem neuen Insektengift befasste sich der Wissenschaftler mit einer Gruppe der Alkylphosphate. Dabei stellte sich heraus, dass einige dieser organischen Substanzen äußerst giftig waren, was auch schon zu Zeiten des französischen Militärarztes Dufour zum Standardwissen eines Chemikers gehörte: Geringste Mengen können mit Leichtigkeit einen Menschen vom Leben zum Tod befördern. Deutschland produzierte in der ersten Hälfte des 20. Jahrhunderts tausende Tonnen dieser Chemikalien.

Die Art und Weise, wie diese Gase Menschen, Schafe oder Insekten töten, ist inzwischen wohl bekannt: Sie verseuchen das Nervensystem. Nerven sind unverzichtbar für die Lebensfunktionen. Sie erlauben uns, zu sehen, zu hören, zu schmecken und zu riechen, und fast alle Körperfunktionen stehen unter ihrer Kontrolle. Ein Nerv fungiert als Leitung für verschiedene elektrische Impulse oder Signale. Das »Einschalten« wird durch einen Stoff mit dem Namen Acetylcholin (AC) ausgelöst, eine Substanzklasse, wie sie uns in abgewandelter Form auch schon in der Brennkammer des Bombardierkäfers begegnet ist. Wenn das Signal angekommen ist, muss jedoch das AC aufgelöst werden, damit der Nerv

99

wieder »abschalten« kann, um sich für eine Wiederholung des Vorgangs zu erholen. Zu diesem Zweck bildet der Körper ein Enzym, das den Namen »Cholinesterase« trägt. Es sorgt für den Abbau des AC, nachdem dies seine Aufgabe erfüllt hat. Aber die organischen Alkylphosphate haben die Fähigkeit, sich mit diesem Enzym in einer bestimmten Weise zu verbinden, sodass es nicht länger das überschüssige AC vernichten kann. Folglich bleiben die Nerven bei einer solchen Vergiftung dauernd »eingeschaltet«. Dadurch treten schreckliche Symptome auf, die zu Lähmung und anschließendem Tod führen.

Daher sind diese Naturstoffe wie Alkylphosphate von militärischer Bedeutung, und obgleich es sich um Flüssigkeiten handelt, werden sie gewöhnlich als »Nervengase« bezeichnet. Sowohl die Vereinigten Staaten und Russland als auch Dutzende anderer Länder in Europa und anderen Kontinenten besitzen heute große Vorräte dieser hochgiftigen Materialien, die beinahe ausnahmslos nach Bauplänen biologischer Systeme entwickelt wurden. Die Symptome einer Nervengasvergiftung werden in der Heeresdienstvorschrift TM-3-215 der US-Armee wie folgt beschrieben: »Laufende Nase, Brustbeklemmung, vernebelte Sicht, verengte Pupillen, Atembeschwerden, unkontrolliertes Gefasel, übermäßiges Schwitzen, Brechreiz, Erbrechen, Krämpfe, unkontrollierte Stuhl- und Urinentleerung, Zittern, heftige Zuckungen, Taumeln, Benommenheit, Koma, Atemstillstand, Tod.« Ein Hauptproblem bei der Herstellung derartiger Giftsubstanzen besteht in der Entsorgung der ebenso gefährlichen Nebenprodukte und Abfälle. Anfang der Sechzigerjahre des 20. Jahrhunderts beschloss das US-Verteidigungsministerium, einen etwa 4000 Meter tiefen Brunnen beim Rocky Mountain Arsenal in Denver anlegen zu lassen, in den dieser tödliche Giftmüll unter Hochdruck hineingepumpt wurde. Im Februar 1966 wurde der Brunnen jedoch wieder geschlossen, weil die Geologen vermuteten, dass er mit den 1600 Erdbeben in Zusammenhang stand, die Denver seit der unterirdischen Giftentsorgung erlebt hatte. Seitdem werden die giftigen Rückstände in einen versiegelten See geleitet, dessen Grund asphaltiert ist, um ein Auslaufen zu verhindern.

Neben den Nervengasen, wie Tabun, Sarin und Soman – alle drei Kampfstoffe wurden ebenfalls von deutschen Wissenschaftlern entwickelt –, sind die Waffendepots zahlreicher Armeen auch mit dem von Haber entdeckten Senfgas oder Lost bestückt. Es verursachte im Ersten Weltkrieg etwa ein Drittel der amerikanischen Verluste in Frankreich. Senfgas ist genau genommen gar kein Gas, sondern eine langsam verdunstende Flüssigkeit von blassgelber Färbung, die in unverdünntem Zustand einen leichten Knoblauchgeruch verströmt. Lost ist eine besonders heimtückische Substanz, weil man die Folgen erst mehrere Stunden nach dem Kontakt bemerkt. Die Flüssigkeit kann nach einem Sprühangriff noch lange an der Vegetation haften bleiben und bei Berührung starke Verätzungen der Augen, der Lungen oder der Haut hervorrufen. Zudem vermag Lost Lederbekleidung, dicke Stoffe und Kunststoff zu durchdringen.

Die Formel für das Kampfgas BZ ist ebenfalls geheim; es gehört einer Gattung von Chemikalien an, die auch als Halluzinogene bekannt geworden sind. Beispiele dafür sind LSD, Psilocybin und Tetrahydro-Cannabiol, der Wirkstoff im Marihuana. Laut der bereits erwähnten US-Heeresdienstvorschrift TM-3-215 hat BZ folgende Auswirkungen: Behinderung der üblichen Tätigkeit durch trockene und gerötete Haut, Pulsjagen, Harnverhaltung, Verstopfung, Verlangsamung der geistigen und körperlichen Beweglichkeit, Kopfschmerzen, Schwindelgefühl, Halluzinationen, Benommenheit und zuweilen völlig verrücktes Verhalten. Weil sie einen Krieg ohne Tote ermöglichen würden, hat man für diese Kampfmittel mächtig die Werbetrommel gerührt. Man brauche nur die Truppen seines Feindes damit zu besprühen, und schon würden diese lustlos, verwirrt, unfähig ein Gewehr zu halten, einen Computer zu bedienen, geschweige denn Raketen abzufeuern. Man brauche den Gegner nur noch gefangen zu nehmen, nach ein paar Stunden seien die überwältigten Soldaten oder Zivilisten wieder wohlauf. Das Ganze wurde als »humane« Kriegführung bezeichnet. Aber die Auswirkungen von BZ sind sehr unterschiedlich. Selbst Militärs müssen bei dem Gedanken erschauern, dass ein Mensch, der »verrücktes Verhalten« an den Tag legt, ausgerechnet für die Zündung nuklearer Waffen zuständig sein sollte. LSD kann noch bei einer Dosis von nur einem Mikrogramm das menschliche Verhalten völlig auf den Kopf stellen. Weniger als 100 Gramm LSD, ebenfalls ein Naturprodukt, das man vom Mutterkornpilz (*Claviceps purpurea*) gewinnt, könnten bei optimaler Verteilung die Einwohnerschaft ganz Münchens vorübergehend schizophren machen.

Es ist eine bittere Erkenntnis, dass wir alle Produkte biologischer, medizinischer und pharmakologischer Forschung, die menschliches Leiden mildern und Leben retten sollen, stets auch für militärische Zwecke missbraucht haben. Und die Fahndung nach weiteren, noch effektiveren Naturstoffen ist in vollem Gange. In den unermesslichen Weiten der Ozeane wie im kaum erforschten Dschungel der Regenwälder sind Bataillone von Wissenschaftlern aus aller Herren Länder unterwegs, um Zehntausende bislang unbekannter Naturprodukte auf ihre medizinische Wirksamkeit zu testen. Haben wir nicht schon viel zuviel von der Natur und ihren uralten Geheimnissen gelernt?

Im Mittelpunkt dieser wissenschaftlichen Expeditionen zu den letzten weißen Flecken unseres Planeten stehen die so genannten Extremisten. Viele Lebewesen bevorzugen Umweltbedingungen, die aus der Sicht des Menschen ausgesprochen unwirtlich, ja extrem gefährlich erscheinen. Ob Flechten und Moose am Rande der Eismeerküste, Springmäuse und die eidechsenähnlichen Sandfische in der Gluthitze der Wüste oder »lebend gebärende« Bäume im zähen Schlick der Mangroven – Anpassungen an extreme Lebensräume haben Biologen seit jeher fasziniert. Am stärksten wird menschliches Vorstellungsvermögen durch die Leistungen verschiedener Mikroorganismen strapaziert. Manche der ökologischen Sonderlinge haben sich in Nischen angesiedelt, von denen man noch vor wenigen Jahren glaubte, sie seien jeglichem Leben verschlossen. Biologische Systeme tasten sich dabei mitunter an jene Bereiche heran, in denen Leben nicht mehr möglich ist, weil molekulare Strukturen sich auflösen oder zerbrechen.

Anregungen für außergewöhnliche Innovationen aus der Natur versprechen sich Forscher insbesondere von solchen extremen Lebensformen, die nicht nur in kochenden Flüssigkeiten, sondern auch im Kronenbereich der Regenwaldriesen, im ewigen Eis, in den lebensfeindlichen Regionen der Hochgebirge, in den tiefsten Tiefen der Ozeane und in der Gluthölle der Wüsten heimisch fühlen. Von den verfahrenstechnischen Tricks dieser Überlebenskünstler zu lernen bedeutet Anschauungsunterricht vom Feinsten. Der Düsseldorfer Henkel-Konzern setzt bei seiner Suche, den Wunsch vieler Menschen nach ewig junger Haut zu befriedigen, auf Vorbilder in der Natur. Auf Spitzbergen am Polarmeer zum Beispiel halten Henkel-Forscher nach völlig neuen Wirkstoffen aus Algen Ausschau. Auch an einer in der Südsee vorkommenden Planktonart haben die Wissenschaftler starkes Interesse: »Wir suchen Organismen«, so der Forschungsleiter der Unternehmenssparte »Biochemie Haut«, Thomas Förster, »die unter extremen Bedingungen leben, und wollen von ihren High-Tech-Mechanismen lernen.«

Inmitten von Vulkanausbrüchen, hochgiftigen Schwefelschwaden, Blitzen und heißer Lava entwickelten sich möglicherweise schon vor mehr als dreieinhalb Milliarden Jahren die ersten Minilebewesen der Erde. »Das waren paradiesische Bedingungen für hypothermophile, also Hitze liebende Organismen«, sagt Karl Otto Stetter von der Universität Regensburg. Er untersucht zum Beispiel »kochfeste« Bakterien, die stundenlang quietschlebendig in siedendem Wasser brodeln. Das sind Temperaturbereiche, in denen Zellbausteine wie Nukleinsäuren, Ribosomen und Enzyme normalerweise binnen Sekunden schmelzen beziehungsweise gebacken werden.

Kaum jemand käme je auf die Idee, dass diese zellkernlosen Lebewesen mehr als die Hälfte der auf unserem Heimatplaneten vorhandenen Biomasse ausmachen und selbst in kilometerdicken Eisbergen der Antarktis ihr Leben fristen können. Auch unser eigener Körper ist voll von ihnen: Zehn bis hundert Mal mehr Bakterien als eigene Zellen trägt jeder Mensch Tag für Tag mit sich herum – eine mobile High-Tech-Gesellschaft par excellence. Doch allenfalls Schlagzeilen über neue Killerbakterien oder Fäkalkeime im Münchner Bier oder in norddeutschen Badeseen rücken dieses unsichtbare Trilliardenvolk ins Zentrum des öffentlichen Interesses. Dabei gäbe es ohne Bakterien überhaupt kein Leben auf unserer Erde, zumindest nicht in der uns bekannten Form. Kein Abwasser würde mehr gereinigt, unsere Flüsse und Seen, selbst die Ozeane wären längst verpestete Jauchegruben, gefüllt mit allem Unrat, allem Müll der Spezies Mensch. Keine Tierleiche würde mehr verwesen, das Herbstlaub in den Wäldern bliebe vielleicht über Jahrhunderte unverändert liegen, würde sich zu gewaltigen Türmen anhäufen und schon nach wenigen Jahrzehnten alles Leben unter sich begraben.

Selbst wenn eine vor Mikrobenfurcht geschüttelte Menschheit versuchen wollte, die Welt mit Gewalt mikrobenfrei zu machen – sie würde mit ihrem Vorhaben kläglich scheitern. Unsere Ängste vor einigen krank machenden Bakterien sollten uns daher nicht dazu verführen, pauschal alles vernichten und ausrotten zu wollen, was nach Mikrobe aussieht. Den relativ wenigen Schädlingen stehen Heere von Nützlingen gegenüber, die uns tausendfachen Gewinn bringen. Im Bauch von Tiefseefischen haben bayerische und kalifornische Mikrobiologen eine bislang für unmöglich gehaltene Geheimsprache der vermeintlich tumben Bakterien entdeckt. Im Körper der Wirtstiere hört offenbar alles auf eine übergeordnete Kommandozentrale: Nur wenn die vielen Millionen Winzlinge, die in diesen Fischen siedeln, alle gleichzeitig aufleuchten, entsteht ein Lichtblitz, der grell genug ist, um die Fressfeinde der Tiefseebewohner panikartig flüchten zu lassen. Das kollektive Lichtsignal der Einzeller, die mit diesen Fischen in Symbiose leben, wird durch eine biochemische Befehlskomponente ausgelöst, die im Weltreich der Mikroben und Krankheitskeime über lange Zeit als unerklärliches Kuriosum der Biologie galt. Dank des derzeitigen Kenntnisstandes ist die Vermutung gar nicht so abwegig, schon bald mit einem einzigen Wirkstoff die Kommandostruktur einer ganzen Artenpalette vor gefährlichen Krankheitserregern schützen zu können. Sabotagestrategien zur Lahmlegung der Infrastruktur völlig unterschätzter Mikrobenstämme stehen inzwischen auf der Agenda zahlreicher Forschergruppen in aller Welt.

Zu den erstaunlichsten Fähigkeiten der Mikroben zählt die Besiedlung heißer Quellen und Geysire, wie man sie beispielsweise auf Island bewundern kann. Die Hitzeresistenz mancher Organismen übertrifft, wie Untersuchungen der letzten Jahre gezeigt haben, frühere Vorstellungen bei weitem. In einem Ende der Sechzigerjahre des vorigen Jahrhunderts erschienenen Buch des Geobotanikers Wilhelm Lötschert wird auf Eisenbakterien hingewiesen, die noch bei 85 Grad Celsius gedeihen. Unter allen Hitze liebenden Einzellern, so ist dort nachzulesen, seien dies diejenigen mit der größten Hitzetoleranz. Doch der damalige vermeintliche Rekord wurde inzwischen mehrfach übertroffen. Auf einen der spektakulärsten Funde kann der bereits erwähnte Mikrobiologe Karl Stetter von der Universität Regensburg verweisen. Der Wissenschaftler entdeckte Anfang der Achtzigerjahre in heißen Schwefelquellen auf dem Boden des Mittelmeeres einen eigenartig geformten Winzling, den er *Pyrodictium occultum* nannte, was »Verborgenes Feuernetz« bedeutet. Der Mikroorganismus vermehrt sich noch in 110 Grad heißem Wasser. Sinkt die Temperatur auf 80 Grad, also ungefähr auf die früher angenommene Obergrenze des Lebens, so fällt das »Verborgene Feuernetz« bereits in Kältestarre. Soeben noch überlebt hätte dieser Hitzefreak die sommerlichen Rekordtemperaturen von 2003, als das Thermometer an einigen Stellen in Deutschland auf mehr als 40 Grad kletterte. Bei allzu großer Kälte vermag *Pyrodictium occultum* sich dann noch nicht einmal mehr durch Teilung zu schützen. Im Kälteschlaf – der »Minusrekord« liegt beim »Verborgenen Feuernetz« bei vier Grad über null – kann der Mikroorganismus mehrere Jahre unbeschadet auf heißere und damit bessere Zeiten warten.

6. »Unendlich groß ist die Rolle des unendlich Kleinen ...«

Sind nach oben keine Grenzen gesetzt? Die beiden US-Wissenschaftler Kazem Kashefi und Derek Lovley von der University of Massachusetts haben am Grund des Nordostpazifiks eine Mikrobe entdeckt, die sich zwischen 110 und 121 Grad Celsius am wohlsten fühlt, wie die Zeitschrift *Science* berichtete. Das Bakterium namens »Stamm 121« vermehrt sich bei diesen kochend-heißen Temperaturen alle 24 Stunden und ist sogar noch bei 130 Grad ohne weiteres zu überleben imstande! Damit haben die Forscher ihrer Entdeckung »Stamm 121« nicht nur einen Platz im *»Guinness-Buch der Rekorde«* gesichert, sondern ungewollt auch Ärzte und Mikrobiologen reichlich verunsichert. Vor allem die Mediziner sterilisieren ihre Geräte bei 121 Grad Celsius und sind bisher davon ausgegangen, dass sie aufgrund dieser Prozedur alle mikrobiellen Keime garantiert abgetötet haben. Dennoch dürfte die Gefahr für Patienten zu vernachlässigen sein, da »Stamm 121« bisher nur in der unmittelbaren Nähe »Schwarzer Raucher« geortet wurde. Diese unterseeischen Vulkane stoßen bis zu 300 Grad heiße Flüssigkeiten aus.

»Unendlich groß ist die Rolle des unendlich Kleinen in der Natur«, schrieb der französische Mikrobiologe Louis Pasteur bereits vor über einem Jahrhundert. Inzwischen basteln Nanotechnologen an Computern von der Winzigkeit eines Eiweißmoleküls, tüfteln U-Boote von der Größe eines roten Blutkörperchens aus, um eines Tages in den verborgensten Winkeln des menschlichen Körpers nach wuchernden Krebszellen zu fahnden. So spannend und faszinierend solche weit reichenden Forschungen aber auch

107

sein mögen – ohne die große Lehrmeisterin Natur wären diese und viele andere Unternehmungen in Wissenschaft, Medizin und Technik völlig undenkbar. Denn die Natur hält auch alle Patente der Nanowelt, in der die mikroskopisch kleinen Mikroben bereits zu den Giganten zählen. Auch das Rad auf Kugellagern hat sie lange vor dem Menschen erfunden – beispielsweise beim Geißelantrieb von Bakterien –, außerdem molekulare Pumpen und Elektromotoren, unvorstellbar kleine Synthesemaschinen, Förderbänder und Propellerantriebe. Selbst die Informationsgesellschaft ist in der Natur seit ewigen Zeiten Standard: Innerhalb und zwischen den Myriaden Zellen des menschlichen Körpers findet ähnlich wie bei den oben erwähnten Mikrobengesellschaften von Tiefseefischen Tag und Nacht ein auf Hochtouren laufender Kommunikationsprozess statt.

Die biologische Evolution benutzt ganz offensichtlich Methoden, die einem scharfsinnigen mathematischen Optimierungsverfahren allem Anschein nach weit überlegen sind. Es steckt deshalb eine gehörige Portion Arroganz und Überheblichkeit des Menschen dahinter, wenn er die Entwicklungsstrategien des Lebens als unökonomisches, verschwenderisches Zufallsspiel der Natur deklariert und die aus seinem Denken heraus entstandenen technischen Strategien als der Evolutionsmethode deutlich überlegen preist – wie es in vielen Bereichen von Wirtschaft und Universitäten noch immer an der Tagesordnung ist. Wenn wir aber nicht auf dem Stand der heutigen Technik, die vergleichsweise noch ziemlich bieder und noch lange nicht ausgereift ist, stehen bleiben wollen, wenn wir sie weiterentwickeln und nach dem Vorbild der Natur nachhaltig verbessern wollen, dann wird sich der Übergang in die Mikro- und Nanowelt ganz von selbst vollziehen. Einfach deshalb, weil es aus ökonomischen wie ökologischen Gründen vernünftig sein wird, ein Ziel mit möglichst geringem Aufwand an Material und Energie zu erreichen. Genau darum geht es schon seit einigen Milliarden Jahren bei der Evolution der biologischen Systeme.

Für die Natur ist die Nanotechnik nicht nur ein alter Hut, sondern sie hat dieses Zwergenreich auch überhaupt erst in die Welt und zur Perfektion gebracht. Auch diese Mikrowesen, angefangen beim Gewimmel der Bodenbakterien bis hin zu den tausendmal kleineren Viren, sind zwar allesamt unvorstellbar klein, aber trotz ihrer Winzigkeit so komplex, wie es für die vielfältigen Funktionen extremer Anpassung, des Selbsterhalts und der Vermehrung nötig ist. Werden wir unsere Technik in eine Richtung bewegen können, dass sie den filigranen Prozessen lebender Systeme eines hoffentlich nicht allzu fernen Tages ebenbürtig ist? Bestrebungen dieser Art gibt es beispielsweise im California Institute of Technology, wo Wissenschaftler erst vor kurzem auf eine bemerkenswerte Eigenschaft der menschlichen Erbstruktur stießen: Das DNS-Molekül erweist sich als ungewöhnlich guter elektrischer Leiter, sodass man mit ein und demselben Baustein auch Schaltungen konstruieren könnte. DNS – Desoxyribonukleinsäure – ist ja bekanntlich der Schlüssel für die biologischen Reproduktionsvorgänge, und die Molekularbiologen wissen inzwischen, wie man eine Vermehrung veranlasst. Das heißt aber letztlich nichts anderes, als dass es vermutlich möglich sein wird, die Programme von technischen Produkten, beispielsweise von Computern oder Robotern, in die Erbsubstanz einzuspeisen und diese Produkte schließlich »wachsen zu lassen«.

Einer Verschmelzung von Gen- und Nanotechnik unter Einbeziehung der Informationstechnologien könnte es schließlich gelingen, jedes bekannte – aber auch bislang völlig unbekannte Material wie im Schlaraffenland in unermesslicher Fülle herzustellen. Ohne irgendwelche knappen Rohstoffreserven oder nicht erneuerbare Energien zu verschwenden, ließen sich am Ende wie im Märchen vom »Tischleindeckdich« gewissermaßen aus dem Nichts paradiesische Verhältnisse schaffen. Ziel der Nanoforscher sind programmierbare Zwergroboter, von denen auf dem Ausrufezeichen am Ende dieses Satzes ein paar tausend Platz finden würden! Diese Mikromaschinen, so genannte Assembler, die lediglich jene in Jahrmillionen erprobten und bewährten Fertigungsmethoden der Natur kopieren, stellen zunächst ganze Armeen von sich selbst her. Anschließend sammeln Myriaden dieser unsichtbaren Heinzelmännchen mithilfe selbst organisierender Effekte ein Atom nach dem andern, um diese innerhalb kürzester Zeit zu Molekülstrukturen zu vereinigen.

Der amerikanische Nanopionier K. Eric Drexler, Leiter des mit vielen hundert Dollarmillionen von der US-Regierung geförderten Foresight Institute im kalifornischen Palo Alto, hat 250 000 Dollar aus seiner Privatschatulle demjenigen Wissenschaftler in Aussicht gestellt, der als Erster einen Computerchip ausschließlich mit selbst organisierenden Nanomaschinchen produzieren kann. Noch aber ist weit und breit kein Gewinner in Sicht, obwohl die Spitzentechnologie des Lebens bereits grundsätzlich machbar erscheint. Es geht ja nicht darum, ganz neue und unerprobte Systeme zu erfinden, schwierige Technikabläufe und hochkomplizierte Strukturen völlig neu zu entwickeln: Wissenschaftler und Forscher können vielmehr nach Vorbildern arbeiten, deren Technik für sie zwar weitgehend neu ist, die sich jedoch dadurch auszeichnet, im ewigen Wechselspiel der Evolution seit mehr als drei Milliarden Jahren ihre umweltverträgliche Nachhaltigkeit und Durchsetzungsfähigkeit global unter Beweis stellen konnte. Das Hauptproblem für viele Wissenschaftler und Ingenieure könnte zumindest zurzeit noch eher psychologischer Natur sein: Wer gibt schon gerne zu, dass er sich zur Lösung seiner Probleme Jahrmillionen alter Vorbilder bedient, deren Entwicklung und wundersame Technikvielfalt er bisher einem puren Zufallsgeschehen zugeschrieben hat?

Die Zukunft der Menschheit besteht auch nach Meinung eines anderen weltweit führenden Nanotechnologen, Professor Dr. Wolfgang M. Heckl von der Technischen Universität München, aus kommunizierenden Mikromaschinen: »Je nach Programmierung könnte so ein Assemblerschwarm bestimmte Medikamente, Antifaltencremes oder auch Fleisch auswerfen – und zwar schon nach wenigen Minuten Herstellungszeit. Also auch ein Nanoschnitzel aus solch einer Nanowelle wäre dann denkbar. Und das ohne vorherigen, aufwändigen Veredelungsprozess, sprich: Viehweide plus Heu ergibt Kuh. Die Vorstellung, eine Kuh mit Messern zu zerteilen, um dann ein paar Stücke von ihr zu vertilgen, die wird unsere Nachfahren sicher einmal sehr martialisch anmuten. Diese Zukunftsmenschen werden kaum verstehen, dass wir am Anfang des 21. Jahrhunderts glaubten, in der Moderne zu leben.«

Der Amerikaner Eric Drexler, der sich über viele Jahre gefallen lassen musste, von der weltweiten Wissenschaftler-Society belächelt, geschmäht und ausgegrenzt zu werden, mittlerweile jedoch vom US-Nachrichtenmagazin *Newsweek* in den Olymp der 100 wichtigsten Köpfe aufgenommen wurde, ist sicher, dass uns nanotechnische Eroberungszüge entscheidend helfen werden, das menschliche Leben hier auf Erden besser zu meistern, ja selbst Reisen zu fernen Sternen zu ermöglichen. Drexler und seine schnell wachsende Fangemeinde haben aber auch das Bild von künstlichen Lebewesen heraufbeschworen, die sich eines Tages selbstständig machen und die Erde unter ihre Herrschaft bringen könnten. Ist mit einer solchen Entwicklung ernsthaft zu rechnen, oder handelt es sich dabei um reine Hirngespinste? Wolfgang Heckl, seines Zeichens auch Generaldirektor des Deutschen Museums in München, hält derartige Horrorszenarien, wie sie beispielsweise in dem Spielfilm »Outbreak« aufgrund einer globalen Seuchenattacke durch Ebolaviren auf der Leinwand erlebt werden können, »aus wissenschaftlicher Sicht für Unfug«. Heckl weiter: »Alle Erfindungen haben Umwälzungen ausgelöst. Die Dampfmaschine hat die industrielle Revolution ermöglicht, der Mikrochip das Infozeitalter und das Rastertunnel-Mikroskop die praktische Nanotechnologie, weil ich Atome erstmals sehen und mit ihnen arbeiten kann. Arbeitsplätze werden vielleicht wegfallen, aber neue, andere dafür entstehen. Vielleicht wird sich keine Arbeits- und eher eine Freizeitgesellschaft herausbilden, weil vieles, was wir zum Leben brauchen, durch Nanomaschinen billig hergestellt werden kann –

und zwar nach einem Prinzip, das die Natur überall verwirklicht hat. Etwa im Gebirge, wo ein Edelweiß aus einer Ritze im Gestein sprießt: Die Natur sucht sich dort hundert Milliarden Atome zusammen, Grundbausteine wie Kohlenstoff, Stickstoff oder Wasser, Rohmaterial, das in Hülle und Fülle – salopp gesagt – unsortiert herumliegt.«

Der renommierte Experimentalphysiker Heckl wird jedoch bei allem Optimismus nicht müde, darauf hinzuweisen, dass die zentrale Voraussetzung für nano- wie auch gentechnische Erfolge langfristig nur dann gegeben sei, wenn sich die Wissenschaft noch mehr als bisher bemüht, die Gesetzmäßigkeiten der Natur bis ins letzte Detail – zum Beispiel den Kosmos in einer lebenden Zelle – kennen zu lernen. »Unser molekulares Konstruieren funktioniert nur nach dem Vorbild biologischer Systeme, nach den Bauplänen der Natur. Die Natur ist ein Lehrmeister, der es doch tagtäglich hautnah demonstriert: Sie formt auf der Nanometer-Skala aus Atomen und Molekülen wunderbare Dinge wie Blumen, Bäume, Tiere und auch uns Menschen. Offensichtlich hat der liebe Gott die physikalischen Gesetze so arrangiert, dass es dieses beinahe mystisch anmutende, für die Nanotechnologie entscheidend wichtige Prinzip der Selbstorganisation überhaupt geben darf. Dieses Dogma regiert unsere Welt, nämlich dass sich Atome und Moleküle mit all ihren spezifischen Bindungseigenschaften voranbewegen und schließlich ganz von selbst an einer bestimmten Stelle wiederfinden.«

Auch der Ursprung allen Lebens sei ausschließlich diesen Selbstassemblierungsvorgängen im nanotechnischen Maßstab zu verdanken. Seine Entstehung nach diesem Grundprinzip der Natur sei heute Bionik in Reinstform. Aber wie mag unsere Welt aussehen, wenn die Träume der Nanoexperten verwirklicht sind? Heckls Ziel besteht in der Schaffung völlig neuer molekularer Systeme, wie sie in der Natur noch gar nicht existieren. Wer weiß, sinniert er, welche evolutionären Wege vielleicht noch gar nicht beschritten worden sind, weil die Natur dafür keinerlei Notwendigkeit erkannte? Er würde zum Beispiel »gerne Schwärme von nanometer-großen Assemblierungsmaschinen herstellen, die dann im Umweltschutz eingesetzt werden. Solche Armeen von Minimaschinen könnten in verseuchte Böden einsickern oder in der Luft schweben, um dort Schadstoffe zu eliminieren. Es wären für unsere Augen unsichtbare Entgiftungsanlagen, die gewissermaßen als Deassembler toxische Substanzen in ihre atomaren Bestandteile zerlegen und sie damit völlig unschädlich machen.«

Niemand kann in die Zukunft sehen. Es gibt allerdings eine Methode, die einigermaßen sichere Aussagen erlaubt, und zwar selbst über Erscheinungen, die wir zweifellos noch längst nicht völlig verstehen. Gemeint sind die Baupläne der Natur. Wenn wir etwa darüber spekulieren, ob Computer eines Tages intelligent werden könnten, dann sollten wir uns daran erinnern, dass wir im menschlichen Gehirn eine Schaltung vorliegen haben, die wie alles andere auf der Welt nach physikalischen Gesichtspunkten funktioniert – und Intelligenz hervorbringt. Könnte es winzige chemische Maschinen geben, die in gezielter Weise in die Umwelt eingreifen und sich selbst dabei steuern? Es existieren, wie wir bereits gesehen haben, Myriaden von Mikrowesen, die sowohl die Erde als auch uns selbst bevölkern – und genau dies zuwege bringen. Beide Systeme, um die es hier geht, sind mikrominiaturisiert, vermutlich so weit, wie es die Naturgesetze ohne Beeinträchtigung der Funktion durch Quanteneffekte zulassen.

Die große Frage lautet: Ist der Mensch fähig, eine künstliche Welt zu erschaffen, indem er Atome und Moleküle so zusammenpuzzelt, dass jeder beliebige Gegenstand hergestellt werden kann? Mehr noch: Ist es möglich, diese Nanomaschinen so zu programmieren, dass sie sich selbst zusammenbauen und beliebig oft kopieren? Die Zunft der Nanotechnologen, die eine ans Phantastische grenzende High-Tech-Alchimie betreibt, plant inzwischen die Konstruktion von Werkzeugen, mit denen sich die Grundbausteine der Natur – also Atome und Moleküle – wie Legosteine nach

Belieben manipulieren lassen. Doch auch hier gilt es für Wissenschaftler, nicht wahllos in das ausgeklügelte Gleichgewichtsbestreben der Natur einzugreifen. Diese Nano-Genesis erscheint möglich, weil der einzige Unterschied zwischen einem Stück Kohle und einem Diamanten oder zwischen gesunden und kranken Zellen in der Anordnung der Atome besteht. Je nachdem, wie diese atomare Struktur zusammengesetzt ist, haben wir Kohle oder einen Diamanten vor uns, gesundes oder krankes Gewebe, Wasser, Eisen oder Luft.

Sollten die Nanospezialisten nach gründlichstem Studium biologischer Vorbilder eine praktische Möglichkeit finden, Atome und Moleküle in beliebige Arrangements zu überführen, so würde der Mensch in den Besitz von schöpferischer Macht über die gesamte Materie gelangen. Wissenschaftler und Forscher, die an solchen Problemen arbeiten und nach entsprechenden Lösungen Ausschau halten, haben derzeit auf allen Kontinenten Hochkonjunktur. Der jahrzehntelange Widerstand gegen Inspirationen und Innovationen aus der Natur ist auf breiter Front erschüttert und gerät immer mehr ins Wanken. Denn die grundlegenden Erkenntnisse lassen sich nicht länger verschleiern: Vieles, was Techniker heute noch für völlig utopisch halten, hat die biologische Evolution in ihren phantastischen Experimentierlabors seit Urzeiten optimal verwirklicht. Evolutionäre Hochleistungsdatenspeicher, die jeden Großcomputer in den Schatten stellen, militärisch anmutende Täuschungsmanöver südafrikanischer Wüstenpflanzen, hypersensible Sinnesorgane im Dunkel des Dschungels lebender Kreaturen, die auch Infrarotstrahlen und Radiowellen, atomare und elektromagnetische Strahlung, ultraviolettes und polarisiertes Licht empfangen und zum Vorteil ihres eigenen Überlebens nutzbringend einsetzen können – nur dem unbeschreiblichen Wettrüsten biologischer Systeme hat die Evolution ihren atemberaubenden Erfolg über äonenlange Zeiträume hinweg zu verdanken.

Technik ist also keineswegs etwas Unnatürliches. Wer das glaubt, hat vermutlich die lebende Natur nicht genügend aufmerksam beobachtet und weiß wahrscheinlich auch nicht, was sich in der belebten Welt, im Inneren jeder Zelle, bei der Energieumwandlung, Informationsverarbeitung und bei biochemischen Prozessen, der Mechanik von Organen und Gefäßsystemen wirklich abspielt. Es mag manchen Naturfreund erschrecken, aber Technik hat ihren Ursprung in Lebensvorgängen und nur dort. Wenn mit diesem Wissen die Bereitschaft wachsen würde, von der Natur auf umfassende Weise in funktionalen Fragen zu lernen und das Gelernte auf menschliche Verhältnisse zu übertragen, dann lernten wir vielleicht auch, was die Natur in perfekt erscheinender Weise praktiziert: die ökonomische Nutzung der ihr zur Verfügung stehenden Rohstoffe und Energiequellen sowie die Rückführung und Aufarbeitung von Abfällen und Nebenprodukten in einem Prozess der Wiederverwertung. Die Technik der Pflanzen und Tiere verursacht weder Lärm noch Müll, weder eine mit Schadstoffen belastete Atmosphäre noch tote Gewässer. Biologische Systeme sind brillante Ingenieure und Architekten. Sie bringen höchst sinnvolle chemische Reaktionen zustande, um die sie etwa unsere Verfahrenstechniker nur beneiden können. Sie beherrschen die Technik der Energiegewinnung aus Sonnenlicht noch immer um Längen besser als wir. Pflanzen haben die Monierbauweise erfunden, die Wolkenkratzern und Fernsehtürmen Stabilität verleiht, und die Wabenkonstruktion moderner Flugzeugrümpfe ist für viele Kräuter und Schmetterlinge Schnee von gestern. Und von vielen lebenden Systemen zu Wasser, zu Lande und in der Luft wissen wir, dass sie sogar den Trick beherrschen, »kaltes Licht« zu produzieren – jedenfalls hat sich noch niemand an einem Glühwürmchen die Finger verbrannt.

Aber der menschliche Entdeckergeist steht noch immer – ähnlich wie ein Astronom im Mittelalter vor der Unendlichkeit des Sternenhimmels – staunend, vielleicht sogar unsicher vor diesem geheimnisvollen und wunderbaren Kosmos der Natur. Wie um alles in der Welt können Menschen – wie intelligent sie auch immer sein mögen – dieser faszinierenden Über-Welt nichts anderes abgewinnen, als ihr eine rein zufällige Entstehung zu unterstellen?

Zur Illustration mag ein oft verwendetes Argument von Gegnern der Zufallstheorie dienen. Sie vertreten den Standpunkt, dass die Entstehung des Lebens auf dieser Erde etwa vergleichbar sei mit folgender Möglichkeit: Man stellt einem Affen einen Computer vor die Nase und lässt ihn Tag und Nacht drauflos tippen – in der Erwartung, dass dadurch eines Tages Shakespeares »Hamlet« auf dem Bildschirm erscheint. Noch einleuchtender finde ich dieses Beispiel: Man karrt in einer Hamburger Schiffswerft die Millionen Einzelteile, die einst zum Bau der »Queen Mary« verwendet wurden, zu einem riesigen Haufen zusammen – in der Hoffnung, dass dadurch, rein zufällig versteht sich, am nächsten Tag der Luxusliner fix und fertig vor Anker liegt.

Wenn es gelänge, die komplexen Biostrategien im Tier- und Pflanzenreich auf unsere menschlichen Bedürfnisse zu übertragen, könnten in Zukunft beispielsweise auch die immer noch erstaunlich unzuverlässigen Warnungen vor verheerenden Vulkanausbrüchen und Erdbeben endlich der Vergangenheit angehören. Auch Kollisionen zwischen Flugzeugen, Ozeandampfern, Autos und Eisenbahnzügen ließen sich womöglich auf Dauer vermeiden. Und was gestern noch als Wunder galt, etwa die Aufklärung geheimnisvoller Kräfte und rätselhafter Phänomene in der Natur, hielte möglicherweise schon bald im technischen Alltag Einzug. Wird sich die alte Vision des Menschen, die Natur auf breiter Front in ihrem unbeschreiblichen Erfindungsreichtum nachzuahmen, am Ende doch noch realisieren lassen? Werden wir morgen schon die unglaublich genialen Prototypen biologischer Systeme und ihre staunenswerten Organisationsprinzipien mehr bewundern als die Highlights unserer heutigen Technik?

7. Pflanzen, die es in sich haben

Wie jeder weiß, können Lebewesen sich fortpflanzen. Sie machen sozusagen Kopien von sich selbst. Allerdings ist diese Kopiermethode nicht frei von Mängeln, schon gar nicht von präziser Genauigkeit. Es kommt deshalb immer wieder zu Kopierfehlern, die Charles Darwin »Variationen« nannte und die von seinen Nachfolgern auf genetische Mutationen zurückgeführt werden. Durch diesen unvollkommenen Kopiervorgang wird aber sowohl die Fülle als vor allem auch die Vielfalt im Reich der Natur erst möglich. Unterschiedliche Fähigkeiten und körperlich-geistige Merkmale bieten zudem unterschiedliche Erfolgsaussichten für die jeweiligen Individuen. Diese Verschiedenheit, eine unvermeidliche Folge der genetischen Veränderungen, führt dann zu differenzierten Ergebnissen. Obwohl bei diesen unzähligen Kopiervorgängen Zufallsereignisse durchaus eine Rolle spielen können, ist diese Art der Vervielfältigung kein zufälliger, sondern ein im Wesentlichen bestimmten Gesetzen unterliegender Prozess. Dieser Vorgang wird auch als »natürliche Auslese« bezeichnet. Selektion ist somit nicht eine zusätzliche oder unabhängige Kraft im Wirkmechanismus der Natur, sondern das Resultat der unaufhörlichen Wechselwirkung zwischen Organismus und Umwelt.

Die natürliche Auslese der Evolution beruht vorwiegend auf einer geschlechtlichen Auslese. Insbesondere Pflanzen entwickeln einen atemberaubenden Einfallsreichtum, ihre Art zu erhalten und weiterzuverbreiten. Und zweifellos wurde die Liebe nicht von Tieren, sondern von Pflanzen erfunden. Denn lange bevor sich in den dampfenden Urmeeren tierisches Leben regte, hatte das Grünzeug auf sexuellem Gebiet bereits mannigfaltige Erfahrungen gesammelt. Bis auf den heutigen Tag haben Vertreter aus dem Faunenreich nur in Ausnahmefällen mit der ausschweifenden Phantasie von Blumen und Gräsern, Bäumen und Sträuchern gleichziehen können. Blüten sind Geschlechtsorgane, die mit leuchtenden Farben, raffinierten Formen, lockenden und verzaubernden Düften »unverblümt« zum Geschlechtsverkehr animieren. Jeder Blütenkelch ist eine Peepshow oder, wie Carl von Linné es formulierte: ein »Beilager« der Pflanzen. Der schwedische Arzt und Biologe aus Uppsala war so beeindruckt vom Sexualleben der Pflanzen, dass er im Alter von 28 Jahren mittels Staubfäden und Stempel, männlichen und weiblichen Sexualorganen also, die Grundlage für das erste überzeugende botanische Ordnungssystem schuf und somit 1738 einen zwei Jahrhunderte währenden Zustand wissenschaftlicher Verwirrung beendete.

Da in der Bibel leider kein klares, auf eine Zweigeschlechtlichkeit der Pflanzen hinweisendes Schöpfungswort zu finden ist, war im 15. und 16. Jahrhundert ein erbitterter theologischer Streit entbrannt, als einige Botaniker zu behaupten wagten, auch Pflanzen besäßen ein Geschlechtsleben. Nichts als verleumderische Lügen, erklärten die Schriftgelehrten, boshafte und zudem auch noch »schmutzige« Lügen! Und in der Tat hatten sie das Wort Gottes auf ihrer Seite: In der Bibel war eben nicht von den Pflanzen zu lesen, dass der Herrgott »sie als einen Mann und ein Weib« geschaffen habe. Und ohne Mann und Weib konnte, ja durfte es keine Geschlechtlichkeit geben. Also hatten Pflanzen geschlechtslos zu sein – und damit basta! Es war nicht das erste Mal – und es sollte auch nicht das letzte Mal sein –, dass Wissenschaftler angefeindet wurden, weil sie Tatsachen enthüllten, die gegen die Heilige Schrift verstießen. Vier Jahrzehnte bevor in einem Konzil gelehrter Mitglieder der Royal Society in London erstmals die Andeutung gemacht wurde, dass Pflanzen möglicherweise Geschlechtswesen sein könnten, zwang die Inquisition in Rom den Astronomen Galilei unter Androhung der Folter, seine Behauptung – er stützte sie, ähnlich wie die Botaniker die ihren, ebenfalls auf Beobachtungen mithilfe optischer Instrumente, die zu jener Zeit in Form von Mikroskopen und Teleskopen erstmals in Gebrauch waren – zu widerrufen, dass die Erde sich um die Sonne drehe. Die theologischen Berater des Heiligen Offiziums hatten dem Papst erklärt, solche Feststellungen widersprächen der biblischen Lehre und seien infolgedessen ketzerisch.

Die »Irrlehre« Galileis war längst zur orthodoxen Doktrin avanciert, als Neuentdeckungen im sexuellen Bereich der Pflanzen noch immer als »obszön« disqualifiziert wurden. Der Widerstand gegen die Hypothese einer pflanzlichen Liebe wurde dabei auf breiter Front vorgetragen: Zunächst waren neue wissenschaftliche Erkenntnisse dem Establishment grundsätzlich ein Dorn im Auge, weil sie die herkömmlichen Überzeugungen in Zweifel zogen oder doch zumindest unvoreingenommenes Denken erforderlich gemacht hätten. Aber nichts trübt die Fähigkeit, objektive Maßstäbe anzulegen, mehr als blinder Glaube – das ist heute kein Jota anders als damals. Darüber hinaus wird in der Bibel die Einteilung in Geschlechter nicht vor dem sechsten Schöpfungstag erwähnt – wie hätte sie also Pflanzen zustehen sollen, die doch bereits am dritten Tag erschaffen wurden? Vor allem jedoch schien der Begriff »Sexualität« im Zusammenhang mit Pflanzen allein schon aus psychologischen Gründen als anstößig empfunden zu werden. Für Menschen, die Sexualität überhaupt nur mit hochrotem Kopf und einem gewissen Unbehagen zur Kenntnis nahmen, waren Pflanzen etwas Unbeflecktes. In ihre zarte Schönheit projizieren wir heute noch hehre Ideale: Die weiße Lilie in Marias Hand wird zum Inbegriff der Reinheit und Jungfräulichkeit. Sachlich konsequent führen Gartenkataloge die weiße Sorte *Lilium candidum* als »Madonnenlilie«. Und überhaupt verraten gebräuchliche Blumennamen überdeutlich, mit welch tugendsamen Wünschen und Vorstellungen wir unsere Blumenpracht befrachten: »Gedenke-mein«, »Männertreu«, »Vergiss-mein-nicht« lauten die phantasievollen Botschaften aus der Tiefe unseres Gemüts. Dichter und Schrift-

steller leihen sich ihre poetischen Attribute bei bunten Blütenblättern, die sich in »blühender« Phantasie verschwenden: »Du bist
wie eine Blume, so hold und schön und rein.« Wir bilden uns ein,
»durch die Blume« zu sprechen, haben jedoch zumeist nicht den
leisesten Schimmer, wie sich Pflanzen uns wirklich mitteilen. Die
Überlegung, dass der Sexualität im Pflanzenreich eine gleichwer-
tige oder gar noch höhere Bedeutung zukommt, als dies unter
Menschen der Fall ist, erschließt sich selbst heutigen Wissenschaftlern nur recht selten. Und den Vertretern jener Hypothese,
derzufolge alles Leben auf dieser Erde lediglich einem dumpfen,
mechanistischen Räderwerk gleichkommt, erscheint dieser Sachverhalt ohnehin belanglos.

Der englische Naturwissenschaftler Alec Bristow, Mitglied der
angesehenen Botanical Society of the British Isles, ist da völlig anderer Meinung; er hat den Sexproblemen der Pflanzen gleich ein
ganzes Buch mit dem Titel »Wie die Pflanzen lieben« gewidmet. In
seinen ungewöhnlich spannend und allgemein verständlich auf-
bereiteten Studien kommt der Botaniker zu dem Schluss, dass es
Pflanzen im Hinblick auf Sex und Erotik es genauso bunt – wenn
nicht noch bunter – treiben wie wir Menschen. Am meisten müssen sich die Pflanzen nach den Forschungsergebnissen des Wissenschaftlers mit dem herumplagen, was man bei uns »Orgasmus-
schwierigkeiten« nennt. So ist ein Todfeind der Fortpflanzung die
frühzeitige Ejakulation. Das heißt bei den Pflanzen: Die männlichen Geschlechtsorgane geben schon Blütenstaub frei, wenn die
weiblichen Narben noch nicht reif sind. Die Natur wehrt sich gegen diese Gefahr mit etlichen Tricks. So macht sie die männlichen
Organe so sensibel, dass es in Abständen zu mehreren »Ejakulationen« kommt – mit dem Pollen wird also nachhaltig und spar-
sam umgegangen. Das ist unter anderem auch deswegen wichtig,
weil die Blüte ja nicht von einem einzigen Insekt abhängig sein
darf. Je mehr Besucher den Pollen verbreiten, desto größer ist
die Chance für Bestäubung beziehungsweise Vermehrung. Dass
männliche und weibliche Geschlechtsorgane unterschiedlich reif

werden, kann aber aus einem anderen Grund auch durchaus Sinn machen, weil dadurch die Fremdbestäubung mit all ihren biologischen Vorteilen gefördert wird. Bei zwittrigen Pflanzen wird durch die unterschiedliche Reifung oft die Selbstbefruchtung ausgeschlossen. So lassen etliche Doldengewächse ihre männlichen Geschlechtsorgane verkümmern, während ihre weiblichen empfängnisbereit bleiben. Dafür stoßen andere Pflanzen noch Pollen aus, wenn ihre weiblichen Organe schon vertrocknet sind. So kommen auch noch unbefruchtete »späte Mädchen« zu ihrem Recht.

Ein anderes Sexproblem der Pflanzen ist die »Frigidität«. So genügt es Alec Bristow zufolge nicht, wenn männliche und weibliche Geschlechtsorgane einer Blume zur gleichen Zeit reif sind – das Wetter muss ebenfalls mitspielen. Wenn es nämlich zu kalt ist, fehlt es häufig an Insekten, die den Pollen weitertragen könnten. Der englische Botaniker, selbst Vater von fünf Kindern, kommt schließlich auch auf das Problem der »Untreue« bei Pflanzen zu sprechen. Viele primitive Gewächse bieten ihren Geschlechtsapparat und den lockenden Nektar vorbehaltlos allen möglichen Kunden aus der Insektenwelt dar – auch solchen, die von allen Blüten naschen und den Samen ganz anderer Pflanzenarten anschleppen. Damit verkleben sie oft die weiblichen Geschlechtsorgane in einer Weise, dass arteigener Pollen nicht mehr an die empfängnisbereite Narbe herankommt, die Befruchtung also in diesem Falle unterbleibt. Höher entwickelte Gewächse haben sich hingegen auf »Treue« spezialisiert. Dazu gehören Orchideen, die nicht nur wie weibliche Bienen, Wespen oder Hummeln aussehen, sondern auch so riechen, was wiederum männliche Bienen, Wespen oder Hummeln anlockt – ein offenbar sicherer Garantieschein auf Fortpflanzung.

Mitten im Ersten Weltkrieg, die blutige Schlacht in den Ardennen strebte ihrem Höhepunkt zu, erschien in der Zeitschrift der Französischen Gesellschaft für Hortikultur ein Beitrag mit dem etwas umständlichen Titel »Einige Merkwürdigkeiten bezüglich der Mimikry bei Orchideen«. Ein Franzose namens Pouyanne, Richter am Appellationsgericht in Algier, der seine ganze Freizeit der Erforschung dieser faszinierenden Blumenfamilie widmete, berichtete in diesem Artikel von einigen floristischen Seltsamkeiten. Dem passionierten Orchideensammler war bei seinen Exkursionen mehrfach aufgefallen, dass die Blüten einer bestimmten Orchisart regelmäßig von einer bestimmten Wespenart aufgesucht wurden. Dem Hobbywissenschaftler bereitete eine Entdeckung besonderes Kopfzerbrechen: die Spiegel-Orchis (*Ophrys speculum*), so lautet der Name der von unserem Richter bevorzugt untersuchten Orchidee, wurde ausschließlich von Wespenmännchen angeflogen. Unmittelbar nach der Landung umklammerte der »Wesperich« die Orchideenblüte und führte heftige, zuckende Bewegungen aus. Für den Freizeitforscher gab es nicht den geringsten Zweifel: Offensichtlich befand sich die Wespe in höchster Ekstase – und irgendwie erregt schien auch Monsieur Pouyanne.

Was ging hier vor? Welche Befriedigung konnte das Wespenmännchen – beziehungsweise die Orchidee – aus einer solchen Begegnung gewinnen? Auf den ersten Blick hätte es den Anschein haben können, als greife das Wespenmännchen aus zunächst unerfindlichen Gründen die Orchisblüte an. Doch unser beherzter Untersuchungsrichter wollte es genau wissen und kam nach längerem Studium zu dem Schluss, dass die treibende Kraft hinter dem bemerkenswerten Verhalten der beobachteten männlichen Wespen nicht Aggressivität war, sondern wohl eher etwas mit Sexualität zu tun haben musste. Für unseren feinsinnigen Monsieur stand es damals außerhalb jeglichen Zweifels: Hier war nicht Brutalität, sondern Liebe im Spiel! Sofort fiel es dem Amateurbotaniker wie Schuppen von den Augen, und für viele peinigende Fragen fand er jetzt auf einmal schlüssige Antworten. Vor allem: Warum sahen diese Orchideenblüten den von ihm beobachteten Wespen zum Verwechseln ähnlich? Nun, die Ähnlichkeit zielte darauf ab, Wespenmännchen zu täuschen, sodass diese die Blüten für weibliche Wespen hielten. Was Monsieur Pouyanne folgerichtig erkannte, waren die Bemühungen von Wespenfreiern, sich mit Orchisblüten zu paaren. Der englische Biologe Alec Bristow hat diesen Vorgang in seinem oben erwähnten Buch folgendermaßen zusammengefasst: »Das Ganze war eine raffinierte Betrugsaktion, zu dem Zweck, den starken Sexualtrieb des Wespenmännchens für die Kreuzbefruchtung der Blüten einzusetzen und auf diese Weise eine neue Orchisgeneration zu zeugen.«

Bristow, dessen brillanten Darlegungen wir in diesem Abschnitt weitgehend folgen, weist darauf hin, dass viele Wissenschaftler Pouyannes Beobachtungen als das Hirngespinst eines alten Mannes, als schmutzige Phantasie abtaten. Man hätte die zweideutigen Äußerungen des Richters niemals in einem seriösen Fachorgan abdrucken dürfen. Nur wenige scharfsichtige Hobbyforscher, so etwa der Oberst M. J. Godfery, waren unbefangen genug, sich mit den bemerkenswerten Erkenntnissen Pouyannes zu befassen und ihrer Überzeugung Ausdruck zu verleihen, dass die Beobachtungen des französischen Juristen und die Schlussfolgerungen, die er aus ihnen zog, völlig korrekt waren. Doch sollte es noch fast ein halbes Jahrhundert dauern, bis der Franzose in jeder Einzelheit Recht bekam, und zwar durch die gewissenhaften Arbeiten des schwedischen Biologen Bertil Kullenberg, der das Problem streng wissenschaftlich anging und dabei nicht nur die botanischen, sondern gleichzeitig auch die zoologischen und chemischen Zusammenhänge dieses Naturphänomens untersuchte. Kullenberg publizierte seine Forschungsergebnisse in der mittlerweile schon beinahe klassischen Abhandlung *»Studies in Ophrys Pollination«* (»Untersuchungen über die Bestäubung der Orchideen«), die gelegentlich auch als »Roman« bezeichnet wurde, weil es ähnlich wie ein Werk der Belletristik jene attraktive Mischung aus Geheimnis, Spannung, Aufklärung und Sex enthält.

Kullenbergs berühmter Kollege Carl von Linné (1707–1778), hatte im 18. Jahrhundert die Basis für diese Forschungen geschaffen. Nachdem ganze Generationen von Naturwissenschaftlern vergeblich versucht hatten, dem Chaos der natürlichen Formenfülle mit künstlichen Ordnungssystemen zu Leibe zu rücken, nahm sich der schwedische Einstein der Biologie in jahrlanger Feldforschung die Welt der Pflanzen in ihren intimsten Bereichen vor und erklärte schließlich: »Wir, die wir die Natur nicht unterrichten oder die Pflanzen nach unseren Ansichten selbst erschaffen können, müssen uns der Natur unterwerfen und die auf die Pflanzen geschriebenen Kennzeichen mit Fleiß und Aufmerksamkeit lesen lernen.« Bei seiner intensiven Blumen»lektüre« stieß Linné immer wieder auf das, was Botaniker damals ebenso geflissentlich übersahen, wie die meisten Blumenliebhaber es heute tun: auf Merkmale sexueller Fortpflanzung, eben jene geschlechtsspezifischen Organe, mit denen Pflanzen sich paaren und Nachkommen zeugen.

Während Linné – dabei ganz Naturforscher seiner Zeit – die »Genitalien« aller Blüten, die er irgendwo auftreiben konnte, zählte und verglich, fiel ihm auf, dass diese »wesentlichsten Teile« in keiner Blüte fehlten und sie nicht durch Einflüsse wie Wetter, Boden, Standort oder Klima verändert wurden. Das brachte ihn auf die Idee, alle Blütenpflanzen nach dem »Sexualsystem« zu klassifizieren, das –von Ergänzungen und Einschränkungen abgesehen – bis heute Bestand hat. Linné beschrieb in prallen Bildern die sexuellen Verhältnisse, die er in Tausenden von Blütenkelchen vorfand: etwa »die gleiche Zahl von Ehemännern und -frauen in unbeschwerter Freiheit« oder »einen Ehemann in einer Ehe« oder »20 Männer oder mehr im selben Bett mit einer Frau« – eine orgiastische Beziehungsvielfalt, wie sie beim Mohn üblich ist – sowie die bemerkenswert frivolen Zustände bei der Ringelblume, »wo sich die Betten der Verheirateten in der Mitte, die der Konkubinen am Rand befinden, die Ehefrauen aber unfruchtbar und die Konkubinen fruchtbar sind«.

Linnés Zeitgenossen, die es gewöhnt waren, Blüten bestenfalls für eine galante Zierde kostbarer Blumengebinde zu halten, reagierten reichlich indigniert auf die intimen Enthüllungen des Naturforschers. Noch 1820 sorgte sich Goethe um die unschuldigen

Seelen junger Frauen, wenn sie von Linnés botanischer Sexuallehre erfahren würden. Indes untergliederte der als Pornograph und Sexist gescholtene Wissenschaftler seine genialen Ordnungsprinzipien unbeirrt weiter. Als Sohn eines Predigers sollte er ursprünglich Theologie, sozusagen das modischste Studienfach jener Zeit, studieren. Aber Linnés mangelhafte Leistungen auf dem Gymnasium veranlasste die überwiegende Mehrheit seiner Lehrer zu dem Urteil, er sei für Theologie nicht »ausreichend talentiert«. In Wahrheit hatte sich der junge Linné wohl etwas zu viel herausgenommen und seine Gedanken von religiösen Themen auf das vermutlich spannendere Gebiet der Sexualität abschweifen lassen. Bestärkt wurde er in seiner Begeisterung für die Phänomene der Natur von einem Lehrer namens Rothman, der sich dem Studium der neuen Entdeckungen über die Sexualität bei Pflanzen widmete und mit seinem wissbegierigen Schüler ein Buch las, das beide tief beeindruckte: Vaillants *»Sermo de Structura Florum«* (»Gespräch über die Gestalt der Blumen«). Das Buch wurde 1718 veröffentlicht, als Linné gerade ins Pubertätsalter kam, und hat sicherlich dazu beigetragen, in dem jungen Pennäler den ersten Funken seiner späteren Besessenheit zu entzünden. Bereits im Alter von 22 Jahren, als Medizinstudent an der Universität Uppsala, legte Linné seine grundlegenden Gedanken über Pflanzengeschlechtlichkeit in einem Essay nieder, der überschrieben war mit »Praeludia sponsaliorum plantarum« (»Vorspiele pflanzlicher Begattung«). Seine sich anbahnende Manie, alle Pflanzenarten zu klassifizieren, wirkte sich bis in sein Liebeswerben um die Braut aus, die er als »meine monandrische Lilie« bezeichnete. Die Lilie sollte Jungfräulichkeit symbolisieren und das aus dem Griechischen abgeleitete Wort »monandrisch« eine »Frau mit nur einem Mann« bedeuten. Einem Studienfreund gegenüber ordnete er die Auserwählte, eine Arzttochter, eher nüchterner ein, indem er schrieb: »Ich habe soeben die Frau geehelicht, die ich seit Jahren heiraten wollte, und – unter uns gesagt – sie ist ziemlich reich.«

Der schwedische Adelsmann war nicht der einzige Gelehrte, der das süße Leben der Blumen erforschte, und er war auch nicht der erste. Bereits knapp 300 Jahre nach dem Tod des griechischen Naturforschers und Philosophen Theophrastos von der Insel Lesbos, dessen *»Geschichte der Pflanzen«* und *»Der Ursprung der Pflanzen«* vom dritten vorchristlichen Jahrhundert bis ins 16. Jahrhundert als unbestrittene Standardwerke der Botanik galten, hatte der römische Naturwissenschaftler Plinius der Ältere wohl schon eine leise Ahnung von der Existenz einer pflanzlichen Geschlechtlichkeit. In seinem Monumentalwerk *»Naturalis Historia«* schreibt er: »Es ist bewiesen, dass die weiblichen Palmen ohne die Mitwirkung der männlichen Palmenbäume keine Frucht tragen können, deshalb neigen die weiblichen Bäume ihre Zweige den männlichen zur Umarmung entgegen. Der männliche Palmbaum vermählt sich mit ihnen vermittels sanfter Seufzer, zärtlicher Blicke und der Verströmung eines Staubes. Wird der männliche Baum geschlagen, so sind hernach die weiblichen Witwen unfruchtbar. Diese Liebe zwischen Pflanzen wurde vom Menschen beobachtet, der sie zu imitieren versucht, indem er Blüten und Flaum, ja, sogar ausgestreuten männlichen Staub zu den weiblichen Bäumen bringt.«

Doch von der winzigen Bruchstelle in dem von Kirchenfürsten festgezurrten Dogma bezüglich einer angeblichen Geschlechtslosigkeit der Pflanzen sind diese Bemerkungen des Plinius bis in die Neuzeit hinein der letzte Vorstoß gegen diese Doktrin geblieben. Allzu viele Traditionen, schreibt der Brite Bristow, wären in Gefahr geraten, hätte man ein derart »modernes« Denken unkontrolliert durchgehen lassen. Denn »nicht nur philosophische Systeme, sondern auch ganze Religionsgebäude waren auf der Basis der Geschlechts- und Körperfeindlichkeit errichtet worden – nicht zufällig, wohl aus der Furcht davor, das Weib könnte eventuell doch eine dem Manne adäquate wichtige Funktion erfüllen«. Der englische Naturwissenschaftler vermutet, dass es vielleicht der von Männern beherrschten Gesellschaft bereits gedämmert habe, dass das Eingeständnis, die Mutter sei an der Entstehung neuen Lebens kreativ beteiligt, automatisch dazu führen könnte, dass sie, die Mutter, als sehr viel wichtiger angesehen werden würde als der Vater, weil sie dem Embryo nicht nur Wohnung und Nahrung gab, sondern auch genetisch zur Hälfte an dem neuen Lebewesen beteiligt war. Dass Pflanzen, diese unschuldig-reinen Dinger, nicht zur Freude des menschlichen Auges, sondern frech und frivol zur Erregung sexueller Begierde ihre Blüten entfalten und sich durch sie zur Schau stellen könnten – eine derartige Vorstellung hätte die Frommen mit Entsetzen erfüllt und sie veranlasst, sich für ihre sündhaften Gedanken sogleich Buße aufzuerlegen.

Als dann die Geschlechtlichkeit der Pflanzen vor jetzt gut drei Jahrhunderten endlich entdeckt wurde, geschah dies nicht durch die Mönche und jene Gelehrten, die ein Leben der Entsagung, das heißt der Abkehr von der alltäglichen Wirklichkeit der Welt, führten. Nein, den Durchbruch erzielten Ärzte, deren Beschäftigung mit den Pflanzen sehr praktischer Natur war, weil sie mit ihnen Krankheiten zu heilen versuchten, und deren anatomische Ausbildung ihnen genau die richtigen Kenntnisse und die nötige Unbefangenheit verschafft hatten. Marcello Malpighi, ein italienischer Medizinprofessor in Bologna, war einer der Ersten, die für ihre Untersuchungen an Tierkörpern ein Mikroskop verwendeten, und bald befiel ihn eine unbezähmbare Neugier herauszufinden, was wohl Pflanzenstrukturen, vergrößert, verraten mochten. Seine *»Anatomia Plantarum«* wurde im Jahre 1672 veröffentlicht. Er beschreibt darin ausführlich und sorgfältig seine Erkenntnisse über Anatomie und Physiologie der Pflanzen. Nur vier Jahre später wagte endlich jemand die Behauptung, dass Pflanzen ebenfalls Geschlechtswesen seien. Es war ein Mitglied der Königlichen Akademie Britanniens und späterer Präsident des Royal College of Physicians, der Arzt Sir Thomas Millington, der sich mit dieser mutigen Äußerung der scheinheiligen Ignoranz seiner Zeit entgegenstellte. Die Vermutung liegt nahe, dass der englische Physikus Malpighis Abhandlung von der Anatomie der Pflanzen gelesen hatte und auf die Idee kam, diese und Sexualität in Beziehung zu bringen. Allerdings veröffentlichte er seine Gedanken nicht selbst, sondern teilte sie nur einem an Botanik interessierten Freund mit, Dr. Nehemiah Grew, der ziemlichen Wirbel verursachte, als er diese Hypothese in einer Vorlesung »Über die Gestalt der Blüten« im Jahre 1676 der Königlich-Medizinischen Gesellschaft vermittelte. Die Angelegenheit erregte derartiges Aufsehen, dass sich Grew entschloss, ein Buch darüber zu veröffentlichen. Es erschien 1682 unter dem Titel »*Anatomy of Plants*« (»Die Gestalt der Pflanzen«) und zollte Thomas Millington jegliche Anerkennung für seine Entdeckung: »Millington hat mich darauf hingewiesen, dass das Gepränge [also die Staubgefäße] bei der Befruchtung der Pflanze die Rolle des Mannes spielt.«

Am 25. August 1694 lieferte der Tübinger Medizinprofessor Rudolf Jacob Camerarius den Nachweis für die Richtigkeit der Theorie seiner britischen Kollegen. Seine *Epistula de Sexu Plantarum* (»Brief über das Geschlecht der Pflanzen«) ist an seinen Freund Valentini adressiert, Professor der Medizin in Gießen. Dieses Dokument gilt allgemein als die erste Beweisführung über die Geschlechtlichkeit von Pflanzen. Durch sorgfältige, mühevolle Experimente, bei denen der Tübinger Arzt die Staubgefäße von männlichen Rizinusblüten entfernte und damit bewirkte, dass die weiblichen Blüten keine Frucht ansetzten, befreite der Mediziner Camerarius die pflanzliche Geschlechtlichkeit von jedem Zweifel. Jedoch mahlen die Mühlen menschlichen Begreifens langsam, und deshalb war eine Trendwende des wissenschaftlichen Denkens noch lange nicht in Sicht. Viele Intellektuelle jener Epoche lehnten die Schlussfolgerungen des Tübinger Arztes rundweg ab. Noch zu Beginn des 18. Jahrhunderts konnte der französische Botaniker Tournefort nachdrücklich konstatieren, dass der Zweck von Staubgefäßen darin bestehe, den überflüssigen Saft einer Pflanze loszuwerden, indem sie ihn in Form von Pollenkörnern absondere.

Lediglich in England regte sich allmählich Zweifel an der offiziellen Lehre pflanzlicher »Unbeflecktheit«. Der Naturphilosoph Richard Bradley beschrieb 1717 in seinem Buch »*New Improve-*

ments of Planting and Gardening« (»Neue Verbesserungen für den Gärtner und Pflanzenfreund«) einige Versuche mit pflanzlicher Sexualität bei seinen Tulpen im Vorgarten. Er schnitt bei zwölf Pflanzen die männlichen Organe ab und ließ die übrigen – insgesamt etwa 400 – unberührt weiterwachsen. Das Resultat war eindeutig, weil »die zwölf solchermaßen kastrierten Tulpen in diesem Sommer keinen Samen trugen, wohingegen jede der 400 anderen Pflanzen, die ich unberührt gelassen hatte, Samen hervorbrachte«. Dies war vermutlich das erste Sexualexperiment an hermaphroditischen Blumen. Bradley diskutierte auch die Beschneidung der männlichen Kätzchen eines Nussbaums, der daraufhin unfruchtbar wird, es sei denn, man überträgt Pollen von einem anderen Baum auf die weiblichen Blüten, die man »an jeglichem Morgen, über drei oder vier Tage hintereinander, frisch sammelt und mit denen man leicht die weiblichen Teile bestäubt«. Damit könnte der Engländer Bradley auch die Geburtenkontrolle sowie die künstliche Befruchtung bei Pflanzen erfunden haben. Der britische Naturphilosoph erwähnte darüber hinaus die Züchtung einer neuen, vom Menschen geschaffenen Kreuzung zwischen einer Nelke und dem Leimkraut, wobei er prophezeite, dass die Zukunft zahlreiche künstliche Hybriden hervorbringen werde.

Wo aber blieb die Botanikergilde aus deutschen Landen? Jene Naturwissenschaftler und Gelehrten, die Pflanzenkunde von Berufs wegen betrieben? Wo um alles in der Welt haben die denn hingeschaut, wenn sie den Blütenkelch einer Mohnblume unter die Lupe nahmen oder eine Mohnkapsel untersuchten? Die können doch nicht allesamt Laienpriester gewesen sein, denen es vermutlich seitens des Heiligen Stuhls von vornherein untersagt war, eine Samenkapsel des Klatschmohns zu öffnen. War die Feindseligkeit des wissenschaftlichen und kirchlichen Establishments gegenüber allem Geschlechtlichen derart ausgeprägt, dass sich hierzulande kein einziger »grüner« Finger rührte? Erst wenige Jahre vor Beginn des 19. Jahrhunderts erhob sich endlich auch eine deutsche

Stimme für die Bedeutung pflanzlicher Geschlechtsorgane. Aber auch jetzt war es kein studierter Botaniker, der im Bereich der Wissenschaften das Wort ergriffen hätte, sondern ausgerechnet ein Schuldirektor. Der Berliner Christian Konrad Sprengel veröffentlichte mit seinem bedeutenden Werk »*Das entdeckte Geheimnis im Bau und in der Befruchtung der Blumen*« die Ergebnisse seiner Studien an über 500 Pflanzenarten.

Der nächste, allerdings frappierende Beitrag im Hinblick auf das Sexualleben der Pflanzen kam schließlich von Charles Darwin. Obwohl man sich an seinen Namen in der deutschen Öffentlichkeit in erster Linie aufgrund einer Behauptung erinnert, die er niemals getan hat – dass nämlich der Mensch vom Affen abstamme –, beruht sein epochales Werk von 1859, seine Evolutionstheorie, in erster Linie auf Untersuchungen an Pflanzen, nicht an Tieren. Vielleicht hatte ihn dieses Gebiet nach der Lektüre der Bücher seines Großvaters, Erasmus Darwin, besonders fasziniert. Er, der Arzt und Naturforscher, hatte sich als junger Mann von den Publikationen Linnés begeistern lassen und ein recht gefühlsbetontes, maßvoll-erotisches Gedicht über Pflanzensexualität verfasst; es war mit »The Loves of Plants« (»Wie Pflanzen lieben«) überschrieben. Charles Darwin stammte also aus einer Familie, die bereits während seiner Kindheit ihren Teil zur Erregung öffentlichen Ärgernisses beigetragen hatte: Der Großvater Erasmus publizierte nämlich auch ein Buch zum Thema »Acker- und Gartenbau« und behauptete dort, dass Pflanzen nicht nur über sensorische Empfindungen verfügen, sondern vor allem auch »freiwillige Willensentscheidungen« treffen könnten.

Gleichwohl, das schrille Protestgeheul, das die Veröffentlichung von Charles Darwins Evolutionstheorie im Jahre 1859, also genau 100 Jahre nach Linnés »*Preis-Dissertation über die Geschlechter der Pflanzen*«, auslöste, lässt sämtliche Attacken und Schmähungen auf seine Vorgänger als ein laues Lüftchen erscheinen. Nicht nur, so wetterte die Öffentlichkeit, erhob da schon wieder die Sexualität ihr abscheuliches Haupt, sondern dieser Darwin beging auch noch die unverzeihliche Sünde zu erklären – und dies gegen die Behauptungen der Bibel und selbst Linnés –, dass es keine von Gott erschaffene feststehende Anzahl Tier- und Pflanzenarten gebe, sondern dass sich beständig neue Lebensformen entwickelten. Der bereits mehrfach ausführlich zitierte Alec Bristow, Mitglied der Botanischen Gesellschaft Großbritanniens, fasste in seinem – ebenfalls schon erwähnten – Buch *»Wie die Pflanzen lieben«* die damalige Aufregung in besonders plastischen Worten zusammen: »In der ganzen Welt wurde Darwins Werk von den Kanzeln herab als Blasphemie verdammt. Endlich hatte man wieder ein ergiebiges Thema, mit dem man die Glaubenstreuen erpressen und die Sünder züchtigen konnte. Das Echo jener aus moralischer Entrüstung, falscher Prüderie und beklagenswerter Unwissenheit zusammengebastelten Predigten hallt uns noch heute in den Ohren; entweder aus Faulheit, weil ihnen kein anderes Thema einfällt, oder, in extremen Fällen, sogar aus religiöser Überzeugung holen Kirchenmänner von Zeit zu Zeit noch immer die alten verstaubten Anti-Evolutions-Kamellen aus der Rumpelkammer und beglücken damit ihre Kirchengemeinde.«

Wir werden später noch sehen, unter welch perfidem Deckmäntelchen die gleichen Aufgeregtheiten heute wieder fröhliche Urständ feiern. Wie aber konnte Darwins Arbeit dermaßen verleumdet werden? Mit ziemlicher Sicherheit lag es nicht am Titel seines Buches, denn der war an Ernsthaftigkeit und Nüchternheit, bis an die Grenze der Langeweile, kaum zu übertreffen: *»Über die Entstehung der Arten im Tier- und Pflanzenreich durch natürliche Zuchtwahl oder Die Erhaltung begünstigter Rassen im Kampf ums Dasein«*. Dies war wohl nicht einmal 1859 ein zum Widerspruch reizender Titel. Warum kam es also zu diesem geistigen Erdbeben, zu diesem »Zornesgewitter«, wie es Bristow beschreibt? Es begann zum Teil wohl wieder deshalb zu wüten, weil man auch dem zaghaftesten Versuch, dunkle Winkel – insbesondere im Bereich der christlichen Religionen – auszuleuchten, mit tiefem Misstrauen begegnete. In gewisser Weise geht es natürlich auch stets

131

darum, eigene Positionen mit aller Macht zu verteidigen. Denn besonders jene Kreise, deren Existenz und Einflussbereich an ein Dogma gebunden sind, fühlen sich immer dann in ihren Grundfesten erschüttert, wenn diese These unterminiert und infrage gestellt wird. Immerhin lehrt auch unsere jüngste Geschichte zur Genüge, dass Menschen, die über lange Zeit Verfechter einer bestimmten Ideologie waren, sich anscheinend nur im Ausnahmefall für eine geistige Umschulung eignen.

Der wichtigste Grund, warum Darwins Jahrhundertwerk einen solchen weltweiten Skandal verursachte, lag vermutlich darin, dass es genau in der Zeit erschien, zu der es erschien. Die ebenfalls anstößigen Denkmodelle von Männern wie Millington (vor mehr als 300 Jahren) und Linné (vor mehr als 200 Jahren) waren einem vergleichsweise kleinen Kreis von gebildeten Menschen zugänglich gewesen, vor allem denen, die Latein verstanden. Doch bereits vor 150 Jahren – also Mitte des 19. Jahrhunderts, die Studentenrevolte von 1848 war in Deutschland noch in allseitiger Erinnerung –, als Darwin sein inhaltlich revolutionäres, nicht in der Gelehrtensprache, sondern in Englisch verfasstes Werk herausbrachte, machten gerade Schlagwörter wie »Erziehung und Bildung der Massen« die Runde. Dieser gesellschaftliche Umbruch bedeutete vor allem, dass Angehörige des »gewöhnlichen Volkes«, zu denen sich auch meine Urgroßeltern auf den rauen Höhen des Frankenwaldes zählten, jetzt ebenfalls Bücher und Zeitungen lesen konnten, sodass die Sorge des Establishments keineswegs unbegründet war, Darwins Denkanstöße könnten künftig grundsätzlich jedem Menschen zugänglich und damit die jahrhundertelang unangetastete Autorität der herrschenden Klassen durchaus infrage gestellt werden.

So drastisch wie ehedem Linné hatte Darwin die Bedeutung der Sexualität zwar ganz und gar nicht herausgehoben, aber die Ideenwelt des Evolutionsgeschehens sowie der damit eng verzahnten »natürlichen Zuchtwahl« basierte doch vor allem auf der Grundlage sexueller Vorstellungen und Überlegungen, das heißt,

Auslese braucht Variationen, um überhaupt zu greifen, und Variationen ergeben sich nun mal allein aus den Möglichkeiten der sexuellen Fortpflanzung. Überdies hatte die Prüderie zu Zeiten Darwins gerade mal wieder einen neuen Höhepunkt erreicht: Zwei Jahre vor dem Druck der Erstausgabe von Darwins *»Entstehung der Arten«* hatte der angesehene Frauenarzt William Acton sein Pamphlet zur »Funktionsweise und Störungen der Fortpflanzungsorgane« veröffentlicht, in dem er mit der ganzen pompösen Autorität seiner illustren Persönlichkeit behauptete, dass »Geschlechtsverkehr den Körper und den Verstand« schwäche und der Gedanke, Frauen seien zu sexuellen Empfindungen fähig, eine »vulgäre Verleumdung« sei.

Sein ganzes Leben verbrachte Charles Darwin mit sorgfältigen Beobachtungen jener Wechselbeziehungen zwischen männlichen, weiblichen und zweigeschlechtlichen Blüten sowie zwischen den Blüten und den sie bestäubenden Insekten. Was er zu diesem Thema publizierte, gilt als klassische Literatur über die Geschlechtlichkeit der Pflanzen. Insbesondere seine Veröffentlichungen *»Die verschiedenen Einrichtungen, durch welche Orchideen von Insekten befruchtet werden«* (1862) und *»Die Wirkungen der Kreuz- und Selbstbefruchtungen im Pflanzenreich«* (1876) wiesen den Weg für seine wissenschaftlichen Nachfolger. Gleichsam zur Bibel dieses Forschungszweigs gekürt wurde das mehrbändige, in den Jahren um 1900 von Paul Knuth und Ernst Loew herausgegebene *»Handbuch der Blütenbiologie«.* Dieses Werk führte in seinem Quellenverzeichnis nicht weniger als 3748 Bücher und Artikel über die Bestäubung der Pflanzen auf – die in diesem Zusammenhang zweifellos wichtigste Publikation allerdings suchte man in dem gigantischen Bibliographie-Konvolut vergebens. Sie war nur sieben Jahre nach Darwins *»Entstehung der Arten«* in einem völlig unbedeutenden Journal des »Naturforschenden Vereins in Brünn« erschienen, sollte jedoch das Wissen der Welt von der Sexualität der Pflanzen noch weit stärker voranbringen. Der Autor dieser bis in die moderne Gentechnologie und Fortpflanzungsmedizin hineinwirkenden Arbeit war ein schlesischer Mönch namens Gregor Mendel. Wieder einmal hatte ein Amateur gewagt, etwas zu entdecken, was der professionellen Gelehrtengemeinde entgangen war. Trotz seines Status als katholischer Pater hatte sich Gregor Mendel über das gerade von seinen Kirchenoberen streng kontrollierte Tabu der Pflanzensexualität hinweggesetzt, die Kopulationsmethoden im Reiche Floras penibel beobachtet, die Dinge beim Namen genannt – und in die delikaten Vorgänge manipulierend eingegriffen. Vermutlich waren die Mendel'schen Vererbungsgesetze von 1865/66, deren Star die gewöhnliche Gartenerbse war, auch Darwin bis zu seinem Lebensende unbekannt geblieben. Erst nach der Jahrhundertwende – und 16 Jahre nach Mendels Tod – wurde das »Gesetz von der freien Rekombinierbarkeit der Erbanlagen« gewissermaßen wiederentdeckt und seine epochale Bedeutung für alles Leben auf dieser Erde erkannt.

Ohne Liebe geht bei Pflanzen gar nichts. Frigidität und Prostitution, Untreue und sexuelle Hörigkeit, Orgasmus- und Ejakulationsprobleme – die Entdeckungen zur Sexualität bei Blumen und Gräsern, Moosen und Farnen, Bäumen und Sträuchern, die während der letzten 300 Jahre gemacht wurden, haben bewiesen, dass es in dieser Hinsicht keine noch so ausgefallene Ausdrucksform gibt, die nicht von Pflanzen ausprobiert und entwickelt worden wäre. Ihre Geschlechtsorgane sind von einer verwirrenden Vielfalt, Raffinesse und Komplexität, ihre Sexualtechniken voller atemberaubender Variationen, ihr Geschlechtstrieb ist oftmals bizarr und verschwenderisch, dass es der Wahrheit – und nichts als der Wahrheit – entspricht, wenn Biologen heute von den »lautlosen Orgien« in der Welt der Pflanzen sprechen. Als besonders aktiv erweisen sich dabei häufig die männlichen Organe, wie etwa die der Spritzgurke (englisch: *squirting cucumber*), die ihre Samen durch einen explodierenden Schleimmechanismus zuweilen bis in eine Höhe von mehr als zehn Metern katapultiert. Und wer will schon wissen, ob und welche Empfindungen eine Pflanze vielleicht bei solchen »Ejakulationen« hat? Das Einzige, was bislang noch von niemandem erforscht wurde, ist der »weibliche Orgasmus« einer geschlechtsreifen Blüte. Die Gründe für diese weißen Flecken auf der Karte pflanzlicher Sexualität liegen vermutlich im Fehlen einer dem Nervensystem der Tiere vergleichbaren Zellstruktur – obgleich, wie der englische Wissenschaftler Bristow anmerkt, »man auch da schon wieder Einschränkungen machen müsste, denn schließlich erweckt ja auch das plötzliche Zusammenzucken der Blätter von Mimosen bei Berührung den Eindruck einer heftigen Nervenreaktion, weshalb die Botaniker die Pflanze auch als *Mimosa pudica*, also die ›Sittsame‹ oder ›Keusche‹, bezeichnen«. Darüber hinaus gibt es Blumen, die nach dem Geschlechtsverkehr vor »Scham« zutiefst »erröten«, wie wir es ausdrücken würden. Indes ist die Wahrscheinlichkeit recht gering, dass sie bei sexueller Stimulierung so etwas wie Ekstase oder stille Befriedigung empfinden. Aber immerhin, so der Botaniker Alec Bristow, seien Anzeichen sexueller Stimulanz erkennbar: »Feuchtwerden der stigmatischen [also der weiblichen] Oberfläche; erhöhte Färbung, anziehende Gerüche, konvergierende Linien, die Besucher hypnotisierend zum Mittelpunkt der Blüte lenken und sie genau an die richtige Stelle führen. Wenn es Befriedigung bei diesem Akt geben kann, so tritt diese ein, wenn die Befruchtung gelungen und der Fruchtansatz gewährleistet ist. Ein deutliches Lustempfinden lässt sich, wie gesagt, nicht feststellen. Das gilt jedoch nicht nur für die Pflanzen, sondern auch für alle Tiere, Menschen ausgenommen. Der Mensch scheint als einzige Gattung die Fähigkeit entwickelt zu haben, seinen Sexualtrieb nicht nur zur Fortpflanzung seiner Art einzusetzen, Sex vielmehr auch um seiner selbst willen zu genießen.«

Zur Sicherung des Nachwuchses ebenso wie zur Erhaltung der Art tun Pflanzen einfach alles – wie es scheint, sogar mehr als wir Menschen. Sie nutzen sämtliche Mittel, die ihnen die Natur zur Befriedigung ihrer sexuellen Bedürfnisse zur Verfügung stellt, be-

135

dienen sich des Windes und des Regens, des Lichts und der Dunkelheit, der Wärme und der Kälte, aber auch anderer Pflanzen, vor allem aber der Tiere jeglicher Größe, Form und Art. Dabei verfallen sie auf die phantastischsten Tricks, um ihr Ziel zu erreichen.

Eine unbekannte Orchidee war 1857 die Sensation der englischen Blumenliebhaber. Über ein halbes Jahrhundert stand sie, von einem Pflanzensammler aus Madagaskar als namenloses Souvenir mitgebracht, nur wenig beachtet in einem Gewächshaus herum. Plötzlich, nach mehr als fünf Jahrzehnten »in Gefangenschaft«, trieb sie unvermittelt pralle Knospen, und eine wunderschöne elfenbeinfarbene Blüte kam zum Vorschein: ein sechszackiger Stern mit einem Durchmesser von über 15 Zentimetern erstrahlte eines Tages – wie eine verschlüsselte Botschaft aus einer fernen Welt. Das Bizarre an dieser Orchideenblüte war aber etwas ganz anderes: Dort, wo die zarte Blumenkrone am Stengel aufsaß, entspross ein schlauchartiger, knapp zehn Millimeter dicker »Sporn«, dessen Zweck sich niemand erklären konnte. Der pflanzliche »Wurmfortsatz«, biegsam wie ein porzellanweißes klinisches Endoskop, hatte eine Länge von fast 30 (!) Zentimetern. Dem dekorativen Anhängsel verdankt diese Orchideenart seither ihren Namen: *Angreacum sesquipedale*, »die Anderthalbfüßige«. Sollte man, so fragten sich die Pflanzenexperten in dem englischen Treibhaus, einer »Missgeburt« ins Leben verholfen haben?

Charles Darwin, der um Rat ersucht wurde, erkannte sofort, was los war. Eine solche auf den ersten Blick widersinnige Konstruktion der Natur konnte nach seiner Meinung nur einen Sinn haben – wenn es auf Madagaskar ein Insekt gäbe, dessen Saugrüssel genauso lang wäre wie dieser an seinem Grunde mit Nektar als universalem Lockmittel gefüllte Orchideensporn. Ein solches Tier aber hatte bis dahin noch niemand zu Gesicht bekommen; trotzdem wagte Darwin die Prognose, dass irgendwo auf der Afrika vorgelagerten Insel – die er weder gesehen noch jemals betreten hatte – ein Falter mit einem ebenso langen Sauginstrument leben müsse. Vier Jahrzehnte später, lange nach Darwins Tod, wurde tatsächlich ein Nachtschwärmer auf Madagaskar entdeckt, dessen feingliedriger, im Flug zu einer Spirale aufgerollter Rüssel ebenfalls 30 Zentimeter lang war! Darwin zu Ehren erhielt dieser Schmetterling den Namen *Xanthopan morgani* mit dem Zusatz *praedictus*, weil der große Gelehrte dieses Naturphänomen so zielsicher prophezeit hatte.

Derart extreme Auswüchse im Blütenaufbau findet man nur bei Pflanzen, die auf die Bestäubung durch Insekten angewiesen sind. Die durch Wind zu befruchtenden Pflanzen haben es schlicht nicht nötig, einen solch ungewöhnlichen Aufwand zu betreiben. Als vor rund hundert Millionen Jahren die in der Regel für Pflanze und Tier sinnvolle Kooperation bei Fortpflanzung und Futterquelle begann, mussten sich die Pflanzen und die Tiere notgedrungen spezialisieren. Denn je exakter die Anpassung zwischen Blume und Insekt, desto sicherer die Überlebenschancen für beide. Bei unserer »anderthalbfüßigen« Orchidee und dem Megarüssel des Nachtfalters *Xanthopan morgani praedictus* ist dieses Abhängigkeitsverhältnis auf die Spitze getrieben: Keiner kann ohne den anderen überleben.

Wie aber, so muss man sich fragen, hat die Evolution hier gearbeitet? Vielleicht war der Sporn der Orchidee vor 100 Millionen Jahren lediglich fünf Zentimeter lang – und der Rüssel des Nachtfalters? Maß dieser damals auch nur fünf Zentimeter in der Länge? Unterstellt, die Orchidee dehnte vor 50 Millionen Jahren ihren Sporn aufgrund einer plötzlichen Erbänderung auf beispielsweise zehn Zentimeter aus – wie kam der Schmetterling, dessen Rüssel ja noch fünf Zentimeter lang war, an den für ihn so lebenswichtigen Nektar? Und von wem wurde die Orchidee befruchtet, wenn der Schmetterling über kurz oder lang – mangels Nahrung – aussterben musste? Nehmen wir umgekehrt an, dass der Rüssel des Schmetterlings aufgrund einer Mutation sich plötzlich auf 30 Zentimeter verlängert hatte – was sollte er mit einem fünf Zentimeter kurzen Orchideenstummel anfangen? Müsste nicht entweder die Orchideenart oder die Falterart oder beide nicht längst von unserer Erde verschwunden sein? Eines wissen wir sicher: Die totale gegenseitige Abhängigkeit hat funktioniert, sonst würden beide Arten heute nicht leben; die Frage ist lediglich, wie sie zustande kam, diese totale Abhängigkeit. Und wie sie sich erhalten konnte – über 100 Millionen Jahre. Hat der liebe Gott beide, Orchidee und Schmetterling, am Anfang aller Tage so geschaffen, wie Insekt und Pflanze heute aussehen? Das wäre freilich die einfachste Lösung gewesen. Aber verfügte Gott wirklich angesichts von Millionen Tier- und Pflanzenarten, die zu erschaffen er sich vorgenommen hatte, auch in Geographie über diesen notwendigerweise präzisen Durch- und Überblick, sodass er genau wusste: Um kein Malheur anzurichten, mussten Schmetterling wie Orchidee an ein und demselben Ort gemacht werden – nämlich auf der schönen Tropeninsel Madagaskar?

Unsere Welt ist mit Meisterwerken der Ingenieurtechnik und Kunstwerken genialer Geister übersät. Wir sind ganz und gar an die Vorstellung gewöhnt, dass komplexe Eleganz ein Beweis für vorausgegangene perfekte Planung ist. Dies ist wahrscheinlich der einleuchtendste Grund auch dafür, dass heute die überwältigende Mehrheit aller Menschen an eine übernatürliche Macht, an einen Gott glaubt. Im Gegensatz zur Perfektion aus Menschenhand sind Pflanzen und Tiere, wir eingeschlossen, vermutlich die kompliziertesten Aggregate in dem uns bekannten Universum – sind sie aber auch das Resultat einer perfekten Planung? Biologie ist jene naturwissenschaftliche Disziplin, welche diese hochkomplexen Lebewesen untersucht und Millionen von ihnen beschrieben hat. Die Repräsentanten dieser zunehmend an Einfluss gewinnenden Lebenswissenschaft sind dabei zu dem Schluss gelangt, dass es für die biologischen Systeme keinerlei Baupläne gibt, dass sie auch keinem bestimmten Zweck unterworfen sind. Das Geheimnis des unglaublichen Wunders, das über Jahrhunderte hinter der biologischen Komplexität allgemein gesehen wurde, sei inzwischen unserem Verständnis zugänglich gemacht und eine überzeugende

Erklärung dafür gefunden worden. Am Beispiel von *Xanthopan morgani* und der »anderthalbfüßigen« Orchidee bedeutet diese Feststellung nichts anderes, als dass Tier und Pflanze – und selbstverständlich auch alle übrigen Lebewesen auf unserem Planeten – als reines Zufallsergebnis der Evolution anzusehen sind. Aber auch, dass vergleichbare technische Systeme wiederum, wie etwa das in der Luft stattfindende Kopplungsmanöver eines Jagdbombers und eines Tankflugzeugs, natürlich der planvollen Arbeit von Ingenieuren zu verdanken sind. Dabei dürfte der bemerkenswerte Vorgang zwischen Insekt und Orchideenblüte, die beide so genau zueinander passen wie Schloss und Schlüssel, im Detail mindestens so raffiniert angelegt sein wie das Zusammentreffen zweier Flugzeuge, von denen das eine – mittels eines schlauchartigen Schnorchels – dem anderen neuen Treibstoff zuführt: Angelockt vom spezifischen Duft der Orchidee – tausenderlei andere Düfte des Urwaldes sind dabei kein Hindernis –, findet der Nachtschwärmer über eine Entfernung von bis zu einem Kilometer zielsicher seinen pflanzlichen Partner. Vor der Blüte schwebend, entrollt er seinen langen Rüssel und führt ihn haargenau durch die nur wenige Millimeter große Öffnung des Orchideensporns, bis hinunter zur lockenden Nektarquelle.

8. Lug und Trug in Perfektion

Liegen der selbstbewussten Botschaft der Biologen einwandfreie Experimente und ebenso einwandfreie, daraus resultierende Ergebnisse zugrunde? Der überzeugte Darwinist und Evolutionsbiologe Richard Dawkins versucht seit Jahren, die Welt davon zu überzeugen, dass die darwinistische Weltsicht nicht nur *zufällig* richtig sei, sondern dass sie auch »die einzige bekannte Theorie ist, die das Geheimnis unserer Existenz überhaupt lösen konnte«, und das mache sie »zu einer besonders guten Theorie«. Wie konnte, so verleiht Dawkins seiner grenzenlosen Verwunderung Ausdruck, eine so »kindisch einfache Idee von Forschern wie Newton, Galilei, Descartes, Leibniz, Hume und Aristoteles so lange unentdeckt bleiben?... Warum haben Philosophen und Mathematiker sie übersehen? Und wie kommt es, dass eine derart überzeugende Idee noch immer nicht wirklich in das öffentliche Bewusstsein eingedrungen ist? Es sieht fast so aus, als wäre das menschliche Gehirn spezifisch dafür eingerichtet, den Darwinismus misszuverstehen...«

Viele Menschen in aller Welt bewundern die Bestseller Dawkins', wie zum Beispiel *»Das egoistische Gen«* oder *»Der blinde Uhrmacher«*. Und zweifellos ist es dem englischen Wissenschaftspublizisten hervorragend gelungen, seine große Fangemeinde für die Phänomene von Natur und Evolution hellauf zu begeistern. Er bedient sich eines außerordentlich brillanten Stils, glaubt leidenschaftlich an seine Mission und vermarktet die Glaubenssätze seines berühmten Lehrmeisters Charles Darwin als allein selig machendes Evangelium mit großer Bravour. Der einzige Punkt, in dem Dawkins völlig in die Irre geht und dadurch seine Glaubwürdigkeit als Wissenschaftler leichtfertig aufs Spiel gesetzt hat, ist seine selbstherrliche und uneingeschränkte Beweisführung, die grundsätzlich jeglichen planenden Geist im Universum ignoriert. Kein wirklich bedeutender Gelehrter der letzten anderthalb Jahrhunderte, weder der große Charles Darwin selbst noch Nobelpreisträger vom Range eines Albert Einstein oder Konrad Lorenz, hat eine Mitwirkung Gottes am Schöpfungsgeschehen so kategorisch geleugnet wie dieser englische Oxford-Biologe. Die allermeisten großen Gelehrten der Neuzeit waren sich einig in der Überzeugung, dass die Anerkennung einer biologischen Evolution Gott keinesfalls vom Werden allen Lebens – vom »Geheimnis aller Geheimnisse«, wie es ein Astronom im 19. Jahrhundert formulierte – ausschließt.

Evolution durch natürliche Auslese ist eine Theorie. Sie beschreibt die Entstehung des Lebens, seine Anpassungsfähigkeit und unglaubliche Vielfalt. Die Vorstellung, dass sich die Erde um die Sonne dreht, ist eine Theorie; dass unser Planet eine Scheibe ist und Mittelpunkt des Universums, war ebenfalls eine Theorie. Dass Schwalben und andere Zugvögel die Wintermonate auf dem Grund mitteleuropäischer Seen verbringen – auch das war eine Theorie. Und dass Tiere als Stellvertreter kranker Menschen gelten, ist eine von Experten noch immer anerkannte Theorie, auch wenn der Tierversuch längst als Mythos entlarvt werden konnte. Jede dieser Theorien stellt einen Versuch dar, ein Phänomen durch Beobachtung, Experimente oder auch nur durch Lehrsätze so genannter Halbgötter als »allgemein anerkannte Tatsache« zu postulieren. Im Jahre 1934 referierte der große Chemiker Irving Langmuir, der zwei Jahre vorher mit dem Nobelpreis für seine Studien über molekulare Schichten ausgezeichnet worden war, über die wissenschaftlichen Arbeiten des Psychologen J.B. Rhine von der Duke University zu außersinnlicher Wahrnehmung. Langmuir war von dem fasziniert, was er »pathologische Wissenschaft« nannte: »Die Lehre von Dingen, die nicht das sind, was sie vorgeben zu sein.« Was aber bedeutet Wissenschaft schlechthin? »Wissenschaft ist der systematische Versuch, möglichst viel Wissen über die Welt zu sammeln und dieses Wissen durch überprüfbare Gesetze und Theorien umzusetzen.« Diese elegante Formulierung ist dem Buch *»Consilience«* des bekannten US-Soziobiologen und Ameisenforschers E. O. Wilson entnommen und ein Gradmesser für die Wissenschaftlichkeit neuer Theorien. Die Effizienz dieses Kriteriums hängt von zwei Fragen ab: Ist es möglich, ein wiederholbares Experiment zu Testzwecken durchzuführen? Wird die Welt dadurch besser verständlich? Falls die Antwort auf eine der Fragen »Nein« lautet, handelt es sich wahrscheinlich nicht um Wissenschaft. Sie sollte jedoch als machtvollstes Instrument dahingehend Verwendung finden, um Wahrheit von Ideologien, Betrügereien oder einfachen Dummheiten zu unterscheiden. Einstein sagte: »Wenn du ein wirklicher Wissenschaftler werden willst, denke wenigstens eine halbe Stunde am Tag das Gegenteil von dem, was deine Kollegen denken.« Vor allem wissenschaftliche Institutionen sind oft stumpfsinnig konformistisch: Sie vermögen nicht nur nicht, anders zu denken, sondern weisen diejenigen, die es zumindest versuchen, auch noch zurück und grenzen sie aus.

Ausnahmslos jede revolutionäre Großtat in der Wissenschaft enthielt Irrtümer, was nur zu menschlich ist. Ebenfalls menschlich, allerdings weniger verzeihlich sind dogmatische Schlussfolgerungen aus Werken berühmter Gelehrter nach dem Motto, päpstlicher als der Papst zu sein sei eine Zierde. Intellektueller Fortschritt ist ein komplexes Netz aus Fehlstarts und neuen Anläufen. Dies gilt auch für Darwins Werk *»Entstehung der Arten«*, in dem das Meer der wahren und neuen Erkenntnisse ebenfalls mit Irrtümern gespickt ist. Hin und wieder ließ auch er sich hinreißen, etablierte Fakten außer Acht zu lassen. In einer Passage, die er später heftig bereut hat und die seine wissenschaftlichen Gegner sehr belustigte, schrieb er: »In Nordamerika hat Hearne beobachtet, wie der Schwarze Bär stundenlang mit weit geöffnetem Maul schwamm und wie ein Wal Insekten im Wasser fing. Wenn die Versorgung mit Insekten unverändert bliebe und besser angepasste Konkurrenten nicht bereits existierten, sähe ich keine Schwierigkeit in der Vorstellung, dass sich durch die Zuchtwahl eine Rasse von Bären entwickelte, die in der Struktur und in den Gewohnheiten sich den Wassertieren annähern, mit immer größer werdendem Maul, bis eine Kreatur entsteht, so monströs wie ein Wal.«

Eine solche Aussage muss keineswegs falsch sein, da man bei Spekulationen – und auf diesen basiert die Evolutionstheorie zu einem wesentlichen Teil – keine definitive Entscheidung treffen kann. Wichtig wäre aber, wie Machiavelli sagte, den Anschein der Albernheit zu vermeiden. Darwin mag der größte intellektuelle Revolutionär nach Galilei gewesen sein, doch selbst er war vor Denkfehlern nicht gefeit. Wie viele seiner Zeitgenossen glaubte auch Darwin an den »Fortschritt« – dass sich das Leben im Zuge der Evolution stets von »niederen« Arten zu »höheren« entwickelt habe. Heute wissen wir, dass die Evolution viel komplizierter verläuft, Affen nicht unbedingt die Vorfahren des Menschen, sondern womöglich Menschen Vorläufer der Affen waren. Stephen Jay Gould, weltweit renommierter Zoologe der Harvard University, fand heraus, dass sich Darwin in der Beurteilung der Evolution der Lungen von Wirbeltieren und ihrer Beziehung zu den Schwimmblasen von Knochenfischen auf dem Holzweg befand. Darwin wies in seiner *»Entstehung der Arten«* mehrfach darauf hin, dass sich alle Physiologen darin einig seien, »dass die Schwimmblase mit der Lunge höherer Wirbeltiere homolog ist« (homologe Organe sind verschiedene Versionen der gleichen Grundstruktur, wie beispielsweise der Flügel einer Fledermaus und das Vorderbein eines Pferdes). »Daraus lässt sich schließen«, so folgert Darwin, »dass sich die Lunge aus der Schwimmblase durch natürliche Zuchtwahl entwickelt hat.«

Zahlreiche Leser kamen an dieser Stelle ins Grübeln. Ist es richtig, fragte sich auch Gould, dass die beiden Organe homolog sind? Ja. »Terrestrische Wirbeltiere entwickelten sich aus Fischen, richtig? Noch einmal ja. Daher muss sich die Lunge aus der Schwimmblase entwickelt haben? Richtig? Falsch, völlig falsch. In der Tat entwickeln sich umgekehrt die Schwimmblasen aus der Lunge, wie etwa die Arbeit von C. Little aus dem Jahre 1983 belegt.«

Gould weiter: »Ich liebe dieses Beispiel, besonders als pädagogisches Werkzeug, weil es klar macht, wie eine Behauptung, die unserer Intuition völlig widerspricht – nämlich dass sich die Schwimmblase aus der Lunge entwickelt habe –, plötzlich klar und unanfechtbar erscheint, sobald wir die üblichen Denkweisen außer Acht lassen und die Frage aus einem anderen Blickwinkel betrachten.«

In der Literatur der experimentellen Psychologie gibt es immer wieder Berichte über die vergleichende Lernfähigkeit von, sagen wir, einem Süßwasser-Strudelwurm, einer Krabbe, einem Karpfen, einer Schildkröte und einem Hund. Diese werden dann häufig als »evolutionäre Linie« des geistigen Fortschritts beschrieben. Solche Aussagen, meint Gould, treiben Evolutionsbiologen zur Weißglut oder, falls sie gerade guter Laune sind, zum Hohngelächter. Dieses bunte Sammelsurium von Tieren stelle gar keine evolutionäre Linie dar. Betrachten wir eine andere Linie: Fisch, Amphibie, Reptil, Säugetier, Affe, Mensch – dieser Stammbaum kennzeichnet im Großen und Ganzen den Weg der Wirbeltiere. Und falls diese Linie sich als zutreffend erweisen sollte, müsste sich die Lunge aus der Schwimmblase entwickelt haben, wie Darwin gesagt hat.

»Machen wir aber diese intuitiv offensichtliche Annahme«, konstatiert der Harvard-Professor, »so irren wir uns in doppelter Hinsicht: Wir gehen davon aus, dass es einen ›Fortschritt‹ in dem Sinne gibt, als dass die Lunge ein ›höheres‹ Organ ist, für ›untere‹ Lebewesen ungeeignet. Die Veränderung Fisch – Amphibie – Reptil – Säugetier ist nicht der vorgezeichnete Weg für Wirbeltiere. Sie ist nur eine Möglichkeit von Tausenden von Verzweigungen der Evolution.«

Vor allem: Fisch ist nicht gleich Fisch! Es gibt Fischgattungen, die mindestens 100 Millionen Jahre vor der Entstehung erdgebundener Wirbeltiere existierten und über eine Schwimmblase verfügten. Auch die Gattung der Knochenfische, zu denen die meisten heutigen Arten gehören, besaß Schwimmblasen. Allerdings entwickelten sich Knochenfische relativ spät: ungefähr vor 150 Millionen Jahren. Die ältesten Säugetiere auf dem Land sind jedoch etwa 220 Millionen Jahre alt. Daher könne der Umstand, so Gould, dass Knochenfische Schwimmblasen haben, nicht als Argument herangezogen werden, um die Frage zu beantworten: Was war zuerst da – Schwimmblasen oder Lungen? Eine Rekonstruktion des Stammbaums der Wirbeltiere ergäbe nämlich zweifelsfrei: Die Vorfahren der Wirbeltiere hatten eine Lunge! Hier also irrte Darwin gewaltig.

Doch Professor Gould gibt sich versöhnlich: »Ich möchte Irrtümer nicht übermäßig loben, aber Darwins Irrtum über die Schwimmblase gehört zu den Kategorien, die besonders aufschlussreich sind. Denn die Berichtigung seines Trugschlusses bringt eine blitzartige Verschiebung von der augenscheinlichen Unmöglichkeit zur völligen Offensichtlichkeit – es fällt uns wie Schuppen von den Augen. Dies umso mehr, da die Berichtigung nicht durch eine neu entdeckte Tatsache zustande kommt, sondern dadurch, dass wir die bereits bekannten Fakten aus einem ganz neuen Blickwinkel betrachten.«

Dieser sich ständig ändernde Blickwinkel der Wissenschaft macht es auch dem objektiven Betrachter nicht gerade leicht, die Evolutionstheorie Darwins als der Weisheit letzten Schluss zu akzeptieren. Viele Menschen – und dazu zählen keineswegs nur solche, die das Alte Testament wörtlich auslegen – sind von der Evolution nicht überzeugt. Die italienische Amtskollegin der bundesdeutschen Bildungsministerin Edelgard Bulmahn, Letizia Moratti, wollte noch im Frühjahr 2004 die von Darwin begründete Evolutionslehre vom Lehrplan der dreizehn- bis vierzehnjährigen Schüler streichen und stattdessen die Schöpfungsgeschichte der Bibel unterrichten lassen. Nur massive Proteste der Öffentlichkeit hinderten sie an ihrem Vorhaben. Ganz abgesehen von fundamentalistischen Christen in aller Welt fühlen sich auch zahlreiche Anhänger jüdischer und islamischer Glaubensgemeinschaften von den modernen Naturwissenschaften enttäuscht und im Stich gelassen, vielen erscheint die zum Teil militant-fundamentalistische Einstellung prominenter Vertreter der Lebenswissenschaften geradezu als Bedrohung nicht nur ethisch-moralischer Grundwerte, sie sehen auch die Würde des Menschen in Gefahr. Wie begründet diese Ängste offenbar sind und was die Öffentlichkeit von der Glaubwürdigkeit der zahlreichen Darwin-Päpste halten darf, wird Thema des letzten Teils dieses Buches sein.

In den USA zieht sich nicht erst seit der letzten Präsidentenwahl im November 2004 ein tiefer weltanschaulicher Riss durch die 240-Millionen-Bevölkerung. Zurzeit werden in 31 von 50 Bundesstaaten auf juristischer Ebene Meinungsverschiedenheiten darüber ausgetragen, wie in den Schulen und Universitäten die Entwicklungsgeschichte allen Lebens auf dieser Erde gelehrt werden soll. Immerhin: Nur noch zwölf Prozent aller US-Amerikaner sind davon überzeugt, dass das Universum ohne Zutun eines Gottes und die Menschheit aus tierischen Lebensformen entstanden ist. Dreimal so viele können jüngsten Umfragen zufolge mit dem Glauben leben, dass der Anfang allen Seins einer göttlichen Initiative, gewissermaßen dem Softwareprogramm eines Schöpfers, zugeschrieben werden muss und dass die Entwicklung aller Lebensformen, einschließlich des Menschen, nach diesem Urbauplan einer mystischen Allmacht aus toter Materie erfolgte. Fast die Hälfte aller erwachsenen Amerikaner, so das Ergebnis einer Umfrage des Gallup-Instituts im Februar 2001, lehnen Theorien, nach denen sich unsere Art aus dem Tierreich entwickelt haben soll, kategorisch ab. Sind die Europäer »aufgeklärter«? Wie die Zeitschrift *National Geographic* in ihrer Ausgabe vom November 2004 zu berichten wusste, hat eine repräsentative Umfrage des schweizerischen Meinungsforschungsinstituts IHA-Gfk im November 2002 ergeben, dass aufgrund einer Hochrechnung im gesamten deutschen Sprachraum (Deutschland, Österreich, Schweiz) rund 20

Millionen Menschen zwischen 15 und 74 Jahren die Ansicht vertreten, »dass an Darwins Evolutionstheorie kein Wort wahr ist«. Weitere 20 Millionen halten die Evolutionstheorie zwar für richtig, schränken jedoch ein, »dass sie von Gott gesteuert werde« – eine Meinung, die sie übrigens mit dem Oberhaupt der katholischen Kirche, Papst Johannes Paul II., teilen.

Umfragen und Statistiken erfüllen heutzutage sicher eine wichtige Funktion, allerdings wollen wir uns hier in erster Linie an Fakten halten, wie sie durch mühevolle Forschung vieler einzelner Wissenschaftler in den letzten 150 Jahren zusammengetragen worden sind. Dabei fällt besonders ins Auge, dass Lug und Trug im Tier- und Pflanzenreich offenbar eine Schlüsselrolle einnehmen, und zwar als wesentliches Merkmal eines evolutionären Rüstungswettlaufs in der Natur. Sind Täuschungen, Tricks und Betrügereien größten Stils also ein Phänomen der Schöpfung? Wie wir später noch an erschreckend vielen, unglaublich anmutenden Beispielen erkennen werden, ist es auch keineswegs ein untypisches Kennzeichen innerhalb der Wissenschaft selbst. Lug und Trug – ein systemimmanentes Kriterium allen Lebens auf dieser Erde?

Die These von der Zweckmäßigkeit aller biologischen Anpassungen scheint auf den ersten Blick der Möglichkeit irreführender Strategien als Überlebensvorteil zu widersprechen. Doch das ist lediglich ein Vorurteil des Menschen, denn auch eine systematische Irreführung kann biologisch auf vielfältigste Weise zweckmäßig sein. Beginnen wir zunächst mit der Erörterung vergleichsweise harmloser Beobachtungen. Man sagt, irren sei menschlich, aber auch andere Lebewesen als der Mensch können einem Irrtum verfallen. Irrtümern wird Vorschub geleistet, wenn verschiedenartige Dinge nicht so verschieden aussehen, wie sie es in Wahrheit sind. Den Kälberkopf und die Hundspetersilie kann man nur schwer vom Schierling unterscheiden, die Herbstzeitlose sieht wie ein Krokus aus, Moostierchen ähneln Moos, Blumentiere Blumen – doch was macht das schon? Niemand hat einen Nutzen davon und außer vielleicht Schüler oder Studenten in der Prüfung auch niemand einen Nachteil. Schmarotzerraubmöwen sehen in ihrem Flugbild Falken sehr ähnlich, sodass mehrere Sumpf- und Strandvogelarten auf beide gleich – nämlich mit Flucht – reagieren, obwohl die Raubmöwe für die Altvögel ungefährlich ist. Andere Möwen und Seeschwalben allerdings haben unter den Raubmöwen zu leiden, da diese ihnen die Beute abjagen. Oft lassen sie daher ihr eigenes Futter fallen, noch ehe der Räuber sie wirklich bedrängt. Offenbar nutzt die Raubmöwe ihre Falkenähnlichkeit aus – ob ihr das angeboren ist oder ob sie es aus Erfahrung tut, weiß man nicht. Der ziemlich seltene Nordamerikanische Bussard (*Buteo albonotatus*) ist als Einziger seiner Verwandtschaft fast ganz schwarz, hat lange, schmale Geierflügel und sitzt weder auf höheren Warten, noch »rüttelt« er stehend in der Luft, wie dies viele andere Greifvögel tun – auf der Suche nach Beute segelt er vielmehr stilecht wie ein Geier. Auch sonst ähnelt er in seinem Verhalten den Truthahngeiern, in deren Gruppen er sogar regelmäßig, sozusagen als »blinder Passagier«, mitschwebt. Da Geier für kleine Tiere ungefährlich und deshalb auch uninteressant sind, kann er sich so unbemerkt seiner Beute nähern, auf die er dann plötzlich aus dem Trupp seiner »Gastgeber« herunterstößt.

Dieses Verhalten sieht schon sehr danach aus, als werde hier dem Irrtum Vorschub geleistet – in der Sprache der Zoologie: als habe durch Anpassung eine Spezialisierung auf die Täuschung des Signalempfängers stattgefunden. Noch deutlicher wird dies etwa bei der Japanischen Raubwanze (*Ptilocerus ochraceus*). Sie scheidet an der Unterseite einen süßen Saft ab, der Ameisen wie magisch anzieht. Sobald sie darangehen, sich an dem Sirup gütlich zu tun, ergreift die Wanze die ahnungslosen Nascher einen nach dem anderen und saugt sie aus. Ein anderes Beispiel geben die Leuchtkäferweibchen der amerikanischen Gattung *Photuris*: Sie senden ein Blinklichtmuster aus, mit dem sie herumfliegende Männchen herbeilocken. Andere Arten und Gattungen, so etwa *Photinus*, verständigen sich mit anderen Blinklichtsignalen. Die

Photuris-Weibchen können jedoch auch die Blinkzeichen einer Art aus einer anderen Gattung nachahmen – das tun sie insbesondere dann, wenn sie hungrig sind. So kann es geschehen, dass ein *Photinus*-Männchen, per Lichtsignal »angebaggert«, neben dem vermeintlich paarungswilligen Weibchen landet und unversehens diesem als Happen zwischendurch dient. In alten Mythen werden den Sirenen ähnliche Hinterhältigkeiten nachgesagt. Tatsächlich aber lockten noch zu Beginn des 17. Jahrhunderts die auf den Florida vorgelagerten Inseln beheimateten Matecumbe-Indianer mit irreführenden Feuerzeichen vorbeifahrende Schiffe in gefährliche Untiefen und »beschlagnahmten« sie.

Von einer besonders raffinierten Strategie, wie Parasiten ihre Wirte hereinlegen – jedenfalls nach menschlichen Maßstäben –, berichtete Professor Wolfgang Wickler, der langjährige Mitarbeiter von Konrad Lorenz und spätere Direktor des renommierten Max-Planck-Instituts in Seewiesen. Es handelt sich dabei um Parasiten, die auch beim Menschen eine gewisse Berühmtheit erlangt haben: die Saugwürmer oder Trematoden. Unter ihnen gibt es viele, die zu verschiedenen Zeiten ihres Lebens eine ganze Reihe von Wirtstieren heimsuchen, also einen so genannten Wirtswechsel vornehmen. Nicht selten sind sie dazu auch gezwungen, weil die Eier, die der im Körperinneren eines Tieres schmarotzende Parasit legt, mit den Exkrementen des Wirtes nach draußen gelangen. Ob aber der Wirt nun Vogel, Schaf, Kuh oder irgendein anderes Tier ist – keiner ist auf den Kot eines Artgenossen besonders erpicht. Wie also sollen die Eier der Parasiten etwa wieder in einen Vogel zurückgelangen? Doch Not macht erfinderisch, auch und vor allem in der Natur. So gibt es Tiere, welche die Hinterlassenschaften anderer Arten keineswegs verschmähen, zum Beispiel Schnecken. Dank ihrer besonderen Ernährungsweise gelangen Saugwurmeier ziemlich regelmäßig vom Kot unserer gefiederten Sänger in Schneckenmägen – wie etwa die Eier von *Leucochloridium macrostomum*, das im Darm von Singvögeln parasitiert –, zum Beispiel in die Verdauungsorgane der Bernsteinschnecke *(Suc-*

cinea). In diesem Kriechtier entwickeln sich zunächst die Saug-
wurmlarven, die sich dann in Sporocysten verwandeln. Dies sind
im vorliegenden Fall an einem wurzelartig verzweigten Geflecht
sitzende Säckchen von etwa zehn Millimeter Länge, die so genannte Zerkarien enthalten: eine weitere Entwicklungsstufe des
Saugwurms, die in großer Zahl aus einer einzelnen Sporocyste
entsteht. Solche zwischenlagernden Vermehrungsstationen gibt es
bei sehr vielen Parasiten, weil die reichlich verworrenen Wege bis
zum Endwirt in der Regel mit großen Verlusten verbunden sind.
Jeder Parasit ist auf ganz bestimmte Zielwirte spezialisiert: Nur in
ihnen kann er sich fortpflanzen, zu ihnen muss er also unbedingt
wieder zurückgelangen. Die Zerkarien in der Sporocyste befinden
sich nun aber in einer Schnecke. Da einige Singvögel Schnecken
fressen, sieht die Lage der Dinge zunächst ganz viel versprechend
aus. Dummerweise aber bevorzugt die Bernsteinschnecke die Dunkelheit, und das ist nun wiederum nicht besonders hilfreich, da –
von der Nachtigall und ein paar Spötterarten abgesehen – Singvögel des Nachts schlafen. Hier kommt nun die Kreativität der
Sporocysten zum Tragen: Ihre auffällig grünlich und gelbbraun
geringelten Säckchen schieben sich ganz behutsam in die Schneckenfühler – jeweils ein Sack in einen Fühler – und beginnen sich
dort in der Längsrichtung krampfartig zusammenzuziehen und
gleich wieder auszudehnen. Dies erfolgt im raschen Rhythmus von
40 bis 70 Dehnbewegungen pro Minute. Der Schneckenfühler wird
durch die pulsierenden Säcke weit über seinen normalen Umfang
ausgedehnt, bis er nur mehr ein transparentes Häutchen für den
zuckenden Sporocysten-Schlauch bildet. Es hat den Anschein, als
veranlasse dieser Befall des Fühlers die Schnecke, das helle Ta-
geslicht anstelle der von ihr sonst bevorzugten Dunkelheit zu
suchen. Unter diesen Umständen ist es natürlich unvermeidlich,
dass hungrige Singvögel auf die zuckenden, farbig gemusterten
Schneckenfühler aufmerksam werden und diese für appetitliche
Räupchen oder etwas in der Art halten. Sie beißen die Fühler samt
Sporocysten-Schläuchen von der Schnecke ab, fressen sie selbst

oder verfüttern sie an ihre Jungen. Und nach dieser Odyssee sind die Zerkarien endlich an ihrem Ziel angekommen.

Weiter oben war bereits von der Software Gottes und mithin einem universellen, auf einer kosmischen CD festgelegten Evolutionsprogramm die Rede. Eine solche Hypothese wäre vielleicht gar nicht von der Hand zu weisen; es stellt sich allerdings angesichts einer derart komplizierten Fortpflanzungsstrategie wie der von *Leucochloridium macrostomum* die Frage, was passieren würde, wenn beispielsweise auch nur ein einziges Glied in der geschilderten Kette plötzlich ausfiele – in einem solchen Fall könnte es ja ziemlich rasch mit der Parasitenherrlichkeit, und damit vielleicht auch mit der Vogelherrlichkeit, vorbei sein. Denn Singvögel bedürfen dieser Parasiten, die ihrerseits für die Aufrechterhaltung geordneter Abläufe im Vogelorganismus sorgen. Gäbe es allerdings eines Tages keine Vögel mehr, wie in der zweiten Hälfte des 20. Jahrhunderts von der US-Biologin Rachel Carson in ihrem berühmten Buch »*Der stumme Frühling*« dramatisch dargestellt, würden die Insekten überhand nehmen, die wiederum dem Menschen das Überleben schwer machen könnten und so fort. Da eine Darstellung dieser Zusammenhänge den Umfang dieses Buches bei weitem sprengen würde, muss diese kurze Andeutung hier genügen. Spricht da nicht doch wieder manches für eine Art biologischer Urknall-Schöpfung, wie sie im Ersten Buch Mose nachzulesen ist?

Zur Untermauerung der These von Lug und Trug in der Natur seien nachfolgend noch ein paar bekanntere Beispiele aufgezählt. Dass Vögel als Brutparasiten mit ähnlich »unlauteren Wettbewerbsmethoden« vorgehen, hat Jürgen Nicolai an afrikanischen Witwenvögeln gezeigt. Unser Kuckuck macht es im Prinzip kaum anders, nur kommt es bei ihm nicht auf die Übereinstimmung der Jungen mit den Stiefgeschwistern im Nest an, die ja vom Jungkuckuck allesamt hinausgeworfen werden, sondern auf die Übereinstimmung seiner Eier mit denen der Wirtsvögel. Viele Singvögel, so

Wolfgang Wickler, sind nämlich ziemlich empfindlich gegen fremde Eier im eigenen Nest, und wo sie solche antreffen, geben sie nicht selten das Gelege auf oder werfen die fremden Eier hinaus. Als fremd kann aber nur ein Ei empfunden werden, das sich von allen übrigen auffällig unterscheidet. So nahm beispielsweise B. Rensch vor Jahren einer Gartengrasmücke vom ersten Ei an fast das ganze Gelege aus dem Nest und tauschte dieses bis auf ein einziges gegen Eier der Klappergrasmücke aus – das die Eltern dann hinauswarfen, weil es anders aussah als die Mehrzahl. Da der Kuckuck in jedes Nest nur ein Ei legt – mehr dürfen es nicht sein, sonst befördern sich die Kuckucksgeschwister gegenseitig über Bord –, muss dieses möglichst genau mit den Eiern des Wirtsvogels übereinstimmen. Und das tut es auch in der Regel, denn unter den Kuckucksweibchen gibt es ganz verschiedene Typen, die sich nur durch Farbe und Musterung ihrer Eier unterscheiden und jeweils an eine ganz bestimmte Singvogelart angepasst sind: nämlich an die, von der sie auch selber durchgefüttert wurden.

Eine besondere Vielseitigkeit in ihren Anpassungen haben Pflanzen entwickelt, um Tiere anzulocken und daraus Nutzen zu ziehen. Viele Früchte kommen ja nicht unmittelbar dem Keimling zugute, sondern sind gewissermaßen »Botenlohn« für Tiere, die den Samen verschleppen und so für die Verbreitung der betreffenden Pflanze sorgen. Wolfgang Wickler weiß von Pflanzen zu berichten, die sich im Laufe ihrer Entwicklung in einem Maße auf solche Zwischenträger spezialisiert haben, dass ihre Samen kaum noch keimfähig sind, wenn sie nicht den Verdauungstrakt eines Tieres durchlaufen haben. So keimt Bermudagras-Samen besser, wenn er durch Magen und Darm eines Rindes gewandert ist. Die Samen einer kleinen Tomate auf den Galapagosinseln sind zum Keimen regelrecht darauf angewiesen, zuvor einer Elefantenschildkröte als Nahrung gedient zu haben. Ähnlich keimen die Samen der afrikanischen Leberwurst- und Affenbrotbäume (*Kigelia* und *Adansonia*) nur dann ohne Schwierigkeiten, wenn Paviane die Früchte verzehrt haben und die Samen im Kot wieder ausgeschieden wurden. Eine ebenfalls recht sonderbare Fortpflanzungsmethode bevorzugt die Passionsblume *(Passiflora)*, die wegen ihrer köstlich schmeckenden Früchte gerne angepflanzt wird, gewöhnlich aber nur schwer keimt. Haziendabesitzer in Ecuador geben deshalb Feldarbeitern die Früchte zu essen und fordern sie dann auf, sich an bestimmten Stellen zu erleichtern.

Auch bei uns keimen Berberitze und Heckenkirsche besser, wenn Rotkehlchen, Drossel oder andere Gefiederte mit ihrem Kot für deren Verbreitung sorgen. Es gibt aber auch Pflanzen – vor allem Pilze und Moose –, die sich der Tiere bedienen, ohne ihnen eine Gegenleistung zu offerieren. So hat zum Beispiel die Stinkmorchel unserer Wälder, wenn sie aus ihrer Hülle bricht, eine mit braunem, sporenhaltigem Schleim überzogene Kappe, die einen ekelhaften Geruch verströmt. Auf der Suche nach Aas umherschwirrende Schmeiß- und Goldfliegen werden von dem Gestank angelockt, landen auf dem Pilz und beginnen unverzüglich, den Schleim, der größtenteils aus Sporen besteht, zu fressen. Die Sporen werden im Fliegenkot bald darauf wieder, häufig auf einem Blatt, abgegeben und mit dem nächsten Regen in den Boden gewaschen. Übrigens spielt Gestank als verführerisches Lockmittel auch in weitaus verwickelteren Zusammenhängen eine Rolle. Musterbeispiele sind hier die Aaronstabgewächse. Ist der Geruch ihrer weißen bis hellgelben Blüten für uns auch ziemlich widerwärtig, so übt er doch auf manche Insekten eine ungeheure Anziehungskraft aus. Dabei landen sie auf dem für sie offensichtlich betörend duftenden Blütenkolben oder dem Hüllblatt, fallen aber sofort in einen darunter liegenden Kessel hinab, da die Blütenoberfläche selbst für Insektenbeine viel zu glatt zu sein scheint. Beim Sturz in Richtung Blütenboden streifen sie Pollen von vorher besuchten Aaronstabblüten automatisch ab. Ein Entkommen aus diesem Blütengefängnis ist zunächst für die Insekten nicht möglich, denn die glatten Wände und starke Haarreusen machen jede Flucht unmöglich. Erst am nächsten Morgen rollen sich die Reusenhaare ein, die Blüte insgesamt neigt sich zur Seite, wodurch die Abschüssigkeit weitgehend gemildert wird. Während der Nachtstunden haben die über den weiblichen Blütenorganen angeordneten männlichen Samenstände ihren Pollen über die ihrer Freiheit beraubten Insekten »gepudert«. Durch diese Reifeverzögerung wird die Fremdbestäubung der Pflanze begünstigt. Da die inzwischen hungrig gewordenen Insekten, mit dem wertvollen Pollen beladen, beim ersten Morgengrauen das Weite suchen, ist die Bestäubung des nächsten Aaronstabes weitgehend gesichert. Weil einige Aaronstabarten für ihre Übernachtungsgäste auf dem Grund der Kesselfalle jedoch auch Essbares zur Verfügung stellen, hält sich der Andrang bei noch nicht besuchten Aaronstabblüten am nächsten Tag in Grenzen – die in ihrem Gefängnis gesättigten Sechsbeiner haben es mit dem Besuch weiterer Blüten viel weniger eilig.

Ausgesprochen undankbar gebärdet sich eine Aaronstabverwandte namens *Arisaema*. Bei ihr sitzen weibliche und männliche Geschlechtsorgane auf verschiedenen Pflanzen. Mit einem delikaten Ozonduft werden Pilzmücken angelockt, die auch hier in einen Kessel rutschen und bei der männlichen Pflanze nach der Pollenausschüttung durch ein winziges Flugloch an der Blattflanke sofort wieder ins Freie gelangen. Im weiblichen Blütenstand jedoch, der sonst völlig gleich ist, fehlt dieser Notausgang – die Pollenbringer kommen darin um. Natürlich gehen auch jene Pilzmücken zugrunde, welche gleich zu Anfang ihrer Tour eine weibliche Blüte besuchen und daher keinen Pollen mitbringen. Zwar hat auch die Pflanze keinen Nutzen, aber es gibt genug Insekten, und so ist der Fortbestand der »egoistischen« *Arisaema* generell gesichert.

Wie konnten sich derart diffizile Kooperationen und Abhängigkeiten in der Evolution überhaupt herausbilden? Zweifellos, meint der weltweit angesehene Verhaltensforscher Wolfgang Wickler, hat die gegenseitige Konkurrenz der Pflanzen hier als Hauptfaktor gewirkt. Pflanzen hatten auf der Erde bereits Fuß gefasst, als Tiere noch weitgehend fehlten oder zumindest noch die Meere bevölkerten. Schon die ersten Blütenpflanzen nutzten Wind und

Wasser als Überträger von Pollen. Der Wind aber weht, wo er will. Zwar transportiert er den Pflanzensamen ohne Gegenleistung, jedoch verstreut er ihn auch in alle Himmelsrichtungen. Soll unter solchen Umständen der Pollen einen bestimmten Empfänger – nämlich Blüten derselben Art – treffen, so muss er schon in riesigen Mengen bereitgestellt werden. Als schließlich Tiere die Blüten aufsuchten, wurde dieser Samenverteilungsmechanismus grundsätzlich anders: Tiere bewegen sich im Gegensatz zum Wind gezielt, wie ja auch ein Briefträger zuverlässiger ist als eine Flaschenpost. Allerdings musste dieser Pollentransporteur »bezahlt« werden, vonseiten der Pflanzen meistens mit »Süßigkeiten«. Sobald natürlich mehrere Pflanzen mit solchen Angeboten locken, werden zwar die fliegenden Boten mit den Pollenkörnern von einer Blüte zur nächsten eilen – doch die nächste Blüte ist nicht notwendigerweise eine Blüte derselben Art, sodass in einem solchen Fall die Pflanzen auch nicht viel besser »bedient« werden als durch den kostenlosen Wind. Für eine Pflanze ist es also überlebenswichtig, dass der belohnte Bote seine Pollenfracht gezielt zu einer Artgenossin befördert.

Dies ist einer der Gründe dafür, warum sich manche Blumen beim Blühen zeitlich »aus dem Weg gehen«, also zu verschiedenen, einander nicht überschneidenden Jahres- oder auch Tageszeiten ihre Blüten öffnen, während wiederum andere versuchen, ihre Konkurrentinnen durch verstärkte Marketing- und Werbemaßnahmen – vom randvollen Nektartopf bis zum galanten Abenteuer – aus dem Feld zu schlagen. Bei solch ungewöhnlichen Bemühungen war die richtige »Öffentlichkeitsarbeit« wichtigste Voraussetzung, wobei als »persönliche Visitenkarte« sich ein weithin leuchtendes oder duftendes »Firmenschild« als besonders erfolgreich erweisen sollte. Aus diesen und vielen anderen Gründen setzte auch im Wiesendschungel ein unbeschreibliches Wettrüsten ein, denn kaum hatte eine Pflanzenart mit ihrer Angebotspalette die florale Führung übernommen, da sorgten die egoistischen Gene der Mitbewerber mit noch delikateren Methoden und Pikanterien für ihren eigenen Fortpflanzungserfolg. Die überschwängliche Farben- und Formenfülle im Reich der Pflanzen kann für den menschlichen Spätankömmling als beredtes Zeugnis dafür gelten, wozu die evolutionäre Schöpfung und der phantastische Rüstungswettlauf lebender Systeme fähig sind.

Dabei sind unsere Sinne viel zu grob geschnitzt, als dass wir auch nur annähernd den opulenten Angebotsreigen der Natur überblicken könnten. So kommunizieren Pflanzen und Insekten beispielsweise im ultravioletten Strahlungsbereich auf einem Niveau, das geeignet wäre, so manchen von uns ohne chemische Zusätze in drogenähnliche Rauschzustände zu versetzen. Auch die faszinierende Formenvielfalt der Natur ist allein dem Wettrüsten biologischer Systeme zu verdanken – die Orchidee mit ihrem dreißig Zentimeter langen Schweif und der Nachtfalter mit seinem ebenfalls dreißig Zentimeter langen Saugrüssel sind Kronzeugen dieses evolutionären Wettlaufs. Aber Nektar ist keineswegs die einzige Delikatesse für Samentransporteure: Die mit den Mimosen eng verwandten *Cassia*-Arten (etwa der Sennesstrauch, aus dessen Blättern ein hochwirksames Abführmittel gewonnen wird) stellen den Insekten einen nährstoffreichen, aber unfruchtbaren Pollen als Manna für ihre Kundschaft bereit. Es gibt aber auch solche Pflanzen, die sich gewissermaßen aus der »Lebensmittelbranche«zurückgezogen haben, um in die attraktivere »Drogistenzunft« einzusteigen, wie etwa die Gloxinien oder einige brasilianische Orchideen (*Catasetinae*), deren Blüten auf großen Drüsenflächen schwere Duftöle erzeugen, die von männlichen Prachtbienen abgestreift und zur Markierung ihrer Balzreviere benutzt werden.

Forscher haben beobachtet, dass Männchen der Prachtbienengattung *Centris*, die sich als Einzelgänger von ihrem Schwarm verabschiedet haben, wie Wachhunde ständig durch ihr Territorium patrouillieren. Sie attackieren jeden Eindringling, der auch nur entfernt wie ein Rivale aussieht. Für solche gleichgeschlechtlichen Widersacher halten die südamerikanischen Prachtbienenmännchen auch die Blüten der *Oncidium*-Orchideen, die sich auf langen Stielen anmutig wie Schmetterlinge im Winde wiegen. Die Drohnen landen gar nicht erst auf den zauberhaften Blüten, sondern stürzen sich ungestüm wie Kamikazeflieger auf die zartgliedrigen Pflanzengebilde. Dabei stoßen die todesmutigen Kämpfer frontal gegen die Pollenpakete, die durch den heftigen Aufprall aus der Verankerung gerissen werden. Ein paar der aufstiebenden Pollenklümpchen geraten exakt zwischen die beiden Facettenaugen der Bienenmännchen; beim nächsten Rammstoß gegen eine andere Orchideenblüte werden die mitgebrachten Samenkörner mit Wucht, aber millimetergenau auf dem weiblichen Organ einer Orchideenblüte fixiert. Was zunächst wie eine intensive Männerfreundschaft, gar wie ein echter Fall von Homosexualität erscheinen mag, entpuppt sich bei genauerem Hinsehen eher wie Homophobie, also eine ausgesprochene Männerfeindschaft. Ausgelöst wird das wütende Angriffsverhalten der Prachtbienen allein durch die Tatsache, dass die gelb leuchtenden, mit dunklen Flecken und Zeichnungen gesprenkelten Blütchen der Orchideenart *Oncidium planilabre* schon bei der geringsten Brise aussehen wie schwirrende Bienenmännchen an filigranen Pflanzenstengeln. Damit nutzt diese Orchidee den ausgeprägten Aggressionstrieb der Insekten als sichere Fortpflanzungsgarantie, wobei sich die Prachtbienenmänner ihrerseits in ihrem jeweiligen Revier als unumschränkte Herrscher über alle »Artgenossen« fühlen dürfen.

Noch weit spektakulärer, dafür aber ungleich feinfühliger und sensibler, geht es andernorts auf der Naturbühne zu. Denn um ihren Fortbestand zu sichern, tun Pflanzen schlichtweg alles. Sie stacheln den Sexualtrieb ihrer Insektenkundschaft derart an, als wären sie selbst ein begehrenswerter Geschlechtspartner, um auf diese Weise die Triebstruktur einer völlig fremden Spezies für ihre eigenen egoistischen (Gen-)Zwecke zu nutzen: Bei zahlreichen Orchideenarten wird das Tier durch Vortäuschen falscher Tatsachen regelrecht zum Liebesakt mit einer wilden Blume verführt, statt es mit einem Partner seiner eigenen Gattung zu treiben. Hier sind Maskerade und Transvestitentum im (falschen) Spiel, was schlicht auf vollendeten Betrug an einer völlig anderen Spezies hinausläuft. Eines der verblüffendsten Beispiele für die Technik der sexuellen Täuschung liefert die in Australien vorkommende Orchidee *Chiloglottis trapeziformis*. Die Liebhaber dieses offenbar unwiderstehlichen Gewächses sind die Männchen der Wespenart *Neozeleboria cryptoides*. Wie der Hamburger Chemiker Wittko Francke gemeinsam mit Kollegen herausfand, sondert die Blume einen Duft ab, der mit dem Sexuallockstoff des Wespenweibchens völlig identisch ist. Die Männchen folgen wie hypnotisiert der speziellen Duftnote des fremden Geschöpfes – die Hamburger Forscher haben das Lust auslösende Parfüm dieser Orchidee »Chiloglotton« getauft – und versuchen dann ihr Glück bei diesem von der Pflanze vorgetäuschten Liebesabenteuer. Das vor Erregung offenbar völlig blinde Männchen besteigt ungestüm das dralle Objekt seiner Begierde und gerät durch seine heftig zuckenden Bewegungen auf dem weiblichen, feucht-klebrigen Orchideenstigma auch in engen Körperkontakt mit der gelb glänzenden Pollenmasse der männlichen Blütenteile – was letztlich als Zweck der Übung angesehen werden kann. Nach wiederholten und heftigen Kopulationsversuchen schwirrt der frustrierte Wespenmann schließlich von dannen, um sich, beladen mit dem Pollen der kühlen Schönen, wie besessen auf die nächste duftende Schwindlerin zu stürzen. Es ist für die Orchidee eine entscheidende Voraussetzung für die Arterhaltung, dass ihre Freier unbefriedigt bleiben. Denn ein Insektenmännchen, das sein Ziel erreicht und damit sein Verlangen gestillt hat, mag zumindest nicht unmittelbar danach auf neue Liebesabenteuer sinnen, sodass die Bestäubung anderer Orchideen mit frischem Pollen – auf die das Täuschungsmanöver allein abzielt – nicht stattfinden würde. Die australische *Chiloglottis* erobert sich also einen klaren biologischen Vorteil, wenn sie einen liebestrunkenen Wespenmann zunächst aufs Äußerste erregt, ihn hinterher aber unverrichteter Dinge wieder abschwirren lässt. Allerdings ist das bizarre Geschlechtsleben und damit auch das Leben künftiger Generationen von Pflanzen selbst dann erheblichen Risiken ausgesetzt, wenn sie so gute Transvestiten sind wie die australische Orchis. Da sich die Pflanze nicht selbst auf die Suche nach einem geeigneten Partner begeben kann, ist sie gezwungen zu warten, bis dieser zu ihr kommt. Und dieser Partner muss nicht nur eine männliche Wespe sein, sondern überdies von einer ganz bestimmten Wespenart, denn der Sexuallockstoff ist so perfekt austariert, dass die Orchideenblüte auf keine andere Art anziehend wirkt. Was aber, wenn die Blüte sich öffnet, ihren betörenden Sexappeal voll zur Geltung bringt, und trotzdem kommt kein Wespenmann der gewünschten Art des Weges? Übt sie sich dann in Geduld? Und wenn ja, wie lange? Manchmal sehr lange! Und weil sie nicht selten gezwungen ist, die Reize ihrer verführerisch schönen Blüten über mehrere Monate – trotz intensiver Sonneneinstrahlung, schwerer Regengüsse und austrocknender Stürme – jederzeit geschlechtlich empfangsbereit zu halten, bis endlich der Richtige kommt, verfügen viele Orchideenarten über die ausdauerndsten Blüten im ganzen Pflanzenreich. Infolgedessen haben sie alle nur erdenklichen Mechanismen entwickelt, um ihre bezaubernde Schönheit möglichst lang zu bewahren und den normalerweise unaufhaltsamen Alterungsprozess so weit wie nur irgend möglich hinauszuzögern. Manche legen sich eine transparente, mit winzigen Poren versehene Wachsschicht zu, die in der Sonne glänzt wie frischer Lack. Und durch evolutionäre Prozesse besonders optimierte Exemplare verfügen in der unterhalb der äußeren Hautschicht gelegenen Epidermis über einen chemischen Cocktail, dessen Wirksamkeit die der besten Lichtschutzcreme bei weitem übersteigt.

Die auch in Mitteleuropa anzutreffende Bienenorchis, eine Orchidee, die einer Honigbiene zum Verwechseln ähnlich sieht, kann ihre jugendliche Frische nicht so lange konservieren wie ihre australische Schwester *Chiloglottis*. Um dem vererbten Auftrag ihrer Gene dennoch gerecht zu werden, vollzieht sie die Befruchtung sozusagen durch Selbstbefriedigung. Der Vorgang ist beachtlich: In der Blüte ihrer Jugend ist das Zentralorgan der Bienenorchis, die *columna*, ein Behältnis sowohl für die weiblichen als auch für die männlichen Geschlechtsteile, prall und straff zum Himmel gerichtet. Mit zunehmendem Alter der Blüte schrumpft das Herzstück der Pflanze immer mehr zusammen, bis die Pollensäckchen aus den schlaff herunterhängenden männlichen Geschlechtsorganen hervortreten. Der leiseste Windhauch genügt, um die Orchideenblüte in Schwingung zu versetzen und dabei die intimsten Partikel des männlichen Organs, die Samenkörner mit den Fortpflanzungszellen, auf dem tiefer liegenden, zwar nicht mehr taufrischen, aber immer noch empfangsbereiten weiblichen Geschlechtsorgan zu deponieren und dadurch die geschlechtliche Verschmelzung zu gewährleisten. Bei optimalen Voraussetzungen schwillt die Fruchtkapsel nach dem Do-it-yourself-Akt genauso an und produziert ebenso viele Nachkommen, als wäre die Begattung »per Bienchen« zustande gekommen. Tatsächlich aber ist eine solche Selbstbestäubung bei der Bienenorchis, wie schon Darwin erkannte, nicht der Weisheit letzter Schluss, weil dabei meist Vitalität und Anpassungsfähigkeit auf der Strecke bleiben. Immerhin, dem Egoismus der Gene ist zunächst Genüge getan, also die nächste Generation gesichert – und in Notfällen ist dies nun mal die Hauptsache.

Seit Monsieur Pouyanne, der bereits erwähnte französische Richter und Hobbybotaniker, als Erster den höchst seltsamen Prozess der »Pseudokopulation« beschrieben hat, bemühten sich Wissenschaftler der ganzen Welt, das Arsenal all jener Methoden zu erforschen, das Pflanzen zur Erregung geschlechtlicher Triebe bei Insekten zum Einsatz bringen, um diese Tiere durch ihr äußeres Erscheinungsbild und/oder infolge identischer Sexuallockstoffe zu Begattungsbestrebungen zu verführen. Mehr noch als Täuschungsmanöver durch Verkleidung scheinen chemische Komponenten über den Geruchssinn eine Hauptrolle zu spielen. Dies wurde auch durch Erkenntnisse zahlreicher Verhaltensforscher bestätigt, die herausfanden, dass Duftstoffe vermutlich zu den ursprünglichsten und mächtigsten Reizen im Hinblick auf tierische Sexualpraktiken gehören. Parfümhersteller, die den Käufern ihrer Ingredienzien sexuellen Erfolg vorgaukeln, spielen daher auf der Tastatur unserer archaischen Urinstinkte. Die aphrodisierenden Gerüche bestimmter Blütenpflanzen waren in besonders puritanischen Epochen nicht selten Anlass zu merkwürdigen Verhaltensweisen. So kam es angeblich einem Tabubruch gleich, wenn Damen und Herren der feinen Gesellschaft gemeinsam durch ein blühendes Bohnenfeld flanierten – weil man befürchtete, die starken Blütendüfte könnten auf der Stelle zu sexuellen Exzessen Anlass geben.

Der Autor des hervorragenden Werkes über das Liebesleben der Pflanzen, Alec Bristow, hat auch in diesem Zusammenhang frappierende Forschungsresultate zusammengetragen und hält in beeindruckender Weise fest, was chemische Analysen jener Ausscheidungen ergeben haben, die von den Sexualtransvestiten unter den Orchideenarten so verschwenderisch produziert werden. Ihre Inhaltsstoffe sind nämlich verwandt mit denjenigen, die durch besondere Drüsen am Hinterleib von weiblichen Bienen, Wespen oder Hummeln erzeugt werden. Der Duft, den diese Drüsensekrete verbreiten, wirke wie eine Botschaft auf die Männchen und sage ihnen, dass in der Nähe ein Weibchen sei und auf ihre Aufmerksamkeiten warte. Die meisten Menschen könnten zwar diese Düfte nicht wahrnehmen, doch gerade Männer behaupteten nicht selten, sie ganz deutlich zu riechen. Der englische Wissenschaftler, der sich in seinem Buch »Wie die Pflanzen lieben« höchst detailreich mit diesem Thema auseinander gesetzt hat, fügt hinzu: »Leider gibt es bislang noch keine wissenschaftliche Untersuchung darüber, welcher Typ Mann eine so feine Nase besitzt, dass er die weiblichen Düfte begattungsbereiter Insektenweibchen wahrzunehmen vermag. Es wäre interessant herauszufinden, ob diese Männer auch stärker als andere auf die olfaktorischen Signale reagieren, welche die Weibchen ihrer eigenen Gattung ausstrahlen.«

Das evolutionäre Softwareprogramm der Schöpfung ist scheinbar grenzenlos, wenn es darum geht, eine Befruchtung und die Entstehung neuen Lebens zu gewährleisten. Dabei fällt allerdings auf, dass bei den schamlosen Betrugsmanövern der meisten Orchideenarten keiner ihrer Insektenfreier jene Befriedigung erreicht, die er angesichts so vieler sensorischer Lockvogelangebote berechtigterweise erwarten dürfte. Aufmerksame Biologen haben jedoch herausgefunden, dass manche Pflanzen mit gutgläubigen Insektenmännern auch ganz anders umgehen können. Denn einige der höchstentwickelten Arten verfügen über so ungewöhnlich diffizile Formen und Strukturen, dass nur noch ein einziger, besonders hoch spezialisierter Bestäuber in der Lage ist, ihren ausgefallenen Ansprüchen nachzukommen. Ziemlich raffiniert geht die Zungenorchis-Familie *Cryptostylis* bei ihrer Fortpflanzungsstrategie zu Werke. In einer Reihe von Berichten, die in den letzten acht Jahrzehnten vor allem in der britischen Fachzeitschrift *The Victorian Naturalist* veröffentlicht wurden, beschrieb die englische Botanikerin Edith Coleman ihre umfassenden Forschungsergebnisse hinsichtlich der Sexualmethoden bei vier verschiedenen Arten dieser Orchideengattung. Als vermutlich einmalig im grandiosen Beziehungsgeflecht zwischen Pflanzen und Insekten hat sich herausgestellt, dass alle vier Arten von einer einzigen Wespenart (*Lissopimpla semi-punctata*) »betreut« werden. Bei aller Ähnlichkeit innerhalb der Orchideenfamilie – es gibt auch erstaunliche Unterschiede, auf die der Wespenmann bei seinen vermeintlichen Eroberungen zu achten hat, will er bei allen vieren erfolgreich sein. Mrs. Coleman entdeckte beispielsweise, dass die Wespen ihre Bestäubungsaktivitäten bei der Zungenorchis (*Cryptostylis leptochila*) ausschließlich im Rückwärtsgang vollziehen müssen, um tief genug in das Blüteninnere zu gelangen. Für diese und andere ungewöhnliche Arten der Liebesbezeugung haben die Vertreterinnen der *Cryptostylis*-Familie einen ganz besonderen Vorteil zu bieten: Die englische Forscherin beobachtete Wespenmännchen, wie sie während ihrer Kopulationsbestrebungen augenscheinlich zum Orgasmus kamen und Samenflüssigkeit ausstießen. Dabei, so berichtete Mrs. Coleman weiter, habe sie im Laufe ihrer wissenschaftlichen Untersuchungen den Eindruck gewonnen, dass die Wespenmänner allem Anschein nach die offenbar »technisch versierteren« Orchideenblüten den echten Wespenweibchen vorzogen.

9. Die Weltwunder der Zukunft sind biologisch getunt

Biologen sind im Grunde ihres Herzens »Voyeure«. Sie beziehen ihre professionelle Befriedigung aus der intimen Beobachtung von Lebewesen. Werden sie nun auch noch zu Spionen? Fest steht, dass sie auf allen Kontinenten zu einem großen Lauschangriff in den Laboratorien der Natur angetreten sind. Sie betreiben in Regenwäldern und auf dem Grunde der Meere regelrecht »Industriespionage«. Sie »klauen« die genialen Erfindungen im Tier- und Pflanzenreich und kupfern die raffinierten Tricks aus den technischen Schatzkammern biologischer Systeme ab. Auch Mathematiker und Computerwissenschaftler, Designer und Architekten, Werkstoff- und Sensorikexperten, Genwissenschaftler und Nanotechnologen erforschen auf breiter Front die phantastischen Strategien der Evolution, plündern das uralte Wissen der Schöpfung – erprobt und bewährt in Jahrmillionen. Immer häufiger orientieren sich auch Manager, Wirtschafts- und Sozialwissenschaftler an der Fülle lebender Vorbilder der Natur, die seit Jahrmilliarden – trotz zahlreicher globaler Superkatastrophen – nicht Pleite gemacht hat. Eine Flut echter und vermeintlicher Erfolgsmeldungen überschwemmt fast täglich die Massenmedien, weil es offenbar in rasantem Tempo gelingt, Inspirationen und Innovationen aus den schier unerschöpflichen Arsenalen der Natur in erfolgreiche Produkte umzusetzen. Die Biologie hat ihr jahrhundertealtes Mäntelchen einer exotischen Orchideenwissenschaft längst abgelegt und ist mit Macht aus ihrem beschaulichen Naturbeschreibungsdasein heraus- und an den großen Börsen der Welt zur Gewinnmaximierung angetreten. Sie hat inzwischen einen Bioboom entfesselt, der seine Protagonisten vor allem in der chemisch-pharmazeutischen sowie in der medizinisch orientierten Geräteindustrie, bei Auto-, Flugzeug- und Raketenbauern zu immer spektakuläreren Höhenflügen antreibt. Auf der ständigen Jagd nach neuen Produkten, verfahrenstechnischen und organisatorischen Problemlösungen wühlen sie alle in den schier unerschöpflichen Arsenalen des Lebens nach dem Heiligen Gral des 21. Jahrhunderts. Lockte bei der Eroberung Amerikas das sagenhafte Goldland Eldorado, so sind es heute die Geheimnisse der Natur, die Ingenieure und Wissenschaftler in ihren Bann ziehen. Man braucht kein Prophet zu sein, um voraussagen zu können, dass die Weltwunder von morgen biologisch getunt sein werden, also optimiert nach den Prototypen biologischer Systeme. Roboter-Entwickler gehen bei Käfern und Heuschrecken in die Lehre, Informatiker nehmen Anleihen bei Bienen, Ameisen und Termiten, Mikrosystemtechniker erkunden den faszinierenden Kosmos lebender Zellen. Es mutet an wie eine biblische Verheißung: Blinde, die wieder sehen können, Lahme, die wieder gehen können, Todgeweihte, die wieder leben können – der Bionikrausch in Wissenschaft und Technik kennt keine Grenzen mehr.

Was gestern noch als Wunder galt – an den naturorientierten Ideenbörsen wird es bereits als Realität gehandelt, als Science-Fiction pur: Über 1000 Meter hohe Wolkenkratzer, geplant nach den evolutionären Gesetzen lebender Organismen, die auftretende Schäden von selbst reparieren, ihren Energiebedarf selbst regeln und sogar bei schweren Erdbeben so kunstvoll tanzen, dass sie – so das Versprechen ihrer euphorischen Baumeister – nicht zusammenbrechen; plattfischartige Großraumflugzeuge, die nur noch aus einem einzigen Riesenflügel bestehen, im Flüsterton starten und landen können und gleichwohl mehr als 1000 Passagiere in die grenzenlose Freiheit befördern; elegante Traumschiffe, die als luxuriöse Rennkreuzer von flossenähnlichen Triebwerken mit 250 Stundenkilometern über die Ozeane katapultiert werden, existieren – angeregt durch das Studium des Körperbaus der

Schwertfische, jener gegenwärtigen Rekordhalter für den Hochge-
schwindigkeitsbereich auf hoher See – bereits auf den Reißbret-
tern mariner Ingenieurteams ostasiatischer Länder. Russische Mi-
litärtechniker haben, intensiv unterstützt von deutschen Bionikern
und Technischen Biologen, die evolutionären Konstruktionsge-
heimnisse von Pinguinen genutzt, um Torpedos zu testen, die mit
Überschallgeschwindigkeit (!) konkurrierende Seefahrtnationen
das Fürchten lehren sollen. Mikroroboter, die als ärztliche Wacht-
posten Tag und Nacht durch das Adergeflecht des menschlichen
Körpers patrouillieren und bei Bedarf entarteten Krebszellen den
Garaus machen – die Liste der Beispiele wird jeden Tag länger.
»Knightrider« David Haselhoff, ja selbst Harry Potter und seine anderen zaubermächtigen Freunde dürften nicht schlecht staunen,
wie rasch auf einmal sprechende Wunderautos und andere Funar-
tikel aus der einstigen Märchenwelt engagierte Nachahmer in der
Wirklichkeit gefunden haben: Kraftfahrzeuge, die sich selbst steuern, Gas geben und eigenmächtig bremsen, notfalls auch mal
einen Verkehrsstau in geringer Höhe überfliegen können, mit
ihren Insassen über angepeilte Tourenziele diskutieren und durch
ihren Gourmetservice an Bord jede Raststätte überflüssig machen
– sie warten schon in den geheimen Entwicklungszentren vieler
Automobilkonzerne auf ihre Marktzulassung. In den USA, so
haben jüngste Umfragen ergeben, wird bereits in mehr als 40 Prozent aller Fälle im Auto der Bund fürs Leben beschlossen – da ist
unschwer abzusehen, dass auch auf diesem Konsumgüterbereich
mit enormen Zuwachsraten gerechnet werden kann. Man darf
zwar mit einiger Sicherheit davon ausgehen, dass auch in ferne-
rer Zukunft unser aller Lieblingsspielzeug nicht auf Bäumen
wächst, doch sollte bei solchen Überlegungen allerdings auch
nicht vergessen werden, dass etwa der berühmte englische Physiker Lord Kelvin (1824–1907) noch im Jahre 1895, also gerade mal
ein paar Monate vor dem eigentlichen Beginn der Luftfahrtära,
prophezeite: »Flugmaschinen schwerer als Luft wird es niemals
geben!«

Im Vergleich dazu waren die seherischen Qualitäten des französischen Jesuitenpaters Teilhard de Chardin schon etwas präziser. Wir sollten uns nicht der Illusion hingeben, erhob er 1955 seine warnende Stimme, dass wir mit der hereinbrechenden Wissenschaftsrevolution lediglich ein Gewitter durchstünden: »In Wirklichkeit sind wir dabei, das Klima zu wechseln!« Eine unvorstellbar lange Zeit hat sich der Mensch im vorgezeichneten Strombett einer weitgehend vom Zufall bestimmten Evolution von Ufer zu Ufer treiben lassen, jetzt jedoch scheint er sich aufzuraffen, sein Schicksal in die eigenen Hände zu nehmen. Und er ist drauf und dran, nicht nur seinen Heimatplaneten, sondern auch seine eigene Art nach Gutdünken umzumodeln. Auf dem genetischen Reißbrett der Molekularbiologen entwirft er Tiere und Pflanzen, die es vorher nie gegeben hat. Man bastelt fieberhaft an den Voraussetzungen, die Selbstheilungskräfte des menschlichen Körpers nachhaltig auf Trab zu bringen, kaputte Herzen und Lungen, zerstörte Gliedmaßen und andere wichtige Aggregate des menschlichen Organismus auszuwechseln beziehungsweise vollständig wieder nachwachsen zu lassen, sein Gehirn mit elektronischen Großrechenanlagen direkt zu verknüpfen. Man nimmt die Steuerung der Lebensentwicklung selbst in die Hand – im sicheren Glauben, souveräner als die Schöpfung zu handeln. Ohne große, Ewigkeiten während Abweichungen soll der Weg direkt ins Paradies führen. Man mag darüber denken, wie man will – es lässt sich nicht leugnen, dass der Homo sapiens bereits heute eine bemerkenswerte Karriere hinter sich hat. In kaum mehr als hunderttausend Jahren entwickelte er sich vom »Halbaffen« zum Atomphysiker, vom primitiven Höhlenbewohner zum Weltraumpiloten und vom behaarten Keulenschwinger zum Ingenieur, Lehrer, Philosophen und Halbgott in Weiß. Denn der Mensch ist nicht nur neugierig – eine Eigenschaft aller biologischer Systeme auf dieser Erde –, er gibt sich auch nicht zufrieden mit dem, was er erreicht hat. Eine magische Kraft zieht ihn an, lässt ihn permanent Grenzen überschreiten. Er möchte hinter die Mauern sehen, zu den Sternen fliegen, den Blitz und die Sonne einfangen, Gold machen. Und es geht ihm dabei nicht nur um schnöde Gewinnmaximierung, Ruhm und Karriere allein. Er möchte das Universum bei seiner mystischen Geheimniskrämerei gewissermaßen in flagranti ertappen.

Dieser urmenschlichen Eigenschaft verdanken wir bekanntlich all das, was wir für unseren Fortschritt halten. Unzufriedenheit mit der Leistung unserer Beine machte uns zum Erfinder von Auto, Schiff und Flugzeug; Unzufriedenheit mit unseren Augen zum Erfinder des Rasterelektronenmikroskops, Unzufriedenheit mit dem Faustkeil zum Erfinder der Wasserstoffbombe, Unzufriedenheit mit unserem Gehirn zum Erfinder des Computers. Gleichwohl, die Diskrepanz zwischen dem vorhandenen Wissen einerseits und dem gleichzeitigen Nichtwissen in unserer Gesellschaft andererseits war zu keinem Zeitpunkt in der Menschheitsgeschichte größer als heute. Ein riesiger Abgrund tut sich vor uns allen auf, denn detailliertes Expertenwissen ist das gesammelte Unwissen aller Übrigen. Eine Gesamtschau der Welt war vermutlich noch bei Geistesheroen wie Alexander von Humboldt oder Johann Wolfgang von Goethe zu unterstellen, heute ist grundsätzlich jeder Fachmann – und sei er Nobelpreisträger – gleichzeitig auch Laie auf allen anderen Gebieten. Und diese gigantische Kluft wird ständig größer; denn je schneller der Wissensschatz der Menschheit wächst, desto rapider vermehrt sich das allgemeine »Analphabetentum«. Allein die Berge des Wissens in Biologie und Medizin, gehortet in Kliniken und Forschungslaboratorien, Universitäten und Bibliotheken, übertreffen das Vorstellungsvermögen der meisten Menschen bei weitem. Ohne Gesundheitsparlamente und biomedizinische Gipfelkonferenzen, ohne kompetentes Wissensmanagement in allen Gesundheitsbereichen weltweit, vor allem jedoch ohne eine tiefe interdisziplinäre Vernetzung allen medizinischen Wissens könnten wir Gefahr laufen, eines gar nicht allzu fernen Tages vielleicht wieder ganz von vorne anfangen zu müssen.

Der Schriftsteller und Naturphilosoph Arthur Koestler erzählt in seinem Buch »*Das Gespenst in der Maschine*« eine kleine Episode aus dem Jahre 1930. Fast hätte er seine Stellung als wissenschaftlicher Redakteur verloren, weil er in einem Artikel die Behauptung wagte, dass die Menschen »noch zu unseren Lebzeiten« zu fremden Planeten aufbrechen würden. Genau ein Jahr vor dem Start des ersten russischen »Sputniks« verstieg sich der Hofastronom der englischen Königin Elizabeth II. zu der unsterblichen Feststellung: »Raumfahrt ist purer Blödsinn und wird es deshalb nie geben.« Unsere Phantasie und Einbildungskraft ist zwar bereit zu akzeptieren, dass die Welt sich ändert, aber unfähig, das Tempo für möglich zu halten, mit dem eine Veränderung stattfindet. Hand aufs Herz: Hätten wir vor 40, 50 Jahren nicht jeden für einen armen Irren gehalten, der auch nur annäherungsweise unsere heutige Welt beschrieben hätte? Pascal sagte vor 300 Jahren: »Du würdest mich nicht suchen, hättest du mich nicht schon gefunden!« Auch Träume sind wohl nichts anderes als die Herolde des wissenschaftlich-technischen Fortschritts und Utopien lediglich die Wahrheiten von morgen. Wenn es uns in einem entscheidenden Augenblick unserer Entwicklung nicht gelungen wäre, das Mögliche durch den Nebel unserer Träume zu erblicken, hätten wir unter Umständen nie unsere Affenhaut abstreifen können. Starten wir nicht deshalb heute zu Besuchen von Mars und Mond, weil wir so lange davon geträumt haben? Im Laufe eines einzigen Jahrhunderts sind die Träume von früher Wirklichkeit geworden: Flugzeuge fliegen schneller als der Schall, Satelliten durchmessen die Weiten unseres Sonnensystems, Radar und Fernsehen, Telefon und das Internet weben rund um den Globus ein immer dichter werdendes Netz von Nachrichten und Informationen. Wir schicken uns an, Krankheiten und Seuchen auszurotten, das Älterwerden auf später zu verschieben. Der Tod ist zwar noch nicht besiegt, aber umzingelt, selbst ewiges Leben befindet sich im Fokus vieler Wissenschaftler. Wir erklären die biblische Schöpfung für mangelhaft und setzen an ihre Stelle den menschlichen Schöpfungsakt aus der Retorte.

Sollen wir uns die Erfüllung des uralten Traums versagen, uns selbst zu »verbessern«? Sollen wir, wie man es in den Tempeln der Wissenschaft hören kann, auf die märchenhafte Chance verzichten, unseren eigenen Bauplan beispielsweise mit makelloser Schönheit und überragender Intelligenz zu optimieren? Sollen wir uns die einmalige Gelegenheit entgehen lassen, Gott zu mimen? Wer will schon behaupten, dass bei sozusagen hausgemachten Schöpfungen des Menschen unausweichlich Chaos und Vernichtung drohen? Der Mensch hat seit Jahrtausenden eine unbeirrte und immer wieder zu literarischem Ausdruck drängende Ahnung davon besessen, dass sein gegenwärtiger Zustand nicht der endgültige sei. Ahnung hat sich in Visionen, Utopien, Berichten von Reisen in andere Welten und zu anderen Sternen, in Philosophien der Hoffnung und Vorstellungen vom Übermenschen niedergeschlagen. Aber erst als Altmeister Charles Darwin und seine neodarwinistischen Lehrlinge den Blick auf die menschlichen Ursprünge freilegten, eröffneten sich mit einem Mal auch die Perspektiven einer möglichen transhumanen Zukunft. Manches deutet darauf hin, dass wir gegenwärtig im Strom der Zeit einen Augenblick erleben – so etwa hat es einmal der amerikanische Science-Fiction-Autor Arthur Clarke zum Ausdruck gebracht –, in dem die Geschichte den Atem anhält, in dem die Gegenwart sich von der Vergangenheit ablöst, vergleichbar einem Eisberg, der vom Muttergletscher abbricht und sich in den grenzenlosen Ozean hinaustreiben lässt.

Seit der erste Jäger seinen frierenden Körper mit einem Tierfell umhüllte, haben Menschen wieder und wieder in die Natur eingegriffen. Unsere ganze Geschichte ist ein unendliches Dokument menschlicher Anpassung und Selbstveränderung. Viele sichtbaren und unsichtbaren Mächte haben an dieser Transformation mitgewirkt: die magischen Vorstellungen des Steinzeitmenschen, Ereignisse, wie sie Freud in »*Totem und Tabu*« schildert, die großen ethischen Revolutionen eines Buddha, Laotse, Konfuzius, Zarathustra, Christus und Mohammed, die Philosophien Platos,

Plotins, Thomas von Aquins, Descartes', Spinozas, Lockes, Kants und Hegels, die befreienden Erkenntnisse eines Kopernikus, Kepler, Galilei, Newton, Darwin und Freud, die Taten der großen Entdecker und Erfinder vom Schlage eines Kolumbus, Gutenberg, Faraday, Einstein und Otto Hahn. Ihre Gedanken, Vorstellungen und Botschaften waren Meißelschläge an der Statue des Menschen, die sich von Jahrhundert zu Jahrhundert veränderte –und dies nicht nur durch Taten der Erleuchtung und Aufklärung, durch religiöse Vorstellungen, sittliche Gebote und gesellschaftliche Konventionen, sondern auch durch die Machtkämpfe rivalisierender Völker, gesellschaftlicher Klassen und Eliten. Nicht nur im Dienste konkurrierender Macht- und Wirtschaftsinteressen, sondern auch im Dienste von Religionen und Ideologien haben sich Zwang, Unterdrückung, Tyrannei, Ausbeutung, Sklaverei und Völkermord als entscheidende Faktoren bei der Formung des Menschen bis in unsere aktuelle Gegenwart erwiesen.

Wie geht es weiter? Es gibt zahlreiche Forscher und Wissenschaftler, die wild entschlossen sind, den entscheidenden Sturm auf die letzten Bastionen göttlicher Schöpfungsgeheimnisse zu wagen. Für avantgardistische Techniker und Ingenieure ist der Mensch ohnehin eine Fehlkonstruktion, ein massiver Turm auf viel zu kleiner Tragfläche, ständig von Störungen des Gleichgewichts und vom Einsturz bedroht, mit Messwerkzeugen von geringer Leistungsfähigkeit ausgestattet. Das Eiweiß, aus dem er besteht, ist ein schlechter Werkstoff, denn es hält nicht jede gewünschte Beschleunigung aus – man kann den Menschen, so kritisieren sie das Mängelwesen, in der Ultrazentrifuge nicht 2000-mal in der Sekunde herumschleudern. Überdies ist er nicht hitzebeständig wie manche Bakterien, nicht kälteresistet wie mancher Pflanzensame, der noch nahe dem absoluten Nullpunkt lebensfähig bleibt. Er kann nicht hungern wie manche Moose, seine Gliedmaßen wachsen nicht nach wie etwa der Schwanz einer Zauneidechse, und sein Gehirn ist jedem modernen Elektronenrechner hoffnungslos unterlegen. In pointierter Form hat der französische Biologe Rostand auf dem berühmt-berüchtigten Ciba-Symposion 1962 in London die physischen Perspektiven des zukünftigen Menschen folgendermaßen zusammengefasst: »Ein seltsamer Zweifüßler, der Eigenschaften in sich vereint wie Fortpflanzung ohne Beteiligung des Mannes, ähnlich der Grünfliege; er kann seine Frau wie die Nautilusschnecke über große Entfernungen hinweg befruchten; wie der Zierfisch Xiphophores wechselt er das Geschlecht; er vermehrt sich wie ein Regenwurm, wenn er klein gehackt wird; fehlende Glieder wachsen nach wie beim Wassermolch; wie das Känguru kann er sich auch außerhalb des mütterlichen Leibes entwickeln und überwintern wie ein Igel.«

Vielleicht aber wird, wie in Franz Werfels letztem großen Roman *Stern der Ungeborenen* wunderschön beschrieben, die Erde im Laufe dieses gerade erst begonnenen 21. Jahrhunderts »von hochzivilisierten, friedliebenden und blumenhaft schönen Wesen bevölkert, die zweihundert Jahre alt werden und den Tod dadurch überwunden haben, dass sie ihm am Ende ihrer Tage in vollkommener Jugendfrische freiwillig entgegengehen. Krieg, Geld und Arbeit kennt man nicht mehr. Soweit noch Beamte und Politiker benötigt werden, besteht diese Kaste aus Philosophen und weisen Melancholikern, die das Böse aller Macht durchschaut haben. Alle Menschen nähren sich von Pflanzensäften. Die Todesschreie der Tiere in den Schlachthäusern [und Tierversuchslabors; der Verfasser] gehören zu den vergessenen Albträumen vergangener Zeitalter. Das Bewusstsein hat sich zu so erstaunlicher Höhe entwickelt, dass jeder des anderen Gedanken im Voraus errät. Es gibt deshalb keine wirklichen Gespräche mehr, sondern nur noch ein überlegen-ironisches Spiel mit Worten. Auch die Musik wird nicht mehr durch Orchester aus lebenden Virtuosen aufgeführt: Es genügt dazu ein im Geiste komponierender Musiker, der, auf das Podium gestellt, durch eine Art hypnotischer Konzentration die unhörbaren Sinfonien in das Bewusstsein seiner Zuhörer überträgt. Ebenso werden Bilder nicht mehr wirklich gemalt, sondern, wie im Farbfilm, durch rhythmisch-elektromagnetische Anregung der

Gehirnzellen vom Innern des jeweiligen Beschauers her auf die farblose Leinwand projiziert.«

Wie ernst müssen wir solche zwiespältigen Zukunftsszenarien nehmen? Kann unsere so mühsam aufgebaute Gesellschaft an ihren tausendfältigen Widersprüchen zugrunde gehen? Etwa auch an den Heerscharen von PISA-Geschädigten, denen Biomedizin und Molekulargenetik, Bionik oder Nanotechnologie – und leider auch so manches andere! – Bücher mit sieben Siegeln sind? An jungen Menschen also, die trotz sich stetig verschlechternder Ausbildung immer früher und ungestümer in leitende Positionen von Industrie und Wirtschaft, Ämtern und Behörden drängen? Stehen wir den gesellschaftspolitischen und technisch-wissenschaftlichen »Errungenschaften« ähnlich hilflos gegenüber wie vermutlich ein paar Millionen Jahre zuvor die fortschrittlichsten Menschenaffen, als sie von den Bäumen herunterkletterten und sich anschickten, die Savanne mit all ihren unkalkulierbaren Gefahren zu erobern? Zukunft hat, wer Zukunft macht. Es genügt jedoch nicht, mahnte Robert Jungk, der Autor des Bestsellers »Heller als tausend Sonnen«, »hinter den Ereignissen herzulaufen und sie zu beklagen. Übersicht und Voraussicht – könnten diese Fähigkeiten gestärkt werden, dann wäre es vielleicht möglich, Krisen zu bekämpfen, bevor sie sich zuspitzen, Kriege zu verhindern, bevor sie ausbrechen.« Dies trifft, so darf man vermuten, sicher auch auf Generationskonflikte und den »Kampf der Kulturen« zu.

10. So gut wie die Schöpfung sind wir noch lange nicht!

Wie also stehen unsere Aktien heute? Können wir auf Rettung vonseiten der Wissenschaft und Technik hoffen? Was haben Forschung und Entwicklung im Hinblick auf grundlegende Innovationen wirklich zu bieten? Welche Erwartungen dürfen wir an die mächtig auftrumpfenden Zauberlehrlinge aus Gen- und Nanotechnik knüpfen? Wissen sie, was uns Philosophen schon seit langem empfehlen, dass die besten Problemlöser bei lebenden Systemen zu suchen und zu finden sind? Und wenn sie es wissen, handeln sie auch nach diesen bewährten Vorbildern aus der Natur?

Nirgendwo auf der Welt – trotz jahrzehntelanger Forschungen und Milliardeninvestitionen – sind Ingenieure und Wissenschaftler imstande, auch nur das winzigste Lebewesen nachzubauen. Schon eine für das normale Menschenauge unsichtbare Bakterienzelle repräsentiert eine ungeheuer komplizierte Maschinerie aus Tausenden unterschiedlicher Moleküle, die optimal an ihre Umwelt angepasst sind. Wie die Erfinderin Natur ihre unglaublich komplexen und perfekt funktionierenden Lebewesen »konstruiert«, hat Charles Darwin bereits vor 150 Jahren enträtselt. Aber, so räumt der Nanoforscher Andreas Stemmer von der Technischen Universität Zürich ein, »so gut wie die Evolution sind wir noch lange nicht! Wenn ich Bakterien unter die Lupe nehme und dabei feststellen muss, dass diese unvorstellbar kleinen Dinger chemische Signale verarbeiten können, dass die hinten auch noch einen Motor haben, der einen Durchmesser von nur 35 Nanometern [1 Nanometer: der Millionste Teil eines Millimeters!] aufweist und darüber hinaus aus mehreren Komponenten besteht, dann wird dieses Wunder nur noch dadurch übertroffen, dass sich dieser Motor auch noch selbst zusammensetzt!« Und er fügt hinzu: »Selbst wenn wir die meisten Komponenten eines solchen Maschinchens zur Verfügung hätten, alle in ein Reagenzglas füllten und dann kräftig schüttelten – ich bin mir ziemlich sicher, dass da unten kein Motor herauskäme ...«

Keiner seiner Wissenschaftlerkollegen mag ihm da widersprechen. Die Konzepte der Evolution können für Wissenschaft und Technik als Ideenlieferanten dienen, zur Inspiration und zur Anregung – als Blaupausen sind die faszinierenden Baupläne biologischer Systeme weniger geeignet. Es ist den Biologen bis heute noch nicht einmal vergönnt gewesen, eine Tierart – und sei sie auf den ersten Blick noch so primitiv und unscheinbar – in eine andere zu verwandeln. Seit beinahe einem Jahrhundert wird mit den nur wenige Millimeter großen Taufliegen der Gattung *Drosophila* auf Teufel komm raus experimentiert: Die Winzlinge werden durch die High-Tech-Mangel modernster Laboraggregate gejagt, einem Fegefeuer hochgiftiger Chemikalien ausgesetzt, mit Strahlendosen beschossen, die kein Elefant überleben würde – sogar ein Nobelpreis wurde dafür schon verliehen. Zwar existieren mittlerweile Millionen von Missgeburten, also Taufliegen beispielsweise mit drei Köpfen und drei Beinen, mit verunstalteten Gliedmaßen, aus denen halbe Augen wachsen, mit Stummelflügeln, die an Fühlern hängen, und mit Fühlern, aus denen Flügel sprießen, mit verkrüppelten Mundwerkzeugen am Hinterleib und einäugigen Monstern wie aus einer »Frankenstein«-Werkstatt – aber eine neue Art, wie es die Evolution seit Urzeiten mit Millionen und Abermillionen unterschiedlichster Lebewesen vorexerziert, eine neue Art ist trotz dieses unbeschreiblichen Trommelfeuers wissenschaftlicher Manipulationen nicht entstanden: Taufliege ist und bleibt Taufliege, Kleine Essigfliege (*Drosophila melanogaster*) bleibt Kleine Essigfliege!

Manchmal hat es den Anschein, als machten es sich unsere Forscher und Techniker mit der Erkundung evolutionärer Prinzipien etwas zu einfach. Es ist ein beliebter Trick von Wissenschaftlern, biologische Strukturen und Phänomene mittels Beispielen aus der Welt der Technik verständlicher zu machen. Sie vergleichen dann das menschliche Herz mit einer Pumpe, das Gehirn mit einem Großcomputer, das Auge mit einer Kamera, Nerven mit elektrischen Leitungen, die chlorophyllhaltigen Zellpartikel einer Pflanze mit einem Sonnenkraftwerk und die Nieren mit einem Blut reinigenden Dialysegerät. Auf die Spitze getrieben wird dieses modische Spielchen mit popularisierenden Analogien auf dem Werbeplakat eines amerikanischen Pharmaunternehmens: Auf dem farbenprächtigen Riesenposter wird das Innere des menschlichen Magens als komplette Rohrpostanlage dargestellt, mit Ventilen, Zahnrädern und Schaltklappen, um US-Bürgern die bessere Verträglichkeit magenfreundlicher Pillen gegenüber Aspirin zu suggerieren.

In Wirklichkeit jedoch laufen die vergleichenden Analogien genau anders herum. Eine Membranpumpe funktioniert so ähnlich wie unser Herz – allerdings viel primitiver. Nicht die mit Blattgrün gefüllten Chloroplasten einer Pflanzenzelle sind konstruiert wie kleine Elektromotoren, sondern ein Elektromotor ist in etwa dem Konstruktionsprinzip der Chloroplasten nachempfunden, die Energie verbrauchen und in Wachstum umsetzen. Ein Kraftwerk, das Gegenstück zum Motor, ist ein vereinfachtes Abbild der so genannten Mitochondrien, mikroskopisch kleiner Kraftpakete in den Körperzellen – vor ein paar Milliarden Jahren könnten sie als Urbakterien mit den ersten lebenden Zellen gewissermaßen die erste Fusion auf globaler Ebene eingegangen sein –, die in zahllosen Einzelschritten biochemischer Prozesse das biologische Brennstoffgemisch in Energie umwandeln. Die vereinfachende Darstellung biologischer Abläufe über den Umweg technischer »Vorbilder«, also letztlich über eine Art groben Abklatschs der Natur, musste zwangsläufig zu völlig unzulässigen Vereinfachungen unseres gesamten biologischen Denkens führen. Es ist nicht von der Hand zu weisen, dass viele schon längst wieder begrabene Illusionen hinsichtlich der Heilung schwerer Krankheiten, insbesondere im gentechnischen Bereich, das traurige Resultat dieser leichtfertigen, zu oberflächlicher Untersuchung grundlegender Naturprinzipien verführende, Umkehrung tatsächlicher Gegebenheiten sind. Auch Nanotechnologen könnten am Ende Gefahr laufen, mit ihren hochfliegenden Plänen für die Zukunft der Menschheit zu scheitern, wenn sie es aus Gründen eigener Selbstüberschätzung nicht für nötig hielten, den supervernetzten Kosmos einer einzigen lebenden Zelle wirklich penibel zu studieren. Die Geburtsstunde der atomar-molekularen Fertigung, also die praktische Umsetzung nanotechnologischer Überlegungen, schlug irgendwann Anfang der Neunzigerjahre des vorigen Jahrhunderts. Zu jener Zeit gelang es mithilfe des kurz zuvor erfundenen Rastertunnelmikroskops, Atome wie Legosteine zu manipulieren. Auf einer Nickelkristall-Oberfläche setzten IBM-Wissenschaftler 35 Xenon-Atome zum Logo ihrer Computerfirma zusammen. Beflügelt durch diese Glanzleistung, beschlossen die Nanotechnologen, aus ihrem bis dahin oft beklagten Schattendasein herauszutreten und der Welt, wenn nicht das Paradies, so doch ein Schlaraffenland auf Erden zu verheißen. Sie propagieren seither den kostengünstigen Aufbau von Materie durch universelle Nanomonteure, die bereits erwähnten Assembler: Achsen mit dreiatomigem Querschnitt, die sich in Lagern aus Benzolringen drehen, molekulare Fließbänder, die von einem Nanoroboter bedient werden. Ein »atomarer Fußball« hat es sogar ins »Guinness-Buch der Rekorde« geschafft; Vater dieses Weltrekords ist der Münchner Nanotechnologe Wolfgang Heckl, von dem ebenfalls bereits die Rede war.

Stellen sich die Atomzauberer so die zukünftige Fertigungstechnik vor? Wie es scheint, gehorcht die molekulare Fertigung im biologischen Mikrobereich anderen Gesetzen als ihr geplantes Gegenstück in der sichtbaren Makrowelt. Praktischerweise müsste sie gar nicht neu erfunden werden. Denn jedes Eiweißmolekül repräsentiert ein molekulares Fertigungsaggregat. Nanotechnologie avanciert dann möglicherweise nicht nur zu einer, sondern vermutlich zu *der* bionischen Schlüsseldisziplin schlechthin. Dabei erweisen sich molekulare Vervielfältigungstechniken, Erkennung und Wachstum als die drei Grundpfeiler einer nanobiologischen Herstellungsmethode, die erst kürzlich von Professor Heckl in der neuen Wissenschaftsdisziplin Nanobionik zusammengefasst wurde.

Wie hätte die Natur, wie hätte die über Jahrmilliarden wirksame Evolution Technik nachahmen sollen? Pflanzen und Tiere gibt es immerhin auch schon ein paar hundert Millionen Jahre – und diejenigen Lebewesen, die angeblich die Technik erstmals entwickelt haben, sind ja selbst nur ein Teil der Natur. »Was liegt deshalb näher«, so formulierte es einmal der bekannte Biologe und Bioniker Frederic Vester, »als dass diese Wesen zunächst einmal die ihnen selbst innewohnenden Mechanismen nach außen projizieren, dass die Erfindungen, die dem Denken entstammen, einem Vorgang, der an die biologische Funktion der Gehirnzellen gebunden ist, zunächst einmal Abbild jener biologischen Funktionen sind.« Bedauerlicherweise haben wir die Organisation unserer gesellschaftlichen Strukturen bislang nur bruchstückhaft an das Vorbild Natur angepasst. Trotz ihres jährlichen Megaumsatzes von etwa 150 Milliarden Tonnen lebenden Materials weist die Biosphäre gleichwohl ein Nullwachstum an Biomasse auf und kommt damit seit ewigen Zeiten ziemlich gut über die Runden. Und dies mit einem beneidenswerten Ertrag, einem Höchstmaß kreativer Entfaltung und einer phantastischen Fülle von Lebensformen. Wie ist das möglich? Nun, das Management der Natur befolgt lediglich eine Hand voll kybernetischer Grundregeln – »uralte Prinzipien, die gleichzeitig hochaktuell sind« (Vester).

Lebewesen reagieren beispielsweise hochsensibel auf zahlreiche chemische Substanzen: So sind Algen gegenüber Giftstoffen äußerst empfindlich, Meereskrabben nehmen geringste Spuren von Nährstoffen wahr, Schmetterlinge registrieren sogar einzelne Moleküle von Sexuallockstoffen des Partners über mehrere Kilometer Entfernung. Diese spezifischen Fähigkeiten biologischer Systeme sind technisch zumindest heute noch nicht darstellbar, weshalb das lebende Original – etwa bei der Wasserüberwachung durch Fische in Kontrollbecken oder Drogenfahndung mit Hunden – immer noch unschlagbar ist. Einige Fische finden ihre Nahrung im Seewasser über eine Distanz von mehr als 30 Metern. Einen einzigen Tropfen einer bestimmten Chemikalie, in der Wassermenge des Bodensees gelöst, würden Aale noch schmecken können. Das Männchen des Seidenspinners riecht den Sexuallockstoff eines Weibchens – das Pheromon Bombykol – über mehr als acht Kilometer Entfernung. Die »Rezeptoren« genannten Fühler dieser Insekten müssen dabei einzelne Moleküle aufnehmen, erkennen und überdies ein Nervensignal auslösen: biologische Spurenanalytik, die sich mit herkömmlichen Messmethoden auch nicht ansatzweise nachvollziehen lässt.

Man könnte die biologischen Bausteine, die den Lebewesen beziehungsweise ihren organischen Systemen eine so verblüffend hohe Empfindlichkeit und Trennschärfe verleihen, aber auch direkt mit technischen Messfühlern kombinieren – die Hauptlast der Ergebnisse läge jedoch nach wie vor bei den biologischen Systemen. Immerhin eröffnen die an den Universitäten Ulm und München durchgeführten Signalübertragungen von isolierten Nervenzellen auf Siliziumschaltkreise völlig neuartige Perspektiven in der Computerentwicklung – es beginnt sich bereits die Möglichkeit anzudeuten, menschliche Gehirne mit Elektronenrechnern zu verschalten.

Bislang technisch noch kaum genutzte Prinzipien lebender Systeme zur biochemischen Verstärkung von Signalen könnten außerdem ultrasensitive Biosensoren unter anderem bei der Verbrechens- und Terrorbekämpfung ermöglichen. Ein unerreichtes Vorbild dafür ist die millionenfache Signalverstärkung bei der Blutgerinnung. Nach dem Schneeballprinzip aktivieren einzelne Signalmoleküle einige Enzymmoleküle, diese Dutzende anderer und so fort, bis schließlich die Lawine der letzten Phase veranlasst, dass sich die Wunde schließt – insgesamt sind an diesem faszinierenden Geschehen mehr als 30 unterschiedliche Faktoren beteiligt. Damit ist die Grundlage für naturorientierte Sensoren mit verblüffenden Kaskadeneffekten geschaffen. Könnten diese Erkennungsprinzipien biologischer Systeme technisch nutzbar gemacht werden, so wären alle Substanzen dieser Welt, die einen biologischen Erkennungsalarm auslösen, auch messbar – und bei der Abwehr eines Angriffs mit B-Waffen unverzichtbar. Mehrere Technische Biologen und Bioniker im deutschen Sprachraum befassen sich gegenwärtig verstärkt mit solchen Effekten – mit High-Tech vorwärts zur Natur?

Zwar auf den ersten Blick bedenkliche, aber jedenfalls erfolgreiche Experimente wurden inzwischen mit Zellen, die man mit Rezeptoren bestückt hatte, direkt im lebenden Tier durchgeführt. Die ersten Fühler-Biosensoren wurden mit der ostpazifischen Blauen Krabbe (*Callinectes sapidus*) realisiert. Die Krabbe nimmt durch die Amputation keinen bleibenden Schaden – die Fühler wachsen nach. Aber nicht nur Substanzen aus der Umwelt der Meerestiere werden registriert. Interessanterweise, so berichtete Reinhard Renneberg, Professor für Biosensorik an der Hong Kong University of Science and Technology, in der Zeitschrift *Spektrum der Wissenschaft*, reagiert ein Sensor mit einem Fühler der Languste *Procambarus clarkii* wie ein hochempfindlicher Seismograph auf das Tuberkulosepräparat Pyrazinamid. Da die Tuberkulose sich weltweit – auch in Mitteleuropa – wieder ausbreitet, ist die Messung dieses Arzneimittels zweifellos von erheblicher Bedeutung. Für Technische Biologen und Bioniker dürfte sich daher allein auf dem Sektor der naturorientierten Sensortechnologie in den nächsten Jahrzehnten ein besonders attraktives Betätigungsfeld eröffnen. Der Biochemiker Renneberg, der auch am Zentralinstitut für Molekularbiologie in Berlin-Buch an der Entwicklung von Enzym-, mikrobiellen und Immunosensoren arbeitete, hat in Bezug auf diese zukunftsträchtige Forschungssparte ein Konzept entwickelt, das einen nachhaltigen Eindruck im Hinblick auf die Vorbildfunktion biologischer Systeme vermitteln kann. Er schreibt:

»Stellen Sie sich einen gigantischen Biosensor vor: 10 000 Menschen stehen auf einem großen Feld. Jeder hat ein Telefon in der Hand, um über Beobachtungen zu berichten – über Farben, Bewegungen, Töne, Tasteindrücke, Geschmacksempfindungen und Gerüche. Solch ein Feld von Beobachtern kann Ihnen Informationen über Natur, Intensität, räumliche Verteilung und Zeitverlauf von Reizen in einem Makrosystem liefern, die Sie gar nicht zu verwerten vermögen oder wünschen. Aber vergleichbare Unmengen von Erkenntnissen müssen wir vielfach gewinnen und verarbeiten, in Forschung und Industrie, Medizin, Umweltschutz und anderen Bereichen. Um einer Flut von Eindrücken Herr zu werden, hilft selektive Wahrnehmung. Das Mikrosystem eines Biosensors realisiert eben dieses Prinzip. Erkennungsmoleküle (Enzyme, Antikörper, Rezeptoren) nehmen aus komplexen Stoffgemischen gezielt Informationen auf, die Signalwandler (Transduktoren) wie Elektroden, Chips oder Fotozellen dann weiterleiten. Der Trick ist, dass solche Sensoren die hochkomplexen biologischen Erkennungssysteme, über die jeder der 10 000 Menschen in unserem Bild verfügt, quasi isoliert und Schritt für Schritt nachahmt.«

Als allgegenwärtiges Früherkennungs- und Abwehrsystem aus Zellen und Molekülen schützt das Immunsystem den menschlichen Körper – und es dient nur einem einzigen Zweck: der Unterscheidung von »fremd« und »eigen«. Renneberg erinnert daran, dass der Organismus aller Wirbeltiere eine schier unerschöpfliche Menge Antikörper zu bilden vermag – 100 Millionen verschiedene! Aber er sei auch fähig, damit ebenso viele fremde Strukturen zu erkennen. So könne der Körper angemessen auf die gewaltige Vielfalt von Fremdstoffen reagieren, mit denen er sich ein Leben lang konfrontiert sehe. Es wäre eine wahrlich verlockende Vorstellung, dieses biologische System als Universalpatent der

Natur für unsere technisch-wissenschaftlichen Bedürfnisse in fast allen Bereichen unserer Gesellschaft zu übertragen.

Weit vor allen anderen technischen und wissenschaftlichen Einzelbereichen kann die interdisziplinäre Querschnittswissenschaft Bionik in Forschung und Entwicklung wertvolle Schrittmacherdienste leisten. Biologie und Technik – Bionik ist eine Kombination aus beiden – sind keine prinzipiellen Gegensätze. Vielmehr steckt die Natur selbst voller technischer Raffinessen. Sie ist ein technologisches Supersystem, das gigantische Energie- und Rohstoffmengen umsetzt – mit einem traumhaften Wirkungsgrad von bis zu 98 Prozent, ohne Energie-, Rohstoff- und Müllprobleme, ohne Staatsverschuldung und Arbeitslose. Natürlich gibt es grundsätzliche Unterschiede zwischen einer Maschine und einem Lebewesen. Aber beide unterliegen den gleichen physikalischen Gesetzen, und deshalb lassen sich lebende Systeme bis hinein in ihre Erbstrukturen auch unter einem technischen Blickwinkel betrachten. Die Natur türmte in Jahrmillionen Erfindung auf Erfindung, während der Mensch eigentlich gerade erst damit begonnen hat, die technologische Schatztruhe des Lebens systematisch zu erforschen. Etliche Entwicklungsarbeit, Zeit und Geld hätte sich »Homo sapiens« sparen können, wenn er schon viel früher darangegangen wäre, die genialen Problemlösungen biologischer Systeme großtechnisch zu nutzen. Die Natur ist nämlich alles andere als ein himmlischer Zaubergarten. Sie geht knallhart mit ihren Kreationen um. Was nicht funktioniert, wird rücksichtslos ausrangiert. In einem für menschliche Gehirne nicht nachvollziehbaren Trial-and-error-Verfahren hat sie über Jahrmilliarden unendlich viele Versuchsreihen, Experimente und Testläufe absolviert. Die List der Natur besteht gewissermaßen darin, dass sie bei der »Konstruktion« ihrer Systeme nicht absolut perfekt vorgegangen ist. Wahres Können beweist sie eher darin, wie sie mit Fehlern umgeht. Sie stellt nicht fix und fertige Produkte in die Welt, was ihre Schöpfungen wesentlich unanfälliger, zeitloser und vor allem nachhaltiger macht – ganz im Gegensatz zur »perfekten« Technik des Menschen.

Leonardo da Vinci, das universale Genie der Jahrzehnte um 1500, sah bereits damals ganz deutlich, dass der Natur nicht mit philosophischen Spitzfindigkeiten beizukommen ist, sondern nur mit dem nüchternen, angemessen ausgeführten Experiment, bei dem er immer versucht war, spezielle Probleme auf allgemeinere Phänomene zurückzuführen. So auch bei der Erforschung des Vogelflugs: »Um die wahre Wissenschaft von der Bewegung der Vögel in der Luft zu geben, ist es notwendig, erst die Wissenschaft der Winde zu geben ...« Das bedeutet: Solange ich nicht weiß, wie die Luft um einen einfachen Körper streicht – beispielsweise um eine flache oder gewölbte Scheibe –, brauche ich mir keine Gedanken zu machen, wie Luft das komplizierte System eines fliegenden Vogels mit schlagenden Flügeln umwirbelt. Leonardo da Vinci war seiner Zeit um Jahrhunderte voraus. Schließlich, im Jahre 1874 – Bismarcks Deutsches Reich war gerade drei Jahre alt –, baute ein junger Berliner Fabrikant im Windschatten seiner Lagerhalle für Spezialdampfkessel eine seltsame Apparatur auf, eine Art Ringelspiel: In einem Gestell drehte sich eine senkrechte Achse, die am oberen Ende zwei lange, horizontale Stangen trug. An den Enden dieser Stangen waren gewölbte Flächen montiert, aus Blech gebogen und aus Holz geschnitten. Ein Fallgewicht im Inneren des Gestells versetzte die Stangen mit den beiden jeweiligen Versuchskörpern in wirbelnde Umdrehungen. An der Basisverankerung des rätselhaften Gestells zeigte eine Waage zunehmende Entlastungen an. Der Experimentator Otto Lilienthal traute seinen Augen nicht. Der Auftrieb, den die gewölbten Flächen an seiner aerodynamischen Rundlaufapparatur erzeugten, war viel stärker als die hebende Kraft der ebenen Flächen, mit denen er bis dahin Versuche angestellt hatte!

Mit Kennerblick beobachtete Lilienthal, ein wohlhabender Unternehmer, der seit Jahren sein Geld in systematische Grundlagenforschung zur Flugtechnik steckte, am brandenburgischen Herbsthimmel regelmäßig die Vorbereitungen der Störche zu ihrem weiten Weg gen Süden. Seit seiner Kindheit hatten sie ihn fasziniert, und immer wieder hatte er sich ausgemalt, wie er es Adebar eines Tages gleichtun würde: sich hinaufzuschwingen in das Blau des Himmels – fliegen! Jahre später, 1889, sollte er in seinem grundlegenden Werk über den Vogelflug folgenden Satz schreiben: »Die Beobachtung der Natur ist es, welche immer und immer wieder dem Gedanken Nahrung gibt: Es kann und darf die Fliegekunst nicht für ewig dem Menschen versagt sein.« Ein Storchenflügel, überlegte er, ist nicht flach wie ein Bügelbrett, sondern gewölbt. Im Querschnitt zeigt er außerdem ein Profil: Vorn ist er dick, nach hinten nur noch so dünn wie die Spitzen der Federn. Otto Lilienthal eignete sich das Vorbild der Natur an und experimentierte mit gewölbten Flügeln. Erst auf diesem Wege erhielt er die hohen Auftriebskräfte am Tragflügel, die für die spätere Flugzeugentwicklung so bedeutsam werden sollten. »Unvoreingenommenheit«, postulierte einer der angesehensten Pioniere der Technischen Biologie und Bionik, der Saarbrücker Biologe Werner Nachtigall, »ist die erste wissenschaftliche Tugend. Man darf nichts ausschließen. Es kann sein, dass sich eine Hypothese, ein wissenschaftlicher Wunschtraum, bestätigt. Es kann aber auch nicht sein.« Otto Lilienthal stürzte vor knapp 110 Jahren, am 9. April 1896, bei einem 20 Meter weiten Gleitflug mit einem seiner Flugapparate ab und kam dabei ums Leben.

Lilienthal war im 19. Jahrhundert nicht der Einzige, der sich die Natur zum Vorbild genommen hatte. Im Jahre 1874 veröffentlichte der Schweizer Botaniker Simon Schwendener in Leipzig ein Buch mit dem Titel »Das mechanische Prinzip«. Darin wies er konkret auf die Zusammenhänge zwischen den Konstruktionen im Pflanzenreich und innerhalb der vom Menschen entwickelten Technik hin. Eigentlich hätte das Werk für die damalige Zeit eine echte Sensation sein müssen. Es fand jedoch kaum Beachtung. Offenbar glaubten die Menschen damals, von der Natur nichts lernen zu können. Den Treibsatz dieser Arbeit erkannte dann Anfang des 20. Jahrhunderts der österreichische Biologe Raoul Heinrich Francé. Er führte einer jetzt plötzlich staunenden Öffentlichkeit die Zusammenhänge zwischen den technischen Erscheinungen in der Natur und den Erfindungen des Menschen noch einmal vor Augen und schrieb: »Kristallform, Kugel, Fläche, Stab und Band, Schraube und Kegel, das sind die grundlegenden technischen Formen der Welt. Sie genügen sämtlichen Vorgängen des Weltprozesses, um sie zu ihrem Optimum zu geleiten. Alles, was ist, sind wohl Kombinationen dieser sieben Urformen, aber über die heilige Siebenzahl geht es nicht hinaus. Die Natur hat nichts anderes hervorgebracht, und der Menschengeist mag schaffen, was er will, er kommt immer nur zu Kombinationen und Varianten dieser sieben Grundformen.«

Raoul Heinrich Francé beschäftigte sich in seinem Labor in München unter anderem damit, die Bedeutung der Mikroorganismen für die Fruchtbarkeit des Bodens zu erforschen. Dabei ergab sich, wie er selbst schildert, ein Problem: Er wollte den Boden mit Erde impfen, die er zuvor mit Mikroorganismen versetzt hatte. Aber es gelang ihm nicht, das »Saatgut« gleichmäßig auf dem Boden zu verteilen. Auch Puderdosen und Salzfässchen versagten. Schließlich kam ihm die Idee, eine Mohnkapsel zu verwenden, die, wie er vielleicht etwas allzu naiv vermutete, von Natur aus für die gleichmäßige Verbreitung ihrer Samen sorgte. So füllte er eine Mohnkapsel mit seiner geimpften Mikrobenerde – und der Erfolg war phantastisch. Gleichmäßiger als diese Kapsel das Saatgut verteilte, behauptete er, ging es nicht. Francé konstruierte auf der Basis seiner Mohnkapsel einen Streuer für Puder, Salz, Pfeffer und andere feine Stoffe und ging mit seiner Erfindung zum Patentamt. Man befand das Gerät für hervorragend und registrierte es. Das wäre heute vermutlich nicht mehr ganz so einfach, wie wir noch sehen werden.

11. Vorwärts zur Natur!

Seit phantasievolle Wissenschaftler erkannt haben, dass das Leben selbst vom Urbeginn an mit nichts anderem befasst war, als Probleme zu lösen, und noch ungeahnte technische und organisatorische Wunder in der Natur ihrer Entdeckung harren, besteht ein zunehmender Trend, die evolutionären Strategien, Konstruktionen und Verfahrensabläufe auf menschliche Bedürfnisse zu übertragen. Zahlreiche nationale und internationale Konferenzen dokumentieren, dass Ingenieure begonnen haben, in Zusammenarbeit mit Biologen und Physikern den Innovationspool der Evolution systematisch nach solchen Problemlösungen zu durchsuchen, die ihnen bislang völlig utopisch erschienen. Wie aber macht die Natur das alles? Sie entwickelt seit ewigen Zeiten Werkstoffe, Baustrategien und Organisationsstrukturen, die den Vergleich mit modernsten Technologien nicht zu scheuen brauchen – im Gegenteil: Auf einem Chairmen's Symposium, zu dem führende Vertreter der Wirtschaft aus Europa, Nordamerika, Japan und anderen Teilen der Welt in Stuttgart zusammenkamen, stellte der Rektor der Universität Düsseldorf, Professor Gert Kaiser, seinen Beitrag über Fortschritt und strukturelle Veränderung unter das Motto »Vorwärts zur Natur«. Kaiser legte dar, »dass wir noch auf einem sehr primitiven Stand der Technik stehen«. Das Wissen des Menschen im Hinblick auf technische und organisatorische Abläufe sei »noch so dumm, dass sie – jedenfalls in breiter Anwendung – eine gefährliche Zahl und Qualität von Nebenwirkungen haben«. Auf den meisten Technikfeldern sei man noch weit von einem Reifestadium entfernt. Von technischer Reife werde man erst sprechen

können, wenn beispielsweise Arzneimittel so spezifisch wirkten wie
körpereigene Abwehrstoffe, Energietechnik und Energieverbrauch
den biologischen Vorbildern nahe kämen, wenn Rechner so arbeiteten wie das menschliche Gehirn, gentherapeutische Maßnahmen
das Nachwachsen kranker oder zerstörter Organe komplikations-
los ermöglichten, wenn in wichtigen Technikbereichen Verfahren
der Selbstorganisation entwickelt seien, die jenen der Natur zumindest nahe kämen und auch so fehlertolerant seien wie diese.

Damit, so betonte der langjährige Vorsitzende des renommierten
Wissenschaftszentrums Nordrhein-Westfalen, sei auch die Richtung des wissenschaftlichen Strukturwandels umschrieben: nämlich die Technik so zu entwickeln, dass sie eines Tages zumindest
ansatzweise all das zuwege bringe, was die Natur immer schon ge-
konnt habe. Das Ziel des wissenschaftlichen Forschens und der
künftigen technischen Revolution müsse deshalb lauten: Vorwärts
zur Natur! Oder, wie es ein angelsächsischer Wissenschaftler tref-
fend übersetzte: »Closer to nature!«

Angesichts solcher Appelle wäre es wünschenswert, wenn sich
ein Ingenieurstudent in seiner Ausbildung auch ein paar Semester
Biologie, besser noch Technische Biologie und Bionik, aneignete.
Offensichtlich fasziniert die Auseinandersetzung mit »Natur und
Technik«, wie neuerdings ein Unterrichtsfach an bayerischen Schulen heißt, Lehrer und Schüler ganz allgemein. Denn die interdisziplinäre Bionik bietet auch spannendes Kreativitätstraining. Die
Natur verfügt über ein phantastisches Potenzial für Inspirationen,
das man auf jeden Fall einmal zur Kenntnis nehmen sollte. Man
kann natürlich von biologischen Systemen, also von Tieren und
Pflanzen – auch der Mensch ist ein biologisches System! –, ihren
technischen Konstruktionen, ihrem phantastischen Design und
ihren ökonomischen Organisationsgesetzen keine Blaupausen erwarten; das wäre ziemlich naiv und letzten Endes nichts anderes als
Scharlatanerie, mit einem Wort: unweise. Aber ebenso unweise
wäre es, die Fülle lebender Vorbilder für eigenständiges Entwickeln
und Gestalten nicht zur Kenntnis zu nehmen.

Wie können Biologen und Ingenieure, Architekten, Computer-wissenschaftler, Mediziner und Nanotechnologen künftig an einem Strang ziehen? Noch Anfang der Neunzigerjahre des vorigen Jahrhunderts hofften beispielsweise Pharmakologen und Biochemiker, sie seien imstande, allein am Bildschirm und im Reagenzglas neue Wirkstoffe zu synthetisieren. Mittlerweile sind viele Forscher – auch zahlreiche Manager großer Pharmakonzerne – überzeugt: Computer und noch so leistungsfähige Software vermögen mit dem Erfindungsreichtum von drei bis vier Milliarden Jahren Evolution nicht zu konkurrieren. Und nirgendwo hat sie vermutlich mehr Vielfalt hervorgebracht als auf dem Grund der Ozeane und im Regenwaldgürtel rund um den Bauch unserer Erde. Hier haben sich in einem wohl einmaligen Wettrüsten die biologischen Systeme über einen Zeitraum von 100 Millionen Jahren – ohne von Eiszeiten und sonstigen Klimakatastrophen beeinträchtigt zu werden – zu exzellenten High-Tech-Systemen optimieren können.

Fast alle so genannten chemischen Arzneimittel haben ihre Wurzeln in der Natur. Die wirksamen Bestandteile sind entweder unveränderte Naturstoffe, oder sie sind mehr oder weniger leicht abgewandelt, entsprechen aber im Wesentlichen noch immer ihrem natürlichen Vorbild. Berühmte Beispiele sind die Herzglykoside aus dem Roten Fingerhut, Verhütungsmittel (Ovulationshemmer) aus Yams und die Salizylsäure aus der Rinde von Weiden. Des Weiteren sei genannt das Penizillin, das ebenfalls im Grunde ein reines Naturheilmittel ist. Es wird von einem Pilz produziert zur Abwehr von Bakterien. Es gibt nur ganz wenige Substanzen, die biochemisch ohne Vorbild in der Natur »gebaut« wurden und die als Medikamente Verwendung finden. Die Mehrheit dieser Medikamente ist potenziell am gefährlichsten und enthält die meisten Nebenwirkungen. Die Natur ist gerade aus diesem Grunde die wichtigste Quelle für die Medizin von morgen. Chris Shaw von der University of Ulster beschäftigt sich seit Jahren mit den farbenfrohen, meist hochgiftigen Fröschen aus tropischen Regenwäldern. Die verschiedenen Substanzen, die Shaw isolieren konnte, bekämpfen Bluthochdruck, wirken als Antibiotika oder schützen das Knochenmark bei einer Krebs-Chemotherapie. Der Biophysiker Stefan Heinemann vom Jenaer Universitätsklinikum erforscht den aus mehr als 100 giftigen Substanzen bestehenden Cocktail aus dem Stachel des Gelben Israelischen Skorpions (*Leiurus quinquestriatus hebraeus*). Einer dieser Giftstoffe birgt ein Geheimnis, das die Thüringer Forscher für die Entwicklung neuartiger Schmerzmittel nutzen wollen. Das Gift des Skorpions beeinflusst das Nervensystem, entfaltet seine Wirkung jedoch nur an den Nervenzellen im Körper, nicht im Gehirn. Bei der Behandlung von Schmerzpatienten wäre ein Medikament mit diesen gezielt auszuwählenden Einsatzbereichen ein Segen. »Wir wollen mit der Schmerztherapie ja nicht das Gehirn lahm legen«, erklärt Heinemann. Auch Pillen aus den Ozeanen dürften sich künftig einen großen Markt erobern. Doch die wissenschaftliche Erkundung der Weltmeere und ihrer Lebewesen steht noch ganz am Anfang. Von den etwa 110 000 bisher bekannten Naturstoffen stammen weniger als zehn Prozent aus dem marinen Bereich. 500 Millionen noch unbekannte bioaktive Substanzen, so schätzen Fachleute, warten in den Tiefen der Meere auf ihre Entdeckung. Eine dieser Biosubstanzen ist »Sorbicillacton« aus dem Krustenlederschwamm. In den feinen Kanälen von *Ircinia fasciculata* – so lautet der wissenschaftliche Name dieses glibbrig-braunen Meeresbewohners – tobt Tag und Nacht eine gewaltige Schlacht: der Kampf des Schwammes gegen seine natürlichen Fressfeinde wie Pilze und Bakterien. »Schwämme trotzen ihren Gegnern mit biochemischen Waffen: kleinen Molekülen, die den Stoffwechsel der Angreifer durcheinander bringen und ihnen somit den Garaus machen«, sagt Werner Müller, Professor für angewandte Molekularbiologie an der Universität Mainz. Zusammen mit Wissenschaftlern aus zehn Forschungsteams in Stuttgart, Düsseldorf, Kiel, Mannheim und Würzburg untersucht Professor Müller die Wirkung der C-Waffen des Schwammes. Denn was *Ircinia fasciculata* vor den Attacken seiner Gegner schützt, kann auch das Wachstum von Blutkrebszellen hemmen, wie die Mainzer Forschergruppe herausgefunden hat.

In ganz besonderer Weise beeindruckt von Biostrategien und dem breit gefächerten Kompetenznetz der Evolution zeigen sich neuerdings vor allem Informatikexperten. Je komplexer und damit komplizierter ihre Strukturen werden, desto mehr lassen sie sich von den natürlichen Prozessen inspirieren. »Die Kenntnis der zugrunde liegenden Regelwerke könnte die Methode völlig verändern, wie wir Computer und molekulare Systeme entwerfen und konstruieren«, gibt Professor John S. McCaskill vom Forschungszentrum Informationstechnik in Sankt Augustin zu bedenken. Die Informationswissenschaft stehe derzeit vor einem völlig neuen Verhältnis zur Biologie, ist sich der Forscher sicher. Informatiker und Molekularbiologen interessierten sich in immer stärkerem Maße für die bewundernswerte Informationsverarbeitung innerhalb der lebenden Natur. Die Evolution dient den Computerwissenschaftlern als Vorbild bei der Übertragung biologischen Knowhows auf die weit hinterherhinkenden Systeme des Menschen. Wer die evolutionären Prozesse zuerst verstehen lernt und die Computertechnik auf das Niveau biologischer Systeme zu bringen vermag, dürfte neben dem Marktführer Natur weltweit die Nase vorn haben. Die Forscher in Sankt Augustin orientieren sich nicht nur bei der Hardware an lebenden Systemen, auch neue Softwareentwicklungen sollen die phantastischen Vorteile biologischer Prototypen nutzen. McCaskills Ziel sind Miniaturrechner, die sich selbst bauen und vervielfältigen können. Schon heute trainiert er seine Roboter so, dass sie sich autonom, also selbstständig, in für sie unbekannten Umgebungen bewegen können – in der unerforschten Tiefsee ebenso wie auf fernen Planeten.

Wissenschaft und Technik beginnen eben erst zu lernen, dass selbst bei relativ simplen Lebewesen eine Superdatenbank vorliegt, deren gespeicherte Informationen aus einem jahrmillionenalten Erfahrungsschatz zur Lösung zahlreicher Probleme hilfreich sein können. US-Wissenschaftler haben kürzlich darauf hingewiesen, dass in einer einzigen lebenden Zelle bislang nur ein Bruchteil der dort wirksamen Prinzipien verstanden und aufgeklärt sind – Prinzipien und Strategien, die auch für neue medizinische Therapien, High-Tech-Apparaturen im Weltraum und nanotechnologische Entwicklungen als wertvolle Anregungen dienen könnten. Denn was sich in der Natur über außerordentlich lange Zeiträume hinweg bis heute entwickeln konnte, hat auf dem Prüfstand der Evolution die denkbar härtesten Qualitätstests durchlaufen. Technische Biologen und Bioniker sind überzeugt: Die Innovationsfülle im Tier- und Pflanzenreich ist nicht nur phantastischer, als wir glauben, sondern noch viel phantastischer als alles, was wir uns vorstellen können.

Mittelalterlichen Alchimisten, die – wie der spätere Porzellanerfinder Johann Friedrich Böttger in den Diensten des Sachsenkönigs August des Starken – stets davon träumten, aus Blei Gold zu machen, und deshalb über Jahrhunderte Zielscheibe beißenden Spotts und Häme waren, wird gewissermaßen posthum eine Rechtfertigung durch die Naturwissenschaft zuteil. Im Jahre 1873 veröffentlichte ein Adliger, Baron Albrecht von Herzeele, eine Abhandlung mit dem Titel *»Der Ursprung organischer Substanzen«*. In dieser wissenschaftlichen Arbeit versuchte er den Nachweis zu führen, dass die lebenden Pflanzen nicht nur dem Boden und der Luft Stoffe entziehen, sondern dass sie ständig auch neue Stoffe schaffen. Der Forscher aus einem uralten deutschen Adelsgeschlecht hatte entdeckt, dass Pflanzen die Fähigkeit haben, ein Element in ein anderes zu verwandeln, also zum Beispiel Phosphor in Schwefel, Kalzium in Phosphor, Magnesium in Kalzium, Kohlensäure in Magnesium und Stickstoff in Kalium.

Offizielle akademische Kreise schwiegen Herzeeles revolutionäre Schriften zunächst tot, da diese ihr biologisches Weltbild auf den Kopf stellten. Nur die wenigsten seiner Bücher fanden Aufnahme in die Bibliotheken. Pierre Baranger, Professor für organische Chemie an der berühmten École Polytechnique in Paris, überprüfte Mitte des 20. Jahrhunderts die Arbeiten des Deutschen und führte über mehr als ein Jahrzehnt entsprechende Experimente durch. Seine Versuchsergebnisse bestätigten Herzeeles Forschungsresultate weitgehend, die Wissenschaft war verunsichert. Als Baranger die Ergebnisse seiner Experimente im Januar 1958 einem illustren Auditorium aus Chemikern, Biologen, Physikern und Mathematikern am Institut Genevois in der Schweiz vortrug, wies er ausdrücklich darauf hin, dass eine Reihe seiner Hypothesen noch nicht in ausreichendem Maße abgesichert sei und eventuell mittels weiterer Analysen modifiziert werden müsse. In einem Interview für die Zeitschrift *Science et Vie* ein Jahr später wurde der französische Wissenschaftler jedoch deutlicher: »Ich weiß, meine Ergebnisse sehen unmöglich aus«, erklärte Baranger, »aber sie liegen nun einmal vor. Wir müssen uns mit den Tatsachen abfinden: Die Pflanzen kennen offensichtlich das alte Geheimnis der Alchimisten, denn vor unseren Augen wandeln sie tagaus, tagein Elemente um.«

Andere Forscher analysierten die Asche von Gänseblümchen und stellten dabei fest, dass sie einen hohen Gehalt an Kalzium, dem wichtigsten Bestandteil des Kalks, aufweist – auch dann, wenn die zierlichen Gewächse mit ihren kleinen gelben Sonnen inmitten eines schneeweiß-rot geflammten Strahlenkranzes auf kalkfreiem Boden wuchsen. Voraussetzungen waren lediglich eine Siliziumunterlage und genügend Mikroorganismen. Die Wissenschaftler kamen zu dem Schluss, dass sich auf einem Boden, der nur geringe Anteile Kalk aufweist, Silizium liebende Pflanzen, wie beispielsweise das Gänseblümchen, ansiedeln; denn nach ihrem Absterben führen sie den selbst hergestellten Kalk dem Boden zu, sodass dort künftig auch anpruchsvollere Gewächse siedeln können. Das zarte Gänseblümchen – ein Pionier für neues Leben.

Um die revolutionären Ergebnisse richtig bewerten zu können, muss man sich vor Augen halten, dass etwa Kernphysiker behaupten, die Alchimisten seien niemals imstande gewesen, ein

Element in ein anderes umzuwandeln. Andererseits sind filigrane Blümchen unentwegt damit beschäftigt, Elemente umzuformen, ohne dabei auf riesige, Milliarden teure Teilchenbeschleuniger zurückgreifen zu müssen. Wie das im Einzelnen vor sich geht, darüber rätselt die Wissenschaft auch heute noch. Die Tatsache aber ist erstaunlich genug: Der bescheidenste Grashalm, die zarteste Petunie, das fragilste Maiglöckchen – sie alle vollbringen etwas, wozu die modernen Alchimisten, die Atomphysiker, bis heute nicht in der Lage sind. Ob es der Bionik, dieser noch verhältnismäßig jungen Wissenschaft, gelingen könnte, den Schleier von diesem Schöpfungsgeheimnis zu ziehen?

Die erstaunlichen Eigenschaften zahlreicher Pflanzen und Tiere, das Leben selbst unter extremsten Bedingungen zu meistern, auch ihre oftmals frappierende Wandlungsfähigkeit, sind inzwischen für technisch orientierte Biologen und naturwissenschaftlich interessierte Ingenieure zu einer besonderen Herausforderung geworden. Die größten Überraschungen erleben sie im Riesenreich der Insekten. In allen Winkeln der Erde begegnen wir ihnen und sind überrascht von dem, wozu sie fähig sind, was sie alles können, mit welch raffinierten Tricks die Natur sie ausrüsten musste, um sie zur artenreichsten Tiergruppe – Wissenschaftler sprechen von bis zu zehn Millionen verschiedenen Arten! – auf unserem Planeten werden zu lassen. Von vergleichsweise wenigen Ausnahmen abgesehen lassen sie uns aber doch ziemlich gleichgültig, viele ärgern uns, manche sind schädlich, gefährlich oder zumindest lästig, manche machen uns krank. Aber sie erfreuen uns auch und erweisen uns mitunter nützliche Dienste. Was aber ist das Geheimnis ihres grandiosen Erfolges? William Kirby und William Spence, zwei britische Insektenforscher aus dem 19. Jahrhundert, haben einmal die Frage gestellt, welches Erstaunen es unter Zoologen wohl auslösen würde, wenn einer von ihnen eine neu entdeckte Tierart etwa wie folgt beschreiben würde: »Es handelt sich um ein Tier, das zunächst in Gestalt einer Schlange existiert, sich dann in die Erde eingräbt, hier eine Schutzhülle aus zarten Seidenfäden um seinen Körper webt und zu einem Wesen ohne Mund und Glieder schrumpft, und das, nachdem es lange Zeit bewegungslos und ohne zu fressen in diesem Zustand verbracht hat, schließlich sein seidenes Totenhemd sprengt, sich wieder an die Erdoberfläche wühlt und als eine Art Vogel davonfliegt. ...«

Das hört sich an wie ein Märchen und ist nichts für Zufallsfanatiker. Was hier so blumig klingt, ist nichts anderes als die alltägliche Verwandlung einer Raupe in einen Schmetterling. Es handelt sich um die so genannte Metamorphose, die auf gleiche oder doch recht ähnliche Weise zahlreiche Insekten durchmachen – kein Ausnahmefall also, sondern in der Natur etwas ganz Normales. Insekten sind nicht nur Alleskönner, sondern auch Allesfresser. Was immer die Natur hervorbringt, irgendwelche Arten ihres rund um den Erdball vertretenen Stammes leben davon, können es vertilgen – einschließlich so ausgefallener Stoffe wie Flaschenkorken, Zigarettenkippen, Opium, Pfeffer oder die Borsten eines Malerpinsels. Sie benutzen Magnet- und Sonnenstrahlen zur Orientierung und wissen den Lauf des Mondes voraus. Sie sehen im ultravioletten Licht, hören Ultraschall – der Totenkopffalter kann bei höchster Alarmstufe den sonargesteuerten Angriff einer Fledermaus über einen Ultraschallstörsender mit einem schrillen Schrei beantworten, um die Zielpeilung des nächtlichen Jägers vorübergehend außer Gefecht zu setzen –, sie legen Pilzkulturen an und halten sich »Sklaven« und »Soldaten«, ertragen eisige Kälte und sengende Hitze von 50 Grad Celsius und mehr. Eine 70 Millimeter große Termitenkönigin wurde schon in einer Höhe von sechs Kilometern eingefangen, Heuschrecken fliegen viele hundert Kilometer über offenes Meer. Ein Käfer, der Erdfloh, katapultiert sich wie ein Geschoss aus einer Gefahrenzone: Von null auf hundert in 0,01 Sekunden (!) – das ist die 260-fache Erdbeschleunigung und 300-mal schneller als Michael Schumacher mit seinem Ferrari beim Start eines Formel-I-Rennens. Der englische Forscher John Brackenbury von der Universität Cambridge hat mit einer Hochgeschwindigkeitskamera die Insektenrakete im Bild festgehalten und dabei festgestellt, dass der flotte Käfer bei seinem Katapultstart gleichzeitig alle 14 Millisekunden einen Salto mortale schlägt und dabei pro Sekunde auf 70 Umdrehungen kommt. Zur Landung werden die Flügel gleich einem Bremsfallschirm aufgeklappt, sodass der Sechsbeiner wieder sicher zu Boden schwebt. Andere Insekten bewegen ihre Flügel bis zu 1000-mal pro Sekunde, sind Meister im Hoch- und Weitsprung und können Lasten vom Hundertfachen ihres eigenen Körpergewichts schleppen. Es gibt Insekten, die mit ihren Beinen nicht nur hören können, sondern auch »Liebeslieder« fiedeln – manche Forscher haben sogar Bücher zu der zweifellos spannenden Frage veröffentlicht, »warum Fliegen sich im Kino langweilen«.

Das Geheimnis optimalen Richtunghörens hat jetzt die so genannte Raupenfliege der Wissenschaft preisgegeben. Das kaum einen Zentimeter große Insekt trägt den wissenschaftlichen Namen *Ormia ochracea* und könnte die Entwicklung von winzigen Hörgeräten beschleunigen, um schwerhörigen Menschen künftig die Möglichkeit zu geben, in einer lauten Umgebung, beispielsweise auf einer Party, einem Gespräch, gezielt folgen zu können. Die winzigen Fliegen sind dem Menschen in ihrem Hörvermögen ebenbürtig, wie kanadische und amerikanische Wissenschaftler herausgefunden haben. Ähnliche Leistungen vollbringen nur noch Katzen und Eulen. »Berücksichtigt man den Größenunterschied zwischen Mensch und Insekt, so sind die kleinen Fliegen die absoluten Rekordhalter im Richtunghören«, staunt der US Elektroniker Ron Hoy von der Cornell University. Raupenfliegen können die Richtung auch von solchen Geräuschen unterscheiden, die nur zwei Winkelgrade voneinander entfernt liegen. Die Insektenohren funktionieren damit wie hochsensible Richtmikrofone. Den Ingenieuren der Cornell-Universität ist es bereits gelungen, Hörgeräte nach dem *Ormia*-Prinzip für den Ultraschallbereich herzustellen. »Das gäbe auch hervorragende Hörgeräte für Fledermäuse«, witzelt Hoy. »Wir brauchen aber Instrumente, die im Bereich des menschlichen Hörvermögens liegen.« Die bereits vorliegenden Ultraschallprototypen könnten jedoch bald bei Robotern zum Einsatz kommen. Zu verdanken haben die Cornell-Ingenieure ihr Wissen über die faszinierende Peiltechnik der Raupenfliegen vor allem den Forschungsarbeiten des kanadischen Zoologieprofessors Andrew Mason und seinem Wissenschaftlerteam von der University of Toronto, die unlängst in der Fachzeitschrift *Nature* darüber berichteten. Die Kanadier befestigten im Rahmen ihrer Experimente Raupenfliegen auf einen mit Luft unterströmten Tischtennisball und ließen sämtliche Bewegungen der Insekten von einem Computer anhand von Markierungen auf dem Ball genau berechnen. Anschließend wurde den Fliegen aus unterschiedlichen Richtungen Grillengesang zugespielt, den sie auf zwei Winkelgrade genau lokalisieren konnten. Dass *Ormia* gewissermaßen ein Hörspezialist ist, war unter Zoologen schon länger bekannt, denn ihre Fortpflanzung macht eine gute Orientierung unverzichtbar: Die weibliche Raupenfliege ist gewissermaßen darauf programmiert, ihre Eier auf zirpenden Grillenmännchen abzulegen. Für die Entwicklung der heranwachsenden Larven ist vorzüglich gesorgt: Sie ernähren sich von den Innereien der Grille, die bis kurz vor ihrem Tod dem *Ormia*-Nachwuchs nach Herzenslust aufspielt.

Mit biochemischen Zaubertricks gelingt Bären, Igeln und Murmeltieren das Wunder des Winterschlafs. Auch für tierische Dornröschen wie Siebenschläfer und Haselmaus glimmt das Leben während dieser Tiefschlafperiode auf absoluter Sparflamme. Ihr Blut tröpfelt nur mehr als feines Rinnsal durch das Aderngeflecht, Atemfrequenz und Körpertemperatur sinken auf Minimalwerte, eine totenähnliche Starre breitet sich im Organismus aus. »Es ist nicht ganz leicht, überhaupt noch einen Herzschlag festzustellen«, erklärt die amerikanische Wissenschaftlerin Kelly Drew von der University of Alaska in Fairbanks, die den Winterschlaf arktischer Ziesel untersucht hat. »Man kann kaum unterscheiden, ob die

Tiere tot sind oder lebendig. Sie sind nur noch zierliche, kalte Haarbällchen.« Mediziner wollen jetzt diesem Geheimnis des Winterschlafs auf die Spur kommen – im Interesse ihrer Patienten.

Jährlich werden allein in Deutschland rund sieben Millionen Menschen mithilfe verschiedener Narkosegase in Tiefschlaf versetzt. Komplikationen sind dabei nicht selten: Ein paar tausend Patientinnen und Patienten sterben nicht an der Operation, sondern an einem Betäubungsmittel. Forscher arbeiten seit Jahrzehnten an alternativen Möglichkeiten, um sanftere Narkosemethoden entwickeln zu können. Das Dornröschen-Elixier aus der Natur könnte dieses Problem lösen. Aber nicht nur in Kliniken und Arztpraxen ließe sich ein solches Wunderserum sinnvoll nutzen; Anwendungsmöglichkeiten ergäben sich vermutlich ebenfalls bei der Verlängerung des Lebens und bei intergalaktischen Raumflügen. »Winterschläfer könnten auch wertvolle Hinweise auf neuartige Therapien bei Nieren- und Schlaganfall-Patienten geben«, berichtete das US-Fachblatt *Science News.* »Wenn wir wüssten, wie sich Winterschläfer praktisch selbst ausknipsen, ohne dabei ihr Gehirn dem Hungertod preiszugeben«, spekuliert US-Mediziner Kai Frerichs vom Brigham and Women's Hospital in Boston, »hätten wir womöglich eine aussichtsreiche Methode gefunden, um irreparable Hirnschäden beim Menschen zu verhindern.« Außerdem versprechen sich Orthopäden von einem besseren Verständnis dieser Dauerschlafphasen in der Natur Fortschritte im Kampf gegen den heute grassierenden Knochenschwund, die Osteoporose. Schon seit Jahrzehnten fahnden Biochemiker in Bärenblut nach einem Dornröschen-Cocktail, der die zentnerschweren Pelztiere offensichtlich immun macht gegen Knochenabbau. Frauen nach den Wechseljahren, vor allem aber alte Menschen und bettlägerige Patienten können bis zu einem Viertel ihrer gesamten Knochensubstanz verlieren. Ähnlichen Beeinträchtigungen sind Astronauten ausgesetzt, die über Monate in engen Kapseln verbringen müssen und zusätzlich der Schwerelosigkeit im Weltraum ausgesetzt sind.

Das Erwachen aus dem Winterschlaf wurde lange Zeit mit Wiedergeburt und Frühling assoziiert. Sokrates schickte seine Schüler aus, um Tiere im Winterschlaf aufzuspüren, denn die vermeintliche Rückkehr aus dem Reich des Todes gab Anlass zu philosophischen Gesprächen über die Grundfragen des Lebens. Die Möglichkeit, dass Menschen lange Zeiträume im Tiefschlaf überspringen könnten, ist ein immer wieder auftauchendes Thema in Literatur, uralten Mythen und Märchen. Die Wissenschaftler vermuten, dass sich Warmblütigkeit, Winterschlaf und auch der ganz normale Schlaf im Verlauf der Evolution gleichzeitig entwickelt haben. Besonders bei Futterknappheit im Winter sahen sich bestimmte Tiere gezwungen, ihre Körpertemperatur abzusenken und längere Ruheperioden einzulegen. Der Selektionsdruck könnte schließlich zu einer Intensivierung des Winterschlafes geführt haben.

Neuerdings spricht einiges dafür, dass vor Urzeiten auch im menschlichen Organismus ein Winterschlafprogramm aktiv gewesen sein könnte. Vor einigen Jahren beobachtete eine Studentin der Universität Marburg erstmals einen Dornröschen-Effekt bei einem relativ nahen Verwandten des Menschen: dem Fettschwanz-Maki auf der Insel Madagaskar. Dort gibt es zwar weder Eis noch Schnee, dafür bleibt es jedoch längere Zeit ziemlich trocken, sodass saftige Früchte – die Leibspeise der Makis – in dieser Periode Mangelware sind. Die putzigen Halbäffchen ziehen es deshalb offenbar vor, die freudlose Zeit mehr oder weniger im Halbschlaf zu überbrücken. Wissenschaftler wie der Tierphysiologe Gerhard Heldmaier von der Uni Marburg folgern aus diesem Verhalten, dass das Programm »Winterschlaf« nicht nur vom Lichteinfall oder von der Außentemperatur ausgelöst wird, sondern vermutlich auch von einer jahreszeitlich bedingten Fastenperiode. Wie einem Bericht im Nachrichtenmagazin *Der Spiegel* zu entnehmen war, könnten ethnologische Feldstudien einen solchen Schluss nahe legen. Demnach werde von russischen Bauern aus der Gegend von Pskow berichtet, »dass sich die Dörfler nach Wintereinbruch gemeinsam um ein großes Herdfeuer schlafen legen, jeden

Tag nichts als einige Mund voll trockenes Brot mümmeln und nur noch ab und zu aufstehen, um ein paar Scheite im Feuer nachzulegen«. Heldmaier, gleichzeitig Vorsitzender der Internationalen Winterschlaf-Gesellschaft, hält es aus solchen und ähnlichen Gründen für durchaus möglich, dass auch dem Primaten Mensch evolutionäre Überreste aus grauer Vorzeit innewohnen könnten, die sich aber bestenfalls noch als jahreszeitlicher Drang zur Schläfrigkeit während der Wintermonate manifestieren. Auch die bei vielen Menschen zu beobachtende Frühjahrsmüdigkeit mag ein Indiz dafür sein, dass tief verborgen in unserem Erbgut ein Winterschlaf-Gen schlummert.

Wie Forscher der University of Alaska in Fairbanks festgestellt haben, können gewisse arktische Fische, einige Schildkröten und Frösche ihr Blut dank spezieller Eiweißverbindungen mehrere Wochen lang geringfügig unter den Gefrierpunkt abkühlen, ohne Schaden zu nehmen. Diese Tiefkühltechnik beherrscht insbesondere der Kanadische Waldfrosch (*Rana sylvatica*), der aufgrund einer besonders pfiffigen Lösung manchen Klimatechniker zu aufschlussreichen Experimenten inspirieren könnte. Wenn im Winter das Thermometer über Nacht unter den Gefrierpunkt fällt und der Lebensraum des Frosches im Kälteschock erstarrt, versucht er erst gar nicht, einen warmen Unterschlupf zu finden – er lässt sich, wo er gerade hockt, schlicht einfrieren. Blut, Lymphe und sämtliche anderen Körperflüssigkeiten außerhalb der Zellen verwandeln sich zu winzigen Eiskristallen. Dadurch wird der kleine Lurch bei mehr als minus zehn Grad Celsius zwar hart wie ein tief gefrorener Hühnchenschenkel, er lebt aber trotzdem weiter. Denn das Innere seiner Zellen bleibt auch bei klirrender Kälte flüssig, weil bestimmte Enzyme, Proteine sowie eine relativ hohe Salzkonzentration den Gefrierpunkt in seinem Körper herabsetzen. Sobald es wieder wärmer wird, legt der kleine Hüpferling die Eisesstarre ab und begibt sich erneut auf Nahrungssuche.

Besonders kritisch für Langschläfer ist die Aufwachphase im Frühling. Nach jüngsten Erkenntnissen der Wissenschaft können sich offenbar Tiere mit prall gefüllten Vitamin-C-Speichern am besten vor einem tödlichen Hirnschlag schützen. Die US-Forscherin Margaret Rice vom New York University Medical Center fand bei winterschlafenden Streifenhörnchen Nordamerikas sowohl im Blut als auch in der Hirn- und Rückenmarksflüssigkeit, dem zerebralen Liquor, viermal soviel Vitamin C wie bei den gleichen Tieren während des Sommerhalbjahrs. Des Rätsels Lösung: Die biochemische Aktivität der Schläferhirne, insbesondere die molekulare Eiweißsynthese in den Neuronen, wird fast völlig abgeschaltet; während des Winterschlafs entstehen aufgrund der gebremsten Sauerstoffzufuhr aggressive Stoffwechselpartikel, so genannte freie Radikale. Nur durch eine geballte Ladung Vitamin C kann das erwachende Gehirn vor einer schlaganfallähnlichen Katastrophe bewahrt werden.

Wie weit die »Tiefkühlung« bei dem in Alaska heimischen Parry-Ziesel wirklich geht, haben Wissenschaftler mit umfangreichen Experimenten in freier Natur ebenfalls nachweisen können. Um Energie zu sparen, drosselt der possierliche Nager seinen Kreislauf so weit, dass die Körpertemperatur drastisch sinkt. Die Wissenschaftler fanden heraus, dass der Organismus des Ziesels bei einer Körpertemperatur von minus drei Grad zehnmal weniger Energie verbraucht als bei Körpertemperaturen oberhalb des Gefrierpunktes. Den Tiefkühlrekord halten, abgesehen von Bakterien, die noch bei fast 200 Grad minus nicht sterben, vermutlich Insekten, die sich mit hundertmal wirksameren Eiweißen vor Frost schützen als Fische. Wie Forscher der Queen's University im kanadischen Kingston berichten, kann die Larve des Tannensprossenkäfers noch bei minus 30 Grad Celsius überleben, während Fische kaum noch in Wasser schwimmen, das kälter als minus zwei Grad ist. Auch den gelben Mehlwurmkäfer bewahrt ein eiweißhaltiges »Frostschutzmittel« vor der Bildung von Eiskristallen. Mit gentechnischen Methoden lassen Wissenschaftler solche Proteinmixturen inzwischen von Bakterien im großtechnischen Rahmen herstellen, um in Zukunft Feldfrüchte vor dem

Erfrieren zu retten und Organe für Transplantationen besser lagern zu können.

Weil in der Natur alles auf Höchstleistung getrimmt ist, sind auch die hauchdünnen Spinnennetze von unglaublicher Festigkeit. Ein einzelner Faden ist elastischer und haltbarer als ein gleich dicker Faden aus Edelstahl.

Selbst synthetische Fasern aus Kevlar, in schusssicheren Westen oder zur Absicherung von Astronauten bei Weltraumspaziergängen verwendetes High-Tech-Material, können mit den Biofäden der Spinnen nicht konkurrieren. »Biostahl« aus Kohlenstoff und Wasserstoff übertrifft auch die Festigkeit der Holzsubstanz von Bäumen: Die Druckfestigkeit von Eichenholz beträgt rund 50 Newton pro Quadratmillimeter, die Zugfestigkeit der Spinnenseide liegt bei rund 150 Einheiten. Die überragenden physikalischen Eigenschaften verdankt der Spinnenfaden einer gleichmäßigen Anordnung von Molekülketten in seinem Inneren, die wie in einer Ziehharmonika aufgefaltet sind. Je nach Säuregrad, der im Drüsengang der Spinne geregelt werden kann, vermögen die Achtbeiner die Dehnbarkeit und Reißfestigkeit ihres Fadens zu variieren. Das Naturmaterial hat noch einen anderen Vorteil, der Textilingenieuren als Anregung für Innovationen dienen könnte: Synthetische Fasern sind biologisch nicht abbaubar, die Spinnenseide ist es. Sie ist überdies »lebensmittelecht« – jedenfalls für Spinnen, die nicht selten ein Netz wieder auffressen, um es andernorts innerhalb einer Stunde erneut aufzuspannen.

Die Natur kennt zwar keine Forschungsinstitute, Materialprüfämter oder technische Überwachungsvereine – und doch entwickelt sie seit Urzeiten Werkstoffe und Materialien, Verfahrenstechniken und Konstruktionen, die den Vergleich mit modernster High-Tech nicht zu scheuen brauchen. Im Gegenteil: Immer häufiger treten Techniker in die Fußstapfen der Evolution, die in ihren weltumspannenden Testlaboratorien intelligente, sich selbst organisierende und selbst reparierende Substanzen entwickelt, von denen Wissenschaftler und Ingenieure trotz aller grandiosen Fortschritte auf dem Werkstoffsektor nur träumen können. In den letzten Jahren sind in vielen technischen Bereichen an die Stelle des »Was-können-wir-denn-da-schon-lernen« Bescheidenheit, Staunen und aufrichtige Bewunderung getreten. Und überall stößt man auf die gleiche Frage: Wie um alles in der Welt macht die Natur das alles? Wie ist es technisch-physikalisch möglich, Elefanten- und Rattenzähne, Schneckenhäuser und Hummerscheren, Eierschalen und Schmetterlingsseide, Holzwespenbohrer, Schildkrötenpanzer und Perlmutt, die zahllosen Pipelines und Ventile, Hebel und Pumpen in unserem eigenen Körper allesamt bei Temperaturen von maximal 38 Grad Celsius umweltfreundlich herzustellen? Darüber hinaus sind diese Werkzeuge und Werkstoffe sämtlich voll recycelbar und erfordern nur minimalen Rohstoff- und Energieeinsatz. Dagegen muss die Technik von heute allein schon den Stahl für eine simple Zange bei 1000 Grad Celsius schmelzen und sich zudem – wie etwa beim späteren Gießen, Härten oder Schweißen – mit umweltbelastender Abwärme und giftigen Abgasen herumschlagen.

Erfinder, Entwicklungsingenieure und Materialforscher sind immer wieder verblüfft und entzückt, wie viele technische Aspekte mit der hilfreichen Unterstützung Technischer Biologen und Bioniker bei lebenden Systemen als Vorbild zu gebrauchen sind. Da stoßen sie auf technische Konstruktionen so mannigfaltiger Art, wie man es auf unserem Planeten nie vermutet hätte. Wir alle sind ein lebender Beweis dafür, dass biologische Elastizität nahezu unverwüstlich ist. Die Fasern in menschlichen Arterien zum Beispiel – besonders im Aortenbogen – bleiben normalerweise über mehr als 70, 80 Jahre ungewöhnlich flexibel, obwohl sie in dieser Zeitspanne Milliarden Dehnungs-Entspannungs-Zyklen durchlaufen. Allein die Bewegung lebender Organismen ist immer noch ein weitgehend rätselhaftes Phänomen. Das Blinzeln eines Auges oder das Zucken eines Muskels, das Losschnel-

202

len eines Sprinters oder Schwimmers, das Reißen und Stoßen eines Gewichthebers oder die blitzschnellen Reaktionen eines Boxers oder Karatekämpfers – all das scheint spontan aus dem Nichts zu entstehen. Anders als bei einem Düsenjet, einer Weltraumrakete oder einem Lastzug resultiert die Bewegung nicht aus der explosionsartigen Ausdehnung heißer Gase, und sie ist auch nicht von außen aufgezwungen wie die von Segelschiffen, Meereswellen oder Bäumen in Sturm und Wind. Jedes Lebewesen ist ein wunderbar sinnreicher Zusammenschluss vieler biomolekularer Maschinen, die Energie aus Licht, Eiweiß, Zucker oder ein paar anderen Nährstoffen in das umwandeln, was der Organismus gerade benötigt – Bewegung, Wärme oder Material für den Aufbau innerer Strukturen wie Nervengewebe, Blut, Knochen, Knorpel und das Klarsichtmaterial für unsere Augen.

Unerschöpflich scheinen die Varianten der Natur bei der Entwicklung besonders widerstandsfähiger, stabiler, gleichzeitig elastischer und extrem leichter Werkstoffe aus Mehrkomponenten-Materialien. Ihre ungewöhnlichen Eigenschaften erhalten die von Käfern, Muscheln und Schnecken produzierten Stoffe erst durch die äußerst komplexe Architektur, bei der tierische Proteine und Mineralien verschachtelt und aufgebaut sind. Ein markantes Beispiel ist die Kalkschale der Meerohren, einer Familie von Wasserschnecken, deren Fleisch in den USA als Delikatesse gilt. Die Meerohrbehausung ist rund dreißigmal härter und widerstandsfähiger als normaler Kalk, vergleichbar synthetisch hergestellten Keramiken, aber bei weitem nicht so zerbrechlich. »Dabei sind die Zutaten nicht mal besonders eindrucksvoll«, kommentiert Materialforscher Ilhan Aksay von der Princeton University. Mithilfe elektronenmikroskopischer Aufnahmen konnte der US-Wissenschaftler das Rätsel lösen: Die glänzende Schale der Meerohren besteht aus sechskantigen, winzig kleinen Kalkziegeln, die durch einen schmierigen Eiweißmörtel und Zuckermoleküle miteinander verkleistert sind. So entsteht schließlich die organische Struktur einer bruchsicheren Wand. Und sollten sich doch mal Risse oder Löcher bilden, so heilen sie unter Wasser von allein wieder zu.

Eines der kompliziertesten und zugleich fast allgegenwärtigen Konstruktionsteile findet sich bei den Deckpanzern vieler Insekten: nämlich der Universalwerkstoff Chitin. Dieser jährlich mit schätzungsweise drei Milliarden Tonnen nachwachsende Naturstoff – nur Zellulose erreicht mit jährlich etwa 17 Milliarden Tonnen ein noch höheres Volumen – zeichnet sich durch eine erstaunlich hohe Druck- und Reißfestigkeit aus. Chemische Substanzen können dem Insektenpanzer ebenso wenig anhaben wie Hitze oder Kälte; er ist so wasserabstoßend wie eine imprägnierte Regenhaut, aber auch als Verdunstungsschutz unübertroffen; gleichwohl erlaubt das unverwüstlich scheinende Superkleid den erforderlichen Gasaustausch zwischen Organismus und Außenwelt. Das alles zusammen ermöglicht Insekten beste Überlebenschancen auch in solchen Regionen unseres Erdballs, die für die meisten anderen Lebewesen tödlich sind. Das Naturgewebe aus Chitin, einem mittelalterlichen geschmiedeten Kettenhemd nicht unähnlich, wollen Biochemiker in abgewandelter Form nun auch menschlichen Zwecken nutzbar machen. Während sich hierzulande die Nutzung des Chitins noch auf dessen Verwendung in Shampoos und Cremes beschränkt, gehen Japan, die USA, Frankreich und Italien bereits einen Schritt weiter: Sie entwickeln nach dem Naturvorbild Chitin auch Produkte für medizinische Zwecke. Laut Klaus-Dieter Spindler, Direktor des Instituts für allgemeine Zoologie an der Universität Ulm, lassen sich vor allem Fasern, Folien und Gels in zahlreichen Variationen herstellen: »Weil Chitin vom menschlichen Organismus langsam, aber sicher abgebaut wird, eignet es sich gut als Nahtoder Wundschutzmaterial.«

Inzwischen sind allerorten Forschungslaboratorien damit beschäftigt, nach dem Vorbild der Natur eine ganze Palette innovativer Werkstoffe zu entwickeln, etwa ultraleichte Flugzeugflügel aus dem Panzer des Schwarzen Zuckerkäfers, Superkleber »für die Ewigkeit«

aus dem Bioleim von Muscheln, mit dem die Weichtiere unter Wasser an Felsen haften; hieraus ließe sich, so vermuten Materialwissenschaftler, vor allem im Schiffsbau und zur Befestigung von Gebissen ein völlig neuer Technologiestandard erreichen. Protein aus dem Skelett von Kakerlaken, das bestens für die Herstellung chemisch unempfindlicher Gummisorten geeignet scheint, und Seile für den Bau von Hängebrücken aus den Fäden der Goldseidenspinne (*Nephila clavipes*). »Wir interessieren uns für alles, was leicht, fest und flexibel ist«, gibt der Materialforscher David Kaplan vom Armeeforschungszentrum in Natick im US-Staat Massachusetts die Richtung vor. Wissenschaftler der University of Washington versuchen derzeit, das Mauerstein-Mörtel-Design der Meerohren nachzubauen, um damit die Panzerungen von Kampfjets und Kriegsschiffen zu optimieren.

Man kommt aus dem Staunen nicht heraus, wenn man Bionikern und Forschern aus anderen Biowissenschaften bei der Untersuchung natürlicher Technologien über die Schulter schaut. »Die unberührte Natur«, fasste es unlängst der prominente US-Biologe Edward O. Wilson zusammen, »gleicht einem magischen Brunnen: Das Reservoir an Wissen und Nutzungsmöglichkeiten, die sie für uns bereithält, wird umso größer, je mehr wir daraus schöpfen.«

12. Der Rüstungswettlauf biologischer Systeme

Je extremer die Bedingungen für Tiere und Pflanzen sind, desto raffinierter und vielseitiger ist ihre Anpassung an die lebensfeindlichen Bedingungen ihrer jeweiligen Umwelt. Besonders verblüffend sind oft die Materialien, mit dem biologische Systeme ihre Stabilität erreichen. Stecknadelkopfgroße Kieselalgen (Diatomeen) und sandkorngroße Strahlentierchen (Radiolarien) bauen ihre Skelette aus einer Substanz, die am ehesten vergleichbar ist mit Opal oder vulkanischem Obsidian. Die gläsernen Panzer ähneln einem technischen Verbundwerkstoff: Winzige, superharte Kieselsäurekugeln sind in eine organische Matrix aus Protein eingebettet. Für den Bioniker Christian Hamm vom Alfred-Wegener-Institut für Polarforschung (AWI) in Bremerhaven ist die Konstruktion das Resultat eines Millionen Jahre langen Wettrüstens zwischen pflanzlichen Diatomeen und tierischen Radiolarien einerseits sowie ihren Fressfeinden andererseits: Von der Evolution begünstigt seien nur jene Arten, welche die stabilsten Leichtbaukonstruktionen hervorbrachten, denn trotz Panzerung muss die Mikrowelt des Planktons leicht genug bleiben, um im Wasser zu schweben. Wie Forscher vom AWI zusammen mit Biophysikern der Technischen Universität München herausfanden, halten Algen und Radiolarien Kräfte aus, die auch jeden Techniker verblüffen: Bis zu 700 Tonnen Gewicht pro Quadratmeter steckt ein Planktonzwerg weg, wie das Wissenschaftsmagazin *Nature* berichtete. Das ist etwa der Druck, der entstünde, wenn sieben Elefanten auf einem Schreibblock Platz nähmen. Die lebenden Resultate dieser atemberaubenden Evolutionsstrategie sind bizarre Schönheiten wie aus einer Goldschmiedewerkstatt. Ernst Haeckel widmete den filigranen Winzlingen ein ganzes Kapitel in seinem Klassiker *»Kunstformen der Natur«.* Und unter dem Mikroskop erinnern Diatomeen und Radiolarien an Minarette islamischer Moscheen oder an gotische Kirchenfenster, an geklöppelte Spitzendeckchen oder an Omas Fingerhut, an griechische Amphoren oder galaktische Raumfahrzeuge. Die begnadeten Wissenschaftsfotografen Christina und Manfred Kage haben diese Wunderwerke der Schöpfung auf hinreißenden Bildern dokumentiert und für die Nachwelt festgehalten.

Doch ihre äußere Anmut ist nicht alles, was diese uralten Organismen – Kieselalgen existierten bereits vor mehr als 100 Millionen Jahren – zu bieten haben. Als »Kieselgur« wurde der grauweiße Sand aus Algenschalen und Radiolarienskeletten in technischen Baustoffen verwendet, Fernsprechzellen wurden mithilfe des porösen Dämmmaterials abhörsicher, und noch heute verlässt kaum ein Bier die Brauerei, das nicht durch Algenpanzer gefiltert wurde. Berühmt wurde die »weiße Erde«, als Alfred Nobel sie 1865 mit Nitroglyzerin vermischte und so aus der explosiven Flüssigkeit einen stoßunempfindlichen Sprengstoff herstellte – Dynamit. Als 1846 der italienische Chemiker Ascania Sobrero Nitroglyzerin entdeckt hatte, flog ihm seine Erfindung noch um die Ohren; er überlebte schwer verletzt. Dass die zerstörerische Substanz stark verdünnt – und ohne Zusatz von Kieselalgen – auch als Medizin wirken kann, bemerkte Sobrero, als er sich eine winzige Menge Nitroglyzerin auf die Zunge träufelte und plötzlich heftige, pochende Kopfschmerzen bekam. Die Ursache: Die Chemikalie hatte seine Blutgefäße fast in Sekundenschnelle erweitert; damit war auch eines der stärksten Herzmedikamente geboren – aber um ein Haar hätte es seinen Entdecker erneut das Leben gekostet.

Inzwischen ist die Zeit reif, so meint jedenfalls Christian Hamm vom AWI, die biologischen Zwerge – Ernst Haeckel hat allein mehr als 5000 Diatomeen- und Radiolarienarten in farbenprächtigen Zeichnungen der Nachwelt hinterlassen – intelligenteren Einsätzen zuzuführen. Im Computermodell überprüft der Bioniker die

Daten einer Serie von Crashtests mit Algenschalen, aus denen weit reichende Kenntnisse für High-Tech-Projekte gewonnen werden. Das Know-how liefern dabei Forscher des Instituts für Schiffbau, Meerestechnik und angewandte Naturwissenschaften der Fachhochschule Bremen. Gemeinsam simulieren sie den Aufbau eines Algenpanzers mit »finiten Elementen« – eine Technik, bei der jedes Detail der Glasrüstung in berechenbare Dreiecke zerlegt wird. In der Industrie ist das ein Standardverfahren; Ingenieure können so den Bauplan eines Autos überprüfen, bevor der Prototyp gebaut wird. »Bei den Kieselalgen stoßen wir dabei auf Konstruktionsprinzipien, wie sie Bauingenieure überall dort anwenden, wo es auf Leichtbau und Stabilität ankommt. Nur dass die Kieselalge in vielen Fällen überlegen ist«, schwärmt Christian Hamm. Die Ergebnisse ließen sich im Fahrzeugbau oder in der Luft- und Raumfahrt anwenden. Hohe Stabilität, sparsamer Materialeinsatz, ästhetisches Design: Mit ähnlichen Versprechen waren vor Jahren auch Techniker angetreten, als sie etwa beim Flugzeugbauer Boeing Bauteile am Computer optimieren wollten. »Bislang kommen solche Verfahren aber nur mit relativ einfachen Strukturen zurecht«, bedauert Hamm. Man nimmt dazu ein fertiges Bauteil, lässt das Computerprogramm darüberlaufen und verbessert das Bauteil Schritt für Schritt. »So Bizarres wie eine Kieselalge oder eine Radiolarie lässt sich so aber nicht modellieren«, erläutert der Bioniker. Daher gehe man am Alfred-Wegener-Institut umgekehrt vor. »Wir wollen herausfinden, was die Anforderungen sind, die solche biologische Formen hervorbrachten. Dann kann man ähnliche Konstruktionen dort einsetzen, wo ähnliche Anforderungen gestellt werden.« Die Anforderungen, die von den Algen und Strahlentierchen in den letzten hundert Millionen Jahren zu bewältigen waren, soll die Theorie vom Rüstungswettlauf der Evolution aufzeigen helfen: Warum entstehen bestimmte Formen in bestimmten Lebensräumen?

Wissenschaftler vom Fraunhofer-Institut für Biomedizinische-Technik (IBMT) in Sankt Ingbert haben unlängst eine berührungsfreie und damit absolut hygienische Füllstandsmessung in der Getränkeindustrie mit der millimetergenauen Ultraschalltechnik von Fledermäusen in die Praxis einführen können. Die schnellen Nachtjäger sind Spionageflugzeugen im Miniformat vergleichbar: Sie strotzen von hochempfindlichen Apparaturen. Ihre Gehirne sind präzise justierte Instrumente elektronischen Zauberhandwerks, programmiert mit der hochkomplizierten Software, die zum Entschlüsseln chaotischer Geräuschkulissen in ihrer Echowelt in jeder Sekunde verfügbar sein muss. Fledermausköpfe sind beispielsweise auf Brunnen häufig zu höllischen Wasserspeiern verzerrt und mögen – aus der Nähe besehen – manchen Menschen Furcht einflößen; ihre vermeintlichen Fratzen erfüllen jedoch einen überlebenswichtigen Zweck: Es sind auf höchste Sensibilität getrimmte Aggregate zum Ausstrahlen und Empfangen von Ultraschall. Fledermäuse stoßen zu ihrer räumlichen Orientierung für das menschliche Ohr nicht hörbare Schreie aus, die von ihrer Umgebung reflektiert werden. Je näher sie einem ihrer Beutiere, einem Baum oder einer Fernsehantenne kommen, desto schneller geht das Signal zur Sendestation am Fledermauskopf zurück. Wale und Delfine nutzen das Echolotprinzip ebenfalls, um sich im Wasser gefahrlos und schnell fortzubewegen. Inzwischen bedienen sich auch moderne Fischtrawler dieser ausgefeilten Technik oder Autos, deren Fahrer ohne Beule einparken möchten.

Nun haben Wissenschaftler die genialen Tricks der Natur auch für die Abfüllanlagen der Getränkeindustrie nutzbar gemacht. Bisher wurde meist mit optischen oder akustischen Methoden gemessen, wieviel Flüssigkeit eine Flasche enthalten muss. Je nach Beschaffenheit der Behältnisse sind dabei unterschiedliche Füllstandshöhen möglich. In Zukunft werden beim Abfüllen von Getränken Ultraschallsignale in die leeren Flaschen geschickt. Die Flüssigkeitszufuhr wird im Bruchteil einer Sekunde gestoppt, wenn das Echosignal einen bestimmten Füllwert anzeigt. Aufgrund der völlig berührungsfreien Messung entsprechen die neuen Abfüllanlagen vor allem auch höchsten Hygienestandards. Fraunhofer-Forschern aus dem saarländischen Sankt Ingbert ist es unter Leitung von Marc Schmieger gelungen, die Fledermaustechnik so gut auf die Bedürfnisse der Getränkeindustrie zu übertragen, dass sie auch bei der Füllung von kohlensäurehaltigen Flüssigkeiten eingesetzt werden kann. Denn bisher konnten Bier, Limonade, Mineralwasser oder Coca-Cola aufgrund der Entstehung von Kohlendioxid nicht mit der Ultraschallmethode dosiert werden: Gas dämpft den Schall ähnlich wie Nebel weit stärker als reine Luft, wodurch die Ergebnisse anfangs verfälscht wurden. Vielleicht könnten jetzt im Gegenzug auch die Fledermäuse von den Wissenschaftlern profitieren, um künftig selbst in nebligen Nächten störungsfrei jagen zu können...

Den Ingenieuren steht auch ein anderer Nachtjäger Pate. Wer kennt nicht den ohrenbetäubenden Lärm eines Hubschraubers, der in geringer Höhe fliegt? Er »nagelt«, sagen manche Leute, weil aufgrund der Bewegung Luftwirbel auf die Rotorblätter knallen. Dass es auch leiser geht, haben Wissenschaftler des EADS-Forschungszentrums in Ottobrunn bei München herausgefunden: Die Rotorblätter lassen sich durch kleine Servoklappen an der Hinterkante so verformen, dass sie den Luftwirbeln flexibel ausweichen können – und schon ist das Nageln so gut wie verschwunden. Um zu diesem erfolgreichen Konstruktionsergebnis zu gelangen, haben die EADS-Ingenieure Anleihen bei Eulen gemacht. Die Flügel der nachts jagenden Greifvögel sind auf maximale Schalldämpfung und höchste Flugsicherheit ausgelegt. Jede einzelne Feder auf der Flügeloberseite ist mit zarten, flaum- oder daunenartigen Fortsätzen bedeckt und endet schließlich in hauchdünnen Fransen. Die Federstrahlen besitzen außerdem an ihren Vorderkanten eine kammerartige Struktur, dadurch wird auch das scharfe, pfeifende Fluggeräusch eliminiert. In der Tat ist der Flug einer Eule für die meisten Ohren absolut lautlos – jedenfalls auch für Mäuse, die Hauptbeute der Nachtgreife. Nach dem erfolgreichen Lauschangriff auf die Natur will der deutsch-französische Luftfahrt- und Rüstungskonzern EADS mit dem Tochterunternehmen Eurocopter bis zum Jahre 2010 den Serieneinsatz leiser Hubschrauber ermöglichen. »Das Vorbild Natur ist für uns bares Geld wert, denn Lärmarmut und Komfort werden das Einsatzspektrum unserer Fluggeräte drastisch erweitern«, freut sich Valentin Klöppel von Eurocopter.

Man könnte das Leben auf der Erde insgesamt als ein Geschehen auffassen, bei dem es immer wieder neue technische Probleme zu lösen galt: bei der Bereitstellung von Energiereserven in Form von Fetten und Kohlehydraten, bei der Extrahierung der Atemluft aus dem Wasser, bei der Konstanthaltung der Körpertemperatur landlebender Säugetiere, bei der Entwicklung von Sensoren zum Erkennen der Umwelt oder jener des zentralen Nervensystems zur Analyse der einlaufenden Informationen und der daraus folgenden Steuerung des Verhaltens. Eine besonders ausgefallene Überlebenstechnik hat ein kohlrabenschwarzer Wüstenkäfer entwickelt. Ein- bis zweimal wöchentlich geht der Dunkelkäfer (*Onymacris unguicularis*) in der Namib-Wüste einer auf den ersten Blick höchst seltsamen Beschäftigung nach. Mühsam erklettert er im Morgengrauen eine Düne. Oben angekommen, bugsiert er seinen kleinen Körper in den Wind, streckt die Hinterbeine in die Höhe und senkt den Kopf. So verharrt er etwa eine Stunde – wie im Gebet vertieft. Als würden Schweißperlen seinen schweren Panzer herunterrinnen, erscheinen nach einiger Zeit Wassertröpfchen auf seinem gepanzerten Rücken. Aber mit besonderer Anstrengung hat die Morgengymnastik des Sechsbeiners nichts zu tun – der kleine Käfer nimmt lediglich einen Morgentrunk zu sich.

Es ist der durch den Wind vom nahen Meer herangewehte feine Nebel, der in dieser überaus geschickten Weise von dem Käfer geerntet wird. Unter dem Mikroskop gleicht der Rückenpanzer von *Onymacris* einer sanften Berg- und Tallandschaft. Die Gipfel der »Hügel« sind stark wasseranziehend, umgekehrt verhalten sich die »Abhänge« und »Täler«: Sie sind stark wasserabstoßend. Auf den

Kuppen der Hügelchen schlägt sich der Nebel als dünner Film nieder und bildet schließlich winzige Tröpfchen. Rinnen diese talwärts, so gelangen sie wie vorgesehen in den Käfermund.

Das Ernten von Tau ist für Ingenieure grundsätzlich nichts Neues. So wurde 1997 im chilenischen Fischerdorf Chungungo, zwischen Pazifik und Atacama-Wüste gelegen, ein Großversuch gestartet: Mit 75 quer zum Wind gespannten Kunststoffnetzen – je zwölf Meter lang und vier Meter hoch – wurde Wasser aus Nebel gewonnen. Und je nach Nebellage flossen täglich zwischen 10 000 und 100 000 Liter Wasser über eine Pipeline ins Fischerdorf. Vorbild Natur heißt ja nicht unbedingt, dass sie etwas kann, zu dem Ingenieure nicht fähig sind. Doch in der Regel kann es die Natur schlicht besser. So ist es auch im Fall des Tauerntens. Mikronoppen auf einer technischen Oberfläche mit wasseranziehenden Kuppen und wasserabstoßenden Tälern sind im Hinblick auf Nebelkondensation den Maschen eines Nylonnetzes eindeutig überlegen. Eine High-Tech-Lösung der Evolution ist immer dann besonders spannend, wenn sie sich an verschiedenen biologischen Arten in derselben Form entwickelt hat. So ist es mit der Technik des Tauerntens geschehen. Eine Kleinechse mit dem wissenschaftlichen Namen *Palmatogecko rangei* nimmt in der Namib-Wüste ihren Drink auf exakt die gleiche Weise ein wie der Dunkelkäfer: Düne rauflaufen, Kopf in den Wind drehen, Körper schräg nach oben stellen – und den abwärts rinnenden Tau in den Mund leiten. Auch unter den Pflanzen gibt es raffinierte Nebelfänger: Ein Baum, der gewissermaßen die Wolken melkt, ist die Kanarische Kiefer (*Pinus canariensis*). Mit ihren bis zu 30 Zentimeter langen Nadeln »zapft« sie im Jahr maximal 20 000 Liter Kondenswasser aus den feuchten Passatwinden. Da sie selbst nur 600 Liter verbraucht, kommt der Rest dem gesamten Biotop zugute.

Aber Bäume können noch mehr. Nicht nur Katalysatoren im Autoauspuff sind in der Lage, die bei der Verbrennung von Benzin entstehenden Schadstoffe, wie beispielsweise Stickoxide, aus der Luft zu filtern – dieses Talent ist Eukalyptusbäumen angeboren. Zu diesem überraschenden Resultat gelangten japanische Forscher einer Studiengruppe von der Universität Hiroshima. Die Wissenschaftler untersuchten rund 300 verschiedene Pflanzen – von Gräsern über Blumen und Sträucher bis zu Bäumen – auf ihre Fähigkeit, Stickoxide wie das von Automotoren produzierte NO_2 aufzunehmen. Fast alle Pflanzen absorbieren Stickoxide und verwenden sie zum Aufbau von Aminosäuren für ihr Wachstum. Als besonders effektiv bei der NO_2-Verwertung erwiesen sich bei den japanischen Experimenten Blumen aus der Familie der Chrysanthemen sowie der aus Australien stammende *Eucalyptus globulus,* eine Baumart, die in manchen Ländern auch zur Papierherstellung und Gewinnung von Eukalyptusöl angebaut wird. Der Eukalyptusbaum ist gleichzeitig einer der besten Stickoxidfresser: Er schluckt tausendmal mehr von dieser schädlichen Substanz als beispielsweise Reispflanzen.

Selbst Algen sind höchst effektive Schadstoffkiller. Cadmium – ist das nicht dieses hochgiftige Schwermetall? Nicht für alle Lebewesen, fanden US-Forscher vor kurzem heraus. Vielmehr scheinen gerade die an Formen so überreichen Diatomeen, die, wie wir gesehen haben, zusammen mit Radiolarienskeletten Nitroglyzerin entschärfen und von Ernst Haeckel als besonders attraktive Naturschönheiten dargestellt wurden, einen speziellen Appetit auf Cadmium zu haben. Die Entdeckung der amerikanischen Wissenschaftler von der Princeton University löst auch ein altes Paradoxon: Schon seit langem ist bekannt, dass sich die Cadmiumkonzentration im Meerwasser keineswegs so verhält wie die eines nutzlosen Minerals. Das Schwermetall verteilt sich eher wie ein Nährstoff, der Teil des biologischen Kreislaufs ist. Tatsächlich kann Cadmium bei den Kieselalgen die Rolle des lebenswichtigen Zinks übernehmen, wenn es an diesem Metall mangelt – und genau das ist in vielen Regionen der Weltmeere häufig der Fall. So fanden die US-Forscher in der Diatomeenart *Thalassiosira weissflogii* mehrere Typen des Enzyms Carboanhydrase. Neben der üblichen Form, die einen Zinkbaustein benötigt, um funktionieren zu können, gibt es auch eine Enzymvariante, die zusammen mit einem Cadmiumbaustein die gleiche Aufgabe löst. Diatomeen gehören, wie wir gesehen haben, nicht nur zu den pflanzlichen Urbewohnern der Erde, sondern haben auch im Hinblick auf die Stoffkreisläufe der Ozeane eine enorm hohe Bedeutung. Sollte daher bei diesen Uralgen die Verwendung von Cadmium als Ersatz für das Mineral Zink in den Meeren weit verbreitet sein, so würde dies die Verteilung von Cadmium als Nährstoff erklären können.

Mit der systematischen Erfassung technischer Erfindungen der Schöpfung werden künftig Technologieplaner in aller Welt die Natur als Lehrmeister und Ideengeber für unterschiedlichste Innovationen nutzen. Die Beziehungen zwischen einem Lebewesen und seiner Umwelt beurteilt man zwar für gewöhnlich unter biologischen Aspekten; Tiere und Pflanzen unterliegen jedoch den gleichen physikalischen Gesetzen, und daher lassen sich Organismen auch unter einem technischen Blickwinkel betrachten. Hinter den Lebensfunktionen eines jeden Geschöpfes verbergen sich zahlreiche physikalische und chemische Mechanismen. Ihre genaue Beschaffenheit kann darüber entscheiden, in welchen ökologischen Nischen ein bestimmter Organismus zu überleben und sich fortzupflanzen vermag. Schmetterlinge beispielsweise flattern von Blüte zu Blüte, saugen Nektar und nehmen ein Sonnenbad, um sich aufzuwärmen. All diese lebenswichtigen Funktionen beruhen auf Mechanismen, die sich unter technischen Aspekten analysieren und – mit technischer Phantasie und Kreativität – auf menschliche Bedürfnisse übertragen lassen. Der russische Kybernetiker Leonid Pawlowitsch Kraismer hat Bionik einmal folgendermaßen definiert: »Die Bionik ist die Wissenschaft, die biologische Prozesse und Methoden mit dem Ziel untersucht, die sich ergebenden Erkenntnisse bei der Vervollkommnung alter und der Schaffung neuer Maschinen und Systeme anzuwenden.« Und der französische Ingenieur Lucien Gérardien: »Bionik ist die Kunst, technische Probleme durch Kenntnis natürlicher Systeme zu lösen.«

Allzu lange wurde ein völlig falsches Bild vom Wesen der Biologie verbreitet. Es war die scheinbar hinterwäldlerische Wissenschaft, die Pflanzen klassifizierte und Bienen bei ihrem Schwänzeltanz beobachtete. Biologie war bestenfalls Naturgeschichte, ein emotionsloser Gegenstand für junge Mädchen und ältliche Privatgelehrte. Entsprechend sah man den Biologen als blutarmes Wesen, das niemals – wie etwa seine Wissenschaftskollegen der benachbarten Fakultäten Chemie und Physik – in den Lauf der Welt eingreifen würde. Heute hat die Biologie zusammen mit einem Dutzend anderer Biowissenschaften, und hier in erster Linie die Gentechnologie, sämtliche übrigen Wissenschaftsdisziplinen längst überholt und in den Schatten gestellt. Auf alle Sparten im Wissenschaftsbereich strahlt ein bisschen Glanz zurück, wenn sie nur in ihrem Namen die Vorsilbe »Bio« tragen können: Biochemie, Biophysik, Biomedizin, inzwischen gibt es sogar Nanobionik und Astrobiologie. Mittlerweile sind fast alle bereit, die Leistungen der Natur zu bewundern und neidlos anzuerkennen. Wie gesagt, das war nicht immer so. Hermann von Helmholtz, bedeutender Physiker des 19. Jahrhunderts, hatte noch geäußert: »Wenn mir ein Optiker ein Instrument verkaufen wollte, welches die Fehler des Auges hat, so würde ich mich berechtigt glauben, die härtesten Ausdrücke für die Nachlässigkeit seiner Arbeit zu gebrauchen und ihm sein Instrument mit Protest zurückgeben.« Aber Helmholtz hatte Unrecht, wie so viele vor und nach ihm. Er war blind für die inneren Werte dieser Wunderkonstruktion: Welches technisch gefertigte Linsensystem funktioniert schon ein Leben lang, ist zugleich gegen Wärme wie Kälte, Trockenheit und Feuchtigkeit, Erschütterung und Staub kaum anfällig und vermag außerdem kleinere Beschädigungen selber zu reparieren? Welche damals verfügbare Optik stellte sich schon automatisch auf die Bedingungen der Umgebung ein, auf Helldunkelkontraste, auf die Entfernung, auf das Spektrum des Lichts? Und welches optische System beginnt schon, wie das Auge, mit einer Verarbeitung der Daten, bevor es sie an den Rechner – das Gehirn – weitergibt? Welcher Kamerahersteller gar könnte von einem seiner Apparate behaupten, dass die Optik, also die Linse, wie etwa beim Wassersalamander nachwächst?

Wie erst würde der gute alte Helmholtz ins Grübeln kommen, wenn er heute einen Blick hinab auf die Erde werfen könnte? Amerikanische Ingenieure haben nämlich Roboteraugen entwickelt, die nach dem Vorbild der Netzhaut von Spinnen funktionieren. Durch das Wackeln bei der Fahrt über holpriges Gelände sorgten die Fotosensoren des Mars-Rovers erst zu Beginn des Jahres 2004 für faszinierende Bilder von unserem Nachbarplaneten. Mit Blick auf die Natur haben die Robotiktechniker vom California Institute of Technology vibrierende Bildsensoren für Automaten entwickelt, die wenig Rechenkapazität benötigen und dennoch scharfe Aufnahmen liefern. Dazu bauten sie die federnde Netzhaut tropischer Springspinnen technisch ziemlich genau nach. Die flinken Achtbeiner sehen besonders scharf, weil sie ihre Netzhaut mithilfe winziger Muskeln hin und her schwingen können. Die Vibrationen der Linse vermitteln dem Tier nicht nur Informationen über einen einzelnen Punkt, sondern auch über eine ellipsenförmige Fläche. Dadurch wird ein größeres Blickfeld abgedeckt, und Helligkeitsverläufe zwischen Licht und Schatten werden sichtbar.

Herkömmliche Sensorchips enthalten 256 Reihen zu je 256 Sensoren. Das Team um Oliver Landolt und Ania Mitros aber baute nun stattdessen einen Sensorchip mit nur 32 Reihen zu je 32 Sensoren. Den Sensor kombinierten die Forscher mit einer federnd aufgehängten Linse. Bewegt sich der Roboter, so vibriert die Linse hin und her. Ein Signalprozessor errechnet das digitale Bild. »Das Bild ist fast so scharf wie das mit 256 mal 256 festsitzenden Sensoren«, sagt Landolt. Die sparsamen Wackelaugen können jedoch Übergänge von hell zu dunkel besser wahrnehmen und ein größeres Sichtfeld abtasten. Roboterentwickler Christopher Assas vom NASA Jet Propulsion Laboratory ist begeistert: »Wenn man den Sensor auf einen kleinen Mars-Rover setzt, erzeugt dieser Vibrationen allein durch seine Bewegung und versetzt so den Sensor in

Schwingungen.« Begeistert war aber auch die gesamte Weltöffentlichkeit, die im globalen Blätterwald und über alle Fernsehstationen gestochen scharfe, faszinierend farbige Bilder vom Mars bewundern durfte.

»Das beste Thermometer ist noch immer die menschliche Hand«, konstatierte der berühmte Autokonstrukteur Ferdinand Porsche vor Studenten – und verbrannte sich gleich darauf an einem Auspuffrohr die Finger. Damit hatte der Professor eindrucksvoll, wenn auch unfreiwillig, demonstriert, dass der Temperatursinn des Menschen nicht eben Präzisionsarbeit leistet. Einer schlichten Bettwanze wäre dieses peinliche Missgeschick jedenfalls nie passiert. Eigentlich hätten es Helmholtz und Porsche bereits besser wissen können. Aber es musste schon einige Zeit verstreichen, bis unsere Techniker das »Vorbild Natur« wirklich ernst genommen und die Konsequenzen aus solchen Sachverhalten gezogen haben. Viel kostspielige Forschungs- und Entwicklungsarbeit hätte man sich weltweit sparen können, wenn man anstelle zahlloser Versuche und Testreihen, die dann häufig doch nicht zum erwünschten Erfolg geführt haben, jene Lösungen gründlich studiert hätte, welche die Natur massenweise im Angebot führt. Und gemessen an den genialen Lösungen, die in der belebten Welt verwirklicht sind, erscheint manche technische Entwicklung unvollkommen, ja primitiv. Für Techniker kann es daher lohnend sein, sich von der Natur inspirieren zu lassen. Der Forschungsvorstand beim Autobauer Daimler-Chrysler, Professor Klaus-Dieter Vöhringer, er kannte bereits vor etlichen Jahren messerscharf: »Wir wollen Technologien schaffen, die dem menschlichen Erkennen, Denken, Handeln und Kommunizieren besser als bisher entsprechen. Wer als Techniker längerfristig denkt, für den muss die Natur das absolute Vorbild sein.«

Aus der Allianz von Biologie und Technik, die vor einem knappen halben Jahrhundert in den Vereinigten Staaten von einem NASA-Ingenieur der US-Luftwaffe, Major J.O. Steele, ins Leben

gerufen wurde, hat sich mittlerweile die führende Querschnittswissenschaft Bionik entwickelt. Der Saarbrücker Zoologe Werner
Nachtigall zählt zu den Pionieren und Wegbereitern der Bionik
weit über Deutschlands Grenzen hinaus. Als junger Wissenschaftler, noch an der Technischen Universität München, beschäftigte er
sich mit der Biophysik des Schwimmens bei Wasserkäfern. An der
Universität des Saarlands, wo er seit Ende der Sechzigerjahre des
20. Jahrhunderts als Professor für Zoologie die Geschicke der Bionik maßgeblich beeinflusste, knüpfte er bald Kontakte zur technischen Physik. Dies führte dazu, dass er in den Neunzigerjahren
die Ausbildungsrichtung »Technische Biologie und Bionik« etablierte und eine Gesellschaft gleichen Namens gründete. Die Gesellschaft, der Wissenschaftler und große Unternehmen aus ganz
Europa angehören, leistet seither Schrittmacherdienste bei der Erforschung konstruktions- und verfahrenstechnischer, organisa-
tions- und kommunikationstechnischer »Erfindungen« der Natur.
Diese der Grundlagenforschung verpflichtete Institution findet inzwischen ihre Ergänzung durch das staatlich geförderte »Kompetenznetz Bionik«, dem inzwischen mehr als 30 bionisch orientierte
Hochschulbereiche deutscher Universitäten angeschlossen sind.

Eine Fülle von Vorbildern der Technik bietet die Natur auf dem
Präsentierteller: augenfällige architektonische Formen, Funktionen ultrakompakter Systeme, optimierte Organisationsformen –
man braucht nur zuzugreifen! Oft genug enthüllt das Studium lebender Systeme wunderschöne Details, die bisher noch niemand
beachtet hat – ein Paradies für Tüftler und Erfinder. »Bionik bedeutet, dass alles – auch komplexeste Naturtechnologien, die ja
allesamt nicht gegen Naturgesetze verstoßen – prinzipiell technisch übertragbar ist«, betont Professor Nachtigall. »Bionik will
dem Ingenieur nichts vorschreiben, ihm aber den ›Spiegel der
Natur‹ vorhalten und ihn damit aufs Äußerste fordern. Er sollte die
Fülle der Konstruktionen, Verfahrensweisen und Evolutionsstrategien der belebten Welt zur Kenntnis nehmen und sein konstruktiv

geschultes Gehirn auch für die Bearbeitung und technische Umsetzung solcher Aspekte und Fragen einsetzen, für die die Natur
bereits überzeugende Lösungen gefunden hat. Dabei erweist es
sich als vorteilhaft, wenn bionisch interessierte Ingenieure im
Rahmen einer interdisziplinären Kooperation mit technisch und
analytisch geschulten Biologen zusammenarbeiten.«

Auch wer sich nur in das wundersame Leben der Insekten vertieft – ihren Körperbau, ihre Sinnesorgane, ihre unglaublichen
Leistungen und phantastischen Tricks zum Überleben –, der legt
jeden Krimi zur Seite. Konrad Lorenz, der berühmte Verhaltensforscher und Nobelpreisträger, hat auf Folgendes hingewiesen:
»Schädlingsbekämpfung durch Gifte kann unter Umständen für
den Schädling von Nutzen sein, weil sie auf die Dauer nicht ihn,
sondern seine Feinde vernichtet. Die Tiere, die den Menschen unmittelbar schädigen können, sind fast ausnahmslos solche, die zu
einer besonders raschen Vermehrung befähigt sind, seien es nun
die lästigen Stechmücken oder die Schädlinge des Ackerbaus.
Viele unter ihnen, wie eben die Mücken und andere Insekten,
haben außerdem die Fähigkeit, Lebensräume, in denen sie ganz
oder teilweise ausgerottet wurden, erstaunlich rasch wieder zu besiedeln. Als man vor längerer Zeit den Versuch unternahm, der
Mückenplage dadurch Herr zu werden, dass man die Tümpel mit
Petroleum übergoss, in denen die Larven heranwuchsen, ereignete
sich Folgendes: Der rohe Eingriff tötete, wie zu erwarten, nicht nur
die Mückenlarven, sondern auch alle anderen in jenen Gewässern
vorkommenden Wassertiere, die ihrerseits von Mückenlarven leben, wie Wasserwanzen, Wasserkäfer, Molche und Kleinfische. Im
nächsten Jahr gab es eine Mückenplage wie nie zuvor. Man könnte
sich tatsächlich keine wirksamere Methode zur Massenzucht von
Stechmücken ausdenken.«

Ähnliche Töne hat der renommierte Wissenschaftspublizist
Theo Löbsack in seinem Buch »*Das unheimliche Heer*« angeschla-
gen. Wenn Homo sapiens einmal von der irdischen Bühne ab-
getreten sein wird, gehören nach Löbsacks Einschätzung sicher

auch die Termiten zu den Überlebenskandidaten. Was die Termiten, die eng mit den Schaben verwandt sind und die sich ihrerseits »längst für die Zeit nach dem Menschen qualifiziert haben«, so bemerkenswert macht, sei nicht nur der Umstand, dass sie unseren Planeten schon seit mindestens 150 Millionen Jahren bevölkern und im warmen Klima fast überall dort vorkommen, wo es Holz zu fressen gibt. Es sei vor allem ihre streng reglementierte, straff organisierte »Gesellschaftsordnung« in Staatengebilden, die Millionen Individuen umfassen können. Es sei ihr äußerst zweckmäßiges Sozialleben mit geregelter Arbeitsteilung, das sich seit Urzeiten bewährt hat und offensichtlich keiner Veränderung bedarf. Löbsack schreibt: »Fehlt eigentlich nur, dass ihre ›Arbeiterkaste‹ die 35-Stunden-Woche einführt, doch gerade davon dürften sie wohl nicht viel halten. Jedenfalls gehören die Termiten neben den Stechmücken zu den wenigen Insekten, die bereits zum offenen Angriff auf den Menschen übergegangen sind.«

Der Name »Termiten« geht sinnigerweise auf das griechische Wort für »Ende« zurück. Bei den Römern bedeutete »Ende« auch soviel wie »ein Ende machen« oder »den Rest geben«. »Termes« waren jene unersättlichen Tiere, die Holzmöbeln oder kränkelnden Bäumen in der Natur »ein Ende« bereiteten. Linné übernahm das Wort später für sein Ordnungssystem der Lebewesen. Geradezu Furcht erregend sind die Mitglieder der »Soldatenkaste«. Die Köpfe dieser Termiten sind auf bizarre Weise zu einem lebenden, mit C-Waffen bestückten Rammbock umgestaltet. Mittels gewaltiger Kieferzangen und dolchartiger Auswüchse trennen sie wie asiatische Schwertkämpfer die Beine ihrer Gegner vom Körper ab oder bringen ihnen tödliche Wunden bei. Viele »Soldaten« verfügen außerdem über eine »chemische Keule«, mit der sie ihre Opfer lähmen. Es handelt sich hier buchstäblich um schwer bewaffnete Krieger, die »mit Zähnen und Klauen« bis zum Tod ihre Burg verteidigen. Der US-Chemiker und Insektenforscher Glenn D. Prestwich drückte diesen Sachverhalt einmal folgendermaßen aus: »Ein toter Soldat ist für seine Kolonie vergleichbar mit toten Oberhautzellen des menschlichen Körpers.

Ein Soldat, der sich opfert, erhöht damit die Wahrscheinlichkeit, dass der gemeinsame Genpool der Kolonie an die nächste Generation weitergegeben wird.« Die Termitensoldaten seien wandelnde Kriegsmaschinen, so Prestwich, die in der Wahl ihrer Mittel vor nichts zurückschreckten: »Ihre Taktiken reichen vom Beißen, Reißen und Verstopfen der Nesteingänge mit dem eigenen Körper über das Bespritzen und Beschmieren des Gegners mit ätzenden Chemikalien, über den gezielten Beschuss mit einer paralysierenden Leimkanone bis hin zur selbstzerstörerischen, hochgiftigen Kotausscheidung durch Sprengen des Hinterleibs.« Und trotz dieser martialischen Kampfmethoden sind Termiten der satanischen Angriffswut von Jagd-, Raub- und Treiberameisen unterlegen. Es wurde bereits beobachtet, wie ein unübersehbarer Heerwurm von Ameisen eine fünf bis sechs Meter hohe Termitenfestung stürmte und ein unbeschreibliches Gemetzel unter den Verteidigern anrichteten. Und noch die Kadaver überwältigter Termiten wurden von spezialisierten Ameisenschlächtern maßgerecht zerstückelt und von »Ammen« an ihre Larven verfüttert, die von den ruhelosen – weil heimatlosen – Ameisenhorden auf den Raubzügen stets mitgeführt werden. Im Verlauf dieses seit Jahrmillionen hin- und herwogenden Krieges zwischen den konkurrierenden Termiten- und Ameisenvölkern vermochten sich ständig neue Arten mit stetig raffinierteren Waffen und Gegenwaffen zu entwickeln. Die ständigen Kämpfe führten im Laufe der Evolution zu immer ausgefeilteren Waffenerfindungen, Kampfwerkzeugen, Kriegslisten, Angriffs- und Verteidigungsstrategien, sodass der Rüstungswettlauf offenbar nie in einem Gleichgewicht des Schreckens mündete. Und kein Mensch weiß, wann und wo diese Rüstungsspirale endet. Was wir allerdings ziemlich genau wissen, ist Folgendes: Allein die Billiarden und Aberbilliarden Termiten, mit denen wir uns mittlerweile die Erde teilen, belasten nach Ermittlungen des Max-Planck-Instituts für Atmosphärische Chemie in Mainz die Biosphäre jährlich mit etwa 150 Millionen Tonnen Methan und 46 Millionen Tonnen Kohlendioxyd.

Wettrüsten ist keine menschliche Erfindung, es gehört in der Natur zum Alltag. Dabei ist jedoch nicht nur Kampf auf Biegen und Brechen gemeint. Sehr viel subtiler geht es bei einer Schmetterlingsart zu, die aufgrund ihres ausgeprägten Wanderverhaltens in den USA jährlich für Schlagzeilen sorgt. *Danaus plexippus* ist jenes taillenlos elegante, in seiner Unterpartie vornehm blasse, überschlanke Ding, in das man sich vermutlich Hals über Kopf oder besser, Flügel über Fühler, verlieben würde, wenn man ein Monarchfaltermännchen wäre. Doch auch unsereins erliegt dem Charme dieses femininen »Sommervogels«, dessen geschäftstüchtige Reize aus diesem Grunde hier etwas ausführlicher Berücksichtigung finden sollen. Wer indes meint, über Schmetterlinge im Allgemeinen und über Monarchfalter im Besonderen schon genügend zu wissen, der darf die folgenden Seiten getrost überblättern.

Wir müssen zunächst etwas weiter ausholen und dabei auch die diffizilen Abhängigkeiten zwischen Pflanzen und Insekten näher unter die Lupe nehmen. Da Blumen und Gräser, Sträucher und Bäume vor Feinden nicht fliehen und sich mithin auch nicht aktiv zur Wehr setzen können, müssen sie viel Energie in ihre Verteidigungsmaßnahmen investieren. Diese Defensivrüstung wiederum zwingt ihre Feinde, immer mehr taktische Finessen zu entwickeln, um Pflanzen dennoch erfolgreich attackieren und ihre begehrten Naturstoffe für eigene Zwecke nutzen zu können. Also findet auch hier zunächst ein wahres Wettrüsten statt. Kompliziert wird die Angelegenheit dadurch, dass manche Insekten auch jene Substanzen gut verwerten können, die Pflanzen eigentlich zu ihrer Abwehr entwickelt haben. Aufgrund einer Jahrmillionen währenden Rüstungsspirale kann es daher passieren, dass manche Insekten von einzelnen Giftcocktails regelrecht abhängig werden. Um jedoch nicht nur als suchtkranke Sklaven der Pflanzen ihr Dasein zu fristen, haben Insekten im Laufe ihrer evolutionären Entwicklung die floralen C-Waffen gewissermaßen »umgedreht« und sie zum eigenen Vorteil genutzt. So produzieren viele Borkenkäferarten aus toxischen Terpenen der Harzflüsse ihrer Wirtsbäume Duftstoffe zur sexuellen Anlockung von Artgenossen.

Besonders weit verbreitet unter Insekten ist die Anhäufung und Speicherung pflanzlicher Giftstoffe zum eigenen Schutz vor Konkurrenten. Hier ist der Jakobskrautbär (*Tyria jacobaeae*) ein gutes Beispiel aus der mitteleuropäischen Insektenwelt. Seine Raupen sind auf das Kreuzkraut als Wirtspflanze spezialisiert. Es enthält große Mengen verschiedener Pyrrolizidin-Alkaloide (PA), die von der Pflanze gegenüber anderen Insektenarten als Abwehrstoff erfolgreich eingesetzt werden – selbst von Weidetieren wird das Kreuzkraut strikt gemieden. Jakobskrautbärlarven nutzen so eine relativ konkurrenzfreie und vor großen Pflanzenfressern geschützte Nahrungsquelle. Außerdem schlagen sie sich selbst reichlich mit dem Abwehrmittel PA voll, sodass auch die erwachsenen Falter dadurch für viele ihrer Fressfeinde ungenießbar werden. Sie sind aufgrund ihres chemischen Waffenarsenals – und gewissermaßen im Bewusstsein ihrer Ungenießbarkeit – im Laufe der Evolution derart dreist geworden, dass sie als geborene Nachtfalter inzwischen nicht selten auch tagsüber auf Nahrungssuche gehen.

Ähnliches haben Wissenschaftler an Monarchfaltern beobachtet. Ihre Raupen pumpen sich an Schwalbenwurzgewächsen mit einem für Wirbeltiere giftigen Herzglykosid voll, das später auch im fertigen Falter als Schutz vor Fressfeinden eingelagert ist. Die Ungenießbarkeit der Monarchfalter wird demnach von gespeicherten, giftigen Pflanzeninhaltsstoffen verursacht. Da die Herzglykoside nicht in allen Wirtspflanzen der Monarchfalter-Raupen vorkommen, haben sich die Schmetterlinge noch zusätzliche Waffensysteme zugelegt. In den genannten Beispielen dient mithin dieselbe Pflanze dem Monarchfalter sowohl als Nahrungs- als auch als Abwehrmittel. Die Männchen dieser Schmetterlinge sammeln jedoch von Pflanzen, die sich nicht auf ihrem Speiseplan befinden, das zuvor bereits erwähnte Gift Pyrrolizidin. PA besteht aus einem Alkohol-Säure-Mix (Necinalkohol und Necinsäure), der auf die Leber von Wirbeltieren giftig wirkt.

Monarchfalter fliegen zahlreiche PA-Quellen verschiedener Pflanzenfamilien an, jedoch fast immer vertrocknete oder verletzte Pflanzenteile; ganz wenige PA-Pflanzen produzieren nämlich PA-haltigen Nektar. Mithilfe ihrer Saugrüssel beträufeln die Falter zunächst das trockene Pflanzenmaterial mit einer wässrigen Lösung – und saugen dann PA in gelöster Form wieder auf. Damit saugen sie also nicht Nektar von Blüten, sondern PA von einer vertrockneten Wunde. Professor Michael Boppré, Direktor des Forstzoologischen Instituts der Albert-Ludwig-Universität Freiburg im Breisgau, fand aufgrund ausgeklügelter Experimente heraus, dass PA der einzige Grund für diese ungewöhnliche Strategie des Monarchfalters ist. Intakte, lebende Pflanzen besitzen für die Falter keinerlei Anziehungskraft. Im lebenden Gewebe ist PA nämlich in den Zellen eingeschlossen, sodass erwachsene Schmetterlinge den begehrten Stoff weder wahrnehmen noch mit ihren saugenden Mundwerkzeugen erreichen können. (Borkenkäfer-Raupen nehmen PA ja nur durch den Verzehr lebender Blätter auf.)

Bei den Monarchfaltern sind es nur die erwachsenen Schmetterlinge, die PA nutzen – und zunächst sind nur die Männchen durch diese Pflanzenstoffe geschützt. Dieser Schutzmechanismus muss erst durch Sammeln von PA individuell installiert werden. Wenn nun ein Monarchmännchen ein Monarchweibchen entdeckt hat, stülpt es in der Endphase des Hochzeitszeremoniells einen etwa zwei Zentimeter langen Duftpinsel am Hinterleib aus. Dabei übertragen sie auf die mit Duftsensoren ausgestatteten Fühler des Weibchens ein Bukett flüchtiger Aromen. Diese Balzpheromone entscheiden schließlich über den Erfolg des Männchens, denn ohne eine entsprechende Stimulation durch wohl riechende Ingredienzien akzeptiert ein Weibchen den Bewerber nicht. Chemisch sind die männlichen Duftstoffe aus bis zu 60 artspezifischen Komponenten aufgebaut. Nach dem Motto »Zeige mir, wie du duftest, und ich weiß, wer du bist« wird dadurch die Arterkennung erleichtert. Wie die beiden US-Forscher Thomas Eisner und Thomas Pliske an einem bestimmten Monarchfalter (*Danaus gilippus*) entdeckten, interessiert sich das Weibchen dieser Art für eine ganz bestimmte Duftkomponente mit der chemischen Bezeichnung »Dihydropyrrolizin«.

Manche Duftpinsel der männlichen Monarchfalter können bis zu 500 Mikrogramm enthalten – eine riesige Menge für eine einzige Pheromonkomponente. (Zum Vergleich: Sexuallockstoffe weiblicher Nachtfalter verbreiten sich in feststellbaren Mengen von maximal einem Mikrogramm und locken damit die Männchen über kilometerweite Distanzen an.) Der Duftstoffgehalt der Männchen variiert enorm. Die Substanz kann sogar völlig fehlen – wie grundsätzlich bei frisch geschlüpften Männchen üblich. Zur Produktion der von den Weibchen besonders bevorzugten Pheromonkomponente Donaidon sind die Männchen mit eigenen Mitteln nicht fähig. Sie benötigen vielmehr PA als Vorstufe für die Biosynthese dieser Duftstoffkomponente. Das bedeutet nicht mehr und nicht weniger, als dass der Balz- und damit Fortpflanzungserfolg des einzelnen Männchens allein von Pflanzengiften abhängig ist. Nur Männchen, die von trockenen Pflanzen PA in genügender Menge sammeln konnten, haben bei den Weibchen überhaupt eine Chance. Denn: Je mehr PA sie angehäuft haben, desto mehr Dihydropyrrolizine können sie produzieren.

Ein frisch geschlüpftes Monarchmännchen ist also trotz seines jugendlichen Outfits von vornherein im Nachteil, auch wenn es diverse Duftstoffe und durchaus komplizierte Organe zur Produktion des speziellen Parfüms besitzt. Es muss zunächst PA-Pflanzen finden und ordentliche Mengen des PA ernten. Dazu bedarf es spezialisierter Geruchsorgane und eines höchst verwickelten Orientierungsmechanismus – der geringste Fehler in dieser diffizilen Apparatur, und der Falter kann seinen eigentlichen Auftrag, nämlich die Weitergabe seiner Erbanlagen, vergessen. Sex beim Monarchfalter ist also besonders energieaufwändig und im Hinblick auf den Materialeinsatz ungewöhnlich kostspielig. Er muss mittels eines komplizierten Verfahrens PA aus der trockenen Pflanze –

225

oder der trockenen Wunde einer Pflanze – extrahieren sowie die Fähigkeit zur Produktion und Abgabe von geeigneten Lösungsmitteln besitzen. Ferner muss er über ein gut funktionierendes Transportsystem sowie über Enzyme zum Umbau von PA fähig sein und schließlich auch noch Drüsentaschen auf seinen Flügeln mit dem Duftpinsel am Hinterleib in Kontakt bringen.

Wie amerikanische Forscherteams unter Leitung von Thomas Eisner und Keith S. Brown als Erste herausgefunden haben, übertragen Monarchfaltermännchen ihren Weibchen bei der Paarung nicht nur Spermien. Ihr Ejakulat kann PA, das die Falter vorher von Pflanzen gesammelt haben, in der Menge von bis zu 50 Prozent ihres Trockengewichts enthalten. Das Gift als Hochzeitsgeschenk variiert von Männchen zu Männchen: Je mehr Alkaloide – das sind stark wirkende Nervengifte, wie sie etwa in Kokain, Morphin, Nikotin und Opium vorkommen – ein Männchen mit sich herumschleppt, desto mehr wird es nach jenem betörenden Parfüm Dihydropyrrolizin riechen – und desto mehr PA kann es dem Weibchen offerieren. Das männliche Parfüm wird vom Weibchen vermutlich als Zeichen dafür gesehen, wie effektiv das Hochzeitsgeschenk im Hinblick auf die PA-Mitgift ausfallen könnte. Professor Boppré führt dazu in der Zeitschrift *Biologie in unserer Zeit* aus: »Nach der Duftqualität Partnerwahl zu betreiben macht Sinn. Denn je mehr PA ein Weibchen von einem Männchen erhält, desto besser ist es selbst versorgt, also durch eine chemische Defensivwaffe geschützt, und desto mehr PA kann es auch dem Nachwuchs hinterlassen, sodass auch schon die Eier nicht hilflos potenziellen Feinden ausgeliefert sind.« Die Monarchraupen schützen sich zum einen durch die Herzglykoside, zum anderen durch reichlich PA von den Eltern. Auch die Puppenhülle ist noch getränkt mit den PA-Giften – nur der frisch geschlüpfte Falter ist völlig schutzlos und muss sozusagen ganz von vorn anfangen.

Obgleich PA keine lebensnotwendigen Substanzen darstellen, kann die »teure«, von der Ernährung gewissermaßen abgekoppelte Beziehung zu den pflanzlichen Giftlieferanten die biologische Fitness nachhaltig sichern. Die Monarchfaltermänner benötigen das Gift nicht etwa für ihren eigenen Betriebsstoffwechsel, sondern zur Feindabwehr. Salopp ausgedrückt könnte man die üblichen Wirtspflanzen als Lebensmittelläden, die männlichen Monarchfalter als Drogenkonsumenten und die pflanzlichen Gifthersteller als Drogerien beziehungsweise Apotheken bezeichnen.

Die Duftstoffpinsel bei vielen anderen Schmetterlingsarten richten sich in ihrer Größe nach dem PA-Gehalt: Je mehr »Parfüm«, desto größer die Duftverteilungs-Apparatur. Bei manchen Nachtfaltern sind diese Sexinstrumente gigantisch und übertreffen die Flügelspannweite eines Schmetterlings bisweilen um das Doppelte. Hier hat die Evolution offenbar in unzähligen und, zwecks weiterer Optimierung, durchaus sinnvollen Minischritten ein »Gleichgewicht des Schreckens« hergestellt, sodass dieses innerartliche Wettrüsten konkurrierende Partner zwar in ihrer Ausbreitung beschränkt, sie aber nicht vernichtet.

Wie kommt es zur Entwicklung eines solch komplizierten Beziehungsgefüges? Und was hat das alles noch mit einem mechanistischen Zufallsgenerator zu tun, wie von vielen Wissenschaftlern bis heute behauptet wird? Viele von ihnen halten Insekten traditionell für dumpfe Automaten, die, nur von Reflexen gesteuert, ihr kurzes Leben durcheilen. Doch die Zeiten scheinen sich zu wandeln. Seit Forscher mit den Methoden der Neurobiologie erkunden können, was zum Beispiel einer Fruchtfliege durch ihren sandkorngroßen Kopf geht, weiß man, dass deren Neuronen nicht nur mechanisch vor sich hinrattern. »Die Fliege verfolgt die Welt vielmehr aufmerksam und jagt allem hinterher, was ihr Herz begehrt« – so formulierte es unlängst der Wissenschaftspublizist Hubertus Breuer in der *Süddeutschen Zeitung*. Poetisch fügte er hinzu: »Und wenn sie schlummert, träumt sie vielleicht sogar.« Breuer beobachtete in einem Flugsimulator im Labor von Ralph Greenspan und Bruno van Swinderen am Neurosciences Institute im kalifornischen La Jolla, wie eine Fruchtfliege lautlos durch die Luft schwirrte, angezogen von einem gelb leuchtenden Streifen, der verlockend nach Bananen duftete. Die stockfinstere Nacht ringsumher störte das Insekt kaum. Auch dass der beleuchtete Fleck einer Banane kaum ähnlich sah, habe den Enthusiasmus der Fruchtfliege (*Drosophila melanogaster*) nicht dämpfen können. Allein der stählerne Draht, der mitten in das Gehirn des Insekts ragte, hat es auf der Stelle festgehalten. Breuer beschreibt die dann folgende Szene so: »Und so ermüdet das Verlangen doch irgendwann. Dann sinkt das Insekt in dem dunklen Zylinder, in dem es hängt, allmählich in den Schlaf. Die mikrodünne Spitze inmitten der Nervenzellen zeichnet die Gehirnaktivität des Insekts auf. Wie Wellen am Strand laufen die Erregungsmuster langsam aus. Ähnlich wie beim Menschen, wenn er sich zur Ruhe begibt.«

Wie wird es weitergehen? Kommen die menschenähnlichen Roboter oder doch eher die roboterähnlichen Menschen? Wird es eines Tages Maschinenmenschen geben, die mit Vorstellungsvermögen ausgestattet sind – und träumen können? Bereits im Jahre 1924, ein Jahr nach H. G. Wells' Übermenschenroman »*Menschen, Göttern gleich*«, wurde Alfred Döblins Buch »*Meere, Berge und Giganten*« veröffentlicht. Es war ein Science-Fiction-Thriller, der nicht auf die Frage »Was ist der Mensch?« Antwort zu geben versucht, sondern auf die Fragen »Was wird aus dem Menschen? Was kommt nach ihm?« Döblin schildert die Zukunft unter der Herrschaft der Wissenschaftler, insbesondere der Biologen. Dabei prägte er die programmatischen Sätze: »Die Maschine muss den Menschen angreifen, sie muss den Menschen verändern. ... Es gilt, den Menschen mittels der Maschine endgültig umzuformen. ...«

Dieses Postulat erinnert an jene Sichtweisen, die den Menschen nicht als Schlusspunkt der Evolution, sondern als das von allem Anfang an geplante Wesen erachten. Im Laufe seiner Entwicklung habe er immer mehr Primitiv-Tierisches aus sich entlassen, zuletzt jene affenartigen Züge, die soviel humanistisches Ärgernis erregten. Diese Vorstellung von einem anthropologischen Destillationsprozess, die der Naturwissenschaftler freilich nicht teilen wird, trifft vermutlich mit der Döblin'schen Vision einer erzieherischen Aufgabe der Maschinenzivilisation zusammen: den Menschen dadurch menschlicher und menschenhafter werden zu lassen, indem er niedere Funktionen seiner biologischen und geistigen Struktur auf »maschinelle Organismen« überträgt. Norbert Wiener, der geistige Vater der Kybernetik, wagte später vor einem erschreckt aufhorchenden Publikum die Prophezeiung, dass die zukunftsträchtige Entwicklung der kybernetischen Maschinen eben erst beginne: nämlich die der »sich selbst produzierenden Automaten«, die Entwicklung von Maschinen also, die in der Lage sind, ihrem eigenen Ebenbilde getreu neue Maschinen zu erzeugen. In der kybernetischen Fachsprache ist zuweilen von einer »Maschinengenetik« die Rede. Das wäre dann die Übertragung dessen, was der Biologe die »identische Reduplikation« organischer Gebilde nennt, auf die Ebene der Maschine.

13. Eine bionische Welt im Jahre 2099

Technikverliebte Ingenieure belächeln heute noch immer die Leistungen der Natur: Wo gibt es im Bereich biologischer Systeme etwas wie ein Kernkraftwerk, eine Weltraumrakete, eine Erdaußenstation, einen Jumbojet oder einen Flugzeugträger? Diese Einstellung führte dazu, dass der Graben zwischen Natur und Technik immer tiefer wurde. In der Ingenieurausbildung wird das Trennende zwischen Biologie und Technik geradezu gepflegt wie die »zwei Kulturen« C. P. Snows. Jetzt, da kreative und phantasievolle Ingenieure und Architekten, Autobauer und Designer im Studium biologischer Systeme offenkundig deren Vorsprung erkannt haben, bahnt sich inzwischen auch bei der breiten Masse der Techniker die Wende an. Auch Hochschullehrer technischer Universitäten beginnen, ihre artifizielle Domäne in biologischen Kategorien zu betrachten. Immer häufiger hört man die Devise: künftig so viel Technik wie möglich naturanalog zu gestalten. Ingenieurtechnische Lösungen, die nicht von der biologischen Evolution abgeschliffen wurden, geraten jetzt zwangsläufig in Konflikt mit der umweltsensibilisierten Öffentlichkeit, was wiederum negative Auswirkungen auf die Bilanzen der Unternehmen zur Folge hat.

Die diffizilen Techniken lebender Systeme haben sich im Laufe von Jahrmillionen einander anpassen und umweltverträglich in die Biosphäre einpassen müssen. Bionik befasst sich grundsätzlich mit evolutionskonformen Problemlösungen. Diese geradlinige Hinwendung und Ausrichtung auf eine biologische Technologie wird vor allem die schulische und universitäre Ausbildung reformieren. Es erscheint unverantwortlich vonseiten mancher Bildungsfunktionäre, auch in Zukunft geisteswissenschaftliche und naturwissenschaftliche Parallelgesellschaften heranzuziehen. Vieles spricht allerdings dafür, dass die Bionik im 21. Jahrhundert zum zentralen Grundlagenfach avanciert, vergleichbar der Physik des vergangenen Jahrhunderts. Denn das interdisziplinäre Fach Bionik vermittelt als einzige Disziplin in unserem Bildungskanon technisches und biologisches Wissen zugleich. Der Wandel im technisch-naturwissenschaftlichen Denken könnte sich vor allem darin äußern, dass Hypothesen und Theorien bevorzugt am Beispiel biologischer Systeme entwickelt und auf ihre praktische Umsetzung überprüft werden.

Wir haben bereits gesehen, dass sich die Computertechnik künftig in besonders ausgeprägter Weise auf die biologische Seite und auf die faszinierenden Vorzüge ihrer lebenden Systeme schlagen wird. Durch den massiven Einsatz neuronaler Systeme mit holographischem Speichervermögen orientiert sich die Lehre in dieser Disziplin zwangsläufig am Vorbild »Gehirn«. Ebenso dürfte die Fertigungstechnik in den nächsten Jahrzehnten einen grundlegenden Wandel hin zu den vorbildhaften Systemen in der Natur erfahren. Drehen, bohren, fräsen, biegen, pressen, stanzen, gießen, schweißen und ähnlich grobe Operationen im technischen Bereich werden über kurz oder lang der Vergangenheit angehören. Wahrhaft märchenhafte Vorstellungen präsentierte der Berliner Bionik-Avangardist Ingo Rechenberg in seinem Vorlesungsskript über »Die bionische Welt im Jahr 2099«. Ob Mobilität, Energieerzeugung, Abfallwirtschaft, Informationstechnik oder Naturwissenschaft – all diese Disziplinen sind in seiner Vision von der Bionik revolutioniert: Durch künstliche Photosynthese gelingt Mitte des 21. Jahrhunderts der Einstieg in das »Zeitalter der solaren Wasserstofftechnologie« – Vorbild ist ein chemischer Prozess in den Zellen von Blaualgen aus der Urzeit der Erde. Das Müllproblem entschärft sich durch eine »bioanaloge Recyclingidee«, denn viele Verbrauchsgüter werden nur noch aus zwei Grundstoffen konstruiert: einem Stützmaterial als »Knochen« und einem universellen Form- und Funktionsmaterial als »Gewebe«. In der Informationstechnik verdrängen gehirnähnliche Neuronenrechner die klassischen seriellen Computer. Schließlich werden die »Denkfabriken« durch »Evolutionsfabriken« abgelöst. In einem dieser postmodernen Innovationszentren gelingt es den Forschern »bereits 2058, mithilfe der Evolutionsstrategie sich selbst reproduzierende Molekülverbände auf Siliziumbasis zu realisieren«. Pate stehen Eiweißmoleküle, die auf Kohlenstoff basierenden Grundbausteine des biologischen Lebens. Die Bionik wäre damit zu ihren Wurzeln vorgedrungen und zurückgekehrt: Statt Werkstücke durch »monströse Maschinen« von außen in ihre Form zu zwingen, wachsen diese nunmehr durch »molekulare Selbstorganisation« von innen heraus. »Erst durch diese bioanaloge Produktionsmethode« werden »viele Ideen der Bioniker realisierbar«, ist Professor Rechenberg, Leiter des Instituts für Evolutionsstrategie und Bionik an der Technischen Universität Berlin, überzeugt. Dazu gehört etwa die Herstellung von knochen- und muskelähnlichen Werkstoffen, die sogar mit der Fähigkeit zur Selbstheilung versehen sind.

Solchen Prophezeiungen zufolge steht uns die wahre bionische Revolution erst noch bevor. Alles Phantastereien? Der Dasa-Tüftler Reinhard Hilbig verweist auf einen berühmten Vorgänger, der seinen Zeitgenossen vor fast genau 110 Jahren den Traum vom Fliegen nahe bringen wollte: »Auch über Otto Lilienthal haben die Berliner die Köpfe geschüttelt. Und Ingo Rechenberg ist auch Berliner. Eine seiner Zukunftsprognosen heißt ›Nanotechnologie‹, gekoppelt mit selbst organisierendem Wachstum. Es werden die Prinzipien der biochemischen Proteinfaltung und die Evolutionsgesetze der Biologie sein, die den Lehrinhalt der neuen Fertigungstechnik bestimmen.« Für das klassische Gebiet der Handwerkstechnik, so der weltweit in hohem Ansehen stehende Berliner Ingenieur weiter, liefere der Werkzeugfundus der Natur reichhaltiges Anschauungsmaterial. Denn von der Ahle bis zur Zange sei hier alles vorhanden. Ähnliches gelte für die Messtechnik. Ihre

Systematik lasse sich vom Akustik- bis zum Zeilensensor an biologischen Vorbildern darlegen.

Auch die Mobilität ist eine Grundeigenschaft des Lebens – egal, ob zu Lande, zu Wasser oder in der Luft. Eisbären wandern auf der Suche nach Beute rund 10 000 Kilometer im Jahr umher. Aale legen die gleiche Strecke auf dem Weg zu ihren Laichgründen in der Sargassosee zurück, und die Albatrosse bei ihrem einwöchigen Nahrungsflug während der Brutphase ebenso. Was die Natur seit Jahrmillionen vormacht, wird der Mensch in Zukunft nicht mehr missen wollen. Zwei-, vier- oder sechsbeinige Laufmobile aber verweist Rechenberg ins Reich der Utopie: »Wo der Mensch Verkehrswege ebnet, dominiert das Rad. Diese Energie sparende Fortbewegungsart wäre gewiss auch der Evolution eingefallen. Nur fehlen in natürlichen Landschaften die notwendigen Fahrbahnen.« Die zukünftigen Fortschritte im Verkehr beträfen vor allem die Sicherheit. Was Insekten-, Fisch- und Vogelschwärme in beneidenswerter Perfektion vorlebten, werde in Zukunft auch bei Autos und Flugzeugen, im Bahn- und Schiffsverkehr Einzug halten – beispielsweise die automatische Abstandsregulierung, die Kollisionen verhindert. Überhaupt zeigten sich bei der Regulierung tierischer Schwärme biologische Detaillösungen als lehrreiche Studienobjekte, wie zum Beispiel das Seitenlinienorgan der Fische oder die Sonarsysteme von Fledermaus und Delfin, die im Gegensatz zu menschlichen Radaranlagen, die mit Radiosignalen arbeiten, auf Ultraschall basieren. Bionische Schwarm-Algorithmen übernähmen die Steuerung des Luftverkehrs, dessen zunehmender Komplexität menschliche Lotsen vermutlich nicht mehr gewachsen seien. Die im 21. Jahrhundert alles beherrschende Nanotechnologie-Welle könnte dazu führen, dass zunehmend Prinzipien des molekularen Biomaschinenbaus technische Anwendung finden. Es sei nicht auszuschließen, dass in einigen Jahrzehnten molekulare Strukturen geschaffen würden, die das Aneinander-Vorbeigleiten von Muskelfasern nachbildeten. Ein Durchbruch wäre nach Meinung von Professor Rechenberg erreicht, wenn sich diese supramolekularen Fasern unter Verbrauch chemischer Energie wie ein menschlicher Muskel zusammenziehen könnten. Seit jeher sei es ein Traum der Ingenieure, chemisch gespeicherte Energie direkt in mechanische Energie umzusetzen – also nicht erst über den Umweg der heißen (Wärmekraftmaschine) oder kalten Verbrennung (Brennstoffzelle). Molekularmotoren nach dem Vorbild des Muskels könnten durchaus Wirkungsgrade von über 60 Prozent erzielen. Solche chemodynamischen Antriebe würden die heute üblichen Motoren rasch verdrängen. Rechenberg stellt sich vor, dass in der zweiten Hälfte des 21. Jahrhunderts molekularmechanisch angetriebene Autos und Bahnen auf so genannten Delfiplaque-Flächen nahezu geräuschlos durch Stadt und Land rollen. Delfiplaque sei ein hochgradig schallabsorbierender Straßen- und Schienenbelag. Er entstand als Nebenprodukt bei der Entwicklung widerstandsvermindernder Delfinhaut-Imitate für Schiffe. Die Molekülstruktur von Delfiplaque erzeuge phasenverschobenen Gegenschall: Original- und Gegenschall lösten sich aufgrund ihrer wechselseitigen Beeinflussung auf.

Nach einer Vorstellung der Nanotribologen sei »molekularer Schall« die Ursache der so genannten Festkörperreibung – ein Problem, das die Evolution längst mit Bravour gelöst habe. Der Wüstenskink – auch Sandfisch genannt – zeige dies meisterhaft: Er schlängele sich wie ein Fisch durch den Wüstensand – und zwar unter der Oberfläche! Dazu verfüge diese etwa 25 bis 30 Zentimeter lange Echse über eine Schuppenstruktur, die nachweislich die Sandreibung vermindere. Vielleicht, so spekuliert der forschende Hochschullehrer von der TU Berlin – er führt jedes Jahr drei Monate auf eigene Faust im heißen Wüstensand Marokkos bionische Experimente durch –, wird der »Sandfisch« zum Ausgangspunkt der Tribobionik. Seine mikroschalldämpfende Schuppenoberfläche könnte schon in naher Zukunft Vorlage innovativer Gleitlager sein, die mit unerreicht niedrigem Reibungsverlust auftrumpften.

Der Verkehr zu Wasser werde nach Einschätzung Rechenbergs im Laufe dieses Jahrhunderts mehr und mehr von der Meeresoberfläche in die tieferen Regionen der Ozeane verlagert. Die technischen Voraussetzungen hierzu seien während Jahrmillionen von schnellen Wassertieren geschaffen worden. Sie hätten es mit trickreichen Erfindungen im Laufe der Evolution geschafft, den beträchtlichen Reibungswiderstand ihres Körpers immer stärker zu verringern. Elastisch dämpfende Oberflächenstrukturen nach Art der Delfine, mikrofeine Oberflächenversiegelungen nach dem Vorbild der Haischuppen und die körpernahen Blasenschleier beschleunigender Pinguine – ihnen allen gemeinsam sei eine Reduzierung des Reibungswiderstands von Unterwasserkörpern um 80 Prozent. Im Vergleich zu einem klassischen, bei schwerem Wellengang sich fortbewegenden Schiff sei ein Unterwasserfahrzeug nicht nur wesentlich schneller unterwegs, sondern spare zudem noch eine Menge Energie.

Sparmodelle werde die Bionik auch im Hinblick auf die wachsenden Müllberge entwickeln können. Dabei handelten lebende Organismen in der Natur keineswegs immer »umweltbewusst«. Es sei vielmehr der Mangel, der das Leben zum Recycling gezwungen habe. Mangel, man denke nur an Kriegs- und Nachkriegszeiten, lasse Abfall gar nicht erst entstehen. Der Aufbau einer technischen Kultur mit »erzwungenem« Recycling sei ein äußerst kostspieliges Unterfangen. Allzu viele unterschiedliche Stoffe komponierten heutzutage ein Produkt. Und gerade die Sortentrennung sei das Dilemma beim Recycling. In der Natur gestalte sich die Wiederverwertung der Ausgangsstoffe vergleichsweise einfach; die organische Technik konstruiere, etwas vereinfacht dargestellt, lediglich mit zwei Materialien: einem Festigkeit verleihenden Stützmaterial (Knochen) und einem universellen Form- und Funktionsmaterial (Gewebe). Davon profitiere jeder Paläontologe, der jahrmillionenalte Knochen ausgrabe, während die Software längst wieder in den biologischen Kreislauf eingespeist worden sei. So könnten Bioniker vielleicht Ende des 21. Jahrhunderts eine bioanaloge Recyclingidee verwirklicht haben: Fernseher, Kühlschrank und Auto – wenn es solche Produkte dann noch gebe – besäßen zwar immer noch eine tragende Struktur etwa aus Aluminium. Der form- und funktionsgebende Rest indes wäre nach Rechenbergs Spekulation aus PROMIM (Protein-Mimese) aufgebaut, einem neuen Stoff, der den Eigenschaften der Eiweiße nachempfunden sei.

Diese Zwei-Komponenten-Technik lasse sich gewiss nicht auf Anhieb realisieren. Aber die Aufgabe an die Materialwissenschaften sei gestellt: »Es gilt«, so Rechenberg, »nicht möglichst viele neue Funktions- und Strukturmaterialien zu erfinden, sondern ein universelles supramolekulares. Dieses sollte in seinen unterschiedlichen Erscheinungsformen, je nach Bedarf, die Eigenschaften von Gummi, Glas, Leder, Halbleiter, Isolator, Magnet, Leuchtstoff, Energiespeicher, Schmierstoff, Leiter oder Kühlmittel übernehmen können. Wichtiges Kennzeichen dieser bionisch inspirierten supramolekularen Chemie ist, dass sich PROMIM durch schwache Molekülbindungen auszeichnet. Getreu seinem biologischen Vorbild treten an die Stelle einer starken Atombindung beispielsweise leicht trennbare Wasserstoffbrücken. Ein aus PROMIM aufgebautes Produkt kann demnach jederzeit wieder in seine molekularen Grundbausteine zerlegt werden. Ein anschauliches Beispiel für dieses bioanaloge Recycling liefert die Entfernung von Verunreinigungen. Ist ein aus PROMIM bestehendes Produkt verschmutzt, so beseitigt ein künstliches Immunsystem den Unrat. Der so genannte Immunisator ist ein Molekülkomplex, der ähnlich einem Antikörper Fremstoffe gezielt erkennt und verklumpen lässt. Solche Immunisatoren existieren für eine Vielzahl von Materialien. Die sortenreinen ›Schmutz‹flocken können daher direkt wieder aufbereitet werden.«

Zur Abrundung seiner Zukunftsschau aus dem Blickwinkel eines Bionikers verweist Professor Rechenberg darauf, dass auch bei der Erkundung von Planeten und Monden bionische Roboter eine wichtige Rolle spielen werden. Auf sechs Beinen unterwegs, ersetzen sie nach seiner Meinung die rad- beziehungsweise kettengetriebenen Modelle unserer Tage. Ihr erfolgreicher Vorstoß in unwegsamem Gelände bestätige, dass die biologische Lösung des Laufens unschlagbar sei. Kleinst- und Superkleinstroboter würden weitere Anwendungsgebiete erschließen. Ähnlich wie in den Fünfziger- und Sechzigerjahren des 20. Jahrhunderts die Kybernetik in aller Munde gewesen sei, trete in der zweiten Hälfte des 21. Jahrhunderts die so genannte Hesmonik (griechisch für Bienenschwarm) in den Blickpunkt des Interesses. Sie werde versuchen, die der Schwarmintelligenz zugrunde liegenden Mechanismen zu entschlüsseln und auf die Technik zu übertragen. Nach ihren Regeln arbeitende Roboterschwärme, gleichermaßen mobil wie autonom, würden durch Eigenschaften völlig neuer Qualität bestechen. Zukünftig seien diese Roboterschwärme bei geophysikalischen Untersuchungen, bei der Umweltüberwachung oder im Rettungseinsatz bei Katastrophen vermutlich nicht mehr wegzudenken. Schon bald würden so genannte Mikroflugobjekte in Schwärmen aktiv sein, deren Entwicklung bereits vor etlichen Jahren begonnen habe.

Zwei andere Biovisionen würden nach Rechenbergs Vorstellung in der Raumfahrt zum Einsatz kommen. Voraussichtlich Ende des 21. Jahrhunderts werden sich künstliche, sich selbst reproduzierende Systeme – so genannte Von-Neumann-Sonden – in unserer Galaxie an den Start begeben. Dies seien Automaten, die auf geeigneten Himmelskörpern landen, sich selbst vermehren, selbst Energie tanken und ständig durch unsere Milchstraße »streunen«. Auch das Projekt »Terraforming der Venus« könnte zu diesem Zeitpunkt konkrete Formen annehmen. Der Astronom Carl Sagan habe einst vorgeschlagen, die Atmosphäre der heißen Venus mit 1000 Raketenladungen blau-grüner Algen zu übersäen, um den Planeten erdähnlich zu gestalten. Solange Algen in der oberen, noch kühleren Venusatmosphäre schweben, könnten sie aus Kohlendioxid Sauerstoff herausspalten. Die Venus würde sich langsam abkühlen, sodass sich vermutlich auf ihrer Oberfläche terrestrisches Leben entwickeln könnte. Statt mit Algen arbeite das Projekt mit künstlichen, Ballonorganismen. Ihre Schwebefähigkeit gewährleiste einen sehr langen Aufenthalt in der oberen Venusatmosphäre.

14. Großer Lauschangriff auf tierische Propheten

Es wird nicht erst seit dem Jahrhundertbeben zu Weihnachten 2004 diskutiert – das rechtzeitige Warnen vor drohendem Unheil, der vorsorgliche Lauschangriff auf zunächst nicht erkennbare und unhörbare Gefahrenpotenziale soll künftig eine neue Qualität bekommen. Die Bedrohung durch ständig neue Atommächte, vor allem aber das schicksalhafte Auftreten von Naturkatastrophen infolge der durch den Menschen verursachten globalen Klimaveränderung macht Horchposten rund um den Erdball überlebensnotwendig. Mit einem immer dichter werdenden Netzwerk neuer Messstationen auf der ganzen Welt wollen Forscher geheimen Atombombentests ebenso auf die Spur kommen, wie sie plötzlichen Schicksalsschlägen aufgrund verheerender Vulkanausbrüche, Erd- und Seebeben vorbeugen möchten. Neben technischen Beobachtungsstationen der herkömmlichen Art werden künftig vor allem Infraschalldetektoren eingesetzt, um die Menschen besser als in der Vergangenheit vor weltweiten Gefahren schützen zu können. Dabei stellt sich die Frage: Bedienen sich Wissenschaftler und Ingenieure des besten heute verfügbaren Instrumentariums, entsprechen die Horchgeräte wirklich dem heutigen Kenntnisstand in Forschung und Technik? Hätten in den letzten Jahrzehnten nicht Hunderttausende vor einem grausamen Tod bewahrt werden können, wenn das vorhandene Wissen zum Beispiel im Bereich der Technischen Biologie und Bionik zum Einsatz gekommen wäre? Trägt die Staatengemeinschaft der UN, tragen vor allem die High-Tech-Nationen nicht eine strafrechtlich relevante Mitschuld an dem unbeschreiblichen Leid unzähliger Menschen,

239

falls effektivere Vorwarnmethoden aus kommerziellen Gründen abgelehnt wurden – Methoden, mit denen es unter Umständen möglich gewesen wäre, die Menschen zumindest vor Schicksalsschlägen solch biblischer Ausmaße zu bewahren? Dürfen wir heute noch darauf vertrauen, dass Wissenschaft und Technik mit dem Geld des Steuerzahlers alle Möglichkeiten ausschöpfen, um das Leben der Bürger vor sich abzeichnenden Katastrophen und Heimsuchungen zu bewahren?

Erkannt wurde das Unglück der US-Raumfähre »Columbia« im Februar 2003 schon einige Zeit, bevor sie zersplitterte und die sieben Astronauten auf ihrer Rückkehr von der Internationalen Raumstation den Tod fanden. Abhorchposten in den westlichen US-Bundesstaaten Kalifornien und Washington hatten die akustische Spur der auf die Erde zurasenden Raumfähre aufgezeichnet, lange bevor das Raumschiff bei einer Geschwindigkeit von etwa 20 000 Stundenkilometern am Himmel über Texas in Schwierigkeiten geriet. Weitere Peilstationen in New Mexico und Texas waren ebenfalls Zeuge der Katastrophe bis zum endgültigen Bersten der Fähre. »Wir haben jedes Signal beim Eintauchen des Raumschiffes in die Erdatmosphäre aufgenommen«, berichtete Michael Hedlin, »und zunächst war alles so, wie es bei einer Shuttlerückkehr normalerweise zu erwarten war. Völlig unvermittelt hat unsere Station eine kleine Explosion an Bord der ›Columbia‹ registriert; wir hatten aber keine Hinweise auf eine bedrohliche Störung empfangen.« Hedlin ist Chef des Infraschalllabors bei der Scripps Institution for Oceanography im kalifornischen La Jolla. Seine High-Tech-Station betreibt zwei Infraschallanlagen an der Westküste der USA. Aufgrund der akustischen Aufnahmen konnte ein Blitz- oder Meteoriteneinschlag als Ursache der Shuttlekatastrophe schon bald ausgeschlossen werden.

Als Infraschall wird jener Bereich des akustischen Spektrums bezeichnet, dessen Wellenlänge zu groß ist, als dass das menschliche Gehör ihn noch wahrnehmen könnte. Elefanten und Wale beispielsweise hören dagegen Signale in diesem Bereich sehr gut – und zwar hundertmal besser als die empfindlichsten Lauschstationen der menschlichen Technik. Die Dickhäuter nutzen Infraschall, um sich über 80 bis 100 Kilometer hinweg miteinander zu verständigen, die riesigen Meeressäuger sogar über Entfernungen von 1000 Kilometern und mehr. Aufgrund ihrer niedrigen Frequenz verbreiten sich Infraschallsignale über sehr weite Strecken. »Es gibt keinen Ort auf der Erde, an dem man die Infraschallsignale des Ozeans nicht hört – selbst im innersten Sibirien nicht«, erklärt Milton Garces, Leiter des Infraschalllabors der University of Hawaii in Manoa. Horchposten wie in Manoa oder La Jolla gibt es heute schon rund um den Globus, denn Infraschall ist hervorragend für eine weltumspannende Überwachung akustischer Großereignisse geeignet. »Solche spektakulären Geschehnisse sind insbesondere Ausbrüche von Vulkanen oder Taifune, die weit draußen auf den Meeren toben; die Brandung haushoher Wellengangs erzeugt Infraschall, wir können mit unseren Anlagen aber auch registrieren, ob irgendwo über dem Ozean ein Meteorit in der Atmosphäre explodiert«, erklärt Michael Hedlin.

Rund 60 neue Horchposten sollen in den nächsten zwei Jahren rund um den Erdball errichtet werden – einer davon wird von der Bundesanstalt für Geowissenschaften und Rohstoffe betrieben. Bei diesen High-Tech-Lauschstationen handelt es sich um gigantische Mikrofone mit noch gewaltigeren Windschutzeinrichtungen, die jedes akustische Signal im Infraschallspektrum empfangen. Schwere Stürme oder Vulkanausbrüche, Erd- oder Seebeben sind allerdings nicht der Grund für dieses weltweite Netz von Infraschall-Überwachungsstationen, sondern das Atomwaffenteststopp-Abkommen: Nukleare Explosionen, auch wenn sie tief im Inneren von Gebirgszügen oder am Meeresgrund stattfinden, hinterlassen ihre akustische Signatur auch in der Atmosphäre der Erdoberfläche. Die Forscher wollen mit ihren technischen Riesenohren geheimen Atombombentests auf die Spur kommen und dabei vor allem solche Staaten überwachen, die heimlich oder – wie unlängst Indien, Iran, Nordkorea und Pakistan – offenbar ganz unverhohlen Kernwaffen entwickeln. Mit dem technisch hochsensiblen Infraschallnetzwerk lässt sich zweifelsfrei nachweisen, dass irgendein Land atomare Sprengköpfe zumindest bis zur Testreife hergestellt hat. »Wir können sogar ziemlich genau abschätzen, welche Energie eine solche Kernexplosion freigesetzt hat«, erläutert Henry Bass, Direktor des US-amerikanischen Nationalen Zentrums für Physikalische Akustik an der University of Mississippi. Die so genannten Mikrobarographen zeichnen verräterische Schallwellen eines bestimmten Klangmusters auf, das etwa bei einer oberirdischen Detonation automatisch entsteht. Deren Druckwelle läuft mit Schallgeschwindigkeit durch unsere Atmosphäre – und erreicht so auch die nächstgelegene Messanlage. Da die Schallwellen von atomaren Explosionen schon nach einigen hundert Kilometern nur noch sehr schwach ausgeprägt sind, bedarf es höchstempfindlicher Hörgeräte. Das menschliche Ohr ist für die Aufnahme von Schallwellen einer Bombenexplosion im Bereich zwischen 0,1 und 1 Hertz völlig ungeeignet, da es erst Schwingungen ab einer Frequenz von 16 Hertz wahrzunehmen vermag.

Auch die Wissenschaft profitiert von der Renaissance des Infraschalls, da sich die Lauschanlagen eben auch zur Beobachtung von Naturphänomenen nutzen lassen. So wurde 2004 auf den Kapverdischen Inseln vor der Küste Westafrikas eine Infraschallstation errichtet, an der die amerikanischen Meteorologen größtes Interesse haben. Denn die dortige Meeresregion ist häufig die Quelle der gefürchteten Hurrikane, die regelmäßig die Karibik und die nordamerikanische Ostküste heimsuchen. »Eine Frühwarnung vor schweren Stürmen, die noch in der Entstehung begriffen sind, wäre sehr hilfreich«, erklärt Bass. Milton Garces vom Vulkanarchipel der Hawaii-Inseln will den Infraschall künftig für die Überwachung aktiver Feuerberge nutzbar machen. Steht nämlich ein Ausbruch bevor, so verändert sich ihr Infraschallprofil dramatisch. Vor allem bei zu erwartenden Gaseruptionen ist die Infraschalltechnik der bisher angewandten seismographischen Messung deutlich überlegen. Denn Gas, das durch die Schlote der Vulkane nach oben steigt und im Begriff ist zu explodieren, kündigt sich nicht unbedingt durch schwere Erschütterungen innerhalb eines Berges an, wie man es bei hervorquellendem Magma registrieren kann. Deshalb ereignet sich eine Eruption für die seismischen Kontrollinstrumente oft völlig überraschend, während sie sich im Infraschallprofil schon relativ lange vorher durch ihren spezifischen Geräuschpegel abzeichnet.

Das Anfang 2005 von mehr als 20 Geberländern beschlossene Tsunami-Frühwarnsystem für den Indischen Ozean und dessen Anrainerstaaten soll auch von Lauschposten unter der Meeresoberfläche unterstützt werden. Die so genannten Hydrophone, Herzstück einer in Kiel gebauten Messstation, werden in etwa 1000 Meter Tiefe hängen und bei geringsten Druckschwankungen mit einem elektrischen Signal Alarm geben. Peter Wille, Hydroakustiker an der Forschungsanstalt der Bundeswehr für Wasserschall und Geophysik (BWG) in Kiel, hat die »Wasserwanze« entwickelt und im Skagerrak, einem Teil der Nordsee zwischen Norwegen und Dänemark, getestet. Die Ozeane, so erklärt es der Ingenieur, leiten Schallwellen besser als Gestein. Während mehr als 200 seismische Sensoren erforderlich sind, um die Weltmeere flächendeckend zu überwachen, reichen elf Ozeanlauscher, um alle Meere genau beobachten zu können. »Die Kieler haben die Nase vorn«, lobt Wolfgang Hoffmann. Der deutsche Diplomat ist Exekutivsekretär der Comprehensive Test Ban Treaty Organization (CTBTO) in Wien. Der internationalen Behörde obliegt die Aufgabe, die Einhaltung des Atomwaffenteststopp-Vertrags zu überwachen. Künftig werden die Weltmeere, die Kontinente und die Atmosphäre mit einem Netz von Horchposten für seismische Wellen im Erdinneren, Infraschall-Luftdruckwellen, radioaktiven Niederschlag und Wasserschall überspannt. Es bleibt zu wünschen, dass die besonderen Vorzüge biologischer Systeme in dieses globale Überwachungsgeflecht zumindest mit einbezogen werden. Geophysiker der Heriot-Watt University im schottischen Edinburgh wollen Erdölfelder in Zukunft treffsicherer als bislang im Untergrund orten und – bedienen sich des Fledermausradars. »Wir arbeiten nach dem Vorbild der Fledermäuse«, erklären die Wissenschaftler ihre Vorgehensweise bei der Suche nach dem schwarzen Gold. »Diese Tiere senden ein Signal in ihre Umgebung aus und hören auf das Echo. Aus dem Widerhall machen sie sich ein Bild von ihrer Welt.« Die Forscher benutzen Schwingungen, die sie meist durch Sprengungen erzeugen. In harten Gesteinsschichten pflanzen sich die Schallwellen schnell, in weichen langsamer fort. Wo sie an Grenzflächen zwischen verschiedenen Gesteinen stoßen, werden sie wie Licht von einem Spiegel zurückgestrahlt. Spezialmikrofone an der Erd- oder Meeresoberfläche registrieren die reflektierenden Schwingungen. Aus der zeitlichen Reihenfolge des Eintreffens der Wellen an den Mikrofonen ziehen die Ölsucher Rückschlüsse auf die Untergrundstruktur. »Mit herkömmlichen Verfahren«, so berichtet der Geophysiker Gary Couples, »konnten wir zweidimensional in die Erde blicken – ganz so, wie man an einer Stelle eine mehrschichtige Torte anschneidet und nur die Struktur der Schichten an dieser Schnittkante erkennen kann.« Nach dem Vorbild der Fledermaus und der daraus von den Wissenschaftlern abgeleiteten 3-D-Seismik wird der Untergrund dreidimensional aufgelöst, und die einzelnen Schichten können plastisch untersucht werden. Dadurch ist es möglich geworden, Lagerstätten des begehrten Rohstoffs auch dort ausfindig zu machen, wo eine Prospektion bislang nicht durchgeführt werden konnte.

Die kommenden Jahre werden zeigen, wie effizient die verschiedenen Observatorien arbeiten, wenn ihre empfindlichen Antennen nicht nur für die Entdeckung schwarzer Atom-Schafe, sondern auch für die Vorhersage schwerer Erd- und Seebeben verwendet werden. Schon heute allerdings steht fest, dass die Ausbeute rechtzeitiger Warnsignale zwar die bisherigen seismographischen Stationen übertreffen dürfte, jedoch an die ungleich diffizilere Abhörtechnik biologischer Systeme nicht im Entferntesten heranreicht. Über Jahrmillionen haben Tiere an der Perfektionierung ihrer Flugmechanik, ihres Fahrgestells, ihrer Beobachtungs- und Kontrolleinrichtungen gearbeitet. Die technischen Tools, die sich daraus ergaben, lassen – gerade weil sie in vielen Fällen unsere Vorstellungskraft sprengen – zuweilen das Gefühl aufkommen, dass die menschlichen Technologien, Entdeckungen und Erfindungen erst am Anfang ihrer Entwicklungsmöglichkeiten stehen. Bereits Stunden vor der ersten Killerwelle, die zigtausende Menschen am zweiten Weihnachtsfeiertag ohne jegliche Vorwarnung durch die dafür zuständigen Kontrollposten dieser Region – und dies trotz eines vorhergegangenen gigantischen Bebens der Stärke 8,9 auf der Richter-Skala – in den Tod riss, schlugen Elefanten, Delfine, Eidechsen und sogar Singvögel auf den Indien, Thailand, Indonesien und Sumatra vorgelagerten Atollen und Miniinseln heftig Alarm. Die eingeborene Urbevölkerung dieser einsamen Eilande der Südsee – und die dort beheimatete Tierwelt – vermochten daher eine der schrecklichsten Tragödien auf unserem Planeten verhältnismäßig unbeschadet zu überstehen. Angesichts der über 250 000 Toten mutet es einigermaßen tragikomisch an, dass sich die Insulaner mit Pfeil und Bogen zur Wehr setzten, als Rettungsteams zu Wasser und in der Luft versuchten, sie mit den Segnungen unserer hochtechnisierten Zivilisation in ihrem uralten Lebensrhythmus zu beglücken.

Gestört werden könnte in diesem Zusammenhang auch unsere heimische Idylle. Der Bestsellerautor Frank Schätzing schildert in seinem spannenden Roman »Der Schwarm« ein Horrorszenario, wie es Ende 2004 im Indischen Ozean Wirklichkeit geworden ist. »Bevor ich den ›Schwarm‹ schrieb«, erzählt der Kölner in einem Interview mit dem Nachrichtenmagazin Spiegel, »habe ich immer wieder von einer gigantischen Welle geträumt, der man nicht entkommen kann. Während der Arbeit am Roman stand mir dieses

Bild der heranrasenden Wasserfront oft vor Augen. Das ist schon grauenvoll.« Müssen wir aber bei Naturkatastrophen »nur« an jene schicksalhaften Tragödien denken, welche es auf unserem Planeten durch alle erdgeschichtlichen Zeitalter hindurch gegeben hat? Drohen uns vielleicht auch Gefahren, die zwar von uns selbst verursacht, aber unter Umständen noch weitaus fürchterlichere Ausmaße annehmen könnten? In seinem Buch »*Luftbeben*« hat Peter Sloterdijk den Terrorismus als »Angriff auf die Umwelt« definiert. Was den Terror von den klassischen Kriegen unterscheide, sei die Strategie, nicht mehr auf den Körper des Feindes, sondern auf seine »umweltlichen Lebensvoraussetzungen« zu zielen – ganz so, wie es Shakespeares Shylock im »Kaufmann von Venedig« sagt: »Ihr nehmt mein Leben, wenn Ihr die Mittel nehmt, wodurch ich lebe.« Sloterdijk erklärte den ersten Großeinsatz von Chlorgasen, 1915 an der westflandrischen Ypern-Front, zur »Urszene« des Terrorismus: Da in den Schützengräben die Soldaten beider Seiten füreinander unerreichbar waren, musste die »Entdeckung der Umwelt« erfolgen und eine »Militärklimatologie« aus dem Boden schießen. Er zog von hier aus eine Linie bis hin zu Nuklearangriffen und den Visionen einer »Wetterwaffe«: künstlich herbeigeführter Nebel, Gewitter und Dürre. Warum könnte Wetter auch für uns Europäer wichtig werden – viel wichtiger sogar, als uns lieb sein kann?

Ginge es nach dem amerikanischen Völkerrechtler Andrew Strauss von der Widener University in Wilmington im US-Staat Delaware, so müssten sich Klimasünder in Zukunft vor dem Internationalen Gerichtshof verantworten. Strauss denkt nicht daran, einzelne Konzerne zu verklagen, sondern die Länder, deren Schadstoffausstoß die Erderwärmung hauptsächlich verursacht. Anlass könnten höchst dringliche Problemstellungen sein: etwa dass der Inselstaat Tuvalu in absehbarer Zeit infolge der Erderwärmung in den Fluten des Südpazifiks versinken wird. Die Idee zum Konzept der »Global Warming Lawsuits« entstand 2001 bei einer Völkerrechtskonferenz in Venedig. Man diskutierte dort die Durchsetzbarkeit des Kyoto-Protokolls, etwa durch Verfahren vor dem Internationalen Gerichtshof in Den Haag oder vor einem Rechtsausschuss der Welthandelsorganisation (WTO). Doch selbst wenn es gelänge, weitere Länder zum Unterzeichnen des Kyoto-Protokolls zu veranlassen, wäre zu wenig akute Abhilfe erreicht. Dringender erscheinen dem amerikanischen Juristen daher die praktischen Konsequenzen, die mit Schadenersatzprozessen einhergehen. Professor Strauss meint: »Das Kyoto-Protokoll reicht nicht aus, die Erderwärmung effektiv zu stoppen. Also stellt sich früher oder später die Frage, wer die Folgen bezahlen soll. Denn so viel ist klar – Klimakatastrophen werden richtig teuer.« Die fast schon »pathologische Ignoranz« könnte aber nicht nur richtig teuer werden, sondern auch Millionen Menschenleben kosten.

Ein kurzer Blick in die jüngere Erdgeschichte ist in diesem Zusammenhang recht aufschlussreich. Unter dem grönländischen Festlandsockel und dem heutigen Island drang vor etwa 60 Millionen Jahren aus dem Erdmantel eine riesige Masse besonders heißen Gesteins empor, eine 3000 Kilometer lange Spaltenzone tat sich von Südengland bis zur Nordspitze Norwegens auf. In den darauf folgenden 22 Millionen Jahren stauten sich in der unterirdischen Planetenküche glutflüssige Gesteinsströme von gewaltiger Ausdehnung, die sich schließlich vor 38 Millionen Jahren bei Island in heftigen Vulkanausbrüchen entluden. Die Insel entwickelte sich zusammen mit dem umgebenden Sockel zu einem der größten Vulkanzentren der Erde. Bis heute wurde dort mehr als eine Million Kubikkilometer vulkanischen Gesteins ausgestoßen. Die untermeerischen Flanken der sterbenden Feuerberge wurden im Laufe der Jahrmillionen von einem mächtigen Methaneispanzer überzogen und damit für die Nachwelt präpariert und haltbar gemacht. Damit wurde gleichzeitig eine allmähliche Einebnung der Vulkanberge gewissermaßen künstlich verhindert, da die porösen Gesteinsmassen nicht mehr zum Meeresgrund abbröckeln konnten. In Meerestiefen von etwa 500 Metern abwärts gelang es

Geologen in mühevoller Kleinarbeit – mithilfe von Echolotungen, farbkodierten 3-D-Aufnahmen und digitalen Geländemodellen –, ein plastisches Bild der Feuer speienden Berge zu entwerfen, wie sie sich heute einen halben Kilometer unter dem Meeresspiegel in ihrer gewaltigen Größe vom Meeresgrund erheben.

So genannte Eiswürmer besiedeln die Methaneisflächen, wenn auch nicht in solchen Massen, wie in Schätzings *»Schwarm«*-Buch geschildert. Nach vorsichtigen Schätzungen der Geologen ist damit zu rechnen, dass die weltweiten Methaneisvorkommen etwa 10 000 Gigatonnen organischen Kohlenstoff enthalten. Zum Vergleich: Zählt man die heute bekannten Mengen an weltweiten Kohle-, Erdgas- und Erdölvorkommen zusammen, so kommt man auf ungefähr 5000 Gigatonnen Kohlenstoff. In den 140 Jahren zwischen 1860 und 2000 hat die Menschheit weltweit etwa 250 Gigatonnen Kohlenstoff verbraucht, und für den Bedarf bis zum Jahre 2100 berechnen Fachleute eine Menge, die je nach Szenario zwischen 500 und 2500 Gigatonnen ausmachen dürfte – die noch vorhandene, in komprimiertem, zu Eis gebackenem Methangas gebundene Kohlenstoffmenge ist also gigantisch. Und damit sind diese Kohlenstoffvorräte ins Blickfeld der großen Energiekonzerne gerückt. Doch zugleich zeichnet sich am Horizont auch eine Horrorvision ab: Niemand weiß, wieviel von den Methaneispanzern, welche die porösen Vulkanberge notdürftig ummanteln und zusammenhalten, abgebaut werden können, ohne dass die untermeerischen Giganten in sich zusammenstürzen und eine Springflut unvorstellbaren Ausmaßes erzeugen würden. Dieses Szenario erscheint so apokalyptisch, dass es an dieser Stelle nicht weiter ausgeführt werden soll – nur so viel: Ein Tsunami wie der von Weihnachten 2004, ausgelöst durch die Wucht und Größe des Seebebens vor Sumatra, würde im Vergleich zu einer Springflut im Nordatlantik nachträglich wie ein Plätschern im heimischen Swimmingpool erscheinen. Doch diese Gefahr könnte notfalls gebannt werden durch ein weltweites Tabu, das den Energiekonzernen durch die Staatengemeinschaft auferlegt werden müsste. Allerdings droht noch ein anderes, weit größeres und, wie es scheint, kaum abzuwendendes Horrorszenario: Der unterseeische Methaneispanzer im Nordatlantik könnte angesichts einer fortschreitenden Erwärmung aufgrund des Treibhauseffekts seinerseits porös werden und schmelzen. ... Ob Frank Schätzing auch von einem *solchen* Ereignis träumte?

Am 26. Dezember 2003, also auf den Tag genau ein Jahr vor der Tsunami-Katastrophe im Indischen Ozean, bebte die Erde im Osten Irans mit einer Stärke von »nur« 6,3 auf der Richter-Skala. Das reichte aus, die historische Wüstenstadt Bam in ein Trümmerfeld zu verwandeln. Die meisten der 100 000 Einwohner dieser Oasenstadt wurden im Schlaf überrascht, als die Erde sich auftat und 35 000 von ihnen tötete. Warnungen gab es auch dort nicht – zumindest keine offiziellen –, doch auch in der historischen Altstadt Bams, die nahezu vollständig zerstört wurde, sollen Tiere, wie Augenzeugen anschließend berichteten, »verrückt« gespielt haben, da sie mit ihrem so genannten sechsten Sinn das herannahende Beben spüren konnten. Besondere Sorge bereitet den wissenschaftlich ausgebildeten Seismologen die iranische Hauptstadt Teheran: Die fast zwölf Millionen Einwohner zählende Metropole liegt ebenfalls in einer erdbebengefährdeten Region. Bei einem Beben ähnlicher Stärke wie in Bam rechnen Experten mit bis zu vier Millionen Toten – und mit einem anschließenden Chaos unbeschreiblichen Ausmaßes. Bereits in den letzten zwei Jahrzehnten lösten in Tehcran »blinde« Alarme regelmäßig panikartige Massenfluchten aus. 1991 warnte ein chinesischer Erdbebenexperte vor möglichen Erdstößen, 1997 ein tschechischer Wissenschaftler. Jedes Mal aber wurde im staatlichen iranischen Fernsehen die Gefahr klein geredet mit der Begründung, die Wissenschaftler seien keine ausgewiesenen Fachleute und ihre Warnungen deshalb auch nicht ernst zu nehmen. Ein gewisses Verständnis für die abwiegelnde Haltung der iranischen Behörden lässt sich aus einem nahe liegenden Grund kaum leugnen: Bislang ist in der leidvollen Erdbebengeschichte der Menschheit lediglich ein verschwindend geringer Bruchteil der tatsächlichen Katastrophen vorhergesagt worden, die allermeisten Prognosen erwiesen sich am Ende als blinder Alarm. Angesichts der Milliardensummen, die weltweit bis heute sinnlos in die Erdbebenvorhersage gepumpt wurden, müssen sich die zuständigen Gremien auf allen Kontinenten die Frage gefallen lassen, weshalb bislang nur in Ausnahmefällen Warnungen aufgenommen wurden, die von aufmerksamen Naturbeobachtern erfolgten.

Jahrzehnte im Voraus und auf den Tag genau wussten schon die alten Griechen genau, wann die Sonne hinter dem Mond verschwinden würde, wann es also zu einer Sonnenfinsternis kam. Bereits Tage vorher bereiten sich Jahr für Jahr Menschen in verschiedenen US-Bundesstaaten darauf vor, sich rechtzeitig vor einem Taifun oder Hurrikan in Sicherheit zu bringen. Doch im Spätsommer 1999 wurde die Türkei gleich zweimal innerhalb weniger Wochen von einer schweren Erdbebenkatastrophe heimgesucht – völlig unvorbereitet. Warum lassen sich alle möglichen Naturereignisse so präzise vorhersagen – nur wenn es um Vulkanausbrüche, Erd- oder Seebeben geht, ist es meistens vorbei mit der wissenschaftlichen Voraussageherrlichkeit? Dabei ist der Aufwand, der für genaue Vorhersagen getrieben wird, um hunderttausenden Menschen wenigstens das Leben zu retten, enorm. Eine Armee hochbezahlter Wissenschaftler und Ingenieure versucht seit Jahrzehnten das Geheimnis dieser gigantischen Verwerfungen im Erdinneren zu ergründen; bisher gingen nahezu alle ihre Prognosen ins Leere. Der Tod, der aus der glutflüssigen Tiefe der Erde kommt, ist bis heute unbesiegt.

Dabei sind Erdbeben etwas ganz Alltägliches. Innerhalb von 24 Stunden werden weltweit von den ungefähr 5000 Erdbebenobservatorien zwischen 800 und 1000 Bodenschwankungen registriert. Sie sind jedoch in der Regel harmlos und nur von geringer Stärke, ereignen sich häufig auch in abgelegenen Teilen der Welt. Bei diesen relativ geringfügigen Zuckungen des Erdballs, bei denen lediglich ein Zittern und Vibrieren den Planeten durchläuft und die Seismographen der Erdbebenwächter schlimmstenfalls Ausschläge in der Größenordnung von 3 bis 4 auf der Richter-Skala verzeichnen, werden kaum einmal Sachschäden, ganz zu schweigen von Personenschäden, registriert. Gefährlicher werden diese Schüttelbewegungen der Erdkruste erst bei Stärken zwischen 5 und 6, und katastrophale Ausmaße können die Schäden zwischen 6 und 7 annehmen, insbesondere in dicht besiedelten Ballungsgebieten. So geschah es etwa bei dem verheerenden Beben 1755 in Lissabon mit rund 60 000 Toten. Oder bei den Verwüstungen, denen zwischen dem 18. und 22. April 1906 San Francisco zum Opfer fiel: Zunächst wurde die kalifornische Stadt an der Westküste der USA von einem heftigen Beben erschüttert, anschließend vernichtete ein unbeschreiblicher Feuersturm die Reste der Metropole am Golden Gate. Oder das Erdbeben 1960 in Agadir an der marokkanischen Atlantikküste, dem von seinerzeit 35 000 Einwohnern mehr als 12 000 zum Opfer fielen. Zehntausende Tote wurden auch bei zahlreichen weiteren Erdbeben beklagt, beispielsweise 1985 in Mexico City, 1995 im japanischen Kobe und im Jahre 2001 im Nordwesten Indiens. Die bis Weihnachten 2004 schlimmste Erdbebenkatastrophe seit Menschengedenken ereignete sich 1976 in der nordchinesischen Stadt Tangschau, bei der mehr als 650 000 Menschen ums Leben gekommen sein sollen. Und auch hier, wie nirgendwo sonst, erfolgte nicht der geringste Ansatz zu einer rechtzeitigen Vorwarnung durch die offiziellen Erdbebenbeobachter.

Doch Ausnahmen bestätigen auch die Regel beim Umgang mit den Naturgewalten: Nach Jahrzehnten häufiger schwerer Erdstöße in der südmandschurischen Provinz Liaoning riskierten die Behörden gewissermaßen im Alleingang – gegen die massiven Einwände der zuständigen Wissenschaftsverwaltung – einen alternativen Großversuch: Es war der 4. Februar 1975 in der chinesischen Stadt Haicheng. Um elf Uhr vormittags lösten die Behörden Katastrophenalarm für die gesamte Region aus und ordneten die sofortige Evakuierung der Stadt an. Tatsächlich bebte um 19.36 Uhr desselben Tages die Erde mit einer Stärke von 7,3 auf der Richter-Skala. Fast 90 Prozent der Stadt erlitten schwere Schäden, die Hälfte aller Gebäude wurde total zerstört – doch obwohl mehr als eine Million Menschen in unmittelbarer Nähe des Epizentrums wohnten, kamen nur etwa 300 Einwohner ums Leben: vor allem Alte, die nicht zum Fortgehen zu bewegen waren, und Sicherheitskräfte, die offizielle Order hatten, in der Stadt auszuharren. Wie war das möglich?

Ein chinesischer Biologe hielt auf dem Gelände der Erdbebenwarte ein paar Hühner – nicht nur wegen der täglich frischen Eier. Er wusste aus früheren Erlebnissen mit dem Federvieh: Bereits 12 bis 15 Stunden vor einem Beben hörten seine Hennen regelmäßig auf zu fressen. An jenem Morgen des 4. Februar 1975, als er wie immer gegen neun Uhr seine Hühner fütterte, war es mal wieder soweit: Obwohl die Tiere hungrig sein mussten, standen alle nur leise gackernd und irgendwie nervös herum – kein Huhn pickte auch nur ein einziges Korn vom Boden auf. Unmittelbar darauf alarmierte das Team der Erdbebenbeobachtungsstation die Behörden, die auf einen solchen Anruf seit längerem vorbereitet waren.

Das Pekinger Wissenschaftsministerium untersagte einen zweiten Tierversuch. Nur 18 Monate später, am 28. Juli 1976, starben bei dem schwersten Erdbeben aller Zeiten wahrscheinlich mehr als 650 000 Menschen – eine Vorwarnung durch die Erdbebenstationen war diesmal, wie gewöhnlich, ausgeblieben. Die meisten Wissenschaftler sind nach wie vor davon überzeugt, dass lebende Seismographen als Erdbebenwarner unzuverlässig seien. Was aber könnte unzuverlässiger sein als diese modernen, unglaublich hochgerüsteten Erdbebenstationen der Wissenschaft?! Wo ist in den letzten 100 Jahren auch nur ein einziges Mal durch jene vom Steuerzahler fürstlich entlohnten Ingenieure und fachlich angeblich perfekt ausgebildeten Erdbebenforscher eine schwere Naturkatastrophe dieser Art rechtzeitig vorhergesagt worden?! Mit welcher Berechtigung dürfen diese so genannten Experten noch für die

Sicherheit der Bevölkerung Dienst tun, wenn sie sich trotz aller wissenschaftlichen Pleiten und Niederlagen – solche Pleiten und Niederlagen gehen in der Regel mit vielen tausend Toten einher! – nach wie vor dagegen sperren, den »sechsten Sinn« der Tiere als ergänzende Informationsquelle wenigstens zur Kenntnis zu nehmen?! Jeder Fluglotse wird zur Rechenschaft gezogen, wenn er seine Beobachtungsinstrumente falsch oder auch nur im Geringsten fehlerhaft interpretiert, selbst professionelle »Wetterfrösche« kommen in Teufels Küche, wenn sie die Großwetterlage nicht mindestens zwölf Stunden im Voraus mit an Sicherheit grenzender Wahrscheinlichkeit einzuschätzen vermögen – nur Erdbebenforscher tun so, als müsste man sie für ihre totale Blindheit und schier unerträgliche Überheblichkeit auch noch belohnen! Fast 400 Millionen Euro spendeten allein deutsche Bürger für die geschundenen Menschen in den vom weihnachtlichen Seebeben betroffenen Regionen des Indischen Ozeans, weil sie, die offiziellen Erdbebenwächter, mal wieder jeglichen Hinweis von Naturbeobachtern in den Wind geschlagen haben! Millionen Menschen wurden obdachlos, hunderttausende schwer verletzt, hunderttausende verloren ihre Angehörigen, Zehntausende von Kindern wurden zu Vollwaisen – aber der deutsche Erdbebenexperte und Geophysiker Rainer Kind, Professor an der Freien Universität Berlin und Leiter der Abteilung Seismologie am Geoforschungszentrum in Potsdam, erdreistet sich zu behaupten, dass Meldungen von Tieren, die Erdbeben im Voraus spüren, nichts als fromme Märchen seien und ins »Reich der Fabeln« verwiesen werden müssten! Sollen wissenschaftlich klingende Phrasen nur eine profunde Unkenntnis kaschieren? Schon vor 30 Jahren, so Kind in der *Süddeutschen Zeitung*, habe man versucht zu beweisen, dass beispielsweise die Erwärmung der Erde vor Erdbeben die Ruheperioden von unterirdisch lebenden Tieren unterbricht. »Doch letztlich haben all diese Hypothesen zu nichts geführt«, sagt dieser Berliner Experte und unterstreicht damit seine wissenschaftliche Bildungsferne. Denn *seinen* Hypothesen – und denen seiner ähnlich argumentierenden

Gefolgsleute – war *noch* weniger Erfolg beschieden, allerdings mit einem erheblichen Unterschied: Die biologischen Seismographen arbeiten vergleichsweise wie Amateure, also unentgeltlich, während professionelle Wichtigtuer und akademische Scharlatane seit Jahrzehnten Milliarden verschleudern – und dabei jeglichen Versuch, ihren Job von zuverlässigeren Systemen aus dem Reich der Tiere erledigen zu lassen, brüsk ablehnen. Der französische Schriftsteller Louis Pauwels erfand in seinem Buch *»Gurdjew der Magier«* eine Fabel, die dogmatisches Festhalten am Paradigma der Schulwissenschaft in wundervoller Weise charakterisiert: »Um einen lebenden Affen zu fangen, hängen die Eingeborenen einen mit Erdnüssen gefüllten Flaschenkürbis an eine Kokospalme. Der Affe kommt, greift in den Kürbis, nimmt die Erdnüsse und ballt die Hand zur Faust. Jetzt aber kann er die Hand nicht mehr zurückziehen – was er einmal ergriffen hat, hält ihn gefangen.«

Es bestehen indes nicht mehr die geringsten Zweifel, dass Tiere über weitaus empfindlichere Sinne verfügen als Menschen und ihre technischen Apparaturen. So hält es Helmut Kratochvil von der Universität Wien prinzipiell für möglich, dass etwa die Elefanten in Sri Lanka den verheerenden Tsunami schon viele Stunden zuvor gespürt haben. »Elefanten können niederfrequente Schallwellen hören, die ein Mensch längst nicht mehr wahrnehmen kann«, sagt der Zoologieprofessor und Experte für die Kommunikation unter Elefanten. Neue Forschungen hätten zudem ergeben, dass die Dickhäuter über besonders viele druckempfindliche Tastrezeptoren in den Fußsohlen verfügen, mit denen sie den Schall womöglich über den Boden empfinden können. Allerdings mag es problematisch sein, im Nachhinein methodisch sauber nachzuweisen, dass Elefanten eine drohende Naturkatastrophe tatsächlich vorzeitig gespürt haben; aber noch problematischer erscheint es, einen möglichen Ansatz für ein effektiveres Warnsystem generell zu ignorieren. Denn die Annahme, dass Tiere seismographische Sinne besitzen, hält sich seit langer Zeit. Immer wieder befassten sich auch wissenschaftliche Fachpublikationen mit diesem ungewöhnlichen Phänomen. Noch kurz vor der Tsunami-Katastrophe im Indischen Ozean veröffentlichte der japanische Seismologe Tsuneji Rikitake ein Buch über Vorhersagen und Anzeichen schwerer Erdbeben, das unter dem englischsprachigen Titel »*Prediction and Precursors of Major Earthquakes*« (»Vorhersage und Vorboten größerer Erdbeben«) bei Terra Scientific 2004 erschienen ist. Auch statistische Untersuchungen anderer Wissenschaftler aus Japan und der Türkei haben neuerdings tatsächlich das auffallende Verhalten von Tieren vor starken Erdbeben bestätigt.

Die vollmundigen Versprechen engstirniger Wissenschaftler ziehen sich wie ein roter Faden quer durch dieses Buch – aber kaum jemand begehrt auf! Müssen wir denn immer erst wachgerüttelt werden, wenn das Kind bereits in den Brunnen gefallen ist? Wer will denn noch ruhig schlafen, wenn sich herausstellt, dass mit Ehren überhäufte Geistesgrößen auch nur mit Wasser kochen und weite Bereiche der Forschung völlig unsinnige Fragenkomplexe zur Lebensaufgabe ganzer Generationen von Jungakademikern machen? Ständig rudern selbst ernannte Päpste und Koryphäen zurück, weil sich ihre dogmatischen Parolen als purer Nonsens erweisen. Die Freiheit der Forschung in allen Ehren – nichtsdestotrotz hat die Öffentlichkeit ein ebenso grundgesetzlich verbrieftes Anrecht darauf, dass die Würde eines jeden Menschen unantastbar ist. In Mitleidenschaft gezogen wird sie jedoch immer dann, wenn infolge kommerzieller Interessen einzelner Gesellschaftsgruppen die allgemeine Sicherheit der Bevölkerung mit Füßen getreten wird. Wollen wir denn auch in Zukunft lieber treu und brav zahlen und spenden statt, wie es sich für verantwortliche Staatsbürger einer demokratischen Nation geziemt, auch Kontrolle ausüben? Zahlen für immer mehr Katastrophenopfer, für völlig überflüssige technische Gerätschaften, für angebliche Heil-Mittel, für immer mehr vermeintlich der Wahrheit verpflichtete Forscher und Wissenschaftler?

Was ist denn schon dabei, wenn sich herausstellen sollte, dass die subtilen High-Tech-Sinne von Tieren und Pflanzen die Instrumente der Techniker und Wissenschaftler trotz deren neumodischer Kompliziertheit alt aussehen lassen? Deshalb sollten Experten wie Professor Kind von der Freien Universität Berlin mutig zu ihren Überzeugungen stehen und Forschungen mit biologischen Systemen genauso willkommen heißen, wie es andere Forscher mit einem breiteren Bildungshorizont auch tun. Die geheiligten Grundannahmen der Schulwissenschaft sollten im Interesse aller, der Wissenschaftler wie der Gesellschaft, regelmäßig auf den Prüfstand. Warum also keinen Wissenschafts-TÜV? Nach derzeitiger wissenschaftlicher Schulmeinung gibt es offenbar keine Veranlassung herauszufinden, ob Grundkonstanten falsch sein könnten. Für viele lohnt es sich nicht einmal, darüber auch nur nachzudenken – Dünkel und Hochmut sind stärker als wissenschaftliche Neugier! Die Alternative »Natur als Vorbild für Spitzentechnologien« ist für viele »Naturwissenschaftler« unwissenschaftlich, und die Frage, ob man sie ernst nehmen sollte, stellt sich erst gar nicht. Da könnte man sich genauso gut mit der Frage befassen, ob die Berge des Mondes vergoldet sind. Für die Anhänger des etablierten wissenschaftlichen Weltbildes gehören Ansinnen dieser Kategorie in den Mülleimer. Und genau deswegen sind auf diesem Sektor noch echte, Aufsehen erregende Entdeckungen möglich. Vielleicht stehen wir heute an der Schwelle einer neuen Ära der Wissenschaft, einer Zeit neuer Impulse und Erfindungen, einer Zeit der Öffnung und der allgemeinen Beteiligung breiter Bevölkerungsschichten. Es könnte eine aufregende Zeit werden. Eine solche grundlegende Änderung in der Wissenschaft hätte tief greifende gesellschaftliche Folgen. Man würde zahlreiche überlieferte Anschauungen – zum Beispiel auch in der Naturheilkunde – völlig neu bewerten müssen, insbesondere den Glauben an rätselhafte Fähigkeiten von Tieren und Pflanzen. Unser Erziehungs- und Bildungssystem würde sich ebenfalls von Grund auf wandeln und das allgemeine Interesse an der Wissenschaft zweifellos ganz erheblich zunehmen. Vor allem unser Umgang mit der natürlichen

Umwelt selbst erhielte einen wesentlich höheren Stellenwert, Bewunderung und Respekt vor dem bescheidensten Lebewesen wüchsen enorm. »Es geht nicht an«, sagte einst Martin Buber, »das als utopisch zu bezeichnen, woran wir unsere Kraft noch nicht erprobt haben.« Und Oscar Wilde war der Meinung, dass eine Weltkarte, die das Land Utopia nicht enthalte, keines Blickes wert sei. Aber noch immer leben wir von den Ideen und Vorstellungen, die das 19. Jahrhundert prägten. Man operiert zum Teil noch mit Begriffen einer mechanistischen Wissenschaft, die aus der Entstehungszeit der Dampfmaschine stammen. Solche Forscher erinnern an jene vier berühmten Kardinäle, die sich einst standhaft weigerten, durch Galileis Fernrohr zu blicken, um sich von der Existenz der Jupitermonde zu überzeugen.

Was auch immer künftige Forschergenerationen im Bereich der Schöpfung finden werden – es wird vermutlich weit über das hinausgehen, was unsere Schulweisheit sich träumen lässt. Das folgende Beispiel mag davon den Hauch einer Ahnung vermitteln: Als ein Eingeborener der Andamaneninseln von einem Beamten der indischen Regierung gefragt wurde, was ihn und seine Stammesangehörigen veranlasst habe, sich rechtzeitig vor dem Heranrollen der »großen Welle« in Sicherheit zu bringen, verwies er nicht nur auf das veränderte Verhalten der Tiere. Reichlich geheimnisvoll fügte er hinzu: »Auch das Meer hatte bereits Stunden vorher so einen merkwürdigen Klang.« Was, so fragten sich die Behördenvertreter, mochte der Eingeborene damit wohl gemeint haben?
Der Kieler Ozeanograph Erich Bäuerle machte schon vor Jahren die überraschende Entdeckung, dass Seen klingen können. Wenn man einen elastischen Körper an einer Stelle anstößt, wird er in Schwingungen versetzt. Ähnliches geschieht beim Schlagen auf eine Pauke, beim Zupfen einer Gitarrensaite oder beim Läuten einer Kirchenglocke. Diese Klangkörper haben jeder für sich unterschiedliche Schwingungsmöglichkeiten, je nachdem, an welcher Stelle er angestoßen wird. Dabei kommt es auch darauf an, ob

seine Oberfläche gleichmäßig oder ungleichmäßig gespannt ist, ob er ruhig daliegt oder bereits schwingt, wenn ihn ein Stoß trifft, und außerdem ist es wichtig, wie stark so ein Stoß ist. Der deutsche Physiker Ernst Florens F. Chladni (1756–1827) beobachtete, dass Schwingungen Muster ergeben, die für die Eigenart des jeweiligen Körpers und die Intensität des Stoßes typisch sind. Streut man beispielsweise Sand auf ein Paukenfell oder einen Geigenboden und legt beide Klangkörper auf einen Lautsprecher, damit sie in Schwingung geraten, so rutscht der Sand von den schwingenden, sich bewegenden Stellen, den »Schwingungsbäuchen«, seiner Unterlage fort und sammelt sich an den ruhigen, unbewegt bleibenden Stellen, den »Schwingungsknoten«. Jede Tonhöhe und Lautstärke ergibt so eine typische »Schwingungsfigur«.

Seit einiger Zeit befassen sich heutige Physiker mit der Frage, warum die Streichinstrumente aus den Werkstätten der klassischen Geigenbauerfamilien Amati, Guarneri und Stradivari so bezaubernd wohl tönend klingen. Wieder werden die Schwingungsfiguren der Boden- und Deckenbretter von Geigen genau unter die Lupe genommen, mittlerweile nicht mehr mithilfe von Streusand, sondern mit Laserstrahlen. Vieles spricht dafür, dass ein für das Ohr harmonischer Klang entsteht, wenn einige ganz bestimmte Klangfiguren – also einige spezifische Arten von Schwingungen – zusammenkommen. Wieder andere Schwingungen sollen nach Möglichkeit unterdrückt werden, weil sie die hohen Obertöne liefern, die im menschlichen Ohr Dissonanzen bewirken und damit unangenehm klingen. Harmonische Schwingungsfolgen, bei denen sich die Tonhöhen von einem Ton zum nächsten verdoppeln, gibt es auch in der Natur. Große Seen, ebenso jedoch das Meer, schwingen, von Wind und Luftdruckschwankungen angetrieben, rhythmisch hin und her, wobei diese Bewegungen nicht wie Ebbe und Flut durch die Anziehungskraft des Mondes verursacht werden. Am Genfer See zum Beispiel sind diese Schwingungen bei etwas Geduld sogar mit bloßem Auge zu sehen. Im Rhythmus von etwa 75 Minuten schwappt das Wasser von West nach Ost und wieder zurück, dabei kann der Wasserspiegel um 80 Zentimeter ansteigen und fallen.

Professor Bäuerle hat mathematische Verfahren entwickelt, mit denen er die verschiedensten Schwingungsmuster von Seen im Computer berechnen kann. Dazu benötigt er lediglich Angaben über das Bodenprofil eines Gewässers und seine Form. Der Kieler Wissenschaftler hat festgestellt, dass ganze Seen harmonisch schwingen können. Diese Klangbilder hat Bäuerle einem Schweizer Kollegen zur Verfügung gestellt, der als Amateur ein Tonstudio betreibt. Dort wurden auf elektronischem Wege die verschiedenen Schwingungsmuster des Wassers über einen Synthesizer in Töne umgewandelt – der Zürichsee und der Luganer See sind auf diese Weise schon »vertont« worden. Der Wissenschaftspublizist Jörg Feldner, der über diese faszinierenden Klangbilder berichtete, stellt fest: »Sie klingen fremd, ein wenig geheimnisvoll, erinnern an Wagner-Opern mit Sturmgebraus, Orgelspiel und Glockenklang.« Können naturverbundene Menschen diese Wassermusik auch ohne den elektronischen Umweg wahrnehmen? Es mache ihn jedenfalls auf ganz neue Weise nachdenklich, so der Kieler Meeresforscher, wenn er lese, dass der Komponist Carl Maria von Weber seine Inspirationen fand, indem er nichts anderes tat, als »die Welt auf sich wirken zu lassen«. Ähnlich muss wohl auch der deutsche Romantiker Joseph von Eichendorff empfunden haben, als er in der ersten Hälfte des 19. Jahrhunderts diese anrührenden Zeilen schrieb: »Schläft ein Lied in allen Dingen, / die da träumen fort und fort, / und die Welt hebt an zu singen, / triffst du nur das Zauberwort.«

Die Naturwissenschaft als theoretische Basis für die Kunst? Und die Kunst als Kreativpotenzial für Wissenschaft und Technik? C.P. Snow hat mit voller Berechtigung die Frage aufgeworfen, ob es sich die Menschheit heute leisten kann, einen beträchtlichen Teil ihrer Energie in unfruchtbaren Auseinandersetzungen zu vergeuden, welche die kreativen Kräfte beider Seiten binden. Es ist nicht länger tragbar, dass sich ein großer Teil der Intelligenz in Kunst und Wissenschaft gemeinsamen Aktivitäten verweigert. Die Probleme, die sich uns gegenwärtig in einer scheinbar immer kleiner werdenden Welt stellen, sind derart komplex, dass sie vermutlich nur in gemeinsamer Verantwortung lösbar sind. Dabei erscheint es ohnehin fraglich, ob man überhaupt eine lebensgerechte und menschenwürdige Welt aufbauen kann, ohne Kunst und Wissenschaft in gleicher Weise zu berücksichtigen. »Vielleicht ist die Trennung dieser beiden Bereiche«, schreibt der renommierte Naturwissenschaftler und Philosoph Herbert W. Franke, »das Zeichen einer primitiven Phase unserer Entwicklung: hier eine Kunst um der Kunst willen, die damit zufrieden ist, sich mit ihren Ergebnissen in Galerien und Museen zu verschanzen, dort eine Technik um der Technik willen, die nichts anderes im Sinn hat als die klaglose Funktion maschineller Systeme. Wahrscheinlich kann es zu einer fruchtbaren Kooperation nur dann kommen, wenn sich beide Seiten zu einer Revision ihrer Standpunkte bereitfinden. Das wäre aber ein geringer Preis dafür, die kreativen Kräfte zur gemeinsamen Lösung der anfallenden Probleme zu gewinnen.«

Früher machte man keinen Unterschied zwischen Kunst, Wissenschaft und Technik. Leonardo da Vinci und Albrecht Dürer sind Repräsentanten einer solchen Denkweise, in der sich Kreativität gleichermaßen im erhellenden Gedanken, im nutzbaren Gegenstand und im ergreifend Schönen äußern konnte. Die frühe Entdeckung der Gesetze des Wohlklangs im klassischen Griechenland wurden noch Jahrhunderte später von Philosophen, Mathematikern und Künstlern als Beweis dafür herangezogen, dass sich das gesamte Universum aus einem allgemeinen Prinzip harmonikaler und proportionaler Beziehungen heraus erklären ließe. Auf Gedankengänge dieser Art stützten sich Kepler, als er nach dem Aufbauprinzip unseres Planetensystems forschte, und Dürer, als er das Bild des Menschen aus modularen Einheiten zu fügen versuchte. Ganz in diesem Sinn sind auch noch die Überlegungen von Ernst Haeckel zu verstehen, der die »Kunstformen der Natur« entdeckte. Dies gilt ebenso für die Bemühungen des Chemikers und Philosophen Wilhelm Ostwald (1853–1932), der ein grundlegendes Ordnungssystem für die Kombination von Formen und Farben suchte. Eine Änderung dieser Auffassung ergab sich mit dem raschen Fortschreiten der industriellen Revolution, die auf der desillusionierenden Grundlage der Darwin'schen Abstammungstheorie sowohl von der Arbeitsstätte als auch vom Produkt her eine Fülle von Hässlichkeit in die Welt brachte. »Künstler und Angehörige der Intelligenz waren sich einig darüber«, so Herbert W. Franke, »dass die Maschinenwelt eine Antithese zur Kunst darstellt, deren Eigenständigkeit es mit allen Mitteln zu schützen gilt.«

Die Erfolge der modernen wissenschaftlichen Naturbetrachtung haben dem Glauben der Pythagoreer in einem nicht vorhersehbaren Maße Recht gegeben. Das Vertrauen in den einfachen mathematischen Kern aller gesetzmäßigen Zusammenhänge in der Natur, auch derer, die wir noch nicht durchschauen, ist inzwischen bei vielen heutigen Wissenschaftlern wieder zurückgekehrt. Für sie gilt bei der Auffindung der Naturgesetze die mathematische Einfachheit als das oberste heuristische Prinzip. Dieses aus der Antike übernommene Suchen nach der mathematischen Grundstruktur aller Phänomene in der Natur hat sich zwar den Vorwurf eingehandelt, dass es nur eine bestimmte und nicht die wesentliche Seite der Natur ans Licht bringe, während es für ein unmittelbares und allgemeines Verständnis der Natur eher hinderlich sei; aber diesem Vorwurf kann am besten durch den Hinweis auf den Ausgangspunkt der pythagoreischen Lehre von der Sphärenharmonie begegnet werden. Bei der Beschäftigung mit den Schwingungen der Saiten eines Instruments fanden die alten Griechen heraus, dass zwei gezupfte Saiten dann harmonisch zusammenklingen, wenn – bei sonst gleichen Eigenschaften – ihre Längen in einem einfachen rationalen Verhältnis stehen. Dies bedeutet, dass dem menschlichen Ohr ein Potpourri von Tönen dann sinnvoll und harmonisch scheint, wenn in ihm einfache mathematische Beziehungen verwirklicht sind, obwohl diese Beziehungen dem Hörenden nicht bewusst werden. Der Begriff »Harmonie« geht übrigens auf Pythagoras zurück, der einer Legende zufolge die Harmonie entdeckte, während er in einer Schmiede dem Klang der Hämmer auf verschiedene Ambosse lauschte. Als er seine Beobachtung auf Musikinstrumente anwandte, zum Beispiel auf die schwingenden Saiten einer Lyra, fand er heraus, dass zwei Saiten dann am angenehmsten zusammenklingen, wenn sie gleich lang sind oder wenn die eine genau halb, zwei Drittel oder drei Viertel so lang wie die andere ist.

»Diese Entdeckung gehört zu den stärksten Impulsen menschlicher Wissenschaft überhaupt«, sagte der große Physiker Werner Heisenberg (1901–1976), »und wer den Blick einmal für die gestaltende Kraft mathematischer Ordnung geschärft hat, erkennt ihr Wirken in der Natur wie in der Kunst auf Schritt und Tritt.« Als besonders einfaches und augenfälliges Beispiel hierfür sei das Kaleidoskop erwähnt, in dem durch eine einfache mathematische Symmetrie aus bloß Zufälligem etwas Sinnvolles und Schönes entsteht; wertvollere und wichtigere Beiträge liefert die Analyse jedes bedeutenden Kunstwerkes oder in der Natur, zum Beispiel das Studium der Kristalle. Heisenberg, der 1933 den Nobelpreis für Physik erhielt und bereits als Sechsundzwanzigjähriger seine berühmte Unschärferelation für die Quantentheorie entwickelte, wies in diesem Zusammenhang auf eine uralte Erkenntnis der Menschheit hin: »Wenn in einer musikalischen Harmonie oder einer Form der bildenden Kunst die mathematische Struktur als Wesenskern erkannt wird, so muss auch die sinnvolle Ordnung der uns umgebenden Natur ihren Grund in dem mathematischen Kern der Naturgesetze haben.« Diese Erkenntnis erfüllte Pythagoras und seine Zeitgenossen mit Ehrfurcht: Glaubten sie doch, mit der Mathematik – und insbesondere mit den harmonischen Proportionen des Goldenen Schnitts – der kosmischen Ordnung auf die Spur gekommen zu sein. Von nun an orientierten sie sich an der mystischen Kraft der Zahlen und bemühten sich, die Harmonie dieser mathematischen Verhältnisse auch in den Grundmustern des täglichen Lebens zu realisieren, indem sie das Leben selbst zur Kunst machten.

Angesichts der verborgenen harmonischen Ordnung, nach der die Baupläne des menschlichen Körpers und der Tiere angelegt sind, nach der Blumen, Bäume und Blätter wachsen, nach deren goldenen Regeln die Werke der Kunst, der Architektur und Musik geschaffen werden, fragt man sich, warum unsere Kultur, warum insbesondere Wissenschaft und Technik von so vielen Störungen und Dissonanzen heimgesucht werden. Dass uns so genannte »primitive« Kulturen so faszinieren, ist vermutlich nicht anders zu erklären, als dass wir uns nach etwas sehnen, das uns infolge des Fortschrittseifers abhanden gekommen ist, seitdem wir nicht mehr als »Primitive« leben: das Verflochtensein aller Dinge und allen Lebens. Natürlich bedürfen wir der Wissenschaft und Technik, aber wir brauchen nicht die totale Zerstückelung und Entfremdung, die mit den Differenzierungen unserer arbeitsteiligen Zivilisation Hand in Hand gegangen sind. Viele große Wissenschaftler waren zutiefst überzeugt von unserer einst innigen Verbundenheit mit den Geheimnissen der Natur, haben sich von der Teilhabe am *mana* inspirieren lassen. So sagte auch Einstein, dass es ihm allein darauf ankomme, ein kleines Stück, und sei es noch so klein, jener Vernunft zu begreifen, die sich überall in der Natur manifestiert.

Zahlreiche Forscher und Wissenschaftler haben diese Verbundenheit zur Schöpfung – ihrem ureigensten Tätigkeitsfeld! – offenbar verloren, die Fachleute für geophysikalische Frühwarnsysteme machen hier keine Ausnahme: Alle bisherigen Versuche der Erdbebenforscher haben sich, wie man weiß, als grandioser Fehlschlag erwiesen – ihre Hilflosigkeit und Unwissenheit ist größer denn je. Wäre es in dieser Situation nicht angebracht, endlich auch alternative Frühwarnmöglichkeiten ins Auge zu fassen? Aus Laborexperimenten weiß man zum Beispiel, dass Tauben ähnlich wie Elefanten und Wale sehr empfänglich sind für besonders niederfrequenten Schall oder Infraschall. Vielleicht ist es nur eine vage und zunächst kaum einleuchtende Vermutung, dass diese Vögel aus ein paar hundert Kilometern Entfernung ihr Zuhause auch per Schallwellen orten können – aber in Zukunft geht es unter Umständen um die Rettung von Millionen Menschenleben! Botaniker haben bei Pflanzen einen Sinn für Himmelsrichtungen und zukünftige Ereignisse entdeckt: Grenzwächter und Jäger fanden im nordamerikanischen Mississippital die Kompasspflanze (*Silphium lacinatum*), deren Blätter genau in die vier Himmelsrichtungen weisen; die indische Krautpflanze *Arbus precatorius* beispielsweise ist derart empfindlich gegenüber allen elektrischen und magnetischen Einflüssen, dass sie in der südostasiatischen Region als Wetterpflanze verwendet wird. Wissenschaftler, die als Erste mit ihr in den Londoner Kew Gardens experimentierten, fanden heraus, dass sie ein guter Wetterprophet für Zyklone, Hurrikane, Tornados, Erdbeben und Vulkanausbrüche ist. Ohne grüne Pflanzen könnten wir weder atmen noch essen – warum sollte es nicht möglich sein, dass ihnen auch noch andere Fähigkeiten innewohnen, von denen wir keinen blassen Schimmer haben?

Zu Beginn des 20. Jahrhunderts schockierte der Wiener Biologe und Privatgelehrte Raoul Heinrich Francé die Naturwissenschaftler seiner Zeit, als er erklärte, dass Pflanzen über wunderbare Sensoren verfügen, mit denen sie in ständigem Kontakt zu ihrer Umwelt stünden. Selbst Darwin sah in wurmartigen Würzelchen fast so etwas wie ein primitives Gehirn. Während Pflanzen von den meisten Wissenschaftlern als gefühllose Automaten eingestuft werden, wollen andere Forscher herausgefunden haben, dass Gewächse fähig seien, Töne zu unterscheiden, die selbst von Menschen mit absolutem Gehör nicht wahrgenommen werden können, sowie farbiges Licht – wie Infrarot und Ultraviolett – registrieren, das für unser Auge bekanntlich unsichtbar ist. Besonders sensibel reagieren Pflanzen auf Röntgenstrahlen und die Hochfrequenzstrahlung des Fernsehens. Das ganze Pflanzenreich, sagte Francé, lebe in Abhängigkeit von den Bewegungen der Erde, des Mondes und der Planeten unseres Sonnensystems, und eines Tages werde man nachweisen können, dass es auch von den Sternen und anderen kosmischen Körpern beeinflusst wird. Der englische Dichter Francis Thompson (1859–1907) hat diesen vermuteten Sachverhalt in poetischer Überhöhung so formuliert: »Du kannst keine Blume pflücken, ohne einen Stern in seiner Bahn zu stören.« Auf die Barrikaden ging die wissenschaftliche Welt, als Francé behauptete, dass die Bewusstheit der Pflanzen ihren Ursprung in einer feinstofflichen Dimension kosmischer Wesen haben könnte, die schon lange vor Christi Geburt von Hinduweisen als *devas* bezeichnet und von hellsichtigen Kelten und anderen Sensitiven der frühen Zeit in Gestalt von Feen, Elfen, Gnomen und ähnlichen Wesen unmittelbar wahrgenommen und erlebt wurden. »Fachleute« verdammten seine diesbezüglichen Vorstellungen als naiv und hoffnungslos romantisch.

Nun ist freilich nicht alles, was sich Menschen so ausdenken, notwendigerweise Unsinn und Spinnerei. Die etablierte Wissenschaft hat mit einer solchen Einstellung – zum Beispiel im Falle Archimedes', Galileis oder Einsteins – schon öfter Schiffbruch erlitten. Das ist genau das, worauf die heutigen Erforscher der außerhalb unserer fünf Sinne stehenden Phänomene mit Recht aufmerksam machen. Denn jeder Mensch hat inzwischen das instinktive Gefühl, ja sogar die Überzeugung, dass es neben unserer bekannten, gewöhnlichen Welt auch eine zweite mit ganz eigenen Gesetzen existiert, dass er selbst mit seiner Persönlichkeit, mit seinen Emotionen und seinen Entscheidungen außerhalb der mechanistischen Naturgesetze denkt und handelt. In diesem starken und bestimmt auch begründeten Bewusstsein steckt die Wurzel des Zweifels an unserer heutigen Wissenschaft. Irgendwas – so fühlt jeder – fehlt hier.

Ein erster Ausweg aus diesem Dilemma bot sich an, als Werner Heisenberg seine berühmte Unschärferelation formulierte. Hier hat die überaus strenge Physik zugegeben, dass ein Elektron unterhalb bestimmter Schwellen der Beobachtbarkeit gewissermaßen »tun und lassen kann, was es will«. Das war ein ungeheurer

Durchbruch, und viele sahen darin die Berechtigung, nun das Phänomen des freien Willens erklären zu können – wir werden später noch ausführlich darauf zurückkommen. Um die Parawissenschaften wirklich wissenschaftlich zu machen, müssen neue Wege der Experimentiertechnik und der Beweisführung gefunden werden, die von den klassischen Methoden abweichen. Dabei ist überhaupt nicht gesagt, dass wir hier auf unserer bisherigen Methodik des Experiments und der strikten Wiederholbarkeit seiner Ergebnisse bestehen müssen. Die klassischen Erfolge, die wir seit 300 Jahren damit erzielt haben, sind keineswegs ein Beweis, dass wir bis heute in der Forschung alles richtig gemacht hätten. So viel aber kann man heute schon sagen: Biologen, Bioniker und Physiker stehen hier als wahre Alchimisten der lebenden und toten Materie an der Schwelle eines Reiches der unbegrenzten Möglichkeiten.

Bereits im August 1974 traf sich in Genf ein Dutzend renommierter Physiker, um über Quantenphysik und Parapsychologie zu diskutieren. Initiator dieser Konferenz, die von der Parapsychology Foundation veranstaltet wurde, war der bekannte Wissenschaftspublizist Arthur Koestler, der in seinem 1972 erschienenen Buch »*Die Wurzeln des Zufalls*« die These aufgestellt hatte, dass die undenkbaren Phänomene der Parapsychologie im Lichte der unvorstellbaren Erscheinungen der Quantenphysik etwas weniger absurd erschienen. Damit war etwas ausgesprochen, was sich wie ein roter Faden durch die Beiträge dieser Konferenz zog: So sprachen der Physiker Gerald Feinberg von der New Yorker Columbia University über »Präkognition, eine Erinnerung an zukünftige Ereignisse?«, der französische De-Broglie-Schüler Costa de Beauregard über »Quantenparadoxien und die zweifache Bedeutung des aristotelischen Informationsbegriffs« und die beiden Stanford-Physiker Russell Targ und Harald Puthoff über »Physik, Entropie und Psychokinese«. Diese Zusammenstellung mag eingefleischte Schulwissenschaftler irritieren und verblüffen. Was haben »okkulte« Begriffe wie Präkognition, Hellsehen, Telepathie und Psychokinese in der Physik zu suchen? Man kann es sich leicht machen und überlegen schmunzelnd alles beiseite schieben, was nicht in unser altvertrautes Weltbild passt. Hätten allerdings Kopernikus oder Einstein auch so gedacht, würden wir wahrscheinlich auch heute noch glauben, die Erde sei flach und läge im Zentrum des Weltalls. Und wir wüssten auch nichts von gewaltigen schwarzen Löchern in den Galaxien und Milchstraßensystemen, hätten keine Ahnung von geisterhaften Neutrino-Teilchen, die durch unseren Heimatplaneten rasen – durch andere Himmelskörper natürlich auch –, als gäbe es ihn gar nicht. Auch die von Charles Darwin entwickelte Evolutionstheorie zeigt uns, wie trügerisch es sein kann, sich nur auf unsere bisher bekannten fünf Sinne oder uralte Überlieferungen alter Schriften zu verlassen. Oder auf die gefährliche Ignoranz von Geophysikern...

Unsere Erde ist vermutlich viel bunter, viel aufregender, am Ende wohl viel phantastischer als alles, was wir uns bisher vorstellen konnten. Allein die unterschwelligen Kräfte zwischen Haustieren und ihren Besitzern – hier tut sich womöglich in Zukunft eine faszinierende, völlig neue Welt auf. Was steckt hinter dem Heimfindesinn vieler Tiere, wie beispielsweise von Brieftauben, Hunden und Katzen? Wie erklären sich zum Beispiel die wunderbaren Verbindungen zwischen Menschen und wild lebenden Tieren, wie sie nicht nur anlässlich der weihnachtlichen Tsunami-Katastrophe diskutiert wurden, sondern auch in schamanischen Traditionen seit Jahrtausenden als selbstverständlich gelten? Wenn Ameisen und Termiten innerhalb ihres jeweiligen Staates durch ein elektromagnetisches Feld miteinander verbunden sind, könnte Ähnliches dann nicht auch bei anderen gesellig lebenden Tieren, wie etwa bei vielen Fisch- und Vogelarten, der Fall sein? Ließe sich damit vielleicht erklären, weshalb Schwärme solcher Tiere sich so völlig reibungslos und wie ein einziges Lebewesen zu bewegen vermögen? Und welcher Zusammenhang besteht möglicherweise zwischen solchen Kommunikationsfeldern und dem »Gruppengeist«

von Tierherden oder großen Menschenansammlungen? Es könnte natürlich sein, dass die Experimente keine Beweise für die Existenz solcher unsichtbaren Drähte erbringen. Das würde der grundsätzlichen Skepsis der Schulwissenschaft dann neue Nahrung geben und sie in ihrem Glauben bestärken, dass sämtliche Arten von inner- und zwischenartlichen Verbindungen lediglich nach den bislang bekannten Gesetzen von Physik und Chemie zu erklären sind. Es ist aber auch möglich, dass die Existenz außersinnlicher Phänomene zu einer völligen Neuinterpretation in der Wissenschaft führen. Muss dann die Biologie revolutioniert werden? Und die Physik? Unser ganzes Weltbild?

Immer mehr renommierte Forscher und prominente Gelehrte lassen sich darauf ein, die paranormale Spreu vom Weizen zu trennen. So gehören dem internationalen Committee for the Scientific Investigation of Claims of the Paranormal auch Nobelpreisträger wie der Elementarteilchenphysiker Murray Gell-Mann und der Biologe Francis Crick an, der zusammen mit James Watson die Struktur der Erbsubstanz entdeckte. Auch bekannte Hirnforscher, die britische Wissenschaftlerin Susan Blackmore etwa und der Kanadier Steven Pinker vom Massachusetts Institute of Technology (MIT), zählen zu dieser Vereinigung. In Deutschland bemüht sich besonders der Freiburger Physiker und Psychologe Walter von Lucadou, Licht in das immer noch mysteriöse Dunkel am Rande der etablierten Wissenschaft zu bringen.

Obwohl es unserer Vernunft unannehmbar erscheint, dass nicht nur Menschen, sondern auch Tiere und Pflanzen über die Fähigkeit »außersinnlicher Wahrnehmung« verfügen, heißt das zunächst nur wieder einmal: Wir wissen es – noch – nicht! Stattdessen gehen viele wissenschaftliche Weissager im Professorenrang davon aus, dass wir einzelne Gene für mathematische Begabung, Musikalität, athletische Anlagen und dergleichen entdecken werden. Aber noch sieht die Realität völlig anders aus! Genetiker haben es bisher zum Beispiel nicht geschafft, einzelne Gene aufzuspüren,

268

von denen man sicher sagen kann, dass sie Schizophrenie, Autismus oder manische Depression verursachen, obwohl diese Zustände vererbbar sind. Wenn wir aber nicht einmal das Gen der Schizophrenie finden, ist es vielleicht noch unwahrscheinlicher, ein Gen für Humor, Musikalität oder auch Hochmut zu entdecken. So wurde erst kürzlich eine wissenschaftliche Studie wieder zurückgezogen, in der angeblich ein bestimmtes Gen für den Anstieg des Intelligenzquotienten um vier Punkte verantwortlich zeichnet – das häufigste Los vermeintlicher Entdeckungen in Wissenschaft und Forschung. »Das menschliche Gehirn ist kein Sack voller Charakterzüge, zu denen sich jeweils ein bestimmtes Gen gesellt«, bewertet der bereits oben erwähnte Steven Pinker, Professor für Neuropsychologie und kognitive Wissenschaften am MIT, solche genetischen Spinnereien seiner Forscherkollegen. Auch Biotechnologen haben die Probleme bei der Kontrolle gentechnisch manipulierter Pflanzen bei weitem unterschätzt. Neue Beobachtungen beweisen, dass von Wissenschaftlern hinzugefügte Gene wesentlich leichter auf fremde Arten überspringen als gedacht – einige der manipulierten Sorten entwickeln völlig unerwartete, auch die Gesundheit schädigende Eigenschaften. Offensichtlich handeln – aus rein kommerziellen Gründen – allzu viele Forscher nach der Devise: Nach uns die Sintflut! Auch in einer Diktatur der Mittelmäßigkeit wird gelegentlich mit harten Bandagen gefochten – und was die Wissenschaft in Sachen Gentechnik heute zu bieten hat, *ist* Mittelmaß! Im Vordergrund jeder neuen Technologie sollten im Interesse der Gesellschaft die Risiken stehen, nicht ihre eventuellen Vorteile. Neue Technologien ja, aber bitte mit einem Höchstmaß an staatlicher Kontrolle. Eine Offenbarungspflicht für unsichere Produkte, Heilmethoden oder Überwachungsstationen ist Verbraucherrecht, auch wenn etablierte Forschungseinrichtungen zur Disposition gestellt werden oder der Umsatz mit unsicheren Kandidaten völlig zusammenbricht.

Aber nur selten gerät der feste Glaube an die Allmacht von Wissenschaft und Technik ins Wanken. Da rammt ein mit Höchsttechnologien voll gestopftes Atom-U-Boot der US-Marine beim Auftauchen ein über 50 Meter langes Schiff der japanischen Fischereiflotte, mindestens neun Menschen sterben. Doch die eigentliche Katastrophe ist die Erklärung dieser Tragödie: Auf den Radargeräten, so hieß es in der offiziellen Entschuldigung der amerikanischen Regierung, habe man von einem Fischdampfer nichts sehen können! Dies ist eine ungeheure Verschwendung von Kreativität, Zeit, Geld und Menschenleben, weil zahlreiche Wissenschaftler und Ingenieure den Stand der Technik bei biologischen Systemen noch immer nicht zur Kenntnis nehmen wollen – einem Delfin wäre so etwas nie passiert! Stattdessen hängen noch allzu viele Wissenschaftler an längst überholten Regelwerken wie beim Roulette: Ein Mann, der mit einem Bein auf einer heißen Herdplatte und mit dem anderen in einer Schüssel mit Eiswasser steht, hat – statistisch gesehen – angenehm warme Füße. Das ist die Logik des Mittelwerts – bei Biowissenschaftlern und Forschern vieler anderer Disziplinen heute immer noch gang und gäbe.

Die unerträglichen Kapriolen und Spitzfindigkeiten akademischer Gedankenspielereien haben längst komische Züge angenommen, wie das nachfolgende Beispiel aus einer gerichtsmedizinischen Doktorarbeit zeigt: »17 Prozent aller Autounfälle werden von betrunkenen Autofahrern verursacht. Das bedeutet, dass 83 Prozent aller Unfälle von nicht betrunkenen Fahrern verursacht werden. Das ist Furcht erregend. Warum können sich diese nüchternen Idioten nicht von der Straße fernhalten und unsere Sicherheit damit um mehr als 400 Prozent steigern?« Die falsche Wahl der Waffen hat nicht nur in der Wissenschaft Tradition: In der Schlacht von Königgrätz 1866 kämpften die österreichischen Truppen in weißen Mänteln und mit Vorderladern, die im Stehen geladen werden mussten. Die Preußen unter Wilhelm I. hingegen besaßen bereits Zündnadelgewehre, die fünfmal so schnell feuerten und vor allem auch im Liegen geladen werden konnten. Untaugliche Waffen hatten auch die polnischen Kavallerieregimenter, die im Zweiten Weltkrieg beritten und mit Säbeln deutsche Panzer angriffen.

Es erscheint heute nicht nur möglich, sondern sogar sehr wahrscheinlich, dass es zahlreiche Phänomene in der Natur gibt, die der Wissenschaft bis jetzt noch völlig unbekannt sind – weil ihr schlicht das richtige Handwerkszeug zu ihrer Erforschung fehlt. Was machen wir falsch? Was können, was müssen wir von natürlichen Phänomenen lernen, wenn wir nicht ständig von immer größeren Katastrophen heimgesucht werden wollen? Die jüngsten Erfahrungen Eingeborener bei der Jahrhundertflut im Indischen Ozean könnten hier Aufschluss geben: Das Gezwitscher der Vögel und das ungewöhnliche Verhalten von Eidechsen und Delfinen hat die Stämme auf den Andamanen- und Nikobareninseln offensichtlich vor den tödlichen Tsunamis gerettet. »Unsere Teams sind mit ihren Booten hinausgefahren und haben uns berichtet, dass die Stämme sicher sind«, erklärte der Direktor der staatlichen Forschungseinrichtung Anthropological Survey of India (ASI), V. K. Rao. Während Hunderttausende in Südasien wegen eines fehlenden technischen Frühwarnsystems den Flutwellen zum Opfer fielen, folgten die Ureinwohner den Warnsignalen der Tiere – und überlebten.

Sechs von einst zehn Stämmen leben auf verschiedenen Inseln im Golf von Bengalen. Zwischen 30 000 und 60 000 Jahre reicht ihr Ursprung zurück. Manche dieser Volksgruppen haben bis heute jedem Versuch getrotzt, sie zu zivilisieren. Ihre Angehörigen sind Jäger und Sammler, von kurzer Statur und dunkelhäutig, ihre Herkunft ist ein Geheimnis. Seit Tausenden von Jahren reichen sie ihre Erzählungen und Erfahrungen mündlich weiter. Von ihren Vorfahren lernten sie, auf die Signale der Tierwelt zu achten. Das Gebrüll wild lebender Elefanten, die sich plötzlich tiefer ins Innere der Inseln und auf Anhöhen zurückzogen, das Geschrei der Vögel, das auffällige Verhalten der Delfine und Eidechsen – durch all dies wurden den Forschern zufolge die Stämme offensichtlich früh gewarnt. Sie hatten Zeit, sich in Sicherheit zu bringen, bevor die tödlichen Riesenwellen am 26. Dezember sie überrollten. Ihnen fielen zwar auch einige der Ureinwohner zum Opfer, doch entgegen ersten Befürchtungen haben alle Stämme überlebt.

»Besonders wilde Tiere sind extrem empfindsam«, erklärte die Tierschützerin Debbie Martyr dem britischen Sender BBC. Sie arbeitet für ein Tigerschutzprogramm auf der indonesischen Insel Sumatra. Die Tiere hätten ein enormes Hörvermögen und könnten die Flut in der Ferne herandonnern gehört oder die Veränderungen des Luftdrucks wahrgenommen haben, sagte die Expertin. Das ist vielleicht der Grund dafür, warum es aus Sri Lanka, das mit am schwersten von der Flutkatastrophe betroffen ist, keine Berichte über tote Tiere gibt. Die Flutwellen waren bis zu dreieinhalb Kilometer tief zum Wildschutzreservat der Insel vorgedrungen. Während viele Touristen ertranken, wurden keine Tierkadaver gefunden, berichtete die BBC und beruft sich auf Mitarbeiter des Yala-Nationalparks in Sri Lanka. Den Ureinwohnern auf den Andamanen und Nikobaren ist der »sechste Sinn« der Tiere anscheinend seit langer Zeit bekannt. Forscher sind in den Überlieferungen der Stämme auf Hinweise einer früheren großen Überschwemmung gestoßen und auf Inseln, die geschrumpft waren. »Es könnte sein, dass dies schon früher einmal passiert ist«, so Rao. Seine Forschungseinrichtung ASI beschäftigt sich seit Jahrzehnten mit dem Leben der Ureinwohner. Nach der Flutkatastrophe empfahl sie der Zentralregierung, unverzüglich mit einer Dokumentation der Frühwarnsysteme der Stämme zu beginnen. Jetzt seien die Erinnerungen noch frisch, so die Wissenschaftler.

Seit dem Altertum wird aus unterschiedlichsten Kulturkreisen immer wieder von Beobachtungen berichtet, denen zufolge bereits viele Stunden vor einem Erdbeben oder einem Vulkanausbruch Schlangen unvermittelt aus dem Boden kriechen, Mäuse und Ratten in der Stadt unruhig umherhuschen, Fische aus dem Wasser springen und tagaktive Vögel plötzlich in der Nacht zu zwitschern beginnen. Alle Tiere scheinen von Nervosität getrieben, flüchten aus Gebäuden und fliehen das Erdreich. Mit einem Vorbeben lässt sich das auffällige Tierverhalten nicht erklären, da solche Erschütterungen nur Sekunden, bestenfalls Minuten vor dem Hauptbeben auftreten – und dann ist es meistens auch schon zu spät. Andere Erklärungen beziehen sich auf einen Zusammenhang mit der wachsenden Druckspannung im Erdboden: Mikrobrüche in der Kristallstruktur des Gesteins brechen die chemischen Bindungen auf und führen so über eine Ladungstrennung zu einer elektromagnetischen Spannung im Fels. Die dadurch entstehenden elektrischen Felder sind zwar kaum messbar, scheinen aber womöglich auszureichen, um bei entsprechend sensiblen Tieren Angstreaktionen auszulösen. Anlass zu einer anderen Hypothese geben Beobachtungen bei Tiertransporten in Metallwaggons, die wie Faraday-Käfige wirken. Innerhalb dieser Waggons sind äußere elektrische Felder nicht messbar. Doch auch dort verfallen die Tiere vor einem Erdbeben in panische Unruhe. Dies könnte bedeuten, dass der Auslöser des auffälligen Tierverhaltens irgendwie hineingelangt sein muss. Hierfür kommen vermutlich Nebel von geladenen Teilchen, so genannte Elektroaerosole, infrage. In geschlossenen Räumen ist die Konzentration solcher Aerosole oft um ein Tausendfaches höher als im Freien. Elektroaerosole könnten unter Umständen entstehen, wenn vor einem Beben in Quarz führenden Gesteinsschichten elektrische Ströme fließen. Ob diese Aerosolwolken an die Erdoberfläche gelangen, hängt von den geologischen Strukturen und den klimatischen Verhältnissen ab.

Der französische Mathematiker Henri Poincaré bemerkte einmal, dass ein Haufen ungeordneter Erkenntnisse ebenso wenig mit Naturwissenschaft zu tun habe wie ein Haufen herumliegender Ziegelsteine mit einem Haus. Die alten Babylonier zum Beispiel tabellierten mit erstaunlicher Exaktheit die Bahnen der Planeten und Sterne, tüchtige Mathematiker standen ihnen zur Verfügung, und trotzdem war das auf diese Weise erreichte Wissen nichts wei-

ter als – Astrologie. Ganz eindeutig sind Ziel und Methode des Er-
kenntnissammelns von größerer Bedeutung als das gelegentliche,
zufällige Auftauchen von Erkenntnissen, so gewichtig diese für
sich selbst auch immer sein mögen. Das spielerische Herumhan-
tieren unserer Vorfahren, die Pfeil und Bogen erfanden, hat mit
exakter Wissenschaft nichts zu tun. Es ist vorstellbar, dass jemand
auf die gleiche Weise das Gewehr erfinden könnte. Wie lange er
dazu auch immer brauchen würde, für ihn wäre es vom Gewehr
zur Kanone noch einmal ein ebenso langer Weg, weil er nicht versteht, die einzelnen, während seiner Arbeit gemachten Beobachtungen miteinander zu einer Theorie des Pulvers und der Ballistik
zu verbinden. Ein wichtiges Arbeitsmittel sind Hypothesen, die
durch das Experiment überprüft und verworfen werden, wenn das
Experiment sie nicht bestätigt. Es ist eine Art planvollen Suchens
und Forschens. Wo das nicht stattfindet, kann auch nicht mit Ergebnissen gerechnet werden. Noch aber scheuen die meisten Wissenschaftler Forschungen an paranormalen Phänomenen wie der
Teufel das Weihwasser, deshalb ist die Untersuchung sensiblen
Tierverhaltens bislang in unverantwortlicher Weise vernachlässigt
worden.

Ob an den Beobachtungen wirklich etwas dran ist, vermag derzeit niemand genau zu sagen. Aber gerade dieser Umstand sollte
dazu beitragen, vom Bundeswissenschaftsministerium finanzierte
Forschungen in dieser Richtung voranzubringen. Von den 500
Millionen Euro, die seitens der deutschen Bundesregierung für die
betroffenen Staaten in Südostasien zwecks Aufbauhilfe zugesagt
wurden, könnten zehn Prozent – also 50 Millionen Euro – zur Finanzierung entsprechender Langzeitstudien vermutlich mehr bewirken als für noch so dringend erscheinende andere Aufgaben.
Vielleicht könnte man zunächst Meldungen über abweichendes
Tierverhalten mit modernen seismographischen und Infraschall-
technologien koppeln, um Vorhersagen bevorstehender Katastrophen zeitnäher und sicherer zu machen. Wenn nur ein Bruchteil
jener bisher verpulverten Forschungsmilliarden für eine zielge-

richtete Verhaltensuntersuchung bei Tieren aufgewandt würde, könnten unter Umständen viele Menschen in Zukunft vor einem grausigen Schicksal bewahrt werden. Weder Profitinteressen der Gerätehersteller noch die überhebliche Ignoranz vieler regierungsamtlicher Institutionen und der elitären Wissenschaftskathedralen sollten über dem Gemeinwohl stehen. Überschreitungen dieser Art seitens der verantwortlichen Stellen müssten notfalls vom Internationalen Gerichtshof in Den Haag entsprechend geahndet werden. Das vorliegende Buch versteht sich daher auch als ein Plädoyer für eine demokratischere und pluralistischere Wissenschaft, befreit von jenen verzopften Konventionen, die dem wissenschaftlichen Establishment durch seine Rolle als »Kirche« der säkularen Weltordnung auferlegt sind.

15. Bionik als Innovationsmotor der Wirtschaft

Die Lebenswissenschaften, allen voran die Biologie, stehen nach wie vor ganz im Zeichen der mechanistischen Evolutionstheorie Darwins, derzufolge alle Tiere und Pflanzen letztlich komplexe Maschinen und daher mit den Mitteln der Physik und Chemie vollständig zu erklären sind. Die mechanistische Sicht des Lebens hat sich in mancherlei Hinsicht als äußerst effektiv erwiesen: Fabrikmäßig betriebene Landwirtschaft und agrarische Großindustrie in Form von Massenzucht, Gen- und Stammzellentechnik, biotechnologisch orientierte Pharmazie und High-Tech-Medizin – sie alle zeugen vom glanzvollen Nutzeffekt einer auf Gewinnmaximierung ausgerichteten Schöpfungswerkstatt. Vor diesem Hintergrund darf es nicht verwundern, wenn Physiker und Elektronikingenieure im Hinblick auf eine effektivere Erdbebenvorhersage bisher kategorisch erklärt haben: Unmöglich – was Tausende von Wissenschaftlern in mit gigantischen Finanzmitteln ausgestatteten Forschungslaboratorien der führenden High-Tech-Staaten und trotz jahrzehntelangen Bemühens nicht geschafft haben, das vermögen ein paar Delfine oder Elefanten erst recht nicht zu leisten! Vielleicht können uns aber biologische Systeme Anregungen geben, wie es gemacht wird. Bisher ist es fast immer so gewesen: Wenn der Mensch mit riesigem Zeit- und Geldaufwand endlich eine technische Erfindung vollbracht hatte, entdeckte man anschließend, dass der Natur und ihren biologischen High-Tech-Systemen das gleiche Kunststück schön längst geglückt war. Diese Erkenntnis schmeichelte zwar der menschlichen – in diesem Falle: wissenschaftlich-technischen – Eitelkeit, doch für die Praxis kam sie reichlich spät – für Millionen Opfer von vorhersehbaren Naturkatastrophen zu spät! Deshalb haben Technische Biologen und Bioniker ihr neues Wissenschaftskonzept auf die Beine gestellt. Ihr Ziel ist es, die noch im Schoß der Natur verborgenen Baupläne aufzustöbern, ihre geheimnisvolle Zeichensprache zu dekodieren und unmittelbar aus ihnen technische Anwendungsmöglichkeiten zu beziehen.

Die Natur ist der Innovationsmotor für Wirtschaft und Technik – so lautet die Devise des Erfurter Pädagogen und Bionikprofessors Bernd Hill, der für Lehrplankommissionen in Deutschland, Österreich und der Schweiz tätig ist und zudem das Institut für Technik und ihre Didaktik an der Universität Münster leitet. Mittels Orientierung an der überströmenden Fülle biologischer Strukturen und der faszinierenden Begabungsvielfalt lebender Systeme will der Bioniker planmäßig und zielstrebig zu innovativen Produkten nach dem Vorbild der Natur gelangen. »Der gegenwärtige Entwicklungsaufwand«, so betont Hill, »könnte in Zukunft erheblich reduziert werden, wenn mehr Ingenieure, Architekten und Designer die lebende Natur systematisch als Inspirations- und Ideenquelle nutzen würden.« Mit Spannung erwartet die Fachwelt seinen »naturorientierten Konstruktionsatlas«, den der Bioniker derzeit gewissermaßen als Rezeptbuch für Entwickler und Konstrukteure vorbereitet. Eine allgemein verständliche Version seines Biostrategiekatalogs soll später auch als Arbeitsmaterial für weiterführende Schulen und andere Bildungseinrichtungen eingesetzt werden.

Die Natur ist als technologische Schatztruhe das größte Patentamt der Welt. Als das Leben aus den Meeren kroch, brauchten die Tiere Beine – die Natur hat sie erfunden. Als die Saurier sich in die Lüfte schwangen, brauchten sie Federn und Flügel – die Natur erfand auch diese. Warum unsere eigene, offenbar der überragenden Biointelligenz entlehnte Technik mit dem evolutionären Vorbild überhaupt in Kollision geraten konnte, hat vermutlich mehrere

Gründe. Einer dürfte darauf beruhen, dass wir in der Überheblichkeit des aufkommenden Industriezeitalters von dieser Vorbildfunktion der subtilen Natur einfach nichts mehr wissen wollten. In der Tat war es lange Zeit verpönt – und ist es zum Teil heute noch –, die Natur als Vorbild für die von uns zu schaffenden künstlichen Systeme heranzuziehen. Man war der Meinung, dass die Natur primitiv und der menschliche Erfindergeist ihr weit überlegen sei und folglich auch das von diesem Geist Produzierte himmelweit über der Natur stehe. Erst die sich häufenden Rückschläge der jüngsten Zeit – sowohl auf technischem als auch auf wirtschaftlichem oder medizinischem Gebiet – führten zu der Frage, wie es die lebende Natur wohl geschafft hat, über so viele Jahrmillionen nicht nur fortzubestehen, sondern sich zudem noch permanent zu immer höheren Formen weiterzuentwickeln – und das bei einer praktisch gleichbleibenden Menge Biomasse von seit jeher rund 2000 Milliarden Tonnen. »Man sah auf einmal, dass dabei trotz Nullwachstums Jahr für Jahr mehrere hundert Milliarden Tonnen an Sauerstoff und Kohlenstoffverbindungen umgesetzt und weitere Milliarden Tonnen an Schwer- und Leichtmetallen wie Eisen, Vanadium und Kobalt, Magnesium, Natrium, Kalium und Kalzium verarbeitet werden – zum großen Teil extensiv, gelegentlich aber auch intensiv, in größter Dichte, auf engstem Raum, aber grundsätzlich dezentral, in winzigen Fabrikationseinheiten, in denen subtilste Technologien am Werk sind.« Mit diesen Worten beschrieb der Münchner Vernetzungsspezialist und Bioniker der ersten Stunde, Professor Frederic Vester in einer seiner letzten großen Publikationen das technologische Schöpfungswunder Natur. Vester weiter: »So haben wir es in der Natur mit einem Energie- und Stoffumsatz gewaltigen Ausmaßes zu tun – mit einem technologischen Supersystem, das darüber hinaus noch mit einem traumhaften Wirkungsgrad arbeitet: mit einer Organisationsform, einem Management und einer Logistik, denen die unseren nicht im Entferntesten nahe kommen. Inzwischen wissen wir auch, wie das geschieht: durch eine clevere Nutzung von Wirkungskopplungen, Energiekaskaden und Energieketten, Symbiosen und Selbstregulationsprozessen, aus deren Zusammenspiel sich, wo wir auch hinschauen, ein höchster Nutzeffekt ergibt – sei es in den winzigen Sonnenkraftwerken, den Chloroplasten eines grünen Blättchens oder in den Energie liefernden Mitochondrien, den bakteriengroßen ›Kraftwerken‹ im Inneren einer jeden Säugetierzelle. Es handelt sich um ein System ohne Rohstoffsorgen und Arbeitslose, ohne Absatzprobleme und Schulden, das eine wahre Fundgrube an technischer Raffinesse, Energie sparenden Tricks und eleganten Kombinationen hochentwickelter Technologien darstellt. All das hat diesem einzigartigen ›Unternehmen‹ dazu verholfen, dass es seit vier Milliarden Jahren nicht Pleite gemacht hat.« Dieses System zu studieren und auf kluge Weise nachzuahmen könnte nach Meinung des viel zu früh verstorbenen Münchner Wissenschaftlers für die Menschheit zur eigentlichen Überlebensfrage werden.

Eine Entwicklung von globaler Tragweite beginnt sich in unseren Tagen abzuzeichnen: Was gestern noch als Wunder galt, existiert tatsächlich – die Entdeckung geheimnisvoller Kräfte und rätselhafter Phänomene in der Natur, in der einzelnen lebenden Zelle. Man braucht nur einen Blick auf die »Metabolic Pathways« (Vester), auf das Wirkungsgefüge des Stoffwechselgeschehens einer menschlichen Körperzelle mit ihren tausenden Funktionen, zu werfen, von deren Informatik, Energiewirtschaft, Logistik und Marketing jedes Unternehmen im Sinne eines »Total Quality Management« (Vester) noch viel lernen könnte. Was wir über den Fabrikationsbetrieb einer Zelle und die dort hergestellten Produkte in Erfahrung zu bringen vermögen, hat, wie bereits angesprochen, eine enorm lange Test- und Entwicklungsphase hinter sich, von der wir unter allen Umständen profitieren sollten. Hier liegt ein gewaltiges Feld für Inspirationen und Innovationen völlig brach. Daher sollten die beiden interdisziplinären Wissenschaftsbereiche Technische Biologie und Bionik sozusagen als Dechiffrierschlüssel für die letzten großen Geheimnisse und Impulsgeber für völlig neue Produkte und technische Verfahren in jede qualitätsorientierte Fachausbildung integriert werden. Technologieplaner in zahlreichen Wirtschafts- und Industriebereichen haben die Natur und ihre evolutionären Prinzipien als Lehrmeister längst entdeckt und Bionik als neuen Geheimcode für spektakuläre Innovationen in den strategischen Denkstuben und hermetisch von der Öffentlichkeit abgeschotteten Forschungstempeln globaler Großunternehmen angesiedelt.

Zweifellos könnten zahlreiche Erfindungen der Natur aus dem Science-Fiction-Universum eines Stanisław Lem oder Isaac Asimov stammen. Eines dieser phantastisch anmutenden Instrumente stellt alles in den Schatten, was in dieser technischen Disziplin bislang als machbar galt. Das Objekt technischer Begierde ist eine Kamera in der Größe eines Speicherchips mit schier unvorstellbaren Eigenschaften: Mechanische, optische und elektronische Komponenten sind dreidimensional integriert, eintreffende Signale werden im Echtzeitmodus verarbeitet. Elemente mit variablem Brechungsindex sorgen bei Erschütterungen für die notwendige Bildschärfe, und eingebaute Mikrolinsen verarbeiten das eingestrahlte Licht in einer nie dagewesenen Qualität. Umweltfreundlich ist die intelligente Miniaturkamera obendrein: Um zu funktionieren, benötigt sie weder eine Quecksilber-Cadmium-Batterie noch ein Gehäuse aus Kunststoff oder einer Metalllegierung. Das komplette System besteht zudem aus Stoffen, die man auf jedem Misthaufen finden kann. Wurde hier mal wieder ein Innovationscoup nach fernöstlichem Muster gelandet? Nein – das ist lediglich die Kurzbeschreibung eines Fliegenauges!

Wir sollten uns bewusst sein, dass die Erklärung biologischer Vorgänge über den Umweg der Technik, also letzten Endes über eine Art groben Abklatsches ihrer selbst, zu einer verzerrenden Vereinfachung unseres biologischen Denkens führen kann. Wie sollte die Natur auch die Technik nachahmen, wo sie doch unleugbar eher da war und diejenigen Tier- und Pflanzenarten, welche die evolutionäre Technik entwickelt haben, selbst nichts anderes als ein Kettenglied der Schöpfung sind. Was liegt näher, als dass diese Lebewesen, mit denen wir als Art ebenso eng verwandt sind wie alle übrigen Arten untereinander, zunächst einmal die ihnen selbst innewohnenden Mechanismen nach außen projizieren? Und was liegt deshalb näher, als dass die Erfindungen, die dem in uns schlummernden »Spirit of Nature« entstammen – einem Vorgang, der ja an die biologische Funktion der Gehirnzellen gebunden ist –, zunächst einmal Abbilder jener biologischen Funktionen sind?

Betrachtet man die boomende Bionik mal von dieser Seite, so ist es nicht im Mindesten verwunderlich, dass das im vorliegenden Buch behandelte Kompetenzniveau biologischer Systeme, beispielsweise auf dem Gebiet der Information, als Text mit regelrechten Buchstaben geschrieben und sogar durch Druckvorgänge vervielfältigt wird. Denn auch die Schrift, eines der größten kulturellen Wunder, stellt nichts anderes dar als das Abbild biologischer Gesetze. Von Leitungsdrähten über Filteranlagen, Akkumulatoren und Flugzeuge bis hin zu optischen Geräten und Elektronengehirnen sieht es ganz danach aus, als seien wir als biologische Organismen direkt daran gebunden, immer nur Analogien unserer Biosphäre zu schaffen – dass also nur große Zufälle andere Technikarten als diejenigen biologischer Abbilder entstehen lassen. Vielleicht erklärt das auch die späte Erfindung des Rades als eine vermeintlich gänzlich unbiologische Maschine. Manche Urvölker kennen es trotz seiner Einfachheit noch heute nicht. Aber tauschen wir uns nicht: Was die Natur braucht, das macht sie auch; da es zu Zeiten des Neandertalers noch keine Autobahnen gegeben hat, muss die Evolution auch nicht über Räder nachdenken. Gleichwohl hat sie dort radähnliche Strukturen erfunden, wo sie nötig waren. Mit der Leistung solcher Produkte wäre jeder Ingenieur zufrieden: 18 000-mal dreht sich der Propellermotor pro Minute – genug, um das Objekt jede Sekunde um das Fünfzehnfache der eigenen Länge vorwärts zu befördern. Doch die Maschine ist nicht aus Blech und Stahl, noch weniger handelt es sich um eine Fiktion: Eine Handvoll Atome, zu einer Eiweißkette zusammengedreht, dient als molekularer Antrieb für winzige Mikroben, die aus Existenzgründen mobil sein müssen. Auf derlei genial funktionierende Nanotechnik in der Natur, die sich im Größenbereich von Atomen und Molekülen abspielt, schauen wir heute noch voller Neid. Selbst Kernreaktoren sind für die Schöpfung nichts Neues: Enrico Fermi hat, so lernen wir es in der Schule, den ersten Kernreaktor gebaut. Im Dezember 1942 spaltete der italienische Physiker in einer umfunktionierten Halle der Universität von Chicago unterhalb der Tribüne eines Sportstadions die Kerne des Elements Uran. Es war die erste kontrollierte Kettenreaktion – durch Menschen. Seit den Siebzigerjahren des vorigen Jahrhunderts weiß man jedoch, dass die Natur Fermi zuvorgekommen war. In einer Uranmine Westafrikas entdeckten französische Kerntechniker die nuklearen Brandspuren der Uranspaltung. Vor knapp zwei Milliarden Jahren brannte im uranreichen Gestein der Provinz Oklo in Gabun ein nukleares Feuer. Auf der Erdoberfläche lebten damals die ersten Einzeller. Wurden die Urbakterien radioaktiv verstrahlt?

Zum Aufbau eines effektiven Tsunami-Frühwarnsystems ebenso wie beispielsweise zur Abwehr von globalen Attacken noch völlig unbekannter Mikrobenstämme – etwa durch jahrmillionenalte Krankheitskeime, die aufgrund schmelzender Gletscher in den Polarregionen aus dem uralten Eis befreit werden – täten wir vermutlich gut daran, die Natur künftig zumindest als ebenbürtig anzuerkennen und schätzen zu lernen. Schließlich sind wir selbst eine biointelligente Maschine, welche die genialen Baupläne anderer biointelligenter Maschinen nur gründlich genug studieren müsste, um eine unglaubliche Fülle innovativer Problemlösungen aus der Ideenbörse Natur zu realisieren.

Langsam sollte uns die Erkenntnis dämmern, dass wir gar nicht die Neuerer sind, für die wir uns gerne halten, sondern wahrscheinlich nur die Wiederholer, die Nachahmer – warum sollte das eine Schande sein? Wir orientieren uns ja auch innerhalb unserer Gesellschaft häufig an den Besten, von denen wir lernen und profitieren können: Genialer und gleichzeitig erfolgreicher – trotz aller gigantischen Rückschläge –, als sich die biologische Evolution auf diesem Planeten erwiesen hat, kann die menschliche Rasse niemals sein. Wer wollte denn schon seinen Schöpfer übertreffen? Nachdem aber mit der Anerkennung des Primats der Natur die führenden und phantasievolleren Köpfe unserer Eliten erkannt haben, dass noch ungeahnte technische Möglichkeiten ihre Vorbilder im biologischen Bereich finden können und nur auf ihre Umsetzung hinsichtlich unserer eigenen Bedürfnisse warten, besteht heute ein deutlicher Trend, das Versäumte nachzuholen und in Jahrmillionen bewährte biologische Funktionen auf die menschliche Technik zu übertragen. Die Weltausstellung 2005 in Japan, die man unter dem Motto »Weisheit der Natur« ganz der weltweit boomenden Bionik gewidmet hat, ist eine eindrucksvolle Demonstration dafür, dass Ingenieure und Wissenschaftler begonnen haben, die Natur systematisch nach Ideen zu durchsuchen. Allein das Studium unserer Gene, die neben ihrem aktuell in uns wirksamen Informationspool vermutlich ein immenses Reservoir an schlummernden Texten bergen, ist von ungeheurer Tragweite. Sie bedeutet, dass auf dem Nukleinsäurenstrang einer jeden menschlichen Zelle nicht nur genügend Platz für die Eigenschaften aller Zellarten des Organismus ist, sondern auch für die Anlagen zu sämtlichen auf der Erde vorhandenen Tier- und Pflanzenarten und darüber hinaus für vergangene und zukünftige Evolutionsformen – wahrscheinlich die erste vernünftige Erklärung für das Rätsel der Differenzierung und für die unvorstellbare Formenfülle in der Natur. Auch wir sind ja heute nur »irgendwo unterwegs« und nicht etwa schon »angekommen«, sodass höher entwickelte Formen des heutigen Menschen genetisch latent vermutlich längst vorgezeichnet sind.

Aber noch träumen wir nur von Glück und Reichtum, lassen uns im Märchen vom Schlaraffenland verführen und von Zauberern begeistern, nehmen jedoch immer noch relativ gelassen den desolaten Zustand unserer globalisierten Welt als vermeintlich gottgegebenes Schicksal hin. In unserer Phantasie reisen wir zu den Sternenmenschen und außerirdischen Zivilisationen, schlüpfen begeistert in die Rolle mächtiger Kobolde und Geister, lassen uns als Fernsehzuschauer und Kinogänger von Asterix und Obelix entführen, sind jedoch noch kaum wirklich bereit, uns leidenschaftlich mit Hunger, Kümmernissen und Sorgen von Milliarden Weltenbürgern auseinander zu setzen. Zwar ahnen wir, dass unsere Träume Vorboten sein könnten von Taten und wissenschaftlichen Entdeckungen, aber noch immer wenden viele Menschen wie in einer Reflexbewegung die Augen ab, sobald die heute bekannte Wirklichkeit phantastische – biointelligente! – Aspekte annimmt. Dabei ist Bionik nichts anderes als eine Kombination aus bereits Realisiertem, im Prinzip Erprobtem, nach wissenschaftlichen Kriterien Möglichem, den Naturgesetzen Abgeschautem und lediglich aufgrund bisheriger Fakten Denkbarem.

Um einen Maikäfer zu bauen, müssen wir nicht erst einen Maikäfer erfinden! Infraschallohren und Infrarotaugen, magnetische und elektronische Sinne, seismographische und telepathische Systeme, Navigations- und Nasenwunder, Antikollisions-Computer und Flugstabilisatoren, Detektoren für radioaktive Strahlung sowie entsprechende Schutzschilde, phantastische Leichtbaukonstruktionen und unglaublich komplexe Verfahrensweisen im Naturstoffbereich, diffizilste Werkzeuge für den Mikro- und Nanobereich – biologische Systeme stellen uns ihre durch Ewigkeiten erprobten und bewährten Baupläne äußerst preiswert zur Verfügung. Mit primitivem Kopieren ist es allerdings nicht getan, eine gehörige Portion Kreativität und eine Menge Phantasie sind notwendige Voraussetzungen, die technologische Wunderwelt der Schöpfung zu entdecken und auf unsere eigenen Belange zu übertragen. Wer sich diesen Herausforderungen stellen möchte, wer naturorientiert, mithin bionisch gestalten und entwickeln will, muss vor allem sehen können, was andere nicht sehen, obwohl sie das Gleiche sehen – die »music between«, wie es der Vorsitzende des Bionik-Kompetenznetzes, Rudolf Bannasch von der Technischen Universität Berlin, gerne beschreibt. Die Nachahmung der sanften Technologien aus der wundersamen Trickkiste der Natur könnten es möglich machen, uns selbst zu übertreffen. Wenn es gelänge, beispielsweise den Heimfindesinn der Zugvögel oder so mancher Haustiere technisch umzusetzen, wenn wir die oben angesprochene »Hellsichtigkeit« vieler Tiere bei bevorstehenden Naturkatastrophen wissenschaftlich unter die Lupe nähmen, um sie mit bereits vorhandenen Technologien zu kombinieren, wären wahrscheinlich viele Schrecken der Menschheit – noch dazu für vergleichsweise wenig Geld – auf einen Schlag gebannt. Zugegeben, dies sind für die meisten Zeitgenossen von heute noch utopischen Möglichkeiten, aber beim Tuckern des ersten Automobils konnte sich auch kaum jemand vorstellen, dass es eines Tages weltweit Millionen Tankstellen geben würde – denn seinerzeit kauften die Autofahrer das Benzin noch in kleinen Fläschchen in der Apotheke.

Das neue ökotechnologische Bewusstsein, wie es vom ehemaligen Umweltminister Schleswig-Holsteins, Professor Berndt Heydemann, seit Jahren mit Nachdruck angemahnt wird, und das sich heute wie ein Flächenbrand um die Welt verbreitet, meint ja nicht ein Aufgehen in der Natur, sondern eher so etwas wie eine geschäftliche Fusion mit einem weisen Seniorpartner – mit vorläufig noch kaum vorstellbaren Synergieeffekten für den Juniorpartner. Dass der moderate Forschungsaufwand im 21. Jahrhundert reiche Früchte tragen wird, steht bei Bionikexperten völlig außer Frage. Zu verlockend sind die innovationsträchtigen Beispiele und Möglichkeiten, von denen die Biologie eine wahre Schatzkiste bereithält. Viele Unternehmen, Wissenschaftler und Ingenieure sind beflügelt von dem Ehrgeiz, die unerreichten Spitzenleistungen der Natur zu ihren eigenen zu machen. Die graue Eminenz der deutschen Bioniker, der Zoologe Werner

Nachtigall, betont in diesem Zusammenhang: »Wir haben einen Riesenberg von Konstruktionen und Verfahrensweisen aus der Natur vor uns liegen, die wir bislang schlicht ignorierten.« Für zukünftige Produkte, technische Verfahrensweisen und organisatorische Managementmethoden gibt es daher Anknüpfungspunkte en masse, wie zum Beispiel:

- Ein frei hängender Spinnenfaden reißt erst bei 70 Kilometer Länge durch sein Eigengewicht, ein Faden aus Nylon schon nach 29 Kilometern, einer aus Stahl nach 16 Kilometern.
- In einem Mückenschwarm, der auf engstem Raum einen wilden Tanz aufführt, ereignet sich niemals ein Zusammenstoß zweier Insekten – ein Antikollisionscomputer im winzigen Mückengehirn verhindert solche Karambolagen zuverlässig.
- Was haben deutsche Gebirgsbachforellen und amerikanische Feuerwehrleute gemeinsam? Einen Stoff namens Polyoxid-Ethylen, ein extrem glitschiger Schleim, den Forellen in Augenblicken höchster Gefahr als Gleitmittel absondern, während die US-Feuerwehr ihn zum Beschleunigen ihres Löschwasserstrahls verwendet.
- Die mikroskopisch fein geriffelten Längsrillen in der Außenhaut von Haien und Delfinen beschleunigen diese Tiere auf höhere Geschwindigkeiten als die unserer U-Bahnen; neuerdings profitieren modernste Jets und Hochseeyachten davon: Der US-Konzern 3M entwickelte nach dem Naturprinzip eine Riblet-Folie für den Rumpf der weltberühmten »Stars & Stripes«; das auf diese Weise biologisch getunte Rennboot gewann damit prompt den begehrten America's Cup. Durch eine ähnliche Riblet-Haut auf dem Airbus A310 werden im Linienverkehr pro Jahr 150 000 Liter Sprit eingespart – Hai-Tech statt High-Tech.
- Die Schalen von Seeigeln sind so stabil, dass sie alle anderen Konstruktionsmuster ihrer Art in den Schatten stellen – für die Entwicklung neuer Flüssigkeitstanks sind sie gewissermaßen die Prototypen.
- Die DNS könnte als Photonenspeicher dienen, der das Licht auf

Kommando wieder freigibt, spekuliert der Saarbrücker Bio-informatiker Ulrich Warnke, der davon träumt, seine Ergebnisse in revolutionäre Datenspeicher einfließen zu lassen.

- Andere Forscher wollen das Kommunikationsnetz der lebenden Organismen, die Nerven, anzapfen, um in Echtzeit die Signale der Zellen abzuhören; wenn es gelingt, Nerven an den richtigen Stellen zu »kitzeln«, sie elektronisch zu stimulieren, könnten gestörte Sinneseindrücke gezielt erzeugt, kranke Organe gesteuert und lahme Muskeln bewegt werden.

- Italienische Wissenschaftler vom Meeresbiologischen Institut der Universität Lecce (Apulien) entdeckten eine Meeresqualle, die sich selbst verjüngt, sozusagen unsterblich ist. Das faszinierende Forschungsobjekt heißt *Turritopsis nutricola* und hat Biologen und Genetiker dazu angeregt, aus dem präzisen Studium der Glibberzellen ein Rezept gegen das Altern des Menschen herauszufiltern. Das Kunststück des transparenten Wasserwesens ist vergleichbar der Umkehr einer Schmetterlingsmetamorphose: Ein Falter verpuppt sich am Ende seines Lebens wieder in eine Raupe – und breitet nach kurzer Zeit seine »runderneuerten« Flügel zu einem neuen Leben aus und so weiter...

- Die Aufklärung und Nutzung der Photosynthese hat für japanische Biologen die gleiche Bedeutung wie die Kernfusion für einen Physiker: Schon im nächsten Jahrzehnt wollen sie das Kohlendioxid der Atmosphäre mithilfe gentechnisch manipulierter Algen – Hauptproduzenten der Photosynthese weltweit – wie mit einem Staubsauger absorbieren.

- Die geodätischen Kuppelbauten des amerikanischen Architekten Buckminster Fuller gleichen in ihrer Wabenstruktur dem Skelett von Radiolarien; die Dicke der 1923 von ihm entworfenen Spritzbetonkuppel des Jenaer Planetariums wurde durch Hochrechnung der Schalendicke eines Hühnereies ermittelt.

- Eine US-Forschergruppe für Luft- und Raumfahrt in Ohio arbeitet an der Kopplung von Gehirn und Maschine: Was zunächst wie Science-Fiction aussieht, ist inzwischen eine ernst zu nehmende Wissenschaftsdisziplin; schon in wenigen Jahren soll der Pilot im Cockpit eines Flugzeugs dieses nicht mehr per Steuerknüppel, sondern direkt über Befehle aus seinem Gehirn ans Ziel führen.

• Hunde können Diabetiker vor der lebensbedrohlichen Unterzuckerung und Epileptiker vor Anfällen warnen: Britische Mediziner der Universität Liverpool haben beobachtet, dass Hunde bei einer nahenden Hypoglykämie, einem so genannten Blutzuckermangelzustand, ihre Besitzer auf unterschiedliche Weise alarmierten, während die Patienten die Störung noch gar nicht bemerkt hatten. Zwei von drei Hunden spürten sogar einen nächtens plötzlich auftretenden Blutzuckermangel über mehrere Meter hinweg: Die Hunde bellten, kratzten an der Schlafzimmertür oder stießen die Kranken mit der Schnauze, um sie aus dem lebensgefährlichen Schlaf zu wecken.

• Bei vielen Krankheiten, von Altersdiabetes bis Krebs, entgleist die normale Kommunikation zwischen den Zellen, die High Fidelity in einem Zellverband ist dann gestört. Bakterien und Viren sind Meister darin, Signalsysteme von Zellen für ihre eigene Ausbreitung und Vermehrung zu nutzen. Jetzt wollen es die beiden amerikanischen Wissenschaftler John D. Scott und Tony Pawson vom Howard Hughes Medical Institute in Chevy Chase (US-Bundesstaat Maryland) beziehungsweise vom Samuel-Lunenfeld-Forschungsinstitut des Mount-Sinai-Krankenhauses in Toronto den Mikroben gleichtun: »Wir wollen lernen, die Zellen zu belauschen, wie sie in unserem Körper pausenlos miteinander reden. Vielleicht können wir ihnen bald auch souffieren, wenn eine von ihnen stottert oder Unsinn erzählt. Und wenn es eine Krebszelle ist, dann werden wir ihr den Befehl geben, sich nicht zu teilen, sondern Selbstmord zu begehen.«

• Frösche im südamerikanischen Regenwald bedienen sich zur Paarung einer seismischen Kommunikation – sie trommeln mit den Fingerspitzen bestimmte Signale auf den Boden. Der US-Forscher Peter Narins von der University of California in Los

Angeles hat aufgrund seismischer Messungen herausgefunden, dass angesichts des zum Teil infernalischen Stimmengewirrs im Dschungel – Affen brüllen, Vögel schreien, Insekten brummen – die erotische Annäherung der Weißlippenfrösche nur durch ihre Fähigkeit gelingt, spezifische Signalfolgen typischer Vibrationen ihres Partners zu registrieren und zu beantworten. Der »Erschütterungssinn« dieser Baumfrösche ist hundertmal empfindlicher als der des Menschen – auch hier könnten Wissenschaftler bei der Einrichtung des geplanten Tsunami-Frühwarnsystems im Indischen Ozean fündig werden.

- Der französische Musiker und Physiker Joel Sternberger hat festgestellt, dass Pflanzen auf Musik ähnlich reagieren wie Menschen – sein Patentantrag listet Melodien auf, die Pflanzen zu starkem Wachstum anregen. Bereits 1950 berichtete der indische Wissenschaftler T. C. Singh, Leiter des Botanischen Instituts der Annamalai-Universität in der Nähe von Madras: »Wir können im Labor demonstrieren, dass die Stoffwechselprozesse der Pflanze unter dem Reiz von Musikklängen oder auch nur rhythmischen Erschütterungen beschleunigt werden und im Vergleich zu Kontrollpflanzen um mehr als 200 Prozent im Wachstum zunehmen.« Wenn es gelingt, pflanzliche Reaktionen von den Spuren des Okkultismus zu befreien und ihre vermutlich elektromagnetischen Biosignale als nachweislich physikalische Phänomene zu bestätigen, könnte dies unsere Beziehung zur Welt der Pflanzen sowohl in der Land- und Forstwirtschaft als auch im privaten Gartenbereich revolutionieren.

- Die Zoologen Helmut Schmitz und Stefan Schütz von den Universitäten Bonn und Gießen haben herausgefunden, dass der Schwarze Kiefernprachtkäfer einen Waldbrand auf eine Entfernung von 40 bis 50 Kilometern bereits bei seiner Entstehung orten und lokalisieren kann. Die Wissenschaftler stellten fest, dass die Nachkommenschaft des kleinen Insekts sich nur von röstfrischem Holz verkohlter Bäume ernähren kann. Da es für die hilflosen Larven unmöglich wäre, sich selbst auf die Suche nach brennenden Wäldern begeben, fliegen Männlein und Weiblein des Feuerkäfers dem Brand entgegen, um sich hart an der Flammenfront zu paaren. Inzwischen wurden Brandmeldersensoren nach dem Vorbild des merkwürdigen Tierchens mit Erfolg getestet. Die neuen Feuermelder sind bisherigen Rauchgasdetektoren deutlich überlegen; denn während technische Brandsensoren aufgrund der Abgase von Autos, Flugzeugen oder Müllverbrennungsanlagen häufig Fehlalarme auslösen, reagiert die intelligente Sensorik Marke Feuerkäfer ausschließlich auf brennenden Wald.

- Das technische Arsenal biologischer High-Tech-Systeme wird auch ausgefallensten Anforderungen gerecht: Da krabbelt in der südlichen Mojave-Wüste im US-Staat Kalifornien ein unscheinbarer Sandskorpion herum. Zur Jagd auf Beutetiere bedient er sich eines Instrumentariums von nicht weniger als 16 Sinnesorganen, darunter eine Messstation für Erschütterungen und ein Zeitsinn. Der bis zu acht Zentimeter lange Räuber verkriecht sich tagsüber vor der sengenden Sonne und wird erst nachts aktiv. Dann ist er besonders scharf auf solche Beute, die, tief im Sand verborgen, selbst nach Essbarem wühlt. Augen und Ohren scheiden bei dieser subtilen Jagdstrategie von vornherein aus. Der Sandskorpion ist stattdessen mit einer filigranen, aber höchst effizienten seismographischen Lauschanlage ausgerüstet, die jede Besatzung einer Erdbebenwarte vor Neid erblassen ließe. Forscher der Technischen Universität Berlin sind mittlerweile dabei, die biologische Rüstkammer aus der kalifornischen Wüste für technische Belange auszuschlachten.
- Mühsames Entschlüsseln ist für Wissenschaftler und Ingenieure erforderlich, um herauszufinden, welche evolutionären Prinzipien sich hinter den geheimnisvollen Bauplänen der Tier- und Pflanzenwelt verbergen, und diese Biostrategien dann vielleicht in veränderter Form technisch nutzbar zu machen. So studierte der Karlsruher Biomechaniker und Preisträger der Bundesstiftung Umwelt, Professor Claus Mattheck, die Spannungsvertei-

lung in Baumstämmen und Astgabeln, um Hinweise zu finden, wie sich mit möglichst wenig Material stabile Bauteile beispielsweise in der Auto- und Flugzeugindustrie konstruieren lassen.

- Englische Ingenieure haben mit evolutionären Strategien ein Simulationsprogramm entwickelt, in dem virtuelle Formel-I-Rennwagen selbstständig immer schnellere »Nachkommen« hervorbringen. Das Computermodell basiert auf einem genetischen Algorithmus, der den Prozess des Darwin'schen Evolutionsmodells nachahmt. »Schon geringe Veränderungen in der Höhe der Kotflügel oder bei der Beschaffenheit der Reifen können den entscheidenden Vorteil im Rennen bringen«, erklärt Peter Bentley, Leiter der Fachgruppe Digitale Biologie am University College London: Die Darwin'schen Flitzer verbesserten im Evolutionsmodell des Elektronenrechners die Bestzeit um 0,88 Sekunden pro Runde – im Rennsport eine kleine Ewigkeit, da manchmal nur eine einzige Hunderstelsekunde über Sieg oder Niederlage entscheidet.

- Der so genannte »Mottenaugen-Effekt« wird unter Federführung des Fraunhofer-Instituts für Solare Energiesysteme in Freiburg zur Erzeugung solarer Entspiegelungen genutzt; die Schwingkölbchen der Stubenfliege dienen Automobilherstellern als Modell für Stabilisatoren zur Vermeidung des Elchtest-Effekts; der Andockmechanismus von tanzenden Zuckmücken, die in der Luft kopulieren, diente zur Optimierung der Kupplung von »Apollo«-Raumschiffen und der russischen Raumfähre »Mir« sowie zur Verbesserung der Einfüllstutzen in der Luft nachtankender Abfangjäger; nach einer angemessenen Verwendung im Bereich militärischer Verteidigungsmaßnahmen wird zurzeit noch gefahndet: Es handelt sich dabei um das chemische Defensivmanöver eines Wasserkäfers, der seine Verfolger ersäuft, indem er die Oberflächenhaut des Wassers durchlöchert wie einen Schweizer Käse.

- Rollende Sagebüsche, auch Purzelbaumkraut (*Salsola tragus*) genannt, die in elegischen Western wie »Spiel mir das Lied vom

Tod« vom Wind über die öde Steppenlandschaft geweht werden, säubern Truppenübungsplätze von Uran: Wie Dana Ulmer-Scholle vom New Mexico Institute of Mining and Technology bei der Jahrestagung der Geological Society of America in Denver berichtete, kann *Salsola* zwar nicht die Kugeln aus der bleihaltigen Luft absorbieren, aber immerhin Uran aus kontaminierten Böden.

- Hummeln sind die Jumbos der Insektenwelt; ihr phantastischer Trickreichtum beim Fliegen hat bei Flugzeugingenieuren in den letzten Jahren immer wieder für Aufregung gesorgt. In der Eingangshalle der Firmenzentrale des amerikanischen Luftfahrtkonzerns Boeing in Seattle hing lange Zeit unter dem Riesenposter einer mit Blütenpollen und Nektar dick beladenen Hummel ein Schild mit folgender Aufschrift: »Berechnungen unserer Konstrukteure haben ergeben, dass die Hummel gar nicht fliegen kann. Da sie das nicht weiß, fliegt sie trotzdem...«

Niemand kann in die Zukunft sehen. Es gibt allerdings eine Methode, die einigermaßen sichere Aussagen erlaubt, und zwar selbst über Erscheinungen, die wir zweifellos noch längst nicht völlig verstanden haben. Gemeint ist natürlich diese atemberaubende Ideenfülle lebender Systeme, wie wir sie in diesem Buch kennen gelernt haben. Wenn man beispielsweise darüber spekulieren wollte, ob Computer sich eines Tages Intelligenz aneignen können, dann ist daran zu erinnern, dass wir in unserem Gehirn mit einer Schaltung ausgestattet sind, die wie alles andere auf der Welt nach physikalischen Gesichtspunkten funktioniert – und Intelligenz hervorbringt. Könnte es eines Tages winzige chemische Maschinchen geben, die in gezielter Weise in die Umwelt eingreifen und sich selbst dabei steuern? Es gibt unzählige Mikrowesen, die unsere Erde bevölkern und genau dies zuwege bringen.

Vor einigen Jahren präsentierten Computerspezialisten um Daniel Mange, Professor an der ETH Lausanne, der Welt die erste sich selbst reparierende Uhr – »bioinspirierte Computersysteme« nennt

Mange seine neuen Produkte. Was herauskommen kann, wenn man den Lebensprozess biologischer Systeme genau analysiert und mit gleichen logischen Schritten imitiert, zeigt das »elektronische Gewebe« zukünftiger Elektronik. Kopiert von der lebendigen Haut, die voller Rezeptoren steckt und auf kleinste Umweltsignale reagiert, wurde ein neues Reparatur- oder Heilverfahren für elektronische Systeme nach absichtlicher und unabsichtlicher Zerstörung entwickelt. Bei allen Unwägbarkeiten, die selbstorganisierte Elektronik in sich birgt, wäre sie dennoch sinnvoll einsetzbar, zum Beispiel in Regionen, die nur schwer für Reparaturen zugänglich sind wie Weltraum oder Meeresgrund. Dorthin ließen sich intelligente Maschinen befördern, die sich um sich selbst kümmern.

16. Wie zuverlässig ist die Forschung?

Wenn wir heute einem Menschen begegnen, der nicht weiß, wer er ist, woher er kommt, wohin er will, dann ist das ein Fall für den Psychiater, vielleicht auch für die Behörden. Wenn dieser Fremde sein Gedächtnis, nicht jedoch seine Schlagfertigkeit verloren hätte, könnte er uns alle in ziemliche Verlegenheit bringen, indem er nämlich diese Fragen auch an uns selbst stellt. Was die Bibel darüber zu sagen hat, ist in sich logisch und konsequent. Die Schöpfung der Erde und alles Leben auf ihr beschreibt sie als ein besonderes Geschenk Gottes. Sie ist etwas, das außergewöhnlich, ja heilig ist. Und ein Geschenk sollte man nicht bis ins letzte Detail hinterfragen. Aber zufrieden sind wir mit dieser Erklärung der Bibel nicht. Erstaunlich ist allerdings, wie genau Moses, der Autor der biblischen Schöpfungsgeschichte, das wissenschaftlich inzwischen bestätigte Geschehen der Weltentstehung beschrieben hat. Woher konnte er schon vor rund 3500 Jahren wissen, dass Gott, nachdem er Himmel und Erde, die Meere und die Gestirne, anschließend Pflanzen und Tiere erschaffen hatte, erst ganz zuletzt dem Menschen ans Licht der Welt half? Wäre es nicht auch sinnvoll gewesen, zuerst den Menschen zu erschaffen und danach eben alles, was er so zum Leben braucht? Wie auch immer, unsere berühmtesten Forscher und Nobelpreisträger haben sich ebenfalls für diese Reihenfolge entschieden.

Was hat die Wissenschaft darüber hinaus noch herausfinden können? Kann sie uns heute über unsere Identität, das Woher und Wohin nähere Auskünfte geben? In einer Kurzfassung hat es der durch seine Studien über kosmische Nebel, Sternhaufen und durch seine Untersuchungen der Milchstraße berühmt gewordene US-Astronom Harlow Shapley, von 1921 bis 1954 Direktor des Harvard Observatory in Cambridge (US-Staat Massachusetts), einmal so ausgedrückt: »Es ist erfreulich, ein Teil dieser großartigen Demonstration einer Evolution zu sein, wenngleich wir gestehen müssen, dass wir die direkten Abkömmlinge einiger ekelhaft riechender Gase und einiger Blitzschläge sind.«

Das klingt zwar etwas anders, als es in der Bibel steht, doch wer will, findet auch in dieser Aussage noch einen Abglanz der Schöpfungsgeschichte. Vom Tage der Erschaffung an schienen Sonne, Mond und Sterne, Gebirge und Ozeane, auch Pflanzen, Tiere und Menschen unwandelbare Bestandteile einer ewig gleichen Ordnung. Der Nachthimmel galt dem Menschen durch die Jahrtausende als Beweis kosmischer Unveränderlichkeit. Im Bereich des Lebendigen schien der unaufhörliche Rhythmus von Geburt und Tod aller Lebewesen, das Erblühen und Verlöschen immer neuer Kulturen ein permanenter Kreislauf, ein ständiges Werden und Vergehen in einem grundsätzlich stets gleich bleibenden Universum. Doch dieser Eindruck sei trügerisch, die seit Urzeiten bestehende Gewissheit schlicht falsch – sagt die Wissenschaft. Auch Galaxien, Sterne und Planeten würden geboren und eines Tages wieder verlöschen, Kontinente würden zerreißen und sich neu gruppieren, Gebirge würden sich auffalten und die Erde sich ständig durch globale Klimaveränderungen und Naturkatastrophen umgestalten. Lebewesen höher entwickelter Arten seien aus primitiveren Vorformen entstanden, viele der früheren Tiere und Pflanzen wieder ausgestorben. Die wesentliche Eigenschaft des Universums sei also nicht dauernder Kreislauf, nicht statische Unveränderlichkeit, sondern ein immer währender Prozess fortschreitender Entwicklung. Die Erkenntnis dieses universellen Geschehens, einschließlich der Entstehung des Menschen aus affenartigen Vorfahren, ist die grundlegende Einsicht der modernen Wissenschaft. Evolution, wie man die Gesamtheit dieser Ereignisse bezeichnet, und ihre Hauptantriebskräfte Zufall und Notwendigkeit, werden heute, am Anfang des 21. Jahrhunderts, auch von den offiziellen Kirchen und allen großen Religionsgemeinschaften der Welt weitgehend anerkannt und akzeptiert.

Aber – haben wir in unserer ein paar tausend Jahre alten Wissenschaft nicht vielleicht doch einen grundlegenden Fehler begangen? Etwa Daten falsch interpretiert und deshalb Schlüsse gezogen, die in die Irre führten? Zu den frühesten hauptamtlichen »Wissenschaftlern« dürfen wir – um die Bibel dabei nicht völlig außer Acht zu lassen – die »Propheten« zählen. Sie besaßen, was man in zahlreichen Büchern ausführlich nachlesen kann, ein für ihre Zeit solides und umfassendes Wissen. Kühn und kompetent wagten sie Voraussagen auf die Zukunft. Unter ihnen kennen wir einige, die sich irrten, wenn sie kulturelle, ökonomische oder militärische »Hochrechnungen« versuchten. Inzwischen wissen wir, welche Voraussetzungen gegeben sein müssen, um als Prophet gelten zu können: Es bedarf einer ausreichenden Datenlage – vor allem Daten und Forschungsergebnisse von den richtigen Objekten. Haben wir heute über die Entstehung des Universums und des Lebens genügend Beobachtungen und experimentell gesichertes Wissen gesammelt, haben wir es auch an den »richtigen« Arten ermittelt? Woher wissen wir denn, dass – um nur ein paar Beispiele anzuführen – Größe, Gewicht und Farbe zum wahren Verständnis unserer Welt die entscheidenden Kategorien sind? Woher nehmen wir die fatale Neigung zu glauben, dass »groß« besser sei als »klein«? Sind das nicht Ordnungsprinzipien und Wertmaßstäbe einer primitiven Urzeit? So hat vermutlich schon der steinzeitliche Jäger und Höhlenbewohner seine Umwelt taxiert: großes Tier – große Mahlzeit, kleiner Faustkeil – kleine Wirkung! Sich selbst wählte der Mensch als Maß aller Dinge, nach seinen Maßen und den damit verbundenen Vorstellungen teilte er die Welt ein. Noch zu Beginn des 20. Jahrhunderts kannten die Deutschen Längenmaße wie »Elle« und »Klafter«. In angelsächsischen Staaten gilt heute noch »foot« als Maßeinheit, und in Großbritannien erhält man bei der Benutzung einer Personenwaage ein Kärtchen, auf dem zu lesen ist, wie viele »Steine« (stones) man wiegt. Ist das nicht noch immer Urzeit – Steinzeit?

Könnte es nicht sein, dass Besucher aus dem Andromedanebel völlig andere Kriterien für die Erklärung des Universums zugrunde legen und deshalb auch zu völlig anderen Schlussfolgerungen kommen müssten? Wir wissen nicht, ob Größe, Gewicht oder Farbe eines Gegenstandes oder eines Lebewesens für eine naturwissenschaftlich objektive Betrachtungsweise entscheidend ist. Wir wissen noch nicht einmal, ob Pflanzen und Tiere unseres Heimatplaneten in Kategorien »denken« oder »bewerten«, die – ein Bewusstsein wie beim Menschen vorausgesetzt – zu ganz anderen Ergebnissen und Entscheidungen, am Ende zu einem total anderen Weltbild gelangen könnten. Immerhin wissen wir in dieser Hinsicht so viel, dass manche Insekten, die von Blüte zu Blüte eilen und Nektar sammeln, von denen man also einen ausgeprägten Farbsinn erwarten sollte, lediglich schwarz-weiße Graumuster erkennen und Farben deshalb nur mäßig unterscheiden können. Fledermäuse, Nacktmulche und einige Höhlenbewohner bauen ihre Umwelt vor allem auf Ultraschall, manche Schlangen auf Wärmestrahlung. Von Katzen, Hühnern und Hunden glauben einige Wissenschaftler, dass sie über einen Seismographen zur rechtzeitigen Vorhersage von Erdbeben und Vulkanausbrüchen verfügen. Bei Ameisen vermutet man einen Detektor für radioaktive Strahlung: Ein Ameisenvolk, das in der Nähe einer Kobalt-60-Strahlenquelle seine Behausung erbaute, legte einen viele Meter langen unterirdischen Gang an, der weit von der gefährlichen Strahlenquelle entfernt seinen Ausgang hatte. Von Wespen und Hornissen weiß man, dass sie erkennen können, ob das Material, mit dem sie ihre Nester errichten, radioaktiv ist. An schlafenden Ratten wurde beobachtet, dass sie sofort erwachen, wenn sie von einer schwachen Röntgenstrahlung getroffen werden; selbst Mimosen falten ihre Blätter zusammen, wenn sie radioaktive Strahlung »fühlen« – von all dem kriegen wir Menschen nicht das Geringste mit. Sind diese Sinne zur Beschreibung der Welt völlig bedeutungslos?

Vielleicht wäre die Weltgeschichte ganz anders verlaufen, wenn wir die eine oder andere Fähigkeit einiger »primitiver« Tiere und Pflanzen vererbt bekommen hätten. Dänische Forscher berichteten vor kurzem von einem Pflänzchen, das es trotz seiner unauffälligen Erscheinung in sich hat. Die Ackerschmalwand (*Arabidopsis thaliana*) wechselt die Farbe, wenn Sprengstoff im Boden versteckt ist: Das bescheidene Grünzeug reagiert auf Stickstoffdioxid, das aus Landminen entweicht. Welches Unheil ließe sich vermeiden, wenn wir ebenfalls Landminen und Bomben erspüren könnten! Oder wie anders wäre vermutlich die Geschichte der Seefahrt verlaufen, wenn wir einen magnetischen Sinn besäßen, der uns anzeigen würde, wo Norden ist? Diesbezügliche Präzisionsleistungen mancher Pflanzen würden wahrscheinlich genügen, um vom Verband der Schweizer Uhrenindustrie das Prädikat »Chronometer« als Auszeichnung für besonders hochwertige Zeitmesser zu erhalten.

Stattdessen sind wir Menschen uns zuweilen nicht einmal einig in der Beurteilung einfacher Farben: Rot oder grün? Gelb oder blau? Euripides sagt in der »Iphigenie«, die Simse des Altars seien vom Blut *xanthon* gewesen; das Wort scheint also »rot« zu bedeuten, und bei lateinischen Schriftstellern wird es auch ausdrücklich mit *ruber* (rot) gleichgesetzt. Aber Aischylos nennt in den »Persern« die Blätter des Ölbaums *xanthon*; danach wäre es eher mit »grün« zu übersetzen. Ebenfalls wird jedoch der Honig gelegentlich *xanthon* genannt; die Bedeutung des Wortes spielt also auch ins Gelbliche hinüber. Ähnlich verwenden die alten Griechen, unsere wissenschaftlichen Lehrmeister, auch andere Farbnamen. *Ochron* bezeichnet im Allgemeinen die Hautfarbe und wird meist mit »blass« übersetzt. Aber in einem medizinischen Ratgeber wird auf die Frage, woran der Arzt die Fieberhitze erkenne, geantwortet: daran, dass der Kranke *ochron* wird. Hippokrates sagt sogar einmal ausdrücklich, *ochron* sei wie die Farbe des Feuers. Zu allem Unglück wird jedoch bei wieder einem anderen Schriftsteller die Farbe des Frosches als *ochron* beschrieben. Sollte *ochron* auch

»grün« bedeuten? Ein drittes Beispiel: Die Farbe des Mondes heißt *glaukon*. Das gleiche Beiwort erhalten Augen, die vorher als feuerfarbig geschildert waren; das Wort scheint ein leuchtendes Rot zu signalisieren. Aber Plato erläutert *glaukon* als Mischung von weiß und azurfarben: Demnach scheint es eine hellblaue Färbung auszudrücken, und die Römer wiesen dezidiert darauf hin, es bedeute das Gleiche wie *caesius*, also »blaugrau«. Schließlich nennt Euripides eine mit Blättern bekränzte Flur *glaukon*; also kommt das Wort auch im Sinne von »grün« vor. Manche Gelehrte helfen sich damit, *glaukon* einfach mit »glänzend« zu übersetzen, und der Sekundaner kennt die »glaukopis«, Homers »helläugichte« Athene. Aber dieser Ausweg erscheint fragwürdig, denn die Augenkrankheit Star heißt im Griechischen *glaukoma*; bei ihr wird aber das Auge nicht glänzend, sondern trüb. *Hyakinthon* schließlich hat Martin Luther in der Bibel mit »gelb« übersetzt, andere Übersetzer mit »grün«. Heute glauben wir, dass *hyakinthon* »blau« bedeutet.

Angesichts dieses wunderlichen Farbenlabyrinths haben manche Forscher die Hypothese aufgestellt, die Griechen seien samt und sonders farbenblind gewesen. Aber diese Ansicht hat sich nicht durchgesetzt. Wir wissen heute: Für das ganze Problem ist nicht der Augenarzt zuständig, sondern der Sprachforscher. Wer wollte nicht gerade deswegen ins Grübeln kommen? So haben die Griechen offenbar ganz andere Töne zu einheitlichen Farbbegriffen vereinigt. Auch die lateinischen Farbnamen stimmen nicht mit den unseren überein. Wer etwa *purpureus* mit »purpurfarben« übersetzen wollte, wird erstaunt sein, dass Horaz auch den Schwan *purpureus* nennt; die Römer gaben glänzend weißen und glänzend schwarzen Gegenständen die Bezeichnung »purpurn«. Als *caeruleus* (»tiefblau«) beschrieben sie den Himmel, das Meer und die Augen der Germanen, aber auch die Haare der Inder, die Nacht und den Tod. Und deutsche Italienurlauber stellen erstaunt fest, dass Römer oder Sizilianer den Rotwein *vino nero*, also »Schwarzwein«, nennen. Südamerikanische Urwaldstämme haben über 50 verschiedene Wörter für die Spielarten von Grün, dagegen kein gemeinsames, die Farbe definierendes Wort; für sie ist die Unterscheidung der verschiedenen Schattierungen so wichtig, dass sie deren Gemeinsamkeit gar nicht wahrnehmen.

Findet man diesen babylonischen Sprachensalat nur bei Farben? Keineswegs! Im Serbischen gibt es beispielsweise kein einheitliches Wort für Onkel, sondern drei verschiedene Wörter für den Vaterbruder, den Mutterbruder und für den Gatten der Vater- oder Mutterschwester. Der Serbe empfindet also den Onkel väterlicherseits und den Onkel mütterlicherseits als zwei verschiedene Arten von Verwandten. Er besitzt auch kein einheitliches Wort für den Schwager: Der Bruder des Ehemanns heißt *dever*, der Bruder der Ehefrau *sura*. Auch im Mittelhochdeutschen gibt es ähnliche Unterschiede. Im Chinesischen wird »Bruder« nicht nur mit einem Wort, sondern sogar mit zwei Wörtern bezeichnet: eines für den älteren Bruder und eines für den jüngeren Bruder – so wesentlich erscheint den Menschen aus dem Reich der Mitte dieser Unterschied. Manche Südseeinsulaner haben keine Zahlwörter schlechthin, sondern sie haben für jede Zahl verschiedene Wörter, je nachdem, ob es sich beispielsweise um Menschen, Kokosnüsse, Hütten, Delfine oder Pflanzungen handelt. Ihre Sprache ist also noch weit anschaulicher als die unsere. Sie vermag den abstrakten Begriff »zwei« nicht zu bilden, sondern kann sich Zahlen nur in Verbindung mit bestimmten Dingen vorstellen. Einige Indianersprachen haben auch 13 verschiedene Zeitwörter für das Waschen, je nachdem ob Hände, Gesicht, Kleider oder Schüsseln gewaschen werden. Ein Pferd ist im deutschen Sprachraum – aber nur dort – entweder ein Hengst, eine Stute oder ein Wallach, zuweilen ein Ross oder ein Renner, eine Mähre, ein Klepper oder ein Gaul, ein Schimmel, Fuchs, Rappe oder Falbe. In Wirklichkeit handelt es sich immer um dasselbe vierbeinige Geschöpf. Dass sich die alten Römer mit dem Wort *equus* und – mit leichter Abwandlung – *equa* begnügten, ist irgendwie verständlich: Sie lebten mit Pferden auf weniger freundschaftliche Weise zusammen als die alten Deutschen und empfanden daher nicht das Bedürfnis nach so vielen Unterscheidungen.

Mit dem Zauberstab des Wortes bilden Menschen aus der Formlosigkeit und Bewegtheit der Welt die ordnenden Gestalten der Begriffe. Dieses Instrument verwendet jedes Volk verschieden, und in der Art, wie es damit umgeht, prägen sich seine Anschauungen aus. Die Koreaner zum Beispiel, ein besonders förmliches, streng nach Kasten getrenntes Volk, kennen bei einem Zeitwort 20 verschiedene Formen, je nach dem Rangverhältnis zwischen Sprechendem und Angesprochenem. Bei einigen afrikanischen Eingeborenendialekten beginnt jedes Wort mit einer von 17 Vorsilben; mit ihnen teilen diese Menschen die ganze Welt in 17 Grundkategorien ein. Durch diese Art der Wortbildung wird die ganze Welt schematisiert. Das Oberhaupt einer Gemeinde nennen wir »Bürgermeister«, ursprünglich Burgemeister, also Meister der Burg; in der Zigeunersprache heißt das Stadtoberhaupt *peso rai*, was »dicker Herr« bedeutet; offenbar erachten die Sinti und Roma als kennzeichnendes Merkmal dieses Amtes etwas ganz anderes. »Die Verschiedenheit der Sprachen«, sagte Humboldt, »ist nicht eine Verschiedenheit an Schällen und Zeichen, sondern eine Verschiedenheit der Weltansichten selbst.« Als man Aristoteles ins Lateinische, Arabische und Deutsche übersetzte, kamen drei verschiedene Aristoteles heraus, und manche Übersetzer weisen darauf hin, dass es völlig unmöglich sei, eine Seite Platos ins Hebräische zu übertragen. Zwei verschiedene Sprachen sind zwei verschiedene Weltansichten. Schopenhauer hat deshalb empfohlen, dass in jeder Übersetzung der Geist einen neuen Leib bekommen müsse – jede Übersetzung sei eine Art Seelenwanderung.

Der große Chemiker und Philosoph Wilhelm Ostwald (1853 bis 1932) hat einmal gesagt: »Die Sprache ist ein Verkehrsmittel; so wie die Eisenbahn die Güter von Leipzig nach Dresden fahre, so transportiere die Sprache die Gedanken von einem Kopf zum anderen.« Aber die Köpfe sind keine Lagerhäuser und die Worte keine Güterwagen. Will man einen wirtschaftlichen Vergleich anwenden, so entspricht die Sprache nicht dem Verkehrsgewerbe, sondern den Güter schaffenden, Wert gestaltenden Teilen der Wirtschaft: Die Sprache gibt der Welt ihre Form. Sie ist keine bloße Etikettierung, sondern ordnet die Vielfalt der Gegenstände, Vorstellungen und Hypothesen. »Ein Volk hat keine Idee, zu der es kein Wort hat: Die lebhafteste Anschauung bleibt dunkles Gefühl, bis die Seele ein Merkmal findet und es durchs Wort dem Gedächtnis, der Rückerinnerung, ja endlich dem Verstande der Menschen, der Tradition einverleibt« (Herder). Goethe hat mit einem schönen Beispiel anschaulich gemacht, welche Bedeutung allein dem grammatischen Aufbau einer Sprache für die Weltanschauung zukommt: »Welch eine andere wissenschaftliche Ansicht würde die Welt gewonnen haben, wenn die griechische Sprache lebendig geblieben wäre und sich anstatt der lateinischen verbreitet hätte. Das Griechische ist durchaus naiver, zu einem natürlichen, heitern, geistreichen, ästhetischen Vortrag glücklicher Naturansichten viel geschickter. Die Art, durch Verba, besonders durch Infinitive und Partizipien zu sprechen, macht jeden Ausdruck lässlich; es wird eigentlich durch das Wort nichts bestimmt, bepfählt und festgesetzt, es ist nur eine Andeutung, um den Gegenstand in der Einbildungskraft hervorzurufen.« Auch in der Auseinandersetzung der Nationen sind Glanz und Kraft einer Sprache von jeher gewichtige Trümpfe gewesen: »Die Geschichte zeigt, dass alle herrschenden Völker der Weltperioden nicht durch Waffen allein, sondern vielmehr durch Verstand, Kunst und durch eine ausgebildete Sprache über andere Völker oft Jahrtausende hin geherrscht haben« (Herder). Von der Verfassung, in der sich eine Sprache befindet, hängt es ab, was in ihr gedacht und gesagt wird. Eine saftlose Sprache bedeutet ein verwaschenes Denken. Jeder Verfall von Tugenden und Werten schlägt sich in der Sprache eines Landes nieder – und umgekehrt! Der österreichische Schriftsteller Josef Weinheber (1892–1945) hat diesen Sachverhalt noch etwas pointierter zum Ausdruck gebracht: »Der Sprachverderber ist der eigentliche Hochverräter.«

Durch Verflachung der Sprache verflacht auch das Denken. Wenn tausende Wörter vergessen werden, gehen mit ihnen tausende Begriffe unter. Wenn die Sprache schablonenhaft wird und die Modewörter des Zeitgeistes den anspruchslosen Sprachbedarf von Millionen befriedigen, dann läuft auch das Denken Gefahr, in einem allgemeinen Brei verschwommener Begriffe zu verkleistern und gegenüber konkurrierenden Sprachen – zum Beispiel im Wettbewerb internationaler Institutionen wie EU und UN – den Kürzeren zu ziehen. Wird der Ausdruck austauschbar, der Satzbau undurchsichtig und nebelhaft, dann verlieren beide – Sprache und Denken einer Nation – Schwung, Tatkraft und Leidenschaft. Mit besonders bitteren Worten hat bereits Schiller dieses typisch deutsche Übel beklagt: »Die Sprache der Gelehrten ist der Leichtigkeit, Humanität und Lebendigkeit nicht fähig, welche der Weltmann mit Recht verlangt. Es ist das Unglück der Deutschen, dass man ihre Sprache nicht gewürdigt hat, das Organ des feinen Umgangs zu werden, und noch lange wird sie die üblen Folgen dieser Ausschließung empfinden.« Deswegen beherrschen wir Deutschen – wie schon Goethe gesagt hat – »die Kunst, die Wissenschaften unzugänglich zu machen«. Mancher deutsche Professor gleicht in seinen Abhandlungen einem Mathematiker, der mit dem Rücken zum Hörsaal auf dem Podium an seinem Katheder steht und auf der schwarzen Tafel endlose kunstreiche Formeln kritzelt; er schaut sich nicht um, und es ist ihm ganz gleichgültig, dass selbst der wissbegierigste Student angesichts solcher Zahlenlawinen den Faden verloren hat, dass ein großer Teil des Auditoriums längst Zeitung liest, ein anderer Teil schläft, ein anderer Teil sich klammheimlich verdrückt hat – unbeteiligt wie ein Monument steht er da, den Rücken zum Publikum, vor dem Kopf das schwarze Brett, das ihm die Welt bedeutet...

Wie verlässlich also ist unsere Wissenschaft? Wenn Quantität Qualität sticht, haben wir vermutlich ganz gute Karten – doch vieles deutet auf das genaue Gegenteil hin. Je zahlreicher die Wissenschaftler werden, die Zahl der wissenschaftlichen Veröffentlichungen springflutartig anschwillt, desto schwieriger wird es, das verfilzte Geflecht geistiger Querverbindungen zu entwirren – und allen Menschen neueste Erkenntnisse verständlich darzustellen. Von allen Seiten ergießt sich ein immer breiter werdender Strom experimenteller Daten und Forschungsergebnisse über unzählige Medienkanäle und vermengt sich mit einer Fülle von Teil- und Einzelinterpretationen aus aller Herren Länder. Viele Wissenschaftler tragen zerstreut vorliegendes Gedankengut zusammen, andere verhelfen bestehenden Konzepten durch prägnantere Formulierungen zur Verbreitung. Die geistige Sphäre des modernen Menschen ist einem Informationsrausch ausgesetzt, der ein kontinuierliches Wachsen von Ideen und Kreativität immer unwahrscheinlicher werden lässt und das Netz gegenseitiger Anregungen zu zerreißen droht. Jede Hervorhebung eines Wissenschaftlers ist immer häufiger gleichbedeutend mit der Zurücksetzung vieler anderer, die einer Idee den Boden bereiteten oder diese unfertig, fehlerhaft oder wenig überzeugend formulierten. Um diesem – für dieses Buch sehr wesentlichen – Netzcharakter des Erkenntnisfortschritts Rechnung zu tragen, muss ausdrücklich darauf hingewiesen werden, dass Glaubwürdigkeit, Seriosität und damit der Wahrheitsgehalt zahlreicher Informationen aus dem Wissenschaftsbereich inzwischen als größte Unsicherheitsfaktoren gehandelt werden. Physiker sind inzwischen sogar der Meinung, dass das Internet die Forschung nicht nur bereichern, sondern auch behindern kann, weil es neuen Ideen die Zeit zum Reifen raubt. Der amerikanische Industrielle Lee Gohlike, der in dem verschlafenen Provinzort Stillwater im US-Staat Minnesota seit beinahe einem Jahrzehnt das Seven Pines Symposium finanziert, lädt regelmäßig Physiker, Historiker und Philosophen auf ein einsames Gehöft ein, wo kommunikationstechnische Einrichtungen Mangelware sind: »Die Wissenschaftler lassen ihre hochspezialisierte Arbeit ruhen, um unkartiertes Gelände zu erkunden«, erklärt der amerikanische Unternehmer sein löbliches Anliegen. Physiker brauchen gerade heute interdisziplinäre Unterstützung, um grundlegende Fragen beantworten zu können. In der zweiten Hälfte des 20. Jahrhunderts ist das Wissen der Physik förmlich explodiert: Die Quantentheorie hat Kern- und Festkörperphysik beflügelt; zugleich sind Astrophysik und Kosmologie aus der Relativitätstheorie erwachsen. Doch die Theoriegebäude schließen sich weitgehend aus. Um sie zusammenzuführen, so die Meinung des theoretischen Physikers Carlo Rovelli vom Centre National de la Recherche Scientifique in Marseille, brauche die wissenschaftliche Community mehr Stille und mehr Gespräche in kleinen Gruppen. Und: »Die Physik muss erneut auf die Philosophie hören, wenn wir die Chance nutzen wollen, die Natur zu verstehen.« Damit verlieh er einer Empfehlung Ausdruck, die nicht nur auf Physiker, sondern auch auf Gen- und Nanotechnologen übertragbar ist.

Das Internet-Zeitalter hat eine demokratische Informationsgesellschaft entstehen lassen – kann es sich aber auch vor Fälschern und Betrügern in Forschung und Wissenschaft schützen? Verhindert beispielsweise die klassische Naturwissenschaft eine frühe Warnung vor Umweltschäden? Seit zwanzig Jahren, so schreibt der stellvertretende Direktor für Klimapolitik am Wuppertaler Institut für Klima, Umwelt und Energie, Hans-Jochen Luhmann, in der *Süddeutschen Zeitung*, muss die US-Raumfahrtbehörde NASA damit leben, dass Wissenschaftler schadenfroh über eine Anekdote kichern: »Im Mai 1985 beschrieb im Fachmagazin *Nature* der damals unbekannte britische Wissenschaftler Joe Farman den dramatischen Ozonschwund über der Antarktis - später »Ozonloch« genannt. Schnell kramten daraufhin NASA-Forscher ihre Satellitendaten hervor und stellten fest, dass sie diese Diagnose längst hätten stellen können. Sie waren einem Computerprogramm zum Opfer gefallen, das besonders niedrige Ozonwerte als Messfehler eingestuft hatte. Ein selbst gemachtes Brett vorm Kopf sozusagen.« Bei näherem Hinsehen habe »eine ganze Serie von Brettern vorm Kopf« eine frühere

305

Warnung vor den schädlichen Fluorchlorkohlenwasserstoffen (FCKW) schlicht unmöglich gemacht.

Müssen wir künftig damit rechnen, dass die Bevölkerung etwa bei drohenden Seuchen, zu erwartenden Terroranschlägen, gefährlichen Genmanipulationen, tödlichen Nebenwirkungen neuer Medikamente, sich abzeichnenden Erd- oder Seebebenkatastrophen immer seltener mit der erforderlichen Entschlossenheit informiert beziehungsweise vorgewarnt wird? Eines steht jedenfalls fest: Wenn wir auch in Zukunft wie eine geduldige Hammelherde auf letztgültige Bestätigungen der Forschungsergebnisse nach den Qualitätssicherungs-Maßstäben neuzeitlicher Naturwissenschaft warten, könnte dies die Lebensqualität der Gesellschaft insgesamt erheblich mindern – für immer mehr Geld bekommen wir dann am Ende immer weniger heraus. Falsche Zurückhaltung und Leisetreterei könnten uns auch das Leben kosten. Das Vorsorgeprinzip, das grundsätzlich jede Wissenschaft befolgen und ernst nehmen sollte, wurde von Klaus Töpfer, dem Direktor des Umweltprogramms der Vereinten Nationen, für die umweltorientierten Disziplinen folgendermaßen formuliert: »Wenn eine Aktivität die Gefahr steigert, dass die menschliche Gesundheit oder die Umwelt Schaden nimmt, sollen vorbeugende Maßnahmen ergriffen werden, auch wenn manche Ursache-und-Wirkung-Beziehungen wissenschaftlich nicht vollständig belegt sind.«

Wer jedoch vor drohenden Gefahren warnen möchte, hat heutzutage schlechte Karten, denn er fordert das wissenschaftliche Establishment sowie das eingespielte System der Qualitätskontrolle in der Forschung heraus. Und wer will schon gerne »toter Held« sein? Denn verstößt ein Wissenschaftler gegen althergebrachtes Regelwerk, so muss er auf nachteilige Konsequenzen vorbereitet sein: Ob Arzt oder Physiker, Mikrobiologe oder Genetiker, Doktorand oder Universitätsprofessor – verantwortliches und gewissenhaftes Handeln wird häufig wie Verrat geahndet. Selbst bei Publikationen in Fachzeitschriften kann nicht jeder, wie er will. Die so genannten »Peers« entscheiden in der Regel über eine Forscherarbeit; ohne den gnädigen Segen dieser Zerberusse an den Toren wissenschaftlicher Kathedralen bleibt auch das beste Wissen, die spektakulärste Innovation im Dunkel akademischer Katakomben. Widerspricht ein Vorhaben oder ein Ergebnis ihren Vorstellungen, so sind Forschungsgelder und die Veröffentlichung in einer renommierten Fachzeitschrift beinahe illusorisch. Frühwarnung jedoch sprengt ihrem Wesen nach die Erwartungen an die »Qualität« von Forschungsergebnissen und stellt eine neue Kultur der Wissenschaft dar. »Sie muss«, wie der Wuppertaler Klimaforscher Luhmann im Hinblick auf das »Lehrstück über die Entdeckung des Ozonlochs« schreibt, »mit der etablierten Kultur in Konflikt geraten, sonst vernachlässigt sie ihre Aufgabe.« In einem ausführlichen Artikel in der *Süddeutschen Zeitung* beschrieb Luhmann das »Drama in drei Akten«, dem wir die nachfolgenden Passagen entnehmen.

Um der »Tyrannei der Peers« zu entgehen und seiner Devise »Im Zweifel für die Sicherheit« folgen zu können, befasste sich der englische Mediziner und Chemiker James Lovelock als unabhängiger Wissenschaftler zu Beginn der Siebzigerjahre mit der Frage, welche Auswirkungen jene von der Industrie begehrten Treibmittel unter der Kurzbezeichnung FCKW auf unser Klima haben. Auf Anraten von Freunden stellte er erstmals einen Antrag beim Natural Environmental Research (NERC), der in Großbritannien die Umweltforschung steuert: Lovelock wollte bei einer Reise des Polarforschungsschiffs »Shackleton« 1971/72 den FCKW-Gehalt der Atmosphäre auf der Südhalbkugel messen. Doch die vom NERC befragten Peers lehnten den Antrag einstimmig ab, ermahnten sogar den Stab des Gremiums, Anträge von offensichtlichen »Aufschneidern« von vornherein aus der Beratung auszuschließen. Der Stab gelangte zwar zu einem anderen Ergebnis, war jedoch an das Votum gebunden. Es gelang ihm, Lovelock, den Antragsteller, davon zu überzeugen, die Forschungsreise auf eigene Kosten mitzumachen, lediglich die Passage könne man ihm anbieten.

Von den »ehrenamtlichen« Messungen hörte der US-Chemiker Sherwood Rowland. 1974 fand er zusammen mit seinem Mitarbeiter Mario Molina heraus, dass die FCKW-Moleküle in die Stratosphäre aufsteigen, dort abgebaut werden und das Ozon zerstören. Im Oktober 1982, der kurze, aber intensive antarktische Frühling strebte seinem Höhepunkt entgegen, wunderte sich Joe Farman, der Leiter einer britischen Forschungsstation in der Nähe des Südpols, über den Ozongehalt in der Stratosphäre über der Station. Die Ozonwerte lagen bis dahin bei 300 Dobson-Einheiten, im Oktober 1984 sanken sie zum Teil unter 180. Farman zweifelte an seinen eigenen Messergebnissen – Rowland und Molina hatten ein Jahrzehnt vorher im Mittel lediglich zehn Prozent Rückgang der Ozonschicht festgestellt. Anfang der Achtzigerjahre hatte man sich unter dem Druck der Öffentlichkeit und der betroffenen Wirtschaftsunternehmen auf Prognosen von zwei bis vier Prozent geeinigt. Diese Zahlen dienten auch als Ausgangspunkte, als im März 1985 in Wien das Rahmenabkommen zum Schutz der Ozonschicht vereinbart wurde. Und nun kam der Brite Farman mit 40 Prozent Abnahme! Jetzt trat die NASA auf den Plan und bestätigte Farmans Messungen. Bereits 1979 zeigten Aufnahmen der amerikanischen Weltraumbehörde Löcher im Ozonschild. Auch 1983 und 1984 ermittelten NASA-Wissenschaftler alarmierende Ozonwerte – von einem Ozonloch durften sie gleichwohl nicht sprechen, das verboten die Regeln der Qualitätssicherung, die eine Bestätigung durch entsprechende Vergleichsdaten vorschrieben. Im kanadischen World Ozon Data Center (WODC) in Toronto, wo angeblich alle Ozonmesswerte aus der ganzen Welt zusammenlaufen, finden sich lediglich die Daten einer einzigen Antarktisstation – und die waren, wie sich später herausstellte, fehlerhaft. So zogen es die NASA-Forscher vor, ihre eigenen Daten besser nicht zu veröffentlichen. Sie wollten mit ihren Ergebnissen auf Nummer sicher gehen – die Sicherheit des Lebens auf dieser Erde war in diesem Augenblick mal wieder zweitrangig.

Wissenschaftler sind Mitglieder einer geschlossenen Gesellschaft, vergleichbar einem Ameisenhaufen oder einem Bienenstock. Zur Sicherung ihrer Autonomie genießen sie, Wissenschaftler wie Ameisen, das Privileg der Selbstverwaltung. Niemand verlangt von ihnen, weder von Wissenschaftlern noch von Ameisen, als gesamtgesellschaftlich nützliche Glieder ihrer Art zu fungieren. Ihre Systeme werden gelenkt durch machtvolle Institutionen: Hier sind es Päpste, dort eine Königin. Ihre Zentralen sind Zwingburgen, von außen praktisch uneinnehmbar. Es sind Wissenschaftler, die der Glaubwürdigkeit und der Kompetenz anderer Wissenschaftler auf den Zahn fühlen; auch Ameisen werden nur von Ameisen kontrolliert. Die Unfähigkeit, abweichende Standpunkte und Meinungen, die sich von den althergebrachten unterscheiden, zu tolerieren, ist ein ernstes Symptom für die Trägheit des geschlossenen Systems – Ameisen haben in diesem Punkt Vorbildcharakter. Hier zeigt sich, bei Wissenschaftlern wie bei den Staaten bildenden Insekten, ein Verlust an Vitalität und der Fähigkeit, qualitativ zu wachsen – bei Ameisen, die schon mehr als eine Viertelmilliarde Jahre auf dem Buckel haben, kein ganz so gravierender Nachteil. Einstein meinte seine Wissenschaftskollegen, als er in einem Brief an seine Frau Mileva schrieb: »Die Trägheit der etablierten Macht ist der größte Feind der Wissenschaft.« Diese Trägheit kann regelrecht zu einer Gefahr für das Überleben der Wissenschaft werden, die anerkannt kompetente und besonders fähige Experten ausgrenzt, nur weil sie Ideen vertreten, die gängigen Theorien widersprechen, oder unbequeme, jedoch potenziell konstruktive Kritik äußern. Gleichwohl ist die Freiheit ihrer Profession grundgesetzlich verbrieft – darin besteht der einzige Unterschied zu den Ameisen: Tierschutz im Grundgesetz ist bis heute erfolgreich hintertrieben worden.

Im Jahre 1802 publizierte ein englischer Arzt einen Gedichtband »The Temple of Nature«, der lyrisch-mythisch verbrämt ein vollständiges Konzept der Evolution gab: Aus dem Chaos hätten sich Sonne und Planeten gebildet, dann sei Leben spontan im Urmeer entstanden und habe in ständiger Höherentwicklung zum vernunft- und sprachbegabten Menschen geführt. Dieser Mediziner war Erasmus Darwin, der Großvater des berühmten Charles Darwin. Schon der alte Darwin hatte die nächste Frage gestellt: Wie ist biologische Evolution möglich? Worin liegen die Ursachen für die ständige Weiterentwicklung aller Lebewesen? Seine Antwort nahm wesentliche Aspekte späterer Erklärungen vorweg: Vermehrung aller Lebewesen führt zu einem harten Wettbewerb, den nur die geeignetsten Individuen und Arten aufgrund bestimmter Auslesefaktoren erfolgreich bestehen und sich damit fortpflanzen können. In der entscheidenden Frage aber, woraus überhaupt Unterschiede resultieren, um Pflanzen und Tiere zu einem beispiellosen Wettrüsten in der Natur zu befähigen, blieben Großvater und Enkel verschwommenen Vorstellungen verhaftet. Auch der französische Naturforscher Jean Baptiste de Lamarck, der als Zeitgenosse der österreichischen Kaiserin Maria Theresia und Napoleon Bonapartes 1809 die erste wissenschaftliche Theorie biologischer Evolution vorlegte, scheiterte an diesem Punkt. Er glaubte wie Erasmus Darwin und letztlich auch dessen Enkel Charles an die Vererbung erworbener Eigenschaften und erklärte die Veränderung der Lebewesen durch deren Streben, sich der Umwelt anzupassen. So resultiere zum Beispiel der lange Hals von Giraffen aus ihrem Bedürfnis, sich Nahrung von Bäumen zu verschaffen. Diese heute klar als falsch erkannte Begründung wurde mit beißendem Spott in Fachkreisen wie in der Öffentlichkeit überzogen, sodass die viel wichtigere und vor allem richtige Erkenntnis ebenfalls in Misskredit geriet: die Entwicklung höherer Arten aus einfacher strukturierten Vorläufern.

Wie konnte es zu einer solch fatalen Fehleinschätzung überhaupt kommen? Der »gesunde Menschenverstand«, die Alltagserfahrung, sagt uns, dass ein Mann, der bei einem Motorradunfall einen Arm verliert, nicht einarmige Kinder in die Welt setzen wird. Die menschliche Erfahrung, die den wissenschaftlichen Erkenntnissen oft meilenweit vorausläuft, lehrt von jeher: Nur was man selbst von seinen Eltern, Groß- und Urgroßeltern im Erbgut mit auf den Weg bekommen hat, kann man seinen Nachkommen vererben. Über Jahrtausende wurden die Füße der kleinen Chinesinnen durch enge Bandagen verkrüppelt, dennoch kam bisher noch jedes Chinesenmädchen mit normal gestalteten Füßchen zur Welt. Seit vielen Generationen pflegen Juden und Mohammedaner ihre Knaben zu »beschneiden«, indem sie die Penisvorhaut operativ entfernen. Gleichwohl besitzt auch bei ihnen jeder neu geborene Knabe ein normales Glied mit unversehrter Vorhaut. Noch nie hat ein gerade zur Welt gekommener Säugling auch nur die geringste Spur solcher menschlichen Eingriffe ins Leben mitgebracht. Die in den Keimzellen – Ei und Samen – enthaltene Erbmasse weiß nichts von derartigen Manipulationen. Der während seines Lebens so gezeichnete Mensch nimmt seine auf welchem Wege auch immer »erworbenen« Eigenschaften mit ins Grab.

Doch unser »gesunder Menschenverstand« kann ins Schleudern geraten, wenn wir entdecken, wie genial und vollkommen viele Tiere ihrer natürlichen Umwelt angepasst sind. Warum sind Eisbären und Schneehasen, Polarfüchse, Schneehühner und viele andere Bewohner des hohen Nordens – zumindest im Winterhalbjahr – weiß? Sie sind offensichtlich für ihre natürlichen Feinde weniger leicht sichtbar als dunklere Geschöpfe, die sich vom Schnee abheben. Wie aber haben sie sich diese »Tarnfarbe« angeeignet? Sie haben sie sich nicht angeeignet! Der Schnee hat keineswegs auf ihr Fell oder Gefieder »abgefärbt«. Vielmehr handelt cs sich hier um ein kompliziertes und oft sehr langsam, aber stets sinnvoll und folgerichtig ablaufendes biologisches Geschehen. Im »genetischen Code«, jener chemischen Informationssoftware, die sich im Kern jeder Zelle – also auch in den Keimzellen – befindet, sind sämtliche Erbanlagen eines Lebewesens in verschlüsselter Form gespeichert: Wenn die Information auf einem Gen geändert wird, entsteht eine neue Erbeigenschaft. Solche »Mutationen« lassen sich im Laboratorium künstlich erzeugen, indem man zum Beispiel Taufliegen chemischen Giften oder radioaktiver Strahlung aussetzt. Bei diesem unheimlichen Spiel mit lebender Materie sehen die Experimentatoren dann ein ganzes Panoptikum schrecklicher Missgeburten unter ihren Händen entstehen – und diese Beeinträchtigungen des genetischen Codes mit seinen Horrorresultaten sind erblich.

In der Natur ist die Mutation ein »spontanes«, verhältnismäßig häufig vorkommendes Phänomen – wobei »spontan« lediglich bedeutet, dass wir die ursächlichen oder auslösenden Faktoren dieser Erscheinung häufig noch gar nicht kennen. So mag zum Beispiel in einem Wurf brauner Polarhasen plötzlich ein schneeweißes Exemplar auftauchen. Ob die neue, durch eine spontane Mutation entstandene Erbeigenschaft alsbald wieder verschwindet oder bei den künftigen Generationen erhalten bleibt, hängt von den jeweiligen Umweltbedingungen ab. Verschafft sie ihrem Träger, in diesem Fall dem weißen Hasen, irgendeinen biologischen Vorteil, sodass sie ihn – wie es Darwin ausdrückte – »im Kampf ums Dasein begünstigt«, so wird sie sich durchsetzen und eine neue Art, zumindest aber neue Rasse begründen (in unserem Fall also den Schneehasen). Diese Entscheidung wird demnach durch jene »natürliche Auslese« getroffen, für die Darwins deutscher Übersetzer Julius Victor Carus den treffenden Ausdruck »natürliche Zuchtwahl« prägte. Denn das Charakteristikum dieser Auslese besteht in der Tat darin, dass der Einfluss der natürlichen Umgebung ebenso wirkt wie der des Züchters, der bestimmte Erbeigenschaften seiner Tiere durch gezielte Kreuzung anzuhäufen und damit zu steigern versucht. Eine solche Mutationsform war auch das berühmte dackelbeinige Anconschaf, das eines Tages eine reinrassige amerikanische Zucht »verunzierte« und eine Zeit lang als Kuriosität weitergezüchtet wurde.

Beim Menschen wird das Kind blaue Augen haben wie der Vater, das blonde Haar der Mutter, und es wird mit der Neigung zum Jähzorn ausgestattet sein, die bei seinem Großvater ausgeprägt war. In der Erbmasse werden aber auch schon die Informationen dafür schlummern, dass das Kind – wie sein Vater – mit

35 Jahren an Haarausfall leiden wird, und sein »schwacher Magen« wird es auch vor seinem sechzigsten Lebensjahr sterben lassen, falls sich auf seinem Lebensweg nicht besonders günstige Umstände ergeben. Die gesamte Karriere, der ganze Lebenslauf eines Menschen liegt eingebettet in unseren Genen. Doch ob unter dem Einfluss einer schlechten Umwelt das Kind mit der Veranlagung zum Jähzorn einst ein Totschläger oder Mörder wird, liegt am »Zufall«, an dem scheinbar unvorhersehbaren Zusammentreffen unglücklicher Umstände.

Wollte man die Triebkräfte dieser unendlich mannigfaltigen, durch hunderte Jahrmillionen fortgesetzten Entwicklung des Lebens auf eine griffige Formel bringen, so könnte man vermutlich keine treffendere wählen als den rasch zum Schlagwort avancierten Titel, den der französische Biochemiker und Nobelpreisträger Jacques Monod seinem weltberühmten Bestseller gegeben hatte: »*Zufall und Notwendigkeit*«. Die Mutation wird vom Zufall diktiert, die Auslese oder Selektion von der Notwendigkeit. Dies sind keine wissenschaftlichen Worthülsen – die Phänomene der spontanen Erbänderung (Mutation) und der Auslese der tauglichsten, also der bestangepassten Individuen lassen sich auch heute noch in freier Natur beobachten. Ein besonders augenfälliges Beispiel für diesen ewigen Mechanismus der Mutation und Auslese liefert der so genannte Industriemelanismus, eine rasch um sich greifende Farbverdunkelung, die erst vor rund 150 Jahren mit Beginn der Industrialisierung bei etwa 70 verschiedenen Schmetterlingsarten eingesetzt hat. Zunächst wurde diese eigenartige Erscheinung von britischen Biologen in der Umgebung von Birmingham beim Birkenspanner beobachtet. Wenn dieser Nachtfalter tagsüber auf der schwarz-weiß marmorierten Rinde eines Birkenstammes saß, bot ihm die ebenso schwarz-weiß gesprenkelte Farbe seiner Deckflügel eine wirksame Tarnung gegen Insekten fressende Vögel.
Doch dann schossen Fabrikschlote aus dem Boden, eine allgemeine Verrußung der Landschaft setzte ein, die Rinde der Bir-

ken färbte sich dunkelgrau, ja schwarz. Nun waren die hellen Flügel der Nachtschmetterlinge eher Signal als Tarnung – binnen weniger Jahre schwand der Bestand der Falter dahin. Jetzt geschah etwas Seltsames: Im gleichen Maße, wie sich die Anzahl der hellen Birkenspanner verringerte, nahm die Zahl dunkel gezeichneter Schmetterlinge zu. Wie das? Schon lange vor Beginn der Industrialisierung fand man gelegentlich auch schwarze Exemplare des Birkenspanners, die von Schmetterlingssammlern hoch geschätzt und bezahlt wurden. Anscheinend waren diese dunklen Falter stets in Gefahr auszusterben, denn nicht nur bei Schmetterlingsjägern, sondern auch bei den Singvögeln waren die dunkel gefärbten Birkenspanner heiß begehrt. Doch jetzt war ihre hohe Zeit gekommen, denn auf der dunkel gewordenen Birkenrinde waren sie viel besser vor ihren Feinden geschützt – nun hatten die weißlichen Falter bald Seltensheitswert. Die schwarze Mutationsform dieser Falterart wurde plötzlich zu einer »im Kampf ums Dasein begünstigten Rasse«, der es in den Industrieregionen Englands rasch gelang, ihre hellen Verwandten fast (!) restlos zu verdrängen. Später konnte dieser Anpassungsvorgang durch Auslese experimentell nachgeprüft werden, indem man schwarze und weiße Schmetterlinge einerseits in natürlich gefärbten und anschließend in rauchgeschwärzten Wäldern aussetzte. Das Zahlenverhältnis der eingefangenen überlebenden Falter lieferte den Beweis: Die natürliche Auslese ist die unmissverständliche Antwort des Lebens auf menschliche Eingriffe in das ökologische Gleichgewicht.

Dieser faszinierende Blick in die Werkstatt der Evolution führt uns das Geschehen der biologischen Anpassung klar vor Augen: Am Anfang steht immer die zufällige, von der Umgebung unabhängig eintretende Mutation; doch sie bleibt – nach darwinistischer Auffassung – nur dann bestehen, wenn sie in ihre Umgebung »passt«, wenn sie eine leere »Nische« ausfüllen kann. Und noch etwas anderes ist bemerkenswert: Die Evolution produziert gewissermaßen immer auf Vorrat. Sie kann nicht auf Befehl ihre

Arten ändern, nicht von heute auf morgen Rassen entstehen lassen, nur weil es eine plötzliche Umweltveränderung erforderlich machen würde – sie hat seit Jahrmillionen schlicht Vorsorge getroffen. »Leben ist evolutionäre Fülle«, schreibt Lynn Margulis, Professorin für Biologie an der University of Massachusetts, in ihrem Buch »*Vom Ursprung der Vielfalt*«: »Es ist ein Wunderwerk an Erfindungen zum Zweck der Kühlung und Erwärmung, des Sammelns und Verteilens, des Fressens und Entfliehens, der Werbung und der Täuschung. Es ist die Energie und die Materie der Sonne, die im grünen Feuer photosynthetisch aktiver Lebewesen Gestalt annimmt. Es ist die Körperwärme des Tigers, der im Dunkel der Nacht durch den Dschungel pirscht. Es ist der natürliche Charme der Blumen.«

Mutationen finden ziellos statt, zufällig wie beispielsweise ein Druckfehler. Es ist zwar möglich, dass ein Druckfehler ein Gedicht verbessert, doch dürfte dies recht unwahrscheinlich sein. Deshalb sterben viele Mutationsformen bald wieder aus. Über Jahrmillionen hat die Evolution immer wieder Rückschläge erfahren, insgesamt jedoch setzte sich eine ständige Höherentwicklung und Verfeinerung, eine qualitative Optimierung der biologischen Systeme durch. Leben hat vor allem den Drang, schöner zu werden. Ein Schachtelhalm der Karbonzeit war nicht so elegant und schön wie eine neuzeitliche Orchidee; ein primitiver Wurm ist hässlicher als ein hochdifferenzierter, bunter Schmetterling; ein urtümlicher Quastenflosser ist ästhetisch nicht so ansprechend wie die farbenprächtigen Korallenfische; ein ungeschlachter Pfeilschwanzkrebs kann sich nicht mit einer Smaragdeidechse messen, der *Archäopteryx*, jener echsenhafte Urahn unserer Vögel, hatte noch kein so filigranes Federkleid wie beispielsweise ein Stieglitz oder eine Schwalbe; das Röhren urweltlicher Saurier war weniger melodisch als das nächtliche Lied der Nachtigall; selbst der prächtigste Gorilla kann sich im Aussehen nicht mit Arnold Schwarzenegger messen. Zwar sagte schon der vorsokratische Philosoph Epicharmos: »Für den Esel ist die Eselin das Schönste« – eine weit gehende Subjektivität ästhetischer Beurteilung gehört zur Vielfalt des Lebens. Charles Darwin, der gewiss unverdächtig ist, einem sentimental-romantischen Ästhetizismus nachzugeben, glaubte sogar, dass Männer ihre Bärte entwickelten und pflegten, um dem Schönheitsideal der Frauen nahe zu kommen. Dass die intellektuellen Fähigkeiten des männlichen Geschlechts durch diese Auslese entstanden sein könnte, bezweifelte der britische Gelehrte jedoch – männliche Intelligenz übe angeblich keinen geschlechtlichen Reiz auf Frauen aus. Insgesamt war die »sexuelle Selektion«, wie Darwin dieses Prinzip nannte, ebenso bedeutsam wie die »natürliche Selektion«, das Überleben der Tauglichsten als Treibriemen der Evolution.

Dem klassischen Thema der Damenwahl im Tierreich haben jetzt Ichthyologen eine weitere Facette hinzugefügt. An dem als »Schwertträger« bekannten Zierfisch der Gattung *Xiphophorus* fanden die Fischforscher heraus, warum einige ein so genanntes Schwert besitzen und andere nicht. Das Schwert besteht aus verlängerten Flossenstrahlen, die der Fisch vor allem am unteren Ende der Schwanzflosse ausbildet. Bei einigen Individuen kann die so verlängerte Flosse knapp die Hälfte der Körperlänge ausmachen. Das Statussymbol macht auf arteigene Weibchen offenbar erheblichen Eindruck, denn bei Experimenten wählen sie bevorzugt jene Männchen, die das längste Schwert besitzen. Der Rad schlagende Pfau, Sinnbild männlicher Eitelkeit, ist eines der bekanntesten Beispiele für die Partnerwahl bei Tieren. Mit seinem prächtigen Schwanzschmuck vermag er zwar kaum noch zu fliegen, aber Tiere mit dem prachtvollsten Gefieder haben, wie Verhaltensforscher herausfanden, die besten Chancen, sich fortzupflanzen. Auch Darwin betonte, dass die Wohlgeformten und Schöngefärbten als »bevorzugte Rassen« anzusehen seien. Die meisten seiner Schüler allerdings griffen aus Darwins Werk meist nur den »Kampf ums Dasein« heraus.

Neueste Forschungen scheinen die Grundzüge der Darwin'-

schen Evolutionstheorie im Wesentlichen zu bestätigen. Dennoch bleibt ihre philosophische Quintessenz – der jeglichen Schöpfungsplan leugnende Glaube an die Allmacht des Zufalls – für viele Menschen weltanschaulich unbefriedigend und unannehmbar. Unter diesen Zweiflern befinden sich hervorragende und weltberühmte Wissenschaftler. So schrieb zum Beispiel Wernher von Braun, der Konstrukteur jener Rakete, welche die ersten Menschen zum Mond beförderte, kurz vor seinem Tod: »Für mich ist die Idee der Schöpfung unvorstellbar ohne Ziel und Zweck. ... Es würde der Objektivität der Wissenschaft widersprechen, wenn man gezwungen wäre, nur die eine Annahme zu akzeptieren, dass nämlich alles im Weltall durch Zufall zustande kam. ... Es wäre ein Irrtum, die Möglichkeit zu übersehen, dass die Welt geplant wurde und nicht zufällig entstanden ist...« Und Albert Einstein, vielleicht der größte Genius des 20. Jahrhunderts, weigerte sich entschieden zu glauben, dass »der Schöpfer mit der Welt Würfel spielt«. Aber auch für diejenigen, die zur Evolutionstheorie vorbehaltlos Ja sagen, ist die Zahl der offenen Fragen immer noch hundertmal größer als die der Antworten. Jedenfalls müssen wir uns darüber klar sein, dass wir – wie bereits der Baseler Biologe Adolf Portmann erkannte – »von einer wahren Einsicht in den Evolutionsprozess noch weit entfernt sind« und hier »an einer weit offenen Grenzzone moderner Wissenschaft stehen«. Durch jahrzehntelange Forschungsarbeit wurden inzwischen hervorragende Gelehrte zu der Überzeugung veranlasst, dass die Evolution der Organismen in der Vergangenheit aller Wahrscheinlichkeit nach zu mechanistisch gesehen wird.

Der Zufall ist als Hintergrund aller Evolution ebenso unbestritten wie die Erkenntnis, dass Auslese einen feinporigen Filter darstellt, der von allen Zufallsereignissen nur die tauglichsten, die anpassungsfähigsten, letztlich die qualitativ besten Individuen an der Aufwärtsentwicklung des Lebens teilhaben lässt. Gemeinsam gestalten so Zufall und Notwendigkeit die Entwicklung der Welt. Und doch teilt sich die Meinung der Wissenschaft bei der Frage, ob nun Zufallsereignisse oder die dem System innewohnenden Zwänge und Selbstorganisationsprinzipien die entscheidenden Faktoren sind, die den Lauf der Evolution auch in der Zukunft bestimmen. Zwei Auffassungen, damit zwei Weltanschauungen, stehen sich gegenüber.

17. Tricksereien bei der Wahrheitssuche

Welche Theorie wird in der Rumpelkammer wissenschaftlicher Irrtümer verschwinden? Grotesker Unsinn verblendeter Mystiker ist ebenso wenig hilfreich wie fanatischer Starrsinn mancher Wissenschaftsfundamentalisten. Der letzte leidenschaftliche Gelehrtenstreit endete vor mehr als sieben Jahrzehnten mit einem wissenschaftlichen Skandal. Der Wiener Biologe Paul Kammerer versuchte den längst widerlegten Hypothesen Lamarcks erneute Anerkennung zu verschaffen – ähnlich jener machtvollen Kreationistenbewegung, die sich neuerdings im Bush-Land USA anschickt, einen triumphalen Siegeszug durch »God's own country« anzutreten. Kammerer ging es darum, den entscheidenden Beweis für die Vererbung erworbener Eigenschaften zu führen. Das klassische Experiment der Lamarckisten – und ihrer Gegner – bestand darin, Mäusen durch viele Generationen hindurch die Schwänze abzuschneiden. Naturgemäß führte dieses Verfahren niemals zur Geburt einer schwanzlosen Maus. Kammerer führte den gleichen Versuch auf seine Weise durch. Er experimentierte jedoch nicht mit vulgären Mäuseschwänzen, sondern mit der auf dem Grunde des Mittelmeeres lebenden Seescheide (*Ciona intestinalis*). Den Anlass zu der »Affäre Kammerer« bot aber nicht das Seescheiden-Experiment, sondern sein berühmter Versuch mit der Geburtshelferkröte (*Alytes obstetricans*).

An den Füßen der männlichen Wasserkröten, die das Weibchen beim Geschlechtsakt im Wasser tagelang und manchmal sogar wochenlang umklammert halten müssen, entwickeln sich zur Paarungszeit dunkel gefärbte, mit kleinen Hornfortsätzen versehene

»Brunftschwielen«, die ihnen den erforderlichen Halt bieten, um nicht an der nassen, schlüpfrigen Rückenhaut des Weibchens abzurutschen. Bei sich an Land paarenden Geburtshelferkröten sind diese Schwielen unnötig und nicht vorhanden. Kammerer hielt nun seine Geburtshelferkröten bei verhältnismäßig hohen Temperaturen und stellte ihnen gleichzeitig ein Bassin mit kühlem Wasser zur Verfügung. Auf diese Weise gelang es ihm, sie dazu zu veranlassen, immer mehr Zeit im Bassin zu verbringen und sich schließlich auch im Wasser zu paaren. Er setzte dieses Verfahren durch mehrere Generationen hindurch fort und behauptete, bei den Enkeln der ersten »Wasserbrüter« die schwache und schließlich bei ihren Urenkeln und allen folgenden Generationen die voll ausgeprägte Entwicklung von echten – durchaus artfremden – Brunftschwielen beobachtet zu haben. Das wäre in der Tat eine durch Anpassung an die Umweltbedingungen erworbene, vererbbare und im Laufe der Generationen gesteigerte Eigenschaft im Sinne Lamarcks. Aber die Sensation fand am Ende doch nicht statt: Als der britische Naturforscher G.K. Noble das Wiener Laboratorium von Professor Kammerer besuchte, um sich dieses einzigartige Präparat anzusehen, musste er zu seiner Überraschung und Entrüstung feststellen, dass die angeblichen Brunftschwielen aus nichts anderem bestanden als eingespritzter Tusche! Das Urteil der Fachwelt war vernichtend, Kammerer galt als entlarvter Fälscher. Wenige Wochen später schoss er sich eine Kugel durch den Kopf.

Diese Episode veranschaulicht in geradezu idealer Weise den Weg, der von der Wissenschaft zurückgelegt wurde, seit Jules Henri Poincaré 1905 gelassen feststellen konnte, so, als handle es sich um eine evidente Wahrheit: »Ebenso wenig wie eine wissenschaftliche Moral kann es eine amoralische Wissenschaft geben.« Aber im Laufe der 100 Jahre, die seit dieser Veröffentlichung *»Der Wert der Wissenschaft«* verstrichen sind, hat sich nicht nur die Vorstellung von Wissenschaft verändert – sogar die Bedingungen der Ausübung der Wissenschaft sind vollständig umgestürzt worden. Doch wie erstaunlich das heute auch klingen mag, Poincaré hat damit lediglich die Situation jener Zeit vor dem Ersten Weltkrieg gekennzeichnet. Tatsächlich hatten die Gelehrten damals saubere Hände, und es wäre ihnen auch beim besten Willen nicht leicht gefallen, sie sich schmutzig zu machen. Hinter die Mauern der Universitäten verbannt, traten sie nur selten an die Öffentlichkeit. Sie taten es in der Regel nur, um für Dinge, die als edel und großmütig galten, einzutreten: etwa in ihrem Kampf gegen Krankheiten, in der Verbreitung wohltätiger Erfindungen oder im Widerstand gegen epochale Vorurteile. Die gesamte Wissenschaftsgeschichte des 20. Jahrhunderts stellt im Vergleich dazu eine wahrhafte Revolte, eine totale Verwandlung dieser unschuldigen und vom Glauben ihrer ewigen Unschuld erfüllten Wissenschaft in eine von ihrer Schuld überzeugte Wissenschaft dar.

Zunächst fand in allen entwickelten Ländern eine Vervielfachung der Forschungslaboratorien nach dem Vorbild der chemisch-pharmazeutischen Industrie statt. Der gesellschaftliche Ort der wissenschaftlichen Forschung verlagerte sich und führte zu ihrer tief greifenden Veränderung. Jahrhundertelang brachte sie ausschließlich Erkenntnisse hervor, die sich entweder in Form von Publikationen oder in Gestalt von Instrumenten für Versuchs- und Beobachtungszwecke manifestierten und nur beiläufig auch kommerzielle Wünsche der Wirtschaft und der Kriegskunst befriedigten. Diese Resultate wurden erreicht, indem Wissenschaftler die Naturphänomene studierten oder sie im Laboratorium künstlich herstellten, um dann ihre entsprechenden Phänomene beschreiben zu können. Es war ganz so, wie Claude Bernard es ausdrückte: »In der Wissenschaft der organischen wie der anorganischen Körper bringt der Experimentator selbst nichts schöpferisch hervor. Er verschafft nur den Naturgesetzen Geltung.« Seit Ende des 19. Jahrhunderts verschmilzt die Wissenschaft zunehmend mit der Technik, das heißt mit der praktischen Anwendung wissenschaftlicher Erkenntnisse – mehr noch: Die technischen Aspekte eroberten eine ausgeprägte Vorrangstellung. Die Zahl der Wissenschaftler explodierte förmlich, betrieb vor allem angewandte Forschung und beteiligte sich nun insbesondere auch an der kriegerischen Ausrüstung zum Töten. Den Grundstein dafür hatten in der zweiten Hälfte des 19. Jahrhunderts die revolutionären Schriften Darwins gelegt: Der Mensch, das »Ebenbild Gottes«, war auf den Status einer tierähnlichen Kreatur geschrumpft, womit ethische Vorbehalte immer mehr in den Hintergrund gedrängt wurden. Dass der britische Gelehrte seine Vermutungen und Hypothesen nur sehr vorsichtig formuliert hatte, beeindruckte die »tapferen Schneiderlein« in Wissenschaft und Technik nur wenig – sie nahmen Vermutungen und Hypothesen für bare Münze, und die Neodarwinisten rückten sie in die Nähe absoluter Wahrheiten.

Die Wissenschaft leidet heute unter einer Persönlichkeitsspaltung. Uneigennützige Grundlagenforschung, wie sie derzeit immer noch an vielen Universitäten und an nicht auf Gewinn ausgerichteten Institutionen stattfindet, steht jener ganz auf Zweckbestimmung ihrer Forschungsvorhaben konzentrierten Wissenschaft gegenüber – die Grenzen drohen allerdings zu verwischen. Medizinische Grundlagenforschung beispielsweise ist zu reiner Zweckforschung pervertiert, hat die Gesellschaft in eine kranke Gesellschaft verwandelt. Wenn irgendwem, dann ist den so genannten Lebenswissenschaften der »freie Wille« abhanden gekommen – anders lassen sich die ansonsten strafrechtlich relevanten Aktivitäten zahlreicher Genetiker und Mediziner nicht mehr erklären.

Es wäre heute unmöglich, nur Politikern und Generälen den Prozess zu machen. Man müsste sich auch fragen, in welchem Maße die Wissenschaftler für die Wahl von Zielen im Allgemeinen und einzelnen Produkten im Besonderen verantwortlich sind. Die Interessen der Wissenschaft sind heute nicht mehr geheiligt wie noch für Poincaré und seine ganze Generation. Und immer mehr Stimmen, insbesondere aus Kreisen der Physik, raten, wie schon Werner Heisenberg Anfang der Siebzigerjahre des vorigen Jahrhunderts, zum Innehalten: »Was ist besser – jedes Jahr Millionen für den Schutz der Umwelt gegen die Verschmutzung der Luft, der Flüsse, der Seen und Meere auszugeben oder diese Millionen für die Physik der Elementarteilchen einzusetzen?« Allein die Tatsache, dass man wieder bereit ist, solche Fragen zu stellen, zeigt, dass bei der Wahl zwischen Befriedigung gesellschaftlicher Ansprüche und der Verfolgung wissenschaftlicher Projekte der erwartete Erkenntnisgewinn nicht automatisch Vorrang hat vor Bedürfnissen der Bevölkerung. Insbesondere Physiker versuchen alle Aspekte der Forschung zu bedenken, die sie vor gar nicht allzu langer Zeit noch der Obhut von Wirtschaftlern, Politikern und Militärs überließen. Im Schlussdokument der Konferenz von Asilomar 1975 ist in der Tat Folgendes zu lesen: »Man ist übereingekommen, dass gewissen Experimenten so schwer wiegende potenzielle Risiken innewohnen, dass sie nicht mit den bestehenden Kontrollmöglichkeiten ausgeführt werden dürfen.« Und in demselben Dokument, das in der angesehenen Fachzeitschrift *Nature* veröffentlicht wurde, sind die Experimente aufgelistet, die zumindest bis auf weiteres nicht durchgeführt werden sollten.

Um das Neue an dieser Sicht der Wissenschaft und der Verantwortung des Wissenschaftlers entsprechend zu betonen, genügt es, sie der herkömmlichen Sicht gegenüberzustellen, die sich mit der Haltung des italienischen Atomphysikers Enrico Fermi kurz vor dem ersten Wasserstoffbombenversuch illustrieren lässt. Als Heisenberg, der die Szene berichtet, ihm gegenüber gezweifelt haben soll, ob es vielleicht nicht besser wäre, um der biologischen wie der politischen Folgen willen auf die Explosion der Bombe zu verzichten, habe Fermi erwidert: »Aber es ist doch ein so schönes Experiment.« Die Wissenschaftler, die von »schönen Experimenten« derart berauscht sind, dass sie nicht mehr deren Risiken und soziale Konsequenzen sehen, gehören, wie sich noch zeigen wird, bedauerlicherweise keiner ausgestorbenen Spezies an. Damit ist und bleibt die Wissenschaft unserer Tage ambivalent. Das bedeutet, dass die Wissenschaftler nicht mehr glauben dürfen, sich in einer bevorzugten - weil vom Grundgesetz noch immer verbrieften – Lage zu befinden: Auch hehre Ziele vermögen verwerfliche Ergebnisse hervorzubringen, eine amoralische Wissenschaft könnte die Folge sein.

Wissenschaft als Schreckgespenst? Die Fehlbarkeit von Wissenschaftlern zeugt nicht unbedingt von einem Fehlschlag der Wissenschaft. Heilmittel für ihre Gesundung wird man jedoch nicht in der Wissenschaft selbst finden. Genforscher und Biologen sind derzeit erneut im Begriff, eine Idylle zu zerstören: Der Natur und ihren lebenden Systemen soll es um Arterhaltung gehen, der Mensch ein soziales Wesen sein? Moderne Wissenschaftler bezeichnen diese Überzeugung inzwischen als naiven Kinderglauben – nur Konkurrenz und Wettbewerb, Egoismus und Eigennutz trieben die Evolution voran. Und dieses Erbe aus seiner tierischen Vorzeit könne der Mensch nicht abschütteln. Über Generationen wurden uns Ameisen als Vorbilder empfohlen: Sie reiben sich auf für die Gemeinschaft, schuften für den Staat, sind allein nichts und zusammen alles – zweifellos ein schönes Bild, heute gleichwohl ein falsches. Aus der Sicht von Neodarwinisten ist die Ameise so eigennützig wie jedes andere Lebewesen auch: Sie will so viele eigene Gene wie möglich in die nächste, besser: übernächste, Generation bringen – nur hat sich die Evolution bei ihr und anderen Hautflüglern eine besondere Variante ausgedacht. Ameisen, Bienen und Wespen sind mit ihren Schwestern genetisch näher verwandt als mit den eigenen Kindern. Und so ist es dem Evolutionsziel eben dienlicher, die Schwestern zu umhegen, statt eigene Kinder zu produzieren; Letztere werden im Bedarfsfall an die Raupen des Arion-Bläulings, den Nachwuchs eines Schmetterlings, verfüttert.

Mit dieser neuesten Erkenntnis bricht nicht nur das Vorbild vom Ameisenstaat zusammen – unser gesamtes Weltbild gerät ins Wanken. Schuld daran ist eine neue Generation von Biologen, die im Verein mit Genforschern an den Pfeilern unseres Menschenbildes rütteln. Das Prinzip der Evolution und somit des Lebens, behaupten sie, ist nichts als Eigennutz und Wettbewerb. Die Arterhaltung als Lebensprinzip und als Wurzel sozialen Gemeinsinns ist nichts als ein schöner Traum. Über die Folgen mag noch kaum einer nachdenken. Denn was stimmt, wenn nicht Gemeinsinn, sondern brutaler Egoismus den Menschen zu dem gemacht hat, was er ist? Nicht nur der Sozialismus, dessen grandioser Misserfolg plötzlich auch soziobiologisch logisch scheint, hat sich auf den Menschen als soziales Wesen verlassen. Auch moderne Unternehmens- und Managerphilosophien, Organisationsformen und Motivationstheorien gehen davon aus, dass der arbeitende Mensch als soziales Wesen Erfüllung findet. Und das soll auf einmal alles falsch sein?

Davon ist der Mensch nur schwer zu überzeugen, nicht ohne Grund gilt die moderne Evolutionsbiologie als vierte große Kränkung der Menschheit. Zuerst beraubte uns Kopernikus der Illusion, unsere Erde sei Mittelpunkt des Kosmos. Dann erdreistete sich Darwin, uns den Affen als Urahn anzuhängen, während Freud uns zum Opfer aller Triebe machte. Und das war noch freundlich im Vergleich zu der Zumutung der Evolutionsbiologen, derzufolge der Mensch eine reine Überlebensmaschine, von Natur aus egoistisch und ganz auf Konkurrenz und Wettrüsten gedrillt sei. Vom idyllischen Naturbild des Nobelpreisträgers Konrad Lorenz – »moralanaloges Verhalten im Dienste der Arterhaltung« – ist nicht mehr viel übrig geblieben. Nicht einmal die vorbildliche Einehe der Lorenz'schen Graugänse kann sich gegen die Erkenntniseruptionen seiner mechanistisch programmierten Nachfolger noch länger behaupten: Das Federvieh ist treu, solange der Partner beste Bedingungen für das eigene Genreservoir verspricht. Es geht ohne Reue fremd, wenn der Seitensprung – gentechnisch gesehen – Vorteile bringt. Nur diesem Prinzip strikter Ökonomie verdankt die Natur ihren Erfolg. Weil der ausgeprägte Eigennutz gewissermaßen ihr Motor ist, sorgt sie für einen harten Konkurrenzkampf, der einem technologischen Rüstungswettlauf ihrer biologischen Systeme entspricht. Und weil ihr Gefühle und Moral fremd sind, entscheidet sie sich stets für den Sieger, auch wenn darüber ganze Arten vom Erdboden verschwinden. Was dem Fortpflanzungserfolg egoistischer Gene nützt, wird gefördert und vererbt, was nicht, geht leer aus. Beweise für die Macht der Gene suchten Wissenschaftler in alten Kirchenbüchern der friesischen Bauernregion Krummhörn. Sie wollten wissen, ob und wie sich die biologische Maxime, möglichst viele eigene Nachkommen sicher in die nächste Generation zu bringen, in den Familienstammbäumen niederschlägt. Die Forschungsergebnisse des Soziobiologen Eckart Voland, über die die Wissenschaftspublizistin Gabriele Fischer im *Manager Magazin* anschaulich referierte, »sprechen gegen die Hoffnung, dass der Mensch die Macht des eigennützigen Gens abgeschüttelt hat«.

So stellte Voland zum Beispiel in den Bauernfamilien des 17. und 18. Jahrhunderts eine erstaunlich hohe Kindersterblichkeit bei Knaben fest. Während die Rate bei den Töchtern um sechs Prozent schwankte, erreichte sie bei den Jungen über 18 Prozent – eine Differenz, die sich medizinisch nicht erklären ließ. Der Wissenschaftler sieht die Ursache denn auch eher im Krummhörner Erbrecht: Der erstgeborene Sohn bekam den Hof, jeder weitere musste ausbezahlt werden. Damit schmälerten die nachgeborenen Söhne die Überlebensmöglichkeiten des Hoferben – und standen deshalb, so der Soziobiologe, »nicht mehr im Zentrum elterlicher Aufmerksamkeit«: Sie fielen auffallend oft Krankheiten oder Unfällen zum Opfer! Die Töchter dagegen bekamen nur eine kleine »Aussteuer«: Genetischer Erfolg und Aufwand standen in einem besseren Verhältnis.

Auf diese »ultimative Entscheidungsebene«, so der Wissenschaftler, lassen sich vermutlich zahlreiche kulturelle Erscheinungen zurückführen. Bei den tibetischen Sherpas in der Mount-Everest-Region von Nepal – durch die Mitwirkung bei internationalen Forschungs- und Bergsteigerexpeditionen gelangten Angehörige des 20 000 Menschen zählenden Stammes zu Weltruhm – ist es heute noch üblich, dass eine Frau mehrere Männer hat. Die biologische Erklärung: In dieser kargen Gebirgsregion ist es so mühsam, ein Kind zu erziehen und durchzubringen, dass dafür mehrere Männer gebraucht werden. Ein Harem dagegen macht dort Sinn, wo es viele Arme und wenige Reiche gibt – als fünfte Frau eines Scheichs hat eine Frau für ihre Kinder allemal bessere Chancen als an der Seite eines armen Christen, der gelobt, in Einehe zu leben. Damit erteilt die Evolutionsbiologie den westlichen Gesellschaftsstrukturen zwar keine Absage, doch sie unterstellt andere Motive und bringt allein dadurch unseren althergebrachten Moralkodex ins Wanken. Denn aus moralisch-ethischen Gründen handeln wir uneigennützig – das aber, so sagen Neodarwinisten, sei wider die Natur.

Hier sind die Geisteswissenschaften gefordert, den immer neuen Zumutungen der modernen Naturwissenschaft entgegenzutreten. Gegenwehr wiederum halten Biologen für gefährlich: Wie soll unsere Gesellschaft ihre Probleme lösen, wenn sie ignoriert, woher sie kommen? Vor den unseligen Folgen egoistischen Eigennutzes, wie sie sich beispielsweise in den wirtschaftlichen Globalisierungskonzepten oder der Umweltzerstörung manifestieren, können wir uns nur selbst schützen. Somit böte sich Stoff genug für eine brisante wirtschafts- und sozialpolitische Diskussion, aber auch für philosophische Auseinandersetzungen der besonderen Art. Denn der Mensch mag ein genetisches Grundprogramm aus dem Tierreich mitbekommen haben – keineswegs jedoch besteht er nur aus Aminosäuren.

Inzwischen grassieren noch ungeheuerlichere Behauptungen in der Wissenschaft. Das Kernproblem: Alle Regeln, die sich im alltäglichen Konkurrenzkampf bewährt haben, so auch jene, welche sich für ein friedliches Miteinander innerhalb eines Familienverbandes, einer Gruppe, einer Nation oder zwischen ganzen Kulturen bislang als weitgehend akzeptabel erwiesen haben, sind in Zukunft womöglich alle für die Katz!

Die naturwissenschaftlichen Erkenntnisse der Biologie der letzten Jahrzehnte lassen vermuten, dass nicht nur Evolutionstheorie und Schöpfungsglaube, sondern grundsätzlich Biologie und Religion – wenn nicht am Ende gar Wissenschaft und Gesellschaft –

unvereinbar sind. Dabei erscheint es mittlerweile weniger bedeutsam, dass sich unter Biologen und anderen Naturwissenschaftlern immer weniger Anhänger traditioneller Glaubenssysteme finden. Zahlreiche Biologen glauben erkannt zu haben, dass es weder Absichten noch Sinn in der Natur gibt und dass der Glaube an Gott lediglich einem elementaren menschlichen Bedürfnis nach einem Lebenssinn entsprungen ist.

Der streitbare Zoologe Ernst Haeckel (1834–1919), ein ebenso glühender Verehrer Darwins wie militanter Verfechter der revolutionären Ideen des Briten, war darüber hinaus ein entschiedener Gegner traditioneller Religionen, vor allem des Christentums, das er durch eine »monistische«, auf den Erkenntnissen der Naturwissenschaften beruhende Weltanschauung ersetzen wollte. »Die Göttin der Wahrheit«, schrieb der begnadete Naturzeichner pathetisch, »wohnt im Tempel der Natur, im grünen Walde, auf dem blauen Meere, auf den schneebedeckten Gebirgshöhen – aber nicht in den dumpfen Hallen der Klöster, in den engen Kerkern der Konvikt-Schulen und nicht in den weihrauchduftenden christlichen Kirchen.« Haeckel setzte den christlichen Glauben im Wesentlichen mit Aberglauben auf eine Stufe und lehnte ihn als völlig unvereinbar mit der Naturwissenschaft ab. Für diese derart rigorose, zum Teil krankhaft übersteigerte Einstellung setzte er am Ende sogar seine Reputation als Wissenschaftler aufs Spiel: Ernst Haeckel, neben Charles Darwin einer der berühmtesten Biologen des 19. Jahrhunderts, soll mit gefälschten Dokumenten seine Evolutionsgesetze untermauert haben. Bis heute lernen Schüler und Studenten Haeckels biogenetisches Grundgesetz von 1866: Jedes Lebewesen wiederholt während seiner embryonalen Entwicklungsphase quasi im Zeitraffertempo die Stammesgeschichte seiner Vorfahren. Frühe Embryonen von Fischen, Fröschen, Vögeln, Affen oder Menschen sind demnach kaum zu unterscheiden. Die faszinierenden Zeichnungen, mit denen der Naturforscher seine Theorie beweisen wollte, sind jedoch ausschließlich von menschlichen Embryonen abgeleitet, behauptet Michael Richardson vom britischen Saint

George's Hospital, der weltweit mit Kollegen die Embryonen aller großen Tierklassen neu untersuchte. Der Wissenschaftsbetrug flog erst 1997 auf, da Embryologen seit Jahrzehnten keine vergleichenden Studien mehr durchgeführt hatten.

Viele Jahre später bemerkte der Paläontologe George G. Simpson (1902–1984) – mit weniger Pathos, aber genauso eindringlich –, dass zwar Kinder durch den Glauben an den Weihnachtsmann vielleicht glücklich gemacht werden können, Erwachsene aber ein Leben in der Welt der Vernunft und Realität bevorzugen sollten. Wie aber sieht die wissenschaftliche Realität heute aus? Hat die Forschung ihre Unschuld womöglich längst verloren? »Die Zeit ist vorbei«, so der Direktor des Max-Planck-Instituts für Ausländisches und Internationales Strafrecht, Professor Albin Eser, »in der man glaubte, sich bei Datenmanipulationen in der Forschung eine Politik des Abwiegelns leisten zu können. Spätestens mit dem ›Fall Herrmann‹ [in den Neunzigerjahren des 20. Jahrhunderts führender deutscher Krebsforscher, dem in Hunderten von Einzelfällen betrügerische Machenschaften nachgewiesen wurden; der Verfasser] ist auch über eingeweihte Wissenschaftlerkreise hinaus bis zum letzten Zeitungsleser offenkundig geworden, dass es auch hierzulande Labors geben könnte, in denen gefälscht, geschönt und erfunden wird, um an begehrte Forschungsgelder heranzukommen oder mit aufsehenerregenden Publikationen glänzen zu können.« Dabei gehe es vor allem um die Glaubwürdigkeit der Institutionen von Wissenschaft und Forschung – »denn je höher das in sie gesetzte Vertrauen, desto sensibler die öffentliche Reaktion, wenn Missbrauch zu befürchten ist«. Erste Verfahrensgrundsätze dafür seien bereits von der Deutschen Forschungsgemeinschaft entwickelt worden, und auch in der Max-Planck-Gesellschaft gebe es schon eine mit Wissenschaftsbetrug befasste Arbeitsgruppe. Eser, der gleichzeitig Vorsitzender der geisteswissenschaftlichen Sektion der Max-Planck-Gesellschaft ist, befürchtet allerdings, dass »offenbar auch die Universitäten lieber den Kopf in den Sand stecken« – nach »dem Prinzip: keine schlafenden Hunde wecken«.

Wenn man in der deutschen Wissenschaftsszene bisher gemeint habe, auf Einrichtungen wie das amerikanische Office of Research Integrity oder das dänische Committee for Scientific Dishonesty verzichten zu können, weil sich möglichem Fehlverhalten von Forschern schon durch interne »Selbstheilungskräfte« ohne lästiges Aufsehen in der Öffentlichkeit und effizient begegnen ließe, dann sei dies ein Trugschluss und »das traditionelle Disziplinarrecht wenig hilfreich«. Der führende Rechtsgelehrte der deutschen Wissenschaft: »Trotz spektakulärer Missbrauchsfälle verdient der Forscher auch weiterhin Vertrauen. Einen solchen Vorschuss wird die Forschergemeinde freilich nur so lange erwarten dürfen, wie sie in erkennbarer Weise Vorkehrungen dafür trifft, dass das Vertrauen nicht enttäuscht wird und enttäuschtes Vertrauen nicht sanktionslos bleibt.«

Jedem Juristen ist der Ausspruch eines anderen berühmten Rechtslehrers geläufig, wonach ein Federstrich des Gesetzgebers genüge, um Bibliotheken juristischer Literatur in Makulatur zu verwandeln. Jedem wissenschaftlich Interessierten könnte jetzt die Einsicht geläufig werden, dass eine Veränderung der Publikationsschwemme im internationalen Forschungsbereich ganze Bibliotheken wissenschaftlicher Literatur zu Ramsch werden lässt. Denn mit gestohlenen Knochen von Urmenschen sowie absurd falsch datierten Skeletten und Schädeln steht die gesamte Naturwissenschaft nun erneut vor einem weltweiten Skandal. Im Zentrum vermutlich erschwindelter Ruhmestaten steht der 65-jährige Anthropologe Reiner Protsch von Zieten von der Universität Frankfurt am Main, Schüler des 1980 verstorbenen US-Nobelpreisträgers Willard Libby, Erfinder der »C 14« genannten Kohlenstoff-Datierungsmethode. Der »Professor Dr. Dr. rer. nat.«, wie er sich im Internet bezeichnet, Experte für »Primatenentstehung und -verhalten, physische Anthropologie, somatologische und osteologische Analysen« sowie 30 weitere Spezialthemen, hatte zwar bereits bei seinem zweiten Doktortitel geflunkert, doch da steht der weltweites Renommee genießende Steinzeitforscher drüber – als »Nachfahr des Husarengenerals Hans Joachim von Zieten (1699–1786), der gern mit Zobelmütze und Tigerdecke über der Schulter unversehens aus buschigem Hinterhalt angriff«, wie der Wissenschaftspublizist Matthias Schulz im Nachrichtenmagazin *Spiegel* berichtete. Nach der Maxime »Die Regeln mache ich« hat er der Wissenschaft in den letzten drei Jahrzehnten offenbar einen Bärendienst erwiesen. Seit 1973 leitete der Gelehrte das Frankfurter C-14-Datierungslabor und untersuchte dort zahlreiche berühmte Fossilien aus aller Welt. Der Anthropologe prüfte beispielsweise den 600 000 Jahre alten Unterkiefer des Homo heidelbergensis, taxierte Neandertaler und legte das Alter von ersten modernen Menschen aus Europa fest. Viele der Kiefer, Zähne und Gebeine menschlicher Vorfahren sind in Wirklichkeit wesentlich jünger als bislang gedacht:

Der berühmte »Neandertaler von Hahnöfersand« lebte laut Protsch vor 36 300 Jahren – echtes Alter: 7500 Jahre. Die Frau von Binshof-Speyer, ein Schädel mit ungewöhnlich gut erhaltenen Zähnen, datierte der Frankfurter Steinzeitkundler auf 21 300 Jahre – in Wahrheit lebte das Mütterchen um etwa 1300 vor Christus. Der Schädelknochen von Paderborn-Sande, genannt »der älteste Westfale«, wurde vom Anthropologen Protsch auf »27 400 Jahre plus/minus 600 Jahre« datiert – in Wirklichkeit gehörte er einem älteren Mann aus dem Rokoko, der um 1750 starb. Schon bald wurde »protschern« in der Wissenschaftsgemeinde der Vor- und Frühgeschichtsforscher zu einem »Synonym für hinbiegen«. Ein früherer Mitarbeiter des strammen Steinzeitexperten, Bernhard Weninger, der inzwischen das C-14-Labor an der Kölner Universität leitet, ist der Meinung, dass »der Mann Daten gefälscht« haben muss: »Ende der Achtzigerjahre untersuchten wir ein Massengrab aus der Bandkeramik«, berichtet der Wissenschaftler. Da jedoch die arbeitsintensiven Messarbeiten dem Professor zu lange dauerten, habe der sich kurzerhand ein nach seiner Einschätzung passendes Alter ausgedacht und an die Archäologen und Ausgrabungsexperten weitergegeben. Weninger: »Dieses Tricksen nannten wir ›mentale Datierung‹.«

Casanova, ein sündiger Liebhaber der Wissenschaften im 18. Jahrhundert, hatte sich für solcherart Schwindeleien eine passende Ausrede zurechtgelegt: »Man rächt die Klugheit, wenn man einen Dummkopf betrügt. ... Mit einem Wort: Einen Dummkopf zu betrügen, ist wohl eines klugen Mannes würdig.« Der italienische »Macho« Giacomo Girolamo Casanova, Doktor beider Rechte, päpstlicher Protonotar, Ritter vom Goldenen Sporn und damit Chevalier (dies alles tatsächlich) de Seingalt (Letzteres erfunden), verfasste eine Vielzahl heute noch erhaltener technischer Denkschriften, beriet Friedrich den Großen bei der »Emdener Herings Compagnie«, führte für den befreundeten König von Polen eine Studie zur Gründung einer Seifenfabrik durch und diente Katharina der Großen eine Seidenmanufaktur sowie eine Kalenderreform an. Außerdem fungierte er als Kardinalssekretär in Rom, Fähnrich venezianischer Truppen auf Korfu, Angehöriger der venezianischen Gesandtschaft in Konstantinopel, Anwaltsgehilfe und Geigenspieler in Venedig, Produzent lebensverlängernder Elixiere und Schriftsteller am Hofe Ludwigs XV., wo er auch Madame de Pompadour und Kardinal Richelieu kennen lernte. Casanova beschrieb den französischen Herrscher, wie dieser sich in den königlichen Laboratorien mit Experimenten des »Diamantenbackens« und der Parfümherstellung durch Extraktion aromatischer Pflanzenöle beschäftigte. Manche »Casanovisti« sind der Meinung, dass der 1725 in Venedig als Sohn eines Schauspielerehepaars geborene Tausendsassa der Rokoko-Gesellschaft seine vielen Reisen quer durch Europa als Kurier der Freimaurer und Rosenkreuzler unternommen habe – eine vermutlich zutreffende Überlegung, da seine diesbezüglichen Verbindungen ihm auch eine Verurteilung zu fünf Jahren Kerker eintrugen.

Besonders faszinierte Casanova die physiologische Bedeutung des Lachens. Im Nachlass findet sich der Plan zu dem Essay »Wahrer Dialog zwischen mir und J.J. Rousseau ... über das Lachen aus vollem Halse«. Offensichtlich hielt er den berühmten Philosophen für etwas sauertöpfisch. Casanova zufolge, der sich rühmte, ein illegitimer Spross der Patrizierfamilie Grimani zu sein, und auch mit medizinischen Kenntnissen ausgestattet schien, verbessert die durch Lachen verursachte Erschütterung des Zwerchfells die Durchblutung des Körpers. Sein Geheimnis aber war offenkundig die einmalige Kombination von Einfühlungsvermögen in das andere Geschlecht, einem nicht zu leugnenden Potenzprotz-Pfauengehabe und einem alchimistischen Hokuspokus der Extraklasse. Nach seinen juristischen Studien, die er schon als Siebzehnjähriger mit zwei Doktorhüten krönte, nahm er im venezianischen Kloster Santa Maria della Salute bei Pater Barbarigo, einem Stern erster Größe am damaligen Himmel der italienischen Naturwissenschaften, Chemieunterricht. Auf einer Reise ins kalabrische Bistum Martirano, wo ihm seine Mutter ein geistliches Amt besorgen wollte, bewies er zum ersten Mal die Nützlichkeit seiner umfassenden Studien. Einen Chemikalienhändler legte er mit einer vorgeblichen Quecksilbervermehrung – in Wahrheit eine Amalgamierung von Blei und Wismut, Quecksilber war damals eine Kostbarkeit – mit stolzem Gewinn herein: »Mein geschicktes Verhalten ... konnte nur von einer zynischen Moral missbilligt werden, und diese hat im alltäglichen Leben keine Geltung.«

Doch diese triumphalen Erfolge des venezianischen Alchimisten und Alleskönners dürften den zahlreichen mogelnden Wissenschaftlern von heute kaum vergönnt sein. Ihre bescheidenen Beiträge angesichts drängender aktueller Probleme etwa im medizinischen oder gesundheitspolitischen Bereich zeugen von einer kaum noch zu überbietenden Perspektivlosigkeit. Sie erweisen sich auf vielen Sektoren als unfähig, notwendige Planungssicherheit für die Politik zu vermitteln, und unfertige Sonntagsgenetiker füllen mit halb garen Rezepturen jene Leerräume, die von ernsthaften Mikrobiologen als viel zu risikoreiches Terrain gemieden werden und inzwischen zu einer »Nasdaq-Medizin« verkommen:

schnell, profitorientiert und ständig auf die Konkurrenz schielend, die in Gen- und Biotechnologie Möglichkeiten für bislang ungelöste Probleme und grenzenlose Gewinnmaximierung sieht. Krank geheilte Kinder mussten erst in den Fokus der Weltöffentlichkeit treten, ehe der Mitentdecker der DNS-Struktur, James Watson, kleinlaut verkündete: »Wenn wir auf den Erfolg der Gentherapie warten, werden wir so lange warten, bis die Sonne erloschen ist.« Aber das ficht die wackeren Kämpen beim sorglosen Hantieren mit dem kostbarsten menschlichen Gut, der Erbmasse, nicht an. Ohne die Natur und ihre über Jahrmillionen bewährten Systeme wirklich zu kennen, verändern die selbst ernannten Genexperten mit ihren »Innovationen« etwas, von dem sie bislang nur Mosaiksteinhaftes und Unzusammenhängendes in Erfahrung bringen konnten. Sie gleichen Ingenieuren, die an einer komplizierten Apparatur werkeln und wie im dicken Nebel nicht so richtig wissen, wo sie eigentlich herumstochern.

Es sei die Neugier des Kindes, die aus Menschen Forscher macht, versucht die international renommierte Fachzeitschrift *Technology Review* eine Erklärung zu finden: »Der kleine Junge zupft an einer Fliege herum und erkennt schaudernd, dass die Flügel wohl zum Fliegen gebraucht werden. Mancher Jungforscher macht seine Erfahrungen auf diese rabiate, den Tierschützer empörende und doch typisch menschliche Weise. Auf den ersten Blick gehen ausgewachsene Biologen da eleganter vor, letztlich ist die Idee hinter der Gentechnik aber doch die gleiche geblieben: Ob ein Gen die Fliege fliegen lässt, erkennt man am besten, indem man es abschaltet. Wenn gestandene Forscher jetzt von einer Technik schwärmen, die Gene so einfach lähmt wie nie, dann schwingt es wieder mit, dieses Glücksgefühl der Erkenntnis.« Von den grob geschätzten 30 000 Genen einer menschlichen Zelle konnten bisher »höchstens 500 ausgeschaltet« werden, um ihre Funktion zu verstehen – »und das trotz 100 Jahren *Drosophila*-Forschung und Tausender Mutagenese-Experimente, in denen die Fliegengene mit Chemikalien traktiert oder mit Röntgenstrahlen bombardiert

wurden«. Und weiter heißt es im erwähnten Blatt: »Die RNAi-Vor-
läufertechnologie Antisense-RNA hat nach 20 Jahren Forschung
bisher nur ein Medikament (!) hervorgebracht. Und die ebenso
umjubelten Gentherapieversuche haben in mehr als zehn Jahren
nicht nur niemanden geheilt, sondern sogar mehrfach geschadet.«
Aber Forscher sind phantasievolle Menschen, wissen auch dort zu
feiern, wo eher Trauer angebracht wäre: »Eine Gentherapie gegen
Lungenkrebs weckt neue Hoffnungen«, berichtete das Nachrichtenmagazin *Der Spiegel.* »Die Studie wird als Triumph gefeiert, obwohl alle Patienten gestorben sind.«

Offenkundig wächst in unserer Gesellschaft die soziale Blindheit.
Und vermutlich ist der höchste Grad an Selbstbezogenheit in der
Bevölkerung dann erreicht, wenn die Angehörigen einer Klasse die
einer anderen nicht mehr als Menschen wie ihresgleichen wahrnehmen und dem Schicksal anderer gegenüber – aufgrund von
wirtschaftlichen Eigeninteressen – gleichgültig werden. Einen solchen Zustand beschreibt der französische Gesellschaftskritiker
und Essayist Jean de la Bruyère in seinem 1688 erschienenen Werk
über die Charaktere und Sitten zur Zeit Ludwigs XIV. Da heißt es
von den Adligen, sie nähmen die Landbevölkerung als »gewisse
scheue Tiere« wahr, »sowohl Männchen als Weibchen«, die »auf
dem Felde zerstreut« seien, »schwarz, fahl und ganz von der Sonne
verbrannt, an den Boden gefesselt, welchen sie in beharrlicher
Ausdauer umgraben und umwühlen«. Ein Jahrhundert später berichtet der Literat und Moralist Nicolas de Chamfort in seinen *»Gedanken, Maximen und Anekdoten«,* dass die Tochter des Königs,
als sie mit ihrem Kindermädchen spielte, auf einmal ganz erstaunt
festgestellt habe: »Wie, auch Sie haben fünf Finger, genau wie
ich?«

»Mit allem, was wir angefangen haben«, klagte schon vor Jahren der angesehene Publizist Jürgen Dahl, »sind wir in die Absur-
dität des Gegenteils geraten: Mit dem Versuch, die Äcker frucht-
barer zu machen, haben wir sie fast zu Tode gefoltert. Mit dem

Versuch, uns vor Feinden zu schützen, sind wir so nah wie möglich an den großen Weltbrand gekommen. Der Versuch, zu heilen und zu helfen, gerät auf die unterschiedlichste Weise an die Grenzen der Unmenschlichkeit.« Dahls Resümee: »Wenn es für die Wissenschaftler noch etwas zu tun gibt, dann dies: dass sie anfangen, darüber nachzudenken, wie man aufhören könnte.« Doch nichts liegt den Forschern bislang ferner, und ihr Schaffensdrang ist ungebrochen. Auf dem Weg von der Dampfmaschine zur Stammzellen-Phiole sind die Menschheitsprobleme immer größer geworden, ist der vermeintliche Fortschritt auf vielen Gebieten zu einem säkularen Pyrrhussieg geraten. Und jetzt auch noch die nur schwer entwirrbaren Widersprüche, in denen sich das moderne Arzttum heillos verstrickt hat – was Wunder, wenn zum Leidwesen der organisierten Medizinerschaft das Buch von Jörg Blech mit dem Titel »*Die Krankheitserfinder – Wie wir zu Patienten gemacht werden*« die Bestsellerlisten stürmte.

Bereits zur Jahrtausendwende beliefen sich die Gesundheitskosten nach Angaben des Statistischen Bundesamtes in Wiesbaden auf 588 Milliarden Mark und überstiegen in dieser astronomischen Höhe den Bundeshaushalt (488 Milliarden Mark) um 100 Milliarden! Aber trotz der monströsen Kosten produziert das System Krankheiten im größten Stil. Nur noch 3,4 Prozent aller deutschen Arbeitnehmer hatten sich im Jahre 2004 beim Arbeitgeber krank gemeldet – die niedrigste Zahl seit 1970, als die Lohnfortzahlung im Krankheitsfall Gesetz wurde. Doch die Zahl der Ärzte in Deutschland nimmt permanent zu (mittlerweile sind es rund 350 000), was ebenfalls auf die Umsätze der pharmazeutischen und medizinischen Geräteindustrie zutrifft – da kann Heilen durchaus verboten und das Erfinden von Krankheiten en vogue sein. »Gute Medizin«, stellte Walter Krämer, Direktor des Instituts für Wirtschafts- und Sozialstatistik der Universität Dortmund, fest, »erzeugt immer noch mehr Kranke.« Wie das? »Das deutsche Gesundheitssystem belohnt und züchtet Korruption und bestraft systematisch Vernunft und Sparsamkeit. Krankenversicherungen aber haben nur mäßiges Interesse an der Eindämmung der Betrügereien – werden die Mittel knapp, so werden nicht etwa Verwaltungsaufwand oder üppige Gehälter der Funktionäre gestutzt, sondern die Beiträge erhöht«, so der Dortmunder Wirtschaftsfachmann. Der schottische Moralphilosoph und Volkswirtschaftler Adam Smith (1723–1790) sprach noch von der »unsichtbaren Hand«, heute geschieht vieles völlig offen unter den Augen einer überinformierten Öffentlichkeit – was soll man noch glauben, was ist Wahrheit, was nicht? »Die wahren Schuldigen«, meint Professor Krämer, »sind nicht die Ärzte und Patienten, Krankenhausverwalter und Apotheker, die auf solche perversen Anreize nur allzu menschlich reagieren, sondern die Architekten dieses sozialen Missgebildes. Doch über diese schimpft man nicht. Die bekommen das Bundesverdienstkreuz und dicke Ministerpensionen. Würden die Verantwortlichen für soziale Fehlkonstruktionen nach den gleichen Kriterien zur Rechenschaft gezogen wie normale Architekten, so müsste heute die Hälfte der Ärztekammerpräsidenten und Sozialminister der Bundesrepublik Deutschland hinter Gittern sitzen.«

Es stellt sich die Frage, warum die Justiz die Ansprüche der Opfer dieser Art von wissenschaftlich-technischem Fortschritt meist vom Tisch wischt – und das, obwohl die Betroffenen nicht weniger als das Grundrecht auf Leben und körperliche Unversehrtheit einklagen. Sie will es nicht anders, sagen die einen. Obrigkeitsorientiert, wie er nun einmal ist, fühle nach Ansicht von Erich Schöndorf, dem renommierten Staatsanwalt und in den Neunzigerjahren Ankläger im Frankfurter Holzschutzmittelprozess, der Justizapparat sich den Mächtigen verpflichtet, der Politik und der Wirtschaft und deren heiliger Kuh, der Marktwirtschaft. Die garantiere Massengewinne über Massenkonsum, der nur mittels kaufbarer Produkte funktioniere. Kaufbare – also billige – Produkte seien aber nicht unbedingt sichere Produkte. Schäden seien somit programmiert, im übergeordneten Interesse aber auch hinzunehmen. Ob die Justiz wirklich diese Logik – es ist die Logik der Konzerne, die nur die eigenen Gewinne sehen und die Kehrseite der Medaille ignorieren – übernommen hat? Schöndorf, der heute Umweltrecht an der Fachhochschule Frankfurt/Main lehrt: »Es wäre grober Unfug, wenngleich die Justiz immer wieder für Überraschungen gut ist. Trotzdem, andere Interpretationen des justiziellen Missstandes liegen näher. Was soll die Justiz anderes machen, wird man an dieser Stelle zu ihrer Verteidigung fragen dürfen, als Klagen abzuweisen und Verfahren einzustellen, wenn schon die Ärzte bei der Ursachenforschung scheitern? Jura studiert man ja, weil es für Medizin nicht reicht.« Aber auch diese Frage greife zu kurz. Richter und Staatsanwälte seien ja nicht auf sich gestellt, sondern dürften sich fremden Sachverstands bedienen. Bei der Auswahl der Gutachter könne die Justiz Spezialisten und Experten hinzuziehen, dürfe sich die »Rosinen aus dem großen Ärztekuchen picken. Das macht sie auch. Prominente Lehrstuhlinhaber, internationale Kapazitäten, doppelt und dreifach Promovierte bevölkern die Gerichtssäle. Und trotzdem gibt es keine Gerechtigkeit für Chemikalienkranke.« Oder gerade deswegen? »Vor wenigen Jahren«, so Schöndorf, »wurde das Problem noch unter dem Begriff ›käufliche Wissenschaft‹ gehandelt. Mittlerweile ist man deutlicher geworden und spricht von Wissenschaftskriminalität. Zahlreiche Sachverständige begutachten einfach falsch. Sie irren nicht, sie lügen. Und sie lügen mit Kalkül, immer zugunsten des am Verfahren beteiligten wirtschaftlich Mächtigen: des Unternehmens, des Konzerns, des Herstellers – nie zum Vorteil der kranken Kläger. Sie bestreiten den Zusammenhang zwischen Schadstoff und Schaden, setzen zumindest entsprechende Zweifel in die Welt. Und die genügen, um den Prozesserfolg des Opfers zu vereiteln.«

Unwahrheit gegen Cash? Wenn die Politik nicht jeglichen Einfluss verlieren will, wenn nicht der pure Neoliberalismus die Oberhand gewinnen soll, dann genügen kosmetische Korrekturen an der Strafgesetzgebung wie auch am Zivilrecht nicht. Die Politik muss sich endlich einmischen, muss mitreden, muss ethische Leitplanken errichten und darauf pochen, dass sie nicht durchbrochen werden. Viele Forscher sprechen nicht mehr im Namen der Wissenschaft, sondern vertreten Wirtschaftsinteressen. Sie sind gedungene Komplizen, die zusammen mit ihren Auftraggebern Produkte entwickeln und anbieten, die nicht ein Mensch verlangt hat oder haben will. Wo haben schon Konsumenten einmal nach Gentomaten oder Genmais gefragt?

Der Volksmund weiß: Die Welt, die will betrogen sein. Der unkundige Kunde ist gut beraten, wenn er die sintflutartig sich mehrenden Bioangebote bis zum Beweis des Gegenteils für unlauter hält. Doch die kenntnisreiche Biokundschaft lässt sich alles unterjubeln, was unansehnlich ist. Wenn die pausbäckigen Strahleäpfel der Gesundheit schaden, weil sie gespritzt sind, dann müssen ihre verschrumpelten Verwandten ja wohl ausnehmend gesund sein. An diesem agrarischen Aberglauben haben sich in den letzten Jahrzehnten viele Alternative gesundgestoßen. »Eine schrumpelige Sellerieknolle aus dem Biogarten«, schrieb eine Bioaktivistin im *Börsenblatt,* sei »ihrer bildschönen Kollegin mit dem Gütezeichen I erstaunlich überlegen.« Und: »Preisen Sie jede Laus im Spinat und jede Raupe im Blumenkohl, denn wenn die überlebt haben, dann ist auch wenig Spritzflüssigkeit haften geblieben.« Blumiger kann man romantischen Nonsens kaum ausdrücken.

Vor zwei Jahrhunderten hofften gebildete Menschen, die größte Leistung der Wissenschaft bestünde darin, die Welt von Aberglaube und Quacksalberei zu befreien. »Das ist nicht gelungen«, bedauert der US-Physiker Robert Park in seinem erhellenden Buch *»Fauler Zauber«.* Darin beschreibt er auf recht kurzweilige Art, wie Spinner und Betrüger, aber auch Forscher mit pseudowissenschaftlichen Behauptungen die Öffentlichkeit narren. Man nehme den Kiefer eines Affen, kombiniere ihn geschickt mit menschlichen Schädelknochen – fertig ist der *Eoanthropus dawsoni.* Dieser zu Beginn des 20. Jahrhunderts in der englischen Grafschaft Sussex zusammengebastelte »Frühmensch« ging als Paradebeispiel für Fälschungen in der Wissenschaft in die Geschichte ein. Mögen derart bizarre Fälle auch selten sein, »wissenschaftlicher Betrug ist sehr viel häufiger, als noch vor ein paar Jahren angenommen«, stellt Philip Fulfort, Herausgeber des *Journal of Bone and Joint Surgery*, in einem Bericht des Committee on Publication Ethics fest. 1997 riefen in Großbritannien die Verleger von rund 20 medizinischen Fachzeitschriften dieses Gremium ins Leben, um fälschenden Forschern auf die Schliche zu kommen. Der jüngst erschienene Report vermerkt »einen stetigen Strom von Beispielen für Betrug, Datenfälschung, geistigen Diebstahl« und andere Unregelmäßigkeiten. Die deutsche Wissenschaftsgemeinde dagegen folgt dem Motto, dass ein jeder vor seiner eigenen Haustür kehren möge. Das entbehrt normalerweise nicht einer gewissen Logik – im Falle der wissenschaftlichen Institutionen allerdings führt diese Einstellung in die Irre. Denn: Wer zahlt, der hat das Sagen – und zahlen müssen wir, die Bundesbürger. Die Deutsche Forschungsgemeinschaft (DFG) lehnt – ebenso wie die Max-Planck-Gesellschaft (MPG) – eine öffentliche Instanz, die Verdachtsmomenten nachgehen könnte, nach wie vor strikt ab.

Eine der ältesten Legenden – die vom Paradies – erzählt vom Bemühen der Mächtigen, uns daran zu hindern, sie zu durchschauen: Vom Baum der Erkenntnis, der im Gottesgarten steht, darf nicht gegessen werden. Es sei den Menschen bekömmlicher, wenn sie die Früchte jenes Baums nicht genießen, wenn sie nicht alles wissen wollten und ihre angeborene Neugier zügelten. Daher, besorgt ums dauerhafte Glück seiner Lieblingsgeschöpfe, sperre der Besitzer von Eden sie mit seinem Verbot aus von Einsichten und Erkenntnissen, deren schwere Last er besser selber trage. Seither wissen die Menschen, dass Macht und Transparenz sich nicht sonderlich vertragen. In diesem Punkt scheint der Mensch am ehesten Gottes Ebenbild zu sein: nämlich dass er in seinem ganzen Verhalten sich mit allen Mitteln dagegen sträubt, fassbar zu werden. »Durchschauen, ohne selbst durchschaut zu werden, garantiert die Herrschaft über andere.«

18. Fauler Zauber in der Wissenschaft

Um Scheckbetrüger und Mörder ihrer gerechten Strafe zuzuführen, hat man das Strafgesetz, auf dessen Grundlage Urteile gefällt werden. In der Wissenschaft gibt es dagegen keinerlei rechtliche Basis für eine Verurteilung. Als Notlösung bietet sich an, Wissenschaftler, die des Betrugs überführt werden, wegen Veruntreuung von Steuergeldern anzuklagen – immerhin stammen viele Forschungsmittel, auch die von DFG und MPG, aus öffentlichen Töpfen. Wer nichts tut, obwohl alle Welt inzwischen die Dringlichkeit einer Wissenschaftspolizei erkannt hat, muss sich unter Umständen den Vorwurf der Mitwisserschaft, gar der Mittäterschaft gefallen lassen. Vor allem: »Man kann nicht mehr sagen, dass es Einzelfälle sind«, so der bereits oben zitierte Strafrechtler Professor Albin Eser. Auch Professor Hubert Markl, bis vor kurzem Präsident der Max-Planck-Gesellschaft, mahnt eindringlich: »Der Vertrauensverlust in der deutschen Öffentlichkeit ist enorm. Die Bürger, die unsere Forschung bezahlen, verzeihen uns Wissenschaftlern den einen oder anderen Spleen – nicht aber Unehrlichkeit.« Ist es wirklich schon so schlimm, dass sich renommierte Persönlichkeiten der Wissenschaftsszene in dieser Form zu Wort melden? Immerhin, so berichtete die *Süddeutsche Zeitung*, habe in einer Studie jeder zweite Forscher zugegeben, in den letzten zehn Jahren mit mindestens einer Fälschung konfrontiert gewesen zu sein. In einer Wissenschafts-Society, die »weniger einem Olymp der Weisheit als einer traditionellen Dorfstruktur ähnelt«, wo »Lehrer, Pfarrer und Bürgermeister als unantastbare Hüter der Wahrheit« gelten, sind die Mitglieder häufig selbst überzeugt, dass auch ansonsten fragwürdige Taten einer guten Sache dienen. Diese unbekümmerte Laxheit könnte für die internationale Reputation der deutschen Wissenschaft Folgen haben.

Was verleitet einen Wissenschaftler zum Betrug, welche Beweggründe treiben ihn an, gegen Gesetz und Berufsethos zu verstoßen? Zunächst sollte man unterstellen, dass ein fälschender Forscher nicht automatisch einen kriminellen Charakter besitzt. Selbst der Vordenker der Evolution, Charles Darwin, könnte sonst ins Zwielicht geraten. Der schottische Geologe James Hutton (1726–1797) hatte bereits 65 Jahre vor der Veröffentlichung von Darwins epochalem Werk *»Die Entstehung der Arten«* in einem Kapitel seines dreibändigen Kompendiums *»Principles of Knowledge«* die natürliche Selektion und das Überleben der tauglichsten Pflanzen und Tiere abgehandelt. Doch für ein grundlegendes Umdenken waren die Zeitgenossen des visionären Steinekundlers offensichtlich noch nicht reif, denn die Publikation geriet bald wieder in Vergessenheit und gammelte in einer Bibliothek von Edinburgh, Huttons Heimatstadt, Jahrzehnte vor sich hin. Paul Pearson, Paläoklimatologie-Professor an der Universität Cardiff, nimmt mittlerweile aufgrund von Recherchen an, dass Darwin während seiner Studentenzeit auf Huttons Werk gestoßen sein könnte und sich von seinem Inhalt inspirieren ließ. Völlig abwegig ist diese Vermutung keinesfalls, denn Charles Darwin studierte in – Edinburgh.

Heute arbeiten ebenso viele Menschen in der Wissenschaft wie in allen hinter uns liegenden Zeiten zusammen genommen. Um sich in dieser Masse noch Gehör zu verschaffen, gilt mehr als je zuvor das geflügelte Wort »publish or perish«. Wer nicht rasch publiziert, hat in der Wissenschaft keine Chance. Der Konkurrenzdruck begünstigt überdies auch oberflächliches Arbeiten: Unausgereifte Daten werden überhastet unters Volk gebracht, nur um als Erster zweifelhaften Ruhm einzuheimsen. Auf der Strecke bleibt die Wissenschaft selbst, denn welchen Wert hat schon eine Arbeit, die gewissermaßen mittels Kaiserschnitt Hals über Kopf das Licht der Welt erblickt? Aber von letztgültigen Wahrheiten kann ohnehin nicht mehr die Rede sein, seit 1934 der renommierte Wissenschaftsphilosoph Karl Popper erklärte, dass immer nur bewiesen werden könne, dass etwas falsch sei, niemals, dass etwas wahr sei. Letztendlich betrügen die Wissenschaftler also im Namen der Wahrheit, weil sie nicht in der Lage sind, dieselbe zu beweisen.

Der ethische Wert echter Wissenschaft sollte vor allem in ihrer undogmatischen Haltung gegenüber »Wahrheit« und »Irrtum« liegen, in dem Bewusstsein also, dass »Wahrheit« sich ständig ändert, weil jede neue Erkenntnis schon wieder den Keim zu einer Metamorphose ihrer selbst in sich trägt. Max Born, der große Physiker, gab folgende Empfehlung, die neben ihrer Anklage diese Hoffnung bestätigen: »Die Lockerung des Denkens scheint mir der größte Segen, den die heutige Wissenschaft uns gebracht hat. Ist doch der Glaube an eine einzige Wahrheit und deren Besitzer zu sein die tiefste Wurzel allen Übels in der Welt.«

Der österreichische Universitätsprofessor Franz M. Wuketits vertritt da offenbar eine etwas andere Meinung: »Natürlich soll man in demokratischen Gesellschaften niemandem vorschreiben, was er oder sie zu denken beziehungsweise zu glauben hat. Wenn nun aber in den USA jüngst wieder gegen Darwin und die Evolutionstheorie Sturm geblasen und der biblische Schöpfungsbericht (auf politischer Ebene) dogmatisch (gegen die Evolutionstheorie) verteidigt wird, dann hat das mit Demokratie ebenso wenig zu tun wie mit Vernunft.« Und: »Vom Glauben an den Weihnachtsmann zumindest im übertragenen Sinn sind aber offenbar vor allem auch manche Physiker beseelt«, attackiert er auch seine Wissenschaftskollegen: »So meint beispielsweise H.-P. Dürr [weltweit renommierter Wissenschaftler und Träger des Alternativen Nobelpreises; der Verfasser], dass Physiker Gott brauchen und neben der naturwissenschaftlich erforschbaren Welt noch einer ›anderen Welt‹ bedürfen.« Wuketits fügt hinzu: »Biologen sind im Allgemeinen viel nüchterner und weniger anfällig für den Glauben an eine ›andere Welt‹. Man findet unter ihnen heute kaum noch Gläubige im Sinne der traditionellen Religionen. Die meisten von ihnen sind, so darf man einmal behaupten, Atheisten oder zumindest Agnostiker. Das hängt nicht zuletzt damit zusammen, dass in der Erklärung der Phänomene des Lebens, wie die letzten 100 Jahre deutlich gezeigt haben, für außer- oder übernatürliche Faktoren kein Platz bleibt. Da der Biologe mit seiner Wissenschaft buchstäblich mitten im Leben steht, kann er sich einen naiven Glauben – wie ihn nicht wenige Physiker hegen – kaum leisten. Das bedeutet nicht, dass er sich der Gottesfrage verweigern muss. Im Gegenteil: Während lange Zeit die Haltung vieler Naturwissenschaftler (und eben auch vieler Biologen) zu dieser Frage eine neutrale war und die naturwissenschaftlichen Fakultäten darüber schwiegen, weil ihre speziellen Disziplinen mit ebenso speziellen Methoden die Frage nicht berührten, hat sich die Situation – für die Biologie – inzwischen verändert.« Eine intensive Beschäftigung mit dem Leben könne nach Wuketits' Meinung »tatsächlich nicht zu Gott führen«, sondern würde einen atheistischen oder zumindest agnostischen Standpunkt nahelegen. Es sei nicht mehr zu leugnen, dass das Weltbild der Biologie dem Gottesbild der Theologen widerspreche. Diese »Blasphemie« habe in jüngster Zeit übrigens der »abtrünnige Theologe« Eugen Drewermann umfassend begründet. Daraus ergäben sich nicht zuletzt auch bedenklich stimmende Schlussfolgerungen für den Schulunterricht. Wird Deutschland bald eine Nation von Gotteslästerern? Dass Schöpfungsmythen keine wissenschaftliche Theorie ersetzen können, mag ja seine Richtigkeit haben. Gott jedoch »im Rahmen naturwissenschaftlichen Denkens« zynisch als »überflüssige Hypothese« zu verunglimpfen, ist nicht nur töricht, sondern sollte auch unsere Wissenschaftseliten und jeden aufrechten Staatsbürger – welchem Glauben er auch anhängen mag – wachrütteln.

»Keine Frage«, so versteht der Wiener Wissenschaftstheoretiker der Schöpfung scheinheilig zu schmeicheln, »jedes einzelne Lebewesen, die winzige Ameise ebenso wie der mächtige Elefant, ist ein kleines Wunderwerk. Wundervoll erscheint uns auch beispielsweise die Entwicklung eines komplexen Organismus aus einer einzigen befruchteten Eizelle oder die Funktionsweise eines Organs.« Und dann zitiert Wuketits ausgerechnet unseren Dichterfürsten Goethe: »Was ist doch ein Lebendiges für ein köstlich herrliches Ding. Wie abgemessen zu seinem Zustand, wie wahr! wie seiend!« Goethe habe damit ein Gefühl zum Ausdruck gebracht, das vielen Naturforschern seiner Zeit nicht fremd gewesen sei und jeden von uns schon mal erfassen könne, wenn wir so ein »lebendiges Ding« betrachten. »Die minutiös aufeinander abgestimmten Organe und Funktionsweisen eines Lebewesens, sein zweckdienliches Verhalten und seine Angepasstheit an die Außenwelt können sehr wohl in Erstaunen versetzen und zu dem Glauben verleiten, dass eine höhere Absicht im Spiel war, ein planender Geist, der sich etwas gedacht hat, als er Ameisen und Elefanten, Bienen und Wölfe und all die anderen unzähligen Kreaturen in die Welt setzte.«

Immerhin gebe es für die Existenz von Religionen nach seiner Meinung und aus der Sicht der Evolutionsbiologie »ernsthafte und interessante Erklärungsansätze«. Die lang gehegte Vorstellung, dass die Natur als Ganzes sozusagen einen tieferen Sinn ergibt und die Evolution progressiv verläuft und Fortschritt bedeutet, sei »inzwischen gründlich erschüttert« worden. Es gebe keine Indikatoren für einen durchgehenden Fortschritt in der Evolution, und man finde »kein vernünftiges Argument« für die Annahme, dass die Evolution irgendein Ziel anstrebt. Wuketits: »Der Glaube an evolutiven Fortschritt ist lediglich Ausdruck menschlichen Wunschdenkens, und wo die Evolutionslehre mit diesem Glauben vermengt wurde, sollte sie letztlich wieder die Funktion einer Religion übernehmen. Indessen sollten wir – auch wenn's vielleicht schwer fällt – endlich zur Kenntnis nehmen, dass die Evolution nirgendwohin geht.« Für Nichtwissenschaftler ist es mittlerweile mit großen Schwierigkeiten verbunden, die Vielzahl vermeintlich allgemein gültiger Auffassungen zur Evolution noch zu überblicken und kritisch zu würdigen. Die zahlreichen Schriften des wissenschaftlichen Eiferers sind nach eigenem Bekunden als Orientierungshilfe gedacht; doch die Lektüre dieser in der Robe ehrbarer Wissenschaft daherkommenden Publikationen ist ein einziges Ärgernis. Sie enthalten kaum einen originellen Gedanken, sind analytisch ausgesprochen schwach und hämmern dem Leser hausgemachte Hirngespinste ein, die Wuketits uns als wissenschaftliche Binsenwahrheiten verhökern möchte. Franz M. Wuketits, der an den Universitäten Wien und Graz Wissenschaftstheorie mit besonderer Berücksichtigung der Biowissenschaften lehrt, bezeichnet Erkenntnisse und Theorien über Evolution als Evolutions*lehre* – eine völlig irreführende Bezeichnung für ein Wissenschaftsgebiet. Er predigt, dass »Evolution eine Tatsache« sei – doch seine gebetsmühlenartig vorgetragenen Argumente taugen bestenfalls zur Begründung seiner abstrusen Theorie. Evolutionsbiologie setzt er offensichtlich mit Abstammungslehre gleich; dabei bedeutet sie jedoch jede Form von Biologie, in der evolutionstheoretische Aspekte und Kriterien angewandt werden. Die nicht zu übersehende Fragwürdigkeit seiner Formulierungskünste zeigt sich vor allem dort, wo etwa die Evolutionstheorie Darwins nicht quellengetreu übersetzt wird. Wenn Wuketits »survival of the fittest« mit »Überleben des Tüchtigsten« übersetzt, so beweist dies einmal mehr, wie pseudopragmatisch er bei seiner »Lehre« als Universitätsdozent zu Werke geht. Die klassische Übersetzung müsste vielmehr lauten: »Überleben der Tauglichsten« – wobei insbesondere der Plural hervorzuheben ist. Das Wort »tüchtig« bezeichnet ausschließlich eine Eigenschaft von Lebewesen, Charles Darwin hat jedoch in seinen zahlreichen Veröffentlichungen immer wieder und ausdrücklich darauf hingewiesen, dass nicht die Eigenleistung, nicht die eigene Größe, Stärke und Widerstandskraft von Pflanzen und Tieren, sondern vielmehr das vielfältige Beziehungsgeflecht zwischen einem Lebewesen und seiner Umwelt arterhaltend sei. Wer vom »Überleben des Tüchtigsten«

spricht, hat Darwin – ob mit Absicht oder nicht, sei hier dahingestellt –, missverstanden.

Es muss erstaunen, dass Wissenschaftler vom Schlage eines Wuketits nun schon seit Jahrzehnten für eine Lehrtätigkeit bezahlt werden, die geeignet ist, jungen Menschen eine völlig gottlose Weltsicht zu vermitteln. Denn selbst in Fachkreisen gilt der österreichische Vielschreiber ob seiner Sichtweise als Verbreiter unseriöser Thesen als ziemlich umstritten. »Gut gemeint, doch falsch ist die Aussage«, stellt Sievert Lorenzen vom Zoologischen Institut der Universität Kiel in der angesehenen Fachzeitschrift *Spektrum der Wissenschaft* fest, »dass ein Organismus ›seine eigene Evolution beeinflussen‹ könne. Stammesgeschichtliche Evolution vollzieht sich nicht an einzelnen Lebewesen, sondern in der Generationenfolge.« Der Kieler Forscher schreibt weiter: »Wuketits verficht die Systemtheorie der Evolution, die sein Lehrer Rupert Riedl erarbeitet hat. Riedl verlangt unter anderem, nicht nur die äußere Selektion, welche die Umwelt auf Lebewesen ausübt, als Evolutionsfaktor anzuerkennen, sondern auch die innere Selektion, die das Körperinnere auf körperinnere Strukturen ausübt. Wenn uns Wuketits jetzt weismachen will, dass die innere Selektion ›Exzessivbildungen‹ wie Riesengeweih oder überlangen Hals zeitigen könne, so damit ausgestattete Tiere ›schon aufgrund ihrer Konstruktion zum Aussterben verurteilt‹ waren, so ist dies geradezu absurd: Die Tiere mit den ›Exzessivbildungen‹ haben sich immerhin gegen die weniger exzessiven Konkurrenten erfolgreich durchsetzen können und waren somit topfit in ihrer jeweiligen Umwelt. Erst als diese sich änderte, starben sie aus.«

Lorenzen charakterisiert den Wissenschaftler Wuketits, der, wie noch zu belegen sein wird, neuerdings auch eine Führungsrolle bei der Diskussion über die Entscheidungsfreiheit des Menschen beansprucht, in *Spektrum der Wissenschaft* folgendermaßen: »Wuketits ist sehr fleißig. Jahr für Jahr produziert er mindestens ein

Buch über Evolution und was mit ihr zusammenhängt. Er zitiert sich selbst so häufig wie keinen anderen Autor. Bei der Fachwelt findet er erstaunlich wenig Resonanz. Nach der Lektüre des vorliegenden Buches [gemeint ist hier *»Evolutionstheorien. Historische Voraussetzungen, Positionen, Kritik«*; der Verfasser] ist mir der Grund hierfür klar: Wuketits schreibt zu viel und denkt zu wenig.«

Das hindert den österreichischen »Vielschreiber« jedoch nicht, seine mit vermeintlich ehrbarer Wissenschaft verbrämten Parolen auch weiterhin jungen Menschen einzutrichtern. Unsere »Metaphysik-Bedürftigkeit«, schreibt er, und der »Glaube an Gott (oder an mehrere Götter)« seien tief in unserer Evolution verwurzelt und haben ihre psychologische und soziale Funktion. Der Sinn der Metaphysik beziehungsweise des Gottesglaubens sage aber nichts über den Sinn der Welt aus. Wuketits: »Die Welt braucht keinen Sinn zu haben, bloß weil wir das wollen. Vielmehr liegt es nahe, dass das Universum, in dem wir leben, keinen Plan, keine Absicht und keine Werte (Gut und Böse) kennt, sondern blind und erbarmungslos gleichgültig ist.« Darwin habe mit seiner Theorie der natürlichen Auslese oder Selektion jede Absicht und jeden Plan aus der Natur, aus der Evolution verbannt – und damit die meisten seiner Zeitgenossen erschüttert. Eine absichts- und planlose Evolution widerspreche aber noch heute den Erwartungen vieler Menschen. Daher auch all die – »oft krampfhaft anmutenden« – Versuche, die Natur schönzufärben, sie so erscheinen zu lassen, als ob sie insgesamt ihren Sinn hätte. Aber, räsoniert der Österreicher weiter, was sei das für eine Natur, von der wir Menschen umgeben und deren Teil wir sind? Und Wuketits liefert die Erklärung gleich frei Haus hinterher, indem er aus einem seiner zahllosen Bücher zitiert: »Es ist eine Natur, in der Lebewesen Zähne, Klauen, Krallen, Hörner, Geweihe, Stacheln und Giftdrüsen einsetzen, um sich gegen andere Lebewesen zu verteidigen; eine Natur, in der Lebewesen andere Lebewesen fressen und selbst wieder von Lebewesen gefressen werden; eine Natur, in der es um das nackte Überleben geht, um die Sicherung von Raum und Nahrung und um Fortpflanzungserfolg.«

Gerade auch das Phänomen des Aussterbens sollte uns zu denken geben. Für den Evolutionsbiologen sei heute klar, dass keine Organismenart für die Ewigkeit geschaffen sein kann. In der Evolution spiele der Zufall eine wichtige Rolle, und die Selektion fördere immer nur diejenigen Varianten, die augenblicklich gut ins Bühnenbild passten. Das könne sich schnell ändern, und die Sieger der Gegenwart seien die Verlierer der Zukunft. Wuketits: »Der Zufall ist natürlich nicht alles. Er wird gelenkt – nein, nicht von höheren Mächten, sondern von den systeminternen Bedingungen der Lebewesen, von ihrem jeweils spezifischen Konstruktions- und Funktionsgefüge. Diesem überaus komplexen Wechselspiel von Zufällen und organismischen Systembedingungen verdankt auch unsere Spezies ihre Existenz. Sie kann aber für sich nicht in Anspruch nehmen, der Höhepunkt der Evolution zu sein, weil die Evolution keinen Höhepunkt kennt. Die Evolution ist ein Zickzackweg, bloß im Nachhinein mag es uns so scheinen, als ob sie geradlinig verlaufen wäre; dieser Schein aber trügt. Es wird wohl noch seine Zeit dauern, bis die lieb gewonnene Vorstellung einer geradlinigen Evolution aus unserem Denken vollständig verschwindet.«

Es ist bemerkenswert, dass sich inzwischen auch moderne Theologen den Argumenten solcher evolutionstheoretischer Wanderprediger wie Franz M. Wuketits nicht mehr verschließen wollen. Ebenso geraten die offiziellen Kirchen zusehends in Bedrängnis. Sie können die Evolutionstheorie natürlich nicht ignorieren. Also versucht man sich konziliant zu geben. »Recht verstandener Schöpfungsglaube und recht verstandene Evolutionslehre«, meinte Papst Johannes Paul II. anlässlich einer Tagung im Vatikan 1986, »[stehen] sich nicht im Wege: Evolution setzt Schöpfung voraus; Schöpfung stellt sich im Lichte der Evolution als ein zeitlich erstrecktes Geschehen – als creatio continua ... – dar, in dem Gott als der Schöpfer des Himmels und der

Erde, den Augen des Glaubens sichtbar wird.« Dies sei nach Wuketits' Meinung vielleicht gut gemeint, aber bei näherer Hinsicht erwiesen sich Evolution und Schöpfung als unvereinbar, und es mache keinen Sinn, Evolutionstheorie und Schöpfungslehre miteinander versöhnen zu wollen.

Auch der Kreationismus – das Beharren auf der wörtlichen Auslegung des biblischen Schöpfungsberichts – kriegt von Wuketits sein Fett ab. Wie schon viele Auseinandersetzungen gezeigt hätten, sei der Kreationismus, »dessen Vertreter sich gern das Mäntelchen der Wissenschaftlichkeit umhängen [macht es Wuketits nicht genauso?; der Verfasser], eben keine Wissenschaft, sondern eine auf Märchen basierende Ideologie, die mit der Evolutionstheorie nicht nur völlig unvereinbar ist, sondern auch keine sinnvolle Alternative zu ihr darstellt«. Wenn Kreationisten in einigen US-Bundesstaaten durchgesetzt hätten, dass die Evolutionstheorie im Unterricht den Schülern als umstritten und gefährlich präsentiert werde, dann müsse umgekehrt mit Vehemenz auf die Widersinnigkeiten und Gefahren des Kreationismus hingewiesen werden. Aber auch jede »moderate« Schöpfungslehre sei mit der Evolutionstheorie unvereinbar. Schon aus erkenntnis- und wissenschaftstheoretischen Gründen könne der Evolutionstheoretiker den Ursprung des Lebens nicht geheimen Kräften überantworten. Evolutionstheorie und der Glaube an die Schöpfung, Biologie und Religion beruhten auf zwei grundverschiedenen Denk- beziehungsweise Erklärungsansätzen und seien nicht zu versöhnen. Man könne sich nicht einerseits darum bemühen, natürliche Erklärungen für die Entstehung und Entwicklung des Lebens zu finden, andererseits aber – gleichzeitig – an einen Schöpfergott glauben. Ein Evolutionstheoretiker sei daher gut beraten, Argumente, die der Theologie entsprängen – wie etwa »Vollkommenheit«, »Vervollkommnung« –, aus seinen Überlegungen zu verbannen, wenn er an seinem naturalistischen Erklärungsansatz festhalten wolle. Drischt hier ein wissenschaftlicher Sektierer auf religiöse Fundamentalisten ein? Wuketits bemüht den britischen

Evolutionsbiologen Julian Huxley (1887–1975), der »einen Humanismus ohne Religion und ohne Gott zulässt und sogar fordert«, und postuliert: »In der Tat sollte eine aufgeklärte Gesellschaft, die humane Prinzipien verfolgt, keines Gottes bedürfen, und auch keines verzerrten Bildes von Evolution, etwa der Vorstellung, dass Evolution gleichsam automatisch einen immer besseren Menschen hervorbringen würde.«

Der oft beschworene allmächtige und gütige Gott, so der österreichische Wissenschaftstheoretiker, stehe »in Anbetracht des unsäglichen Leidens in dieser Welt auf verlorenem Posten«. Wuketits: »Wir können uns nicht ausmalen, wie viele einzelne Lebewesen täglich – jede Stunde, jede Minute, jede Sekunde – von anderen Lebewesen und von über sie hereinbrechenden Naturkatastrophen (Überflutungen, Kälteeinbrüchen, Dürrekatastrophen, Erdbeben, Vulkanausbrüchen usw.) erbarmungslos niedergemetzelt werden. Wozu soll das alles gut sein? Wozu sollen viele Millionen von Arten in der Erdgeschichte ausgestorben sein? Wozu sollen unschuldige Kinder grausamen Krankheiten zum Opfer fallen oder verhungern? Eine sowohl rational als auch emotional befriedigende Antwort darauf kann uns keine der Religionen liefern. Auch die Evolutionstheorie liefert darauf keine befriedigende Antwort – aber sie stellt die Sinnfrage erst gar nicht, sondern konfrontiert uns mit den ›harten Tatsachen‹.« Mit diesen zu leben sei nach Wuketits' Meinung die Aufgabe eines Lebewesens, das »mit Verstand begabt ist und über den Sinn seiner eigenen Existenz nachdenkt«. Dieses Lebewesen, Homo sapiens, habe die ungeheure Chance, sein Leben sozusagen selbst in die Hand zu nehmen und auf Götter, die es einst in seinem Erklärungsnotstand erfunden habe, wieder verzichten zu können. Je tiefer wir kraft unserer biologischen Erkenntnisse in die Strukturen und Funktionen unseres eigenen Gehirns eindrängen, desto deutlicher müssten wir erkennen, dass eben dieses Gehirn für alle Gottesbilder verantwortlich sei: »Das Gehirn schuf sich seine Götter, nicht umgekehrt, also kann dieses Gehirn die Götter auch wieder abschaffen. Es würde damit seinen ›Träger‹ von einer großen Last befreien, ihm aber auch die Last der Selbstverwirklichung und Eigenverantwortung aufbürden.«

Das Fazit des Evolutionstheoretikers und Hochschullehrers ist eindeutig: »Für den Schul-, vor allem den Biologieunterricht ergeben sich aus dem Gesagten zumindest drei Konsequenzen: Erstens sind (Natur-)Wissenschaft und Religion nicht nur voneinander verschieden, sondern auch unvereinbar, sodass sie nicht als einander ergänzende Denkweisen unterrichtet werden sollten. Anstelle einer Vermittlung ›religiöser Wahrheiten‹ müsste in den Schulen dargelegt werden, was die Wissenschaften über Religionen, ihre Herkunft, ihre sozialen, psychologischen und biologischen Wurzeln wissen. ... Gleichzeitig müsste im Unterricht deutlich gemacht werden, dass Religionen keinerlei ›wissenschaftliche Wahrheit‹ zukommt. Zweitens müsste im (Biologie-)Unterricht klar zur Sprache kommen, dass die Evolutionstheorie nicht als Religionsersatz herhalten kann, sondern gerade in ihrer gültigen – in Grundzügen auf Darwin zurückgehenden – Form keinen Platz für religiösen Glauben bietet und keine Heilslehre darstellt. Es wäre völlig falsch, Schülern ein Naturbild zu vermitteln, das Zwecke und Absichten enthält. Stattdessen muss deutlich gesagt werden, dass es in der Natur, in der Evolution, grundsätzlich nur um das (genetische) Überleben geht, sodass die Natur kein paradiesischer Garten sein kann.« Vor allem der jungen Generation müsse man auseinander setzen, »wie der Mensch seinem Leben auch ohne religiösen Glauben und ohne eine ›sinnhafte Evolution‹ Sinn geben kann«. Die Freuden der Arbeit und der Muße, das Glück der Liebe und Freundschaft, die Befriedigung, die aus selbstlosen Taten erwachse, die Betrachtung oder das Erschaffen von Kunstwerken – »alles das und noch vieles mehr« gebe »dem Leben einen Sinn«. Nicht zuletzt seien die Betrachtung und das Studium der Natur für unser Leben nützlich: »Wie Pflanzen und Tiere gebaut sind, wie sie leben und überleben, wie sie entstanden sind und sich entwickeln, auch ohne dass sie irgendeinem kosmischen Zweck untergeordnet sind – das sind überaus interessante und faszinierende Probleme, an deren Lösung teilzuhaben äußerst befriedigend sein kann!«

Gegen Ende des 19. Jahrhunderts gab Friedrich Nietzsche eine philosophische Sterbeanzeige auf: *Gott ist tot.* Naturwissenschaftler drücken sich normalerweise anders aus, mitunter gehen sie auch den Philosophen voran. 100 Jahre zuvor, 1796, hatte der Mathematiker und Astronom Pierre Simon Laplace befunden: *Gott ist unerheblich.* Was gläubige Sterndeuter als Zeichen göttlichen Schönheitssinns gesehen hatten, erachtete Laplace als den Beweis dafür, dass die Entstehung des Planetensystems kein übernatürliches Werk gewesen sei: »Der gegenwärtige Zustand des Weltalls« müsse vielmehr »als die Wirkung seines früheren und als die Ursache des folgenden« betrachtet werden. Newton hatte geglaubt, dass die Gravitation allein die Stabilität des Himmelssystems nicht garantieren könne. Im Gegenteil: Um zu verhindern, dass die Sterne kraft der Gravitation alle ineinander stürzten, musste Gott ab und an Hand anlegen. Das Universum musste immer mal wieder aufgezogen werden, wie Leibniz es ironisch beschrieb. Laplace, der sich seinerseits über die »ungezügelte Metaphysik« von Leibniz mokierte, glaubte, dass Newtons Sorge unberechtigt war. Gottes Eingreifen war seiner Meinung nach nicht vonnöten. Gab es ihn überhaupt? Wenn ja, dann allenfalls als allweise Macht, die als einzige die ganze Wahrheit der Natur schaute. So wurde Gott vom Allmächtigen zum Allwissenden. Napoleon, der in der *»Darstellung des Weltsystems«* gelesen hatte, gefiel die überhebliche Ignoranz des Mathematikers ganz und gar nicht. Die Vorstellung vom Herrscher des Alls und der Schöpfung war von jeher der Gipfel absolutistischer Rhetorik gewesen: Was Gott in der Höhe war, das versuchten gekrönte Häupter auf Erden zu sein. Als 1802 sich eine Abordnung illustrer Wissenschaftler zur Audienz bei Napoleon befand, soll sich das »Genie des Handelns« an Laplace gewandt haben: »Newton hat in seinem Buch von Gott gesprochen.

353

Ich habe in dem Ihren geblättert, aber Seinen Namen konnte ich nirgends finden« – und zum Sternenhimmel blickend, fragte Napoleon herausfordernd: »Und wer hat das alles gemacht?« Laplace, der wie Darwin ein paar Jahrzehnte später fast Priester geworden wäre, beharrte indes auf seinem Standpunkt und entgegnete seinem Herrn: »Sire, dieser Hypothese bedarf es nicht.« Der philosophierende Mathematiker, der die Lehre von den Wahrscheinlichkeiten dazu benutzte, um Schöpfungsfragen durch naturwissenschaftliche Hypothesen zu ersetzen, formulierte später in grandioser Untertreibung einmal folgende Worte: »Die Theorie der Wahrscheinlichkeit ist im Grunde nur gesunder Menschenverstand, reduziert auf Kalkulationen. Sie befähigt uns, mit Exaktheit zu ermessen, was kritische Köpfe aus einer Art Instinkt schon wissen.« Bei der Obduktion seines Leichnams, so wurde berichtet, war die Frustration seiner Anhänger grenzenlos: Das Gehirn des Gelehrten war viel kleiner, als man es bei einer solchen Geistesgröße erwartet hätte...

Im Gegensatz zu Politikern genießen Wissenschaftler im Allgemeinen einen guten Ruf. Professoren und Dozenten gelten als kompetent, allein an der Sache orientiert, folglich als am Wohl der Gesellschaft, die sie bezahlt, interessierte Fachleute. Gerne schmücken sich Regierungen aller Couleur mit Kommissionen, in denen vor allem Würdenträger der Alma Mater sitzen, holen sich Verbände und gemeinnützige Stiftungen Akademiker ins Haus, die als sachverständige Aushängeschilder nützlich sein sollen. Bedauerlicherweise kommt es derzeit immer häufiger vor, dass Wissenschaftler als falsche Propheten auftreten und im Namen ihrer Zunft die Öffentlichkeit zu beeinflussen versuchen. Ein Beispiel von vielen ist der promovierte Sozialwissenschaftler Michael Schmidt-Salomon, geschäftsführendes Mitglied der Giordano-Bruno-Stiftung in Trier. Den freien Willen des Menschen hält der Chefredakteur der religionskritischen Zeitschrift *MIZ* für eine Illusion. Je genauer man die Denkprozesse des menschlichen Gehirns beobachte, desto mehr müsse man zu dem Schluss gelangen, dass die vermeintliche »Krone der Schöpfung« beherrscht werde von ihrem Unterbewusstsein, ihren tierischen Trieben und von ihren Genen – eine Vorstellung, die unser Rechtssystem in seinen Grundfesten erschüttern könnte.

In einem Artikel mit dem Titel »Humanität – Hoffnungen – Illusionen« stellte der Sozialwissenschaftler die provokante Frage, warum die Humanisten sich als »Krönung der Schöpfung« begriffen. Wie aber könne es einen »freien Willen« geben, wenn in der Natur doch das Kausalprinzip vorherrsche, Wirkungen – wie es auch Laplace postulierte – also stets auf Ursachen zurückzuführen seien? Selbst Darwin und seine Nachfolger hätten im fortschrittsoptimistischen Geist der Aufklärung keine Zweifel an einem linearen, also sich aufwärts entwickelnden Evolutionsmodells gehabt: »Die Evolution wurde interpretiert im Sinne eines mehr oder weniger eindeutigen, gerichteten Trends vom Einfachen zum Komplexen. So konnte der Mensch auch in darwinistischen Kreisen als Krönung der Schöpfung verstanden und eine sinnvolle Zielperspektive der Evolution unterstellt werden.« Heute sei uns allerdings selbst dieser kleine Trost genommen, denn Evolution müsse nicht zwangsweise auch Fortschritt bedeuten. Schmidt-Salomon beruft sich dabei auf den vor nicht allzu langer Zeit verstorbenen US-Biologen Stephen J. Gould, der gezeigt habe, dass »der Eindruck einer zielgerichteten Entwicklung auf einer statistischen Fehlwahrnehmung beruht, die fahrlässig übersieht, dass die primitiven Lebensformen, die zu Beginn der Evolution entstanden, prinzipiell nicht weiter vereinfacht werden konnten. Das Leben musste erst einmal ein gewisses Komplexitätsniveau erreichen, um sich überhaupt zurückentwickeln zu können, was dann in vielen Fällen auch geschah.« In der Tat haben britische Wissenschaftler unlängst versucht zu beweisen, dass wir nicht vom Affen, sondern dass dieser aufgrund einer unglückseligen Mutation von uns abstammt. Insgesamt könne man, wie wir in diesem Buch bereits gesehen haben, feststellen, dass die Evolution kein geradliniger, auf Vervollkommnung ausgerichteter Wachstumsprozess ist, sondern vielmehr ein »Zickzackweg auf dem schmalen Grat des Lebens«, wie es auch schon Franz Wuketits zum Ausdruck brachte. Ihm, Wuketits, habe er, Schmidt-Salomon, seinen Erkenntnisdurchbruch in allererster Linie zu danken. Durch die Offenbarungen des Wiener Evolutionstheoretikers habe er »Stück für Stück jene Biologiescheu [abgeworfen], die für Geistes- und Sozialwissenschaftler auch heute noch typisch« sei. Die Logik der Wissenschaft, so Schmidt-Salomon, sei bekanntlich eine Logik des Zweifelns und als solche prinzipiell unersättlich: »Einmal in Fahrt gekommen, kann der Zug der wissenschaftlichen Entzauberung nirgends Halt machen, nicht einmal vor der eigenen Tradition. Das bekam auch der Humanismus zu spüren, der zweifellos an der Entstehung der modernen Wissenschaft mit beteiligt war.« Alle menschlichen Errungenschaften, alle Philosophien, Künste, Techniken, alle Hoffnungen, Träume, Sehnsüchte – nichts werde von nachhaltiger Dauer sein. Der »sinnentleerte Kosmos« richte sich nicht nach dem bewährten Muster erfolgreicher Hollywoodfilme, sondern verwehre uns das Happy End. Am Ende der Zivilisation stehe nicht der dauergrinsende Mr. Fortschritt, sondern das heillose, trostlose Nichts.

Der Trierer Sozialwissenschaftler weiter: »Osama bin Laden beispielsweise erscheint vielen westlichen Beobachtern heute als der Schurke schlechthin, die *Bild*-Zeitung fragte sogar allen Ernstes, ob der Mann der prophezeite Antichrist sei. Innerhalb bestimmter Teile der muslimischen Welt hingegen gilt der Mann selbstverständlich als Heiliger, als gottgesandter Kämpfer gegen den Terror der Ungläubigen. ... Zweifellos würde ein gläubiger Taliban auch unsere ästhetischen Urteile, zum Beispiel im Bereich der Musik, nicht teilen, genauso wenig, wie er eine wissenschaftliche Aussage als Wahrheit akzeptieren würde, wenn sie dem Koran widerspräche. Mit dem quantitativen Maß an Bildung scheint all dies wenig zu tun zu haben. Bekanntlich waren die Attentäter des 11. September vergleichsweise hoch gebildet, was zeigt, dass die humanistische Formel ›Je gelehrter, desto menschlicher!‹ kaum in dieser einfachen Ausprägung auf die Wirklichkeit anwendbar ist.« Wie das Beispiel der Attentäter vom 11. September allerdings zeige, scheine der Egoismus der Gene das Verhalten von Menschen nicht hinreichend beschreiben zu können, denn schließlich »opferten diese jungen Männer ihr Leben«, lange bevor sie das Ende ihrer biologischen Reproduktionsfähigkeit erreicht hatten. Gleichermaßen lasse sich auch der mehr oder weniger freiwillige Zölibat katholischer Geistlicher schwerlich mit dem Egoismus der Gene erklären.

In seiner Überzeugung, dass »jeder Gedanke, jede Empfindung, jedes Urteil auf körperlichen Prozessen« beruhe, wird Schmidt-Salomon neuerdings durch – umstrittene – Erkenntnisse der Hirnforschung tatkräftig unterstützt. Der Bremer Neurobiologe und Affenforscher Gerhard Roth hält selbst die feierliche Eheschließung vor dem Traualtar nicht für eine wirklich freie Entscheidung zweier Menschen: »Womöglich wird er [der Mensch; der Verfasser] von psychischen Extrembedingungen beherrscht: Er ist wahnsinnig verliebt und handelt praktisch im Affekt.« Kann sich das Brautpaar aber zumindest *vor* der Hochzeit mit kühlem Kopf und frei füreinander entscheiden? »Nein«, so der Hirnforscher, »auch das nicht. Die Natur gibt einem nicht die Freiheit mit, sich für Frau Meier und gegen Frau Müller zu entscheiden. ... In einer Hochzeitszeremonie spiegelt sich kein Wille, der bedingungslos frei wäre.« Die Neurobiologen, die wie etwa Professor Roth, Leiter des Instituts für Hirnforschung der Universität Bremen, ihr Wissen vor allem aus Experimenten an Affen gewinnen, weisen darauf hin, dass bei elektrischer Reizung des Gehirns ein bestimmter Geschmack auf der Zunge oder das Gefühl entsteht, das einem Orgasmus ähnlich sei. Würden bestimmte Hirnregionen verletzt, so führe dies dazu, dass ein Mensch die Fähigkeit verliere, Entscheidungen zu treffen oder sein eigenes Spiegelbild zu erkennen. Mehr noch: Während René Descartes noch davon ausging, dass das autonome, denkende Ich in begrenztem Umfang über seinen Körper bestimmen könne, müssten wir heute akzeptieren, dass das denkende Ich nichts weiter sei als ein Artefakt des körperbe-wussten Gehirns.

Was ist das für eine Wissenschaft, die einen so komplexen Be-wusstseinsvorgang wie ein Heiratsversprechen auf nichts anderes zurückführt als auf einen chemisch-physikalischen Prozess, bei dem Milliarden Nervenzellen elektrische Ladungen abfeuern – und die dann behauptet, die Freiheit, das eine zu tun oder das andere zu lassen, sei bloße Illusion? Eine Wissenschaft, die den Menschen lediglich als mechanistischen Zufallsgenerator beschreibt, der Handlungen und Bewegungen ausführt wie ein ferngesteuerter Roboter – darf in einem wirtschaftlich und finanziell so gebeutel-ten Staat wie Deutschland die Regierung, wenn überhaupt, dafür Forschungsgelder aus dem Steueraufkommen bereitstellen? Be-dürfen solche gesamtgesellschaftlichen Fragestellungen nicht auch gesamtgesellschaftlicher Entscheidungsgrundlagen, und soll-ten diese nicht auch in aller Öffentlichkeit breit diskutiert werden? Immerhin ist die Idee des freien Willens die absolute Grund-voraussetzung für unser Rechtssystem. »Der innere Grund des Schuldvorwurfs«, so definiert der Bundesgerichtshof diesen Sach-verhalt, »liegt darin, dass der Mensch auf freie, verantwortliche, sittliche Selbstbestimmung angelegt und deshalb befähigt ist, sich für das Recht und gegen das Unrecht zu entscheiden.« Aber auch aus religiöser Sicht ist der freie Wille Vorbedingung menschlicher Existenz: »Gott hat den Menschen nicht als Marionette, sondern als Partner erschaffen«, betont der Philosoph Eberhard Schocken-hoff, der an der Universität Freiburg Moraltheologie lehrt und gleichzeitig Mitglied des Deutschen Ethikrates ist. »Gott will seine freie Gegenliebe, keinen willenlosen Gehorsam. Zu Weihnachten, am Fest der Menschwerdung Gottes, gedenken die Christen der Er-lösung aus Unfreiheit und Angst. Die zentralen Glaubensaussagen setzen die menschliche Freiheit also voraus.«

Immer mehr Biologen und Soziobiologen agieren in diesem Zu-sammenhang wie naturwissenschaftliche Analphabeten – schlim-mer noch: Experten wie der Bremer Affenforscher Gerhard Roth und der Wiener Vielschreiber Franz Wuketits setzen sich dem Verdacht aus, lediglich Schlagzeilen produzieren zu wollen. Das mag zwar den Marktwert dieser Herrschaften – und damit ihre Medienpräsenz – erhöhen, dem hohen moralischen Anliegen der Öffentlichkeit dient es nicht. Im Gegenteil: Selbst ernannte Ethikapostel erschweren die dringend erforderliche Diskussion in der breiten Öffentlichkeit. Das einseitige Vorpreschen solcher Akademiker, das permanente Profilierungsbestreben einzelner Professoren untergräbt nicht nur die Glaubwürdigkeit der gesamten Wissenschaft, sondern hat darüber hinaus noch weit fatalere Folgen: Viele Menschen werden durch derart unqualifizierte Parolen völlig verunsichert und stemmen sich erst recht gegen Reformen und Veränderungen – ein gefundenes Fressen für Links- wie Rechtsextreme, die vermutlich nur darauf warten, anarchische Zustände auf unseren Straßen herbeiführen zu können. Sprechblasen-Ungeheuer wie »Mit dem Dualismus von Körper und Geist fällt das Hauptargument, das die Vertreter der Willensfreiheitshypothese für sich in Anspruch nehmen konnten« könnten gleichwohl Signalcharakter entfalten. Ebenso das wissenschaftliche Kauderwelsch narzisstisch orientierter Sozialwissenschaftler: »Wenn wir Menschen wie alle anderen Lebewesen der Naturkausalität, dem Wechselspiel von Ursache und Wirkung, unterworfen sind, kann es selbstverständlich keinen freien Willen *im eigentlichen Sinne des Wortes* geben.« Selbstgefällig behauptet das geschäftsführende Vorstandsmitglied der gemeinnützigen Giordano-Bruno-Stiftung, der bereits erwähnte Sozialwissenschaftler Schmidt-Salomon: »Mit zahlreichen neurobiologischen Untersuchungen konnte erstmals empirisch nachgewiesen werden, dass wir nicht *wollen können*, was wir wollen, sondern vielmehr *wollen müssen*, was uns unser Gehirn auf der Basis unbewusster, neuronaler Prozesse zu wollen vorgibt.« Und er fährt triumphierend fort: »Diese ernüchternde Erkenntnis hat gravierende Konsequenzen – auch für die Philosophie des Humanismus, die durch die Entzauberung der Willensfreiheitsidee den Adressaten ihrer Botschaft zu verlieren scheint, nämlich den Menschen als freien, autonomen Gestalter der Geschichte.« Und weiter: »Welchen Sinn haben humanistische Appelle überhaupt noch, wenn Menschen nichts weiter sind als Marionetten unbewusst ablaufender Neuronenfeuer? Mit welchem Recht sollten wir einen Menschen (beispielsweise einen Massenmörder) moralisch verurteilen können, wenn nie die Möglichkeit bestanden hat, dass er sich anders hätte entscheiden können, als er es getan hat? Ist der Humanismus bei Licht betrachtet nicht eine völlig absurde Veranstaltung, die die Rechnung ohne den Wirt macht, eine bloße Illusion, die die hirngesteuerten, von genetischem und memetischem Eigennutz getriebenen Organismen der Gattung Homo sapiens hoffnungslos überfordert?« Schmidt-Salomon fügt ungerührt hinzu: »So schrecklich es auch klingt – die Anschläge des 11. Septembers 2001 waren vom genetischen Standpunkt aus betrachtet erstaunlich uneigennützige Taten. Die Attentäter opferten ihr Leben, allein um den von ihnen vertretenen Ideen in der Welt mit einem Donnerschlag Gehör zu verschaffen.« Gleichwohl müsse die wissenschaftliche Entzauberung der Welt den Humanismus im Unterschied zu den Religionen nicht in den Grundfesten erschüttern. Im Gegenteil: Je entzauberter die Welt, desto deutlicher präsentiere sich der Humanismus als beste Alternative zu haltlos gewordenen religiösen Mythen.

Hier schwelgt der Sozialwissenschaftler in höchsten Tönen: »Sinn erwächst aus Sinnlichkeit. Wer dies erkannt hat, wird der rationalistischen Triebfeindlichkeit wenig abgewinnen können. Wir sind also gut beraten, unsere animalische Existenz freudig zu akzeptieren und die Fülle an Empfindungen, die uns unsere Natur erlaubt, ohne jede Prüderie zu genießen. So legt uns der evolutionäre Humanismus nahe, aufgeklärte Hedonisten zu sein. Mehr noch: Indem er uns auf unsere Naturhaftigkeit zurückverweist, verstärkt er auch unser Mitgefühl für die uns umgebenden Lebewesen, denn diese haben im Kern keine anderen Ziele als wir. Jedes Lebewesen wird mit der tief verankerten Veranlagung geboren, Lust zu steigern und Leid zu minimieren. Hierin unterscheiden sich die stolzen Mitglieder der Gattung Homo sapiens nicht von der gemeinen Spitzmaus.«

Die dahinter zum Vorschein kommende Logik entlarvt die infantilen Gedankengänge ihres Urhebers: »Die Befreiung von der Idee der Willensfreiheit könnte uns den Weg zu einer Kultur des echten Verständnisses ebnen – und das wäre ein entscheidender Schritt, um die verheerende Gewaltspirale zu überwinden, die die menschliche Geschichte im Großen wie im Kleinen geprägt hat. Man bedenke: Jede Schandtat wird noch um einiges schändlicher, jedes Grauen um einiges grauenhafter, wenn wir unterstellen, dass die Täter sich frei dazu entschlossen haben. Erst wenn wir einsehen, dass sich jeder Mensch – ob Opfer oder Täter – nur so verhalten kann, wie er sich zum gegebenen Zeitpunkt verhalten muss, haben wir eine reale Chance, aus dem von Rachegedanken geprägten, moralischen Automatismus von Schuld und Sühne auszubrechen.«

19. Narren, Gaukler, Biokraten

Hitler, so postuliert der Bremer Neurobiologe Roth, hat nach den Maximen seiner kranken Psyche gehandelt – von ihr wurde ihm sein Tun diktiert. »Soll das etwa heißen«, fragt sich der Sozialwissenschaftler Schmidt-Salomon, »dass menschenverachtende Diktatoren wie Adolf Hitler oder Josef Stalin im Grunde moralisch unschuldig waren? Sollen wir uns wirklich damit abfinden, dass diese Halunken in Wahrheit arme Kerle waren, die einfach nicht anders konnten, als sie konnten?« Was Schmidt-Salomon sich selbst kundtut, überrascht schon gar nicht mehr: »Auch wenn sich das Herz jedes eifrigen Moralisten darüber böse empören mag, die Antwort lautet: Ja! Und das ist noch nicht alles: Auch die gefeierten, altruistischen Helden unserer Spezies machen in diesem Punkt keine Ausnahme. Auch sie konnten unter Beachtung der Naturgesetze nicht anders können, als sie konnten. Sosehr die Moralisten darunter leiden werden: Unter der Perspektive der Willensbedingtheit mutiert nicht nur das so genannte ›Böse‹, sondern auch das so genannte ›Gute‹ zu einem banalen, inhaltsleeren Begriff.« Echtes Verständnis, so der gemeinnützig tätige Sozialexperte, mache demnach moralische Verurteilung unmöglich. Und je genauer wir hinsähen, desto klarer müssten wir erkennen, dass die Täter stets auch Opfer der Geschichte seien.

Man könnte das als Quasi-Verherrlichung von Terror und Gewalt verstehen. Läuft eine derart fragwürdige Begründung schlimmster Verbrechen, ein derartiger Abgesang auf die Moral, nicht auf eine völlige Negierung aller ethischen Maßstäbe hinaus? Folterer in der US-Armee oder bei der Bundeswehr sind dann in Zukunft fein raus! Und Kinderschänder, Vergewaltiger, Totschläger und Mörder ebenso! Auch Diebe und Grabschänder, Betrüger und Steuerhinterzieher – worauf, um Himmels willen, müssen wir uns bei derart »wissenschaftlich begründbaren« Schlussfolgerungen noch gefasst machen?! Schmidt-Salomon sieht das gelassen, denn die moralische Entschuldigung der Täter impliziere nicht notwendigerweise (!) die ethische Rechtfertigung ihrer Handlungen. Massenmord bleibe durchaus Massenmord und sei als solcher unter humanistischer Perspektive ethisch nicht zu rechtfertigen. Der Sozialexperte schränkt jedoch gleich wieder ein: »Wir müssen lernen, die ethische Frage nach der *objektiven Verantwortbarkeit einer Tat* von der moralischen Scheinfrage nach der *subjektiven Verantwortung des Täters* zu trennen, denn diese Scheinfrage beruht – wie gesagt – auf einer falschen Denkvoraussetzung, nämlich der Unterstellung, dass ein Mensch zum Zeitpunkt X sich wundersamerweise hätte anders entscheiden können, als er es tat.« Also doch wieder eine Rechtfertigung durch die pseudojuristische Hintertür?

Hieran schließe sich unmittelbar die nächste Frage an, so der Stiftungsvorsitzende: »Vorausgesetzt, dass wir das Prinzip der Schuldfähigkeit nicht mehr für uns in Anspruch nehmen können, wie soll die Gesellschaft unter diesen Bedingungen mit Straftätern umgehen? Wird sie überhaupt noch Haftstrafen aussprechen können? Antwort: Wahrscheinlich (!) schon, allerdings würden die Strafen nicht mehr verhängt werden, um eine vermeintliche moralische Schuld zu sühnen, sondern um durch die *Ankündigung von Kosten* die Auftrittswahrscheinlichkeit unerwünschten Verhaltens zu reduzieren.« Tröstend fügt der Experte hinzu: »Es ist zu vermuten, dass Verbrechen in einer solchen ethisch – nicht moralisch – argumentierenden Gesellschaft ohnehin seltener auftreten würden, da in ihr der für unsere heutige Gesellschaft typische moralische Nährboden fehlen würde, der zur Ausprägung von Minderwertigkeits-, Schuld- und Rachegefühlen, aber auch von Stolz und Arroganz, notwendig ist.« Für Willensfreiheit einzutreten sei künftig eine Donquichotterie, »da wir – wie dargelegt – unter Voraussetzung der Naturgesetze nicht wollen können, was wir wollen. Selbst die beste aller denkbaren Gesellschaftsformen wird daran nichts ändern können. ... Deshalb sollten wir uns möglichst bald mit der unbequemen, paradoxen Leitmaxime anfreunden, die der evolutionäre Humanismus uns abverlangt, nämlich: *mit dem Schlimmsten zu rechnen und auf das Beste zu hoffen...*«

Eine moralische Verantwortung kann – im Gegensatz zu einer technischen Verantwortung – nicht delegiert werden, sie ist *persönlich.* Der Versuch, moralische Verantwortung zu übertragen, führt, wie Karl Jaspers einmal sagte, in die Verantwortungslosigkeit. Die Situation kann vielleicht anhand eines Beispiels deutlich gemacht werden: In einem chemisch-pharmazeutischen Konzern werden Substanzen für B- und C-Waffen hergestellt. Bei Schichtwechsel mag der leitende Biochemiker die technische Verantwortung für das reibungslose Funktionieren der Fabrikationsanlagen zwar an seinen ihn ablösenden Kollegen übertragen. Die moralische Verantwortung jedoch, dass er sich an der Herstellung dieser Vernichtungsmittel beteiligt, nimmt er mit nach Hause – und in sein Grab, wo ihn auch niemand vertreten kann. Moralische Stellvertretung gibt es nicht.

Wer ein Lehrbuch der Chemie oder Biologie zur Hand nimmt, kann es von vorne bis hinten aufmerksam durchblättern, man kann ganze Bibliotheken dieser Fachbereiche durchsuchen – nirgendwo findet man Begriffe wie »Moral«, »Verantwortung« oder »gut« und »böse«. Auch für einen modernen Physiker sind beispielsweise Farben und Töne weder schön noch hässlich, sondern elektromagnetische beziehungsweise akustische Schwingungen bestimmter Frequenzen. Die exakten Naturwissenschaften stehen moralischen Werten beziehungslos gegenüber, denn ihre Aufgabe ist es, die Natur so objektiv wie nur irgend möglich zu erforschen. Ob das überhaupt zu bewerkstelligen ist, ist eine Frage, um die sich die meisten Chemiker, Biologen und Physiker wenig kümmern. »Sicher ist, dass Moral und Ethik«, so formulierte es der christliche

Naturwissenschaftler und Philosoph Max Thürkauf, »nicht im Objekt Naturwissenschaft, sondern im Subjekt Naturwissenschaftler zu suchen sind. Das Problem der moralischen Verantwortung tritt spätestens bei der Anwendung naturwissenschaftlicher Objekte auf Subjekte, das heißt auf Lebewesen, in den Vordergrund.«

Die Welt, in der wir leben, wird mit zunehmender Geschwindigkeit eine technisch orientierte Biokratie, man könnte vielleicht ebenso gut sagen, eine biologisch orientierte Technokratie. Maschinen und gen- und nanotechnisch machbare Dinge vermehren sich, das mit Mitteln von Wissenschaft und Technik (zumindest noch) nicht Machbare – Tiere und Pflanzen – verschwindet. Zur Zahl der Menschen proportional wächst die Anzahl der Computer, Autos, Flugzeuge, Handys und Fernsehgeräte – ein beschleunigtes, exponentielles Wachstum, das in einer begrenzten Biosphäre zur Katastrophe führen muss. Falls auch die Vermehrung der Menschen – auf Kosten der natürlichen Umwelt – eine Folge der technischen Entwicklung wäre, so müsste diese logischerweise sofort gestoppt werden. Vermutlich würde es jedoch nicht zu diesem Schritt kommen, da die technische Entwicklung in unseren gegenwärtigen freiheitlich-demokratischen Gesellschaftssystemen nicht nach logischen Gesichtspunkten, sondern nach Kriterien von Gewinnmaximierung und Shareholder-Value gesteuert wird. Die Fragwürdigkeit der technokratisch majorisierten Weltrettungskonzepte wird hier offensichtlich: *Die Menschheit kann nur mithilfe einer forcierten technischen Entwicklung überleben.* Das zweifellos bessere, vor allem nachhaltigere Konzept hat ein umgekehrtes Vorzeichen: Es muss unter allen Umständen versucht werden, entweder jede Maschine durch ein entsprechendes biologisches System zu ersetzen, oder zumindest die Maschinen nach dem Vorbild lebender Systeme zu optimieren, da sich diese in Jahrmillionen bewährt und als langfristig erfolgreiches Konzept durchgesetzt haben.

Es ist die *moderne* Naturwissenschaft, aus der die Begriffe »Ethik« und »Moral« verschwunden sind. Der ethisch-moralische Scham-

365

lappen, den insbesondere die Lebenswissenschaften seit einiger Zeit in der Öffentlichkeit schwenken, ist eine Schimäre, ein Hirngespinst, mit dem Bevölkerung und Regierungen ruhig gestellt werden sollen. Der »Urvater der Genforschung«, der erst vor kurzem im Alter von 96 Jahren verstorbene Professor Erwin Chargaff, hat diesen Sachverhalt in der *Frankfurter Allgemeinen Zeitung* deutlich gemacht: »Die Bioethik ist ja erst aufgekommen, als die Ethik verletzt wurde. Bioethik ist ein Ausweg, all das zuzulassen, was ethisch nicht erlaubt ist.« Um Missverständnissen in diesem Zusammenhang vorzubeugen, bedarf der Begriff »modern« hier einer Erklärung: Modern kann heißen, so zu leben, zu denken und zu handeln, wie es im Zuge des Zeitgeistes die meisten Menschen tun; es kann aber auch heißen, der Zeit, in der man lebt, offen und kritisch gegenüberzustehen. In diesem Sinne waren beispielsweise Sokrates, Augustinus, Leonardo da Vinci oder Goethe moderne Menschen und würden es vermutlich auch heute sein. Der Begriff »moderne Naturwissenschaft« muss deshalb präzisiert werden, denn es gibt moderne, eben weltoffene und kritische Naturwissenschaftler, die Ethik und Moral in ihre Lehre und praktischen Aktivitäten einschließen. Die modernen Naturwissenschaftler, von denen vor allem in diesem Kapitel die Rede ist, die sich von Gut und Böse distanzieren und sich auch gerne als wertfrei denkend bezeichnen, sind diejenigen, die heute die überwiegende Mehrheit der Chemiker, Biologen und Physiker an unseren Hochschulen und Universitäten repräsentieren. Der Schweizer Max Thürkauf, auch der »Franziskus des Atomzeitalters« genannt, hat dies einmal sehr pointiert zum Ausdruck gebracht: »Einer organisierten Lehre droht stets die Gefahr des Dogmas – aus den Pfaffen der Kirche sind die Pfaffen der Wissenschaft geworden.« Stendhal müsste heute statt seines *»Rot und Schwarz«* ein *»Weiß und Schwarz«* schreiben, denn die Robe der modernen Pfaffen ist weiß – wer kennt ihn nicht, den Forscher im weißen Labormantel auf der Pillenreklame!

Professor Thürkauf, der zeit seines Lebens gegen den naturwissenschaftlichen Atheismus zu Felde zog, meinte mit »Pfaffen«

nicht die Priester, deren »hohe Bestimmung es ist, im Rahmen einer Religion mit dem Göttlichen der Welt Gott zu offenbaren«. Zwischen einer Kirche als Organisation, einer so genannten Landeskirche, und einer Religion als Verkünderin Gottes bestehe vergleichsweise ein Unterschied wie zwischen Recht und Gerechtigkeit. Wer in der Schweiz, Österreich oder Deutschland seine Personalien anzugeben habe, könne bei der Frage »Konfession« nicht nur »Christ« antworten; was verlangt werde, ist im Falle des Christentums das Bekenntnis zu einer entsprechenden Landeskirche, also beispielsweise katholisch oder protestantisch.

Das grundlegende Werkzeug in Physik oder Biologie, Chemie, Molekularbiologie oder Biochemie und damit allen Zweigen der exakten Naturwissenschaften ist das reproduzierbare Experiment. Nur was darin gezeigt werden kann, hat wissenschaftliche Relevanz und Existenzberechtigung. Das Experiment ist gleichzeitig Werkzeug des Erkennens *und* Erkenntnisgrenze, wie sie sich etwa auch im Sektor der Tierversuche präsentiert. Der Anschaulichkeit halber sei ein Beispiel aus der Natur angeführt. Dabei geht es um zwei Extremtypen: Der eine ist quasi gefesselt in seinem Spezialistentum, der andere aufgrund seiner »Weltoffenheit« lernfähiger und damit zweifellos lebenstüchtiger – und es ist kein Zufall, dass Ersterer zu den dümmsten und Letzterer zu den klügsten Vögeln zählt. In der Welt eines Haubentauchers (*Podiceps cristatus Pontopp*) ist fast alles, auch schon beim Jungvogel, aufgrund hochspezialisierter Mechanismen bis in kleinste Einzelheiten festgelegt, die ebenso speziell angepasste – und in ihrer Angepasstheit höchst bemerkenswerte – Aktivitäten auslösen. Der Vogel braucht in seinem Leben nicht allzu viel hinzuzulernen und *kann* es aufgrund seines »Charakters« auch gar nicht. Bei einem jungen Kolkraben (*Corvus corax L.*) sind dagegen zunächst nur wenige Regeln und Charakterzüge festgelegt, mit Ausnahme einiger wichtiger Instinkthandlungen von vielseitigster Verwendbarkeit. Diese generelle Offenheit *allen unbekannten Objekten* gegenüber, insbesondere sein ausgeprägtes Neugierverhalten im buchstäblichsten Sinne des Wortes, macht den jungen Kolkraben zu einem ausgesprochenen Lebenskünstler.

Im Bereich der Physik und Chemie hat auch nur das einen Anspruch, existent zu sein, was der Experimentator in seinem Laboratorium erkennt und darzustellen vermag, zum Beispiel chemische Substanzen, physikalische Phänomene, biologische oder physiologisch orientierte Effekte. Aber nur die Methode des neugierigen Durchprobierens aller Möglichkeiten, auch jener ihm nicht bereits vertrauten beziehungsweise anerzogenen, bringt es mit sich, dass Fortschritte durch Innovationen entstehen. Die Gier nach Neuem, wie sie bei kreativen und phantasievollen Wissenschaftlern vorherrschend sind, schlägt bei einem angepassten, in den Augen seiner Vorgesetzten gleichwohl mustergültigen Experimentator in eine starke Abneigung gegen alles Neue, Unbekannte um; Wissenschaftler reiferer Jahrgänge, denen man heutzutage einen Ortswechsel nahe legt und auch eine Änderung ihres gewohnten Aufgabengebiets zumutet, vermögen sich häufig nicht mehr in eine neue Umgebung hineinzufinden, sondern verfallen stattdessen in eine Angstneurose, in der sie noch nicht einmal ihre bisherigen Fähigkeiten ausschöpfen können.

Konrad Lorenz machte in seinem Buch *»Vom Weltbild des Verhaltensforschers«* darauf aufmerksam, dass sich ein *erwachsener* Rabe ähnlich verhalte »wie ein altersblödsinniger Mensch, dessen Verlust an Anpassungsfähigkeit unauffällig ist, solange er sich in der gewohnten Umgebung befindet, aber sofort eine weitgehende Demenz offenbart, sowie ihm ein Umgebungswechsel aufgezwungen wird«. Lorenz fügt zur Vorbeugung von Missverständnissen ausdrücklich hinzu, »dass nicht etwa die Lernfähigkeit als solche erloschen ist, sondern nur die positive Hinwendung zu Unbekanntem. Der alte Rabe vermag zum Beispiel sehr wohl noch durch eine einzige üble Erfahrung die Gefährlichkeit einer ihm neuen Situation zu erlernen. Dieses Lernen findet aber nunmehr nur unter dem unmittelbaren Zwang einer ganz bestimmten biologisch relevanten Situation statt. Alte Ratten oder gar Menschenaffen verhalten sich zwar erheblich plastischer als alte Raben, im Prinzip aber ist die Kluft zwischen jungem und altem Tier dieselbe.«

»Keineswegs jeder chemisch-physikalische Prozess ist ein Lebensvorgang, wohl aber umgekehrt jede Lebenserscheinung ein chemisch-physikalisches Geschehen. In analoger Weise fällt jedes psychische Geschehen unter den übergeordneten Begriff der Lebenserscheinungen, aber nicht umgekehrt«, postulierte Konrad Lorenz. Daher sei es für den Biologen unverzichtbar, Physik und Chemie zu können, »weil das, was er erforscht, um kein Haar weniger Physik und Chemie ist als das, was der Physiker und der Chemiker erforschen«. Dass es außerdem, so räumte der Nobelpreisträger immerhin ein, »zusätzlich noch etwas anderes und in gewissem Sinne Höheres ist«, enthebe ihn nicht der Verpflichtung, die »niedrigen« anorganischen Grundlagen organischen Geschehens genau zu kennen. Es dürfe eine Physik und Chemie geben, die »rein« von Biologie seien, während die Umkehrung dieses Satzes einen völligen Unsinn ergebe. Es dürfe eine Physiologie geben, die sich um psychologische Tatbestände nicht im Geringsten bekümmere, »aber nicht umgekehrt!«

Dabei ist jedoch zu beachten, dass sich die Qualität der chemischen Substanzen mit physikalischen Quantitäten nicht erfassen lässt. Qualitäten sind niemals als eine Summe von Quantitäten darstellbar, wie es Neodarwinisten und andere Materialisten gemeinhin vertreten. Eine Naturforschung, die, wie Konrad Lorenz angedeutet hat, nur die Methoden der Physik gelten lässt, manövriert sich in den Sachzwang der Machbarkeit und sieht sich letztlich gezwungen, das Leben für physikalisch-chemisch machbar zu erklären. Für die heutige Biologie gilt daher die Gleichung »Leben = Physik + Chemie«. Sie begeht damit den schlimmsten Verstoß gegen die Gesetze interdisziplinärer Forschung, wenn sie die daraus sich ergebenden Konsequenzen unberücksichtigt lässt, nämlich einen Wissensverzicht. »Die physikalisch-chemischen Experimente sind ausreichend«, so räumt Professor Thürkauf ein, »um zu beweisen, dass physikalisch-chemische Prozesse für das Leben eine notwendige Voraussetzung sind. Jedoch wird damit keineswegs bewiesen, dass es sich dabei auch um hinreichende Voraussetzungen handelt. Man kann sämtliche an Lebewesen durchgeführten physikalisch-chemischen Messungen summieren, wie man will, es entsteht niemals ein Lebewesen. Der Unterschied zwischen einer Maschine und einem Lebewesen besteht unter anderem auch darin, dass man eine Maschine zerlegen und wieder zusammensetzen, ein Lebewesen aber nur zerlegen kann.«

Es gehört eine beträchtliche Einseitigkeit des Denkens dazu, gerade angesichts der Stammzellenforschung und großtechnischen Vorhaben im Genbereich einer rein materialistischen Planung Vorrang einzuräumen. Tatsächlich führt diese einseitig darwinistische Betrachtungsweise natürlicher Lebensvorgänge mitunter auch zu einer tiefen Feindseligkeit auf beiden Seiten und verhindert dadurch einen gesamtgesellschaftlichen Forschungsansatz im Sinne des Steuerzahlers. Wenn die Molekularbiologen aus dem Sachzwang der Machbarkeit die Richtigkeit der Gleichung »Leben = Physik + Chemie« propagieren, dann setzen sie die Lebewesen auf die Stufe physikalisch-chemischer Systeme, das heißt, sie degradieren sie zu Maschinen. Wer aber ein Lebewesen zur Maschine erniedrigt, dem bleibt nur noch die »Ehrfurcht« vor der Maschine, eine »Ehrfurcht«, die in den Biokratien von High-Tech-Staaten eine im sprunghaften Wachstum begriffene Realität ist. Das Leben – Pflanzen, Tiere und Menschen – wird der technischen Machbarkeit geopfert: Es ist ein Opfer, das durch die Behauptung technischer Biokraten, »im Dienste der Menschheit zu handeln«, einen zynisch-bitteren Beigeschmack erhält.

Eine Wissenschaft, deren Credo die Gleichung »Leben = Physik + Chemie« darstellt, kann nicht Trägerin einer moralischen Verantwortung sein. Denn Gut und Böse werden durch die Machbarkeit der Lebewesen, also auch des Menschen, ins Belieben gesetzt. Wenn der Mensch nichts anderes als ein chemisch-physikalisches

System ist, bar jeglichen freien Willens, dann kann dieses System samt allen seinen Eigenschaften auch gut und böse gemacht werden, den jeweils gerade für günstig gehaltenen Bedürfnissen angepasst werden: Aus dem Bösen wird das »so genannte Böse«, aus dem Guten das »so genannte Gute«. Die jüngste Geschichte lehrt, dass es sich bei solchen Parolen nicht bloß um die verqueren Ansichten einiger verrückter Gelehrter handelt, sondern dass solche Ideen die wissenschaftlichen Laboratorien als Ideologien zu verlassen pflegen. Das Netzwerk jener Natur- und Sozialwissenschaftler, dessen führende Köpfe zu ihrer neodarwinistischen Missionierung der Welt ansetzen, hat längst Brückenköpfe in zahlreichen Universitäten und Hochschulen gebildet. Ein günstiges politische Klima vorausgesetzt, können im Handumdrehen aus zunächst klinisch reinen Wissenschaftstheorien wissenschaftliche Rechtfertigungen für gefährliche Entwicklungen erwachsen. Den braunen Herrschern des Nationalsozialismus waren genügend Wissenschaftler – darunter Nobelpreisträger und solche, die den Nobelpreis noch nach dem Zweiten Weltkrieg erhielten – zu Diensten, die beispielsweise die Nürnberger Rassengesetze wissenschaftlich rechtfertigten oder mit physikalischer Exaktheit auf den Unterschied zwischen deutscher – arischer – und jüdischer Physik hinwiesen. In seiner *»Kurzen Kulturgeschichte der Biologie«* hat Franz M. Wuketits, von dem zuvor bereits ausführlich die Rede war, verschiedene »Darwinismen für unterschiedlichste soziale Theorien deutlicher herausgestellt als sonst in der Literatur üblich«: »Das gilt«, so der Rezensent Dr. Jürgen Rieß in der Fachzeitschrift *Spektrum der Wissenschaft,* »für die Kriminalanthropologie Lombrosos und die Psychoanalyse Freuds ebenso wie für Theorien in der Anthropologie, die der Rechtfertigung des Kolonialismus und dann – als Rassenhygiene – den Nationalsozialisten als Rechtfertigung ihres Völkermordes dienten.«

Der Pakt zwischen Hitler und Stalin wurde mit dem mechanistisch manipulierbaren Begriff des so genannten Bösen geschlossen und gebrochen. Beide Politiker opferten ihrer Staatsräson

Millionen Menschen – im Krieg und in Vernichtungslagern. Der Schweizer Humanist Max Thürkauf hat allerdings zu Recht darauf hingewiesen, dass »im Unterschied zu anderen Massenmördern der Geschichte ihre Verbrechen dadurch besonders unmenschlich [waren], dass sie wissenschaftlich exakt durchgeführt und begründet worden sind«. Schon morgen könne ein politisches Klima aus einer auf Physik und Chemie reduzierten Biologie wissenschaftlich begründbare Verbrechen ins Kraut schießen lassen, wobei die professionellen Verantworter, die Politiker, Industriellen und Militärs, möglicherweise wieder ihre beflissenen Anwälte fänden – »Wisser, die sich Wissenschaftler nennen«.

Angesichts der globalen Bedrohung der Biosphäre durch die außer Rand und Band geratene Nutzung technisch-wissenschaftlicher Möglichkeiten dürften auch besonders wissenschaftsgläubige Menschen zu der Einsicht gelangen, dass Wissenschaftler, die nur in physikalischen, chemischen und genetischen Kategorien denken können, für die Gesellschaft nicht mehr tragbar sind. Es handelt sich dabei vor allem um jene, die behaupten, alles sei messbar und letztlich auch machbar. Was diesen Repräsentanten eines mechanistischen Weltbildes fehlt, sind zumindest Grundlagen humanistischer Bildung. Bildung ist das Bemühen, vertraut zu werden mit den Dingen der Welt, in der wir alle leben, die jedoch gottlob keine physikalisch-chemische Maschine ist. Zu den wirklich wichtigen Dingen unseres Planeten gehören die Lebewesen, jene biologischen Systeme also, die mit einer so genannten objektiven Forschung, die gerne noch immer als wertfrei bezeichnet wird, nicht zu erfassen sind. Das typische Merkmal von Pflanzen, Tieren und Menschen ist ihre individuelle, nicht reproduzierbare Einmaligkeit – im Gegensatz zur exakten Naturwissenschaft, die auf der Erforschung reproduzierbarer Experimente beruht.

Techniker und Wissenschaftler, welche die Voraussetzung für eine moralische Verantwortung mit ins Laboratorium bringen wollen, sollten sich künftig neben einer fundierten Ausbildung auch um Bildung bemühen – und dies nicht nur durch das Anhören einer Randvorlesung am Freitagabend, um die PISA-Lücken im Lesen und Schreiben notdürftig zu schließen. Jeder Ausbildungsschritt, so Professor Thürkauf, bedarf eines äquivalenten Bildungsschrittes, der mindestens so viel Zeit in Anspruch nimmt wie der Ausbildungsschritt. Nur wer über Physik und Chemie nachdenkt, wird bald dahinterkommen, dass das Leben wohl an physikalisch-chemische Prozesse gebunden ist, dass aber Physik und Chemie bei weitem nicht ausreichen, um das Phänomen Leben zu verstehen. Gebildete Naturwissenschaftler und Ingenieure sind bei der technischen Anwendung physikalischer, chemischer und genetischer Entdeckungen zurückhaltend – eben weil sie über die Hintergründe ihrer Profession nachdenken. Die sofortige und bedenkenlose Anwendung aller technisch-wissenschaftlichen Entdeckungen im großindustriellen Stil ist ein Zeichen mangelnder Bildung. Wo wollten sie die Bildung aber auch hernehmen? Eine von Wirtschaft und Industrie dirigierte Hochschulpolitik – ob privatwirtschaftlich oder staatspolitisch, spielt keine Rolle – wird vermutlich nur selten an einer humanistischen Bildung der Techniker und Naturwissenschaftler interessiert sein; denn sie könnten nicht nur, nein, sie müssten bei der Anwendung physikalischer, chemischer und genetischer Kenntnisse immer wieder zögern. Rein betriebswirtschaftlich gesehen ist ein Unternehmen mit gebildeten Ingenieuren und Wissenschaftlern vermutlich im Nachteil, im Gegensatz zu einer Firma, die auschließlich »Fachidioten« beschäftigt.

Gefahr ist für Biokraten und Technokraten gleichwohl nicht im Verzug. Unbill in Sachen Bildung droht ihnen weder seitens der Universitäten noch vonseiten der Fachhochschulen – getreu dem Motto: Wer zahlt, der bestimmt, wo's langgeht. Vielmehr müssen sie die Rufer in der Wüste im Auge behalten. Die Geschichte zeigt, dass die Impulse zu neuen Trends in einer im Niedergang befindlichen Kultur stets von Einzelnen ausgegangen sind. Einer technisch-biokratischen Diktatur dürften besonders jene ein Dorn im

Auge sein, die interdisziplinäre Forschung als Wissenschaft und nicht als Geschäft betreiben. Sie lieben ihre Wissenschaft und werden sie daher nicht verkaufen. Sie verweigern sich dem big business, weil sie gelernt haben, nicht nur technisch-wissenschaftlich, sondern auch menschlich zu denken. Als gebildete Sachverständige, als Wissenschaftler, die nicht nur mit dem Kopf, sondern auch mit dem Herzen Physik, Chemie, Biologie, Nanotechnologie, Mikrobiologie, Medizin betreiben, sind sie die Repräsentanten einer Welt des Geistes und dadurch ernst zu nehmende Gegner einer rein materialistisch geprägten Volkswirtschaft. Biokraten und Technokraten werden sich bald gezwungen sehen, Jagd auf sie zu machen.

Hüten sollten wir uns alle vor so genannten Experten, den fürstlich bezahlten Anwälten technokratischer und biokratischer Diktaturen. Henry Ford, einst selbst führender Technokrat, sagte: »Wenn ich meine Konkurrenz mit unfairen Mitteln bekämpfen wollte, würde ich sie mit Experten überschwemmen.« Für jede Expertise kann eine Gegenexpertise gekauft werden. Mitte des 20. Jahrhunderts haben Experten mit den Methoden der Wissenschaft bewiesen, dass Insektizide, etwa DDT, für den Menschen völlig ungefährlich seien. Nachdem hunderttausende Tonnen aus Flugzeugen versprüht worden waren, musste weltweit ein Verbot ausgesprochen werden, weil Experten mit den Methoden der Wissenschaft feststellten, dass die Insektizide für den Menschen giftig sind. Der Fluch liegt nicht in den Substanzen als solchen, sondern in deren maßloser Anwendung. Bei einem wohl dosierten Einsatz wären sie heute noch ein Segen – aber die Gewinne der betreffenden Unternehmen wären ebenso maßvoll gewesen. Mit den gleichen wissenschaftlichen Methoden haben Experten die Harmlosigkeit, ja, die segensreichen Wirkungen von Contergan und seither mehr als 8500 weiterer Medikamente bewiesen, die von anderen Experten mit ähnlichen wissenschaftlichen Methoden als Teufelszeug enttarnt wurden und vom Markt genommen werden mussten. Ebenfalls mit wissenschaftlichen Methoden haben ganze Armeen von Experten die Gutartigkeit zahlloser anderer Dinge, einschließlich der Atomkraft, bewiesen, und wenig später posaunten andere Expertenarmeen das Gegenteil hinaus. Aber Abgeordnete in Bund und Ländern, Minister und hohe Beamte, sind entweder Juristen, Lehrer oder Gewerkschaftsfunktionäre – in Wissenschaft und Technik, ja selbst in alltäglichen Gesundheitsangelegenheiten scheinen sie allesamt blutige Laien zu sein wie wir, auf Gedeih und Verderb den wechselnden Expertenmeinungen ausgeliefert. In tiefer Wissenschaftsgläubigkeit hat – um ein Beispiel zu nennen – kurz vor Weihnachten 2004 eine medizinische Studie für Aufregung gesorgt, in der deutsche Mediziner herausgefunden haben wollen, dass Alzheimer durch Quecksilber im Amalgam plombierter Zähne verursacht werden kann – immerhin mit der Einschränkung, man sei sich nicht sicher. Damit wird die bisher vorherrschende Lehrmeinung der Experten, Alzheimer sei wohl eine primär hirnorganisch verursachte Krankheit, die weder verhindert noch geheilt werden kann, auf jenes Gebirge aus wissenschaftlichem Müll transferiert, wo es vermutlich auch hingehört. Ist Alzheimer wirklich ein unentrinnbares Schicksal, das jährlich allein in Deutschland 200 000 neue Opfer fordert? Weder das eine noch das andere Expertenlager spricht davon, dass jüngste Forschungen der Neurowissenschaften das vermeintlich schicksalhafte Krankheitsbild in einem völlig anderen Licht erscheinen lassen. Am Beginn des Hirnabbaus steht demnach häufig das Gefühl, keinen Sinn mehr im Leben zu haben und nicht mehr geschätzt zu werden. Die Gehirnforscher stellen dabei die große Bedeutung psychischer Faktoren bei der Entstehung von Alzheimer heraus – und dämpfen damit aber auch gleichzeitig die Gewinnmöglichkeiten weltweit agierender Pharmakonzerne.

Modernen Wissenschaftlern fehlt heute allzu oft der Blick über die engen Fachgrenzen hinaus, wie ihn beispielsweise Gelehrte vom Schlage eines Viktor von Weizsäcker noch hatten. 1950 notierte er: »Körper und Seele sind keine Einheit, aber sie gehen miteinander um. Zelle verkehrt mit Zelle, Organ mit Organ, Lebewesen mit Lebewesen, Seele mit Seele, mit sich selbst und mit anderen.« Waren es vor 30 Jahren rund 10 von 100 alten Menschen, die in ihren letzten Lebensjahren oder Monaten geistig so weit abgebaut hatten, dass sie bei alltäglichen Verrichtungen auf Hilfe angewiesen waren, so sind es heute schätzungsweise 30 von 100. Während die allgemeine Quecksilberbelastung in den letzten 30 Jahren deutlich zurückgegangen ist, hat das Demenzleiden um 300 Prozent zugenommen, wobei die dadurch verursachten sozialen Kosten sich mindestens verzehnfachten. Aussagefähige Studien, aus denen das alarmierende Anwachsen eines Problems, das uns alle tangieren kann, ersichtlich wird, sucht man bislang vergeblich.

In der Literatur wird dieses Phänomen allein der demographischen Entwicklung zugesprochen, womit noch nicht erklärt ist, warum ein solch bedrückendes Krankheitsbild in manchen Ländern sprunghaft angestiegen ist, während es in anderen Ländern mit vergleichbaren demographischen Verhältnissen, wie zum Beispiel Japan, kaum ins Gewicht zu fallen scheint. Auch hier fehlt es zwar an genauen Vergleichsdaten; wie man jedoch erst kürzlich einer Fernsehreportage entnehmen konnte, spielen in Japan die alten Eltern und Großeltern eine nach wie vor zentrale Rolle, sowohl in der Familie als auch in der gesamten Gesellschaft. »Ehrfurcht vor der Lebenserfahrung und Weisheit der Alten wird dort jedem Kind selbstverständlich vermittelt«, schreibt die gelernte Krankenschwester und Lehrerin für Pflegeberufe, Adelheid von Stösser. »Alte Familienmitglieder werden nicht ausgegrenzt, wie dies hierzulande leider inzwischen üblich ist, sondern in alle Entscheidungsprozesse innerhalb der Familie einbezogen. Sie haben in der Regel sogar das letzte Wort, denn sie besitzen die größere Lebenserfahrung und sind darum besser als Jüngere in der Lage, das Risiko schwer wiegender Entscheidungen einzuschätzen. Eine Haltung, die bis ins 20. Jahrhundert selbstverständlich auch in westlichen Kulturkreisen vorgeherrscht hat.« Die selbstständige

Unternehmerin im Bereich der Qualitätsentwicklung in Kliniken, Krankenhäusern, Altenheimen und ambulanten Pflegediensten, weist zwar ausdrücklich darauf hin, dass es auch in Japan, um bei diesem Beispiel zu bleiben, einzelne jüngere Zeitgenossen gebe, die sich wenig darum scheren, was Eltern und Großeltern von ihrer Lebensplanung halten; das hindert sie jedoch nicht daran, das deutsche System vor allem deshalb an den Pranger zu stellen, weil sich hierzulande eine »Achtlosigkeit gegenüber den Erfahrungen und Werten älterer Generationen eingebürgert [hat], wie es sie wohl zu keiner Zeit in der Geschichte in irgendeinem Volk gegeben hat«.

Moralische Verantwortung kann auch im privaten Bereich nicht an Experten delegiert werden. In seinem Buch »*Das Gedächtnis des Körpers*« schreibt Joachim Bauer, Facharzt für psychotherapeutische Medizin, Internist und Professor für Psychiatrie an der Universität Freiburg, dass am Anfang der Alzheimerkrankheit meist eine gravierende geistig-seelische Verletzung stehe: »Das Gefühl, nichts mehr wert zu sein, bedeutet maximalen Stress. Die Auswirkungen der Depression beziehen in großem Umfang den Körper und seine Gene mit ein.« Was die Seele nährt, vergisst man nicht. Wer Alzheimer vermeiden oder die Krankheit stoppen will, sollte bedenken, dass medikamentöse Therapien, die nur ins Körpergeschehen eingreifen, den verloren gegangenen Sinn des Lebens oder schwere seelische Wunden nicht wettmachen können.

Die Zeiten der wertfreien Wissenschaft sind endgültig vorbei: Ein Wissenschaftler, der eine Entdeckung über die Schwelle seines Laboratoriums in die Öffentlichkeit entlässt, ist für die Folgen der technischen Anwendung – friedliche oder militärische – moralisch voll verantwortlich. Zu Recht hat der deutsche Bildungsreformer und Religionsphilosoph Georg Picht (1913–1982) auf die doppelzüngige Moral jener Wissenschaftler hingewiesen, die sich einerseits auf die ethisch-moralische Wertfreiheit ihrer Forschung berufen und andererseits über den Weg der Auswertung ihrer Forschungsergebnisse von einer auf Gewinnmaximierung ausgerichteten Wirtschaft beachtliche materielle Werte kassieren. Würde die nach Millionen zählende Gemeinde der Wissenschaftsgläubigen die Geschichte der Wissenschaft auch nur näherungsweise kennen – sie nähmen vermutlich alle »Experten« höchst vorsorglich in Gewahrsam.

Durch einen zunächst unbefristeten Verzicht auf wissenschaftliche Entdeckungen würden die Wissenschaftler, die ihren Beruf lieben und mit Bedacht ausüben, nicht arbeitslos. Denn zur Bewältigung der bereits vorliegenden Erkenntnisse bedarf es hochqualifizierter Physiker, Ärzte, Chemiker, Molekularbiologen, Nanotechniker, Bioniker und Ingenieure, die mit ihrem interdisziplinären Denkansatz eine nachhaltige und im Wortsinn naturorientierte Forschung betreiben. Dabei würden vermutlich phantastische Entdeckungen glücken, die unsere Welt von Grund auf schöner, friedlicher und menschlicher machten. Die exakten Naturwissenschaften würden in die Gesellschaft integriert, statt dass sie die Gesellschaft durch kurzsichtige und einseitige Anwendung mechanistischer Methoden ihrem Credo zu unterwerfen versuchten. Die Erfahrung zeigt, dass jede Eroberung mit dem Untergang des Eroberers endet. Das einzige Hindernis für eine Naturwissenschaft, die im Sinne des deutschen Physikers Walter Heinrich Heitler (1904–1981) eine Geisteswissenschaft darstellen würde, ist der Kommerz: Auf die großindustrielle Ausbeutung der Erde müsste verzichtet werden. Einer Naturwissenschaft, die Geisteswissenschaft ist, bedeutet die Natur notwendige und hinreichende Voraussetzung für ihre Tätigkeit und nicht Mittel zum Zweck der Ausbeutung und Unterwerfung. Noch liegt es in der Macht der menschlichen Vernunft, eine Übernutzung der natürlichen Ressourcen, die Zerstörung der Urheimat allen Lebens auf dieser Erde zu verhindern. Sonst könnte noch in der ersten Hälfte unseres neuen Jahrhunderts – nach Oswald Spengler – aus dem Abendland ein »Feierabendland«, aus unserer Gesellschaft eine »deformierte Gesellschaft« (Meinhard Miegel) hervorgehen.

Dass Arroganz Dummheit impliziert, lassen jene »Wissenschaftler« vermuten, die über einen wie auch immer gearteten Schöpfergott die Nase rümpfen und die Entstehung des Lebens ausschließlich mit Begriffen des statistisch-mechanistischen Zufalls erklären wollen. Dass eine solche Interpretation allem Anschein nach auch logisch unhaltbar ist, zeigte Heitler, der 1968 für seine grundlegenden Arbeiten über elementare Wellenmechanik und Quantenchemie mit der Max-Planck-Medaille der Deutschen Physikalischen Gesellschaft ausgezeichnet wurde, mit jener Einfachheit und Klarheit, die fundamentalen Erkenntnissen stets eigen ist: Wenn das Leben ein Zufall ist, so ist auch der Wissenschaftler, der diese Ansicht vertritt, ein Zufall; wenn aber der Wissenschafter ein Zufall ist, so ist auch sein Gehirn ein Zufall; dieses zufällige Gehirn aber ist nach Ansicht der Molekularbiologen Produzent des Geistes, der die Zufallstheorie entwickelt hat; folglich ist auch der Geist des Wissenschaftlers Zufall; was zur logischen Folge hat, dass auch die Zufallstheorie ein Zufall ist.

Ein Streit um des Kaisers Bart? Isaac Newton wusste es besser, als er sagte: Was wir wissen, ist ein Tropfen, was wir nicht wissen, ein Ozean. Ich staune darüber, wie die Spinne, die letzte Nacht ein Netz über die Blumen auf meinem Balkon gewoben hat, lernen konnte, ein solch filigranes Kunstwerk zu konstruieren. Wer oder was hat es ihr beigebracht? Sie hat schon Seidenfäden gesponnen, ehe sie aus ihrem Eiersack schlüpfte. Doch nachdem sie ihre Hülle verlassen hatte, baute sie ihr eigenes Haus, ohne Anleitung, aus Instinkt. Aber was ist Instinkt? Das Lexikon beschreibt ihn als »Naturtrieb oder ererbte Verhaltensweise«. Das, was sich hinter dieser Definition verbirgt, nenne ich lieber ein Geheimnis.

Warum sind alle Schneeflocken sechseckig, sechseckigen Kristallen zumindest ähnlich? Und warum gleicht trotzdem keine einzige Schneeflocke der anderen? Oder die winzigen Eier der Schmetterlinge – wer oder was gab ihnen diese verblüffende Formenfülle? Einige sehen aus wie Liliputfässchen, andere wie Glitzersterne oder Miniaturkegel, wieder andere wie winzige Törtchen aus der

Puppenstube, wie eine Mondlandefähre oder ein morgenländischer Turban aus dem Zwergenland. Die Muster auf den Membranen, welche die Eier umhüllen, kann man zumeist nur mit der Lupe erkennen – da gibt es Kerben und Firste, Kronen und Kugeln, Zickzack- und Wellenlinien, häufig symmetrisch geordnet, sodass die Eier funkeln wie Minijuwelen aus einem Zaubergarten. Und sie strahlen in den Farben eines Mineralienkabinetts: blau und grün, gelb und lila, rot und fast schwarz. Karneval der Tiere? Launen der Natur? Wenn das Dasein nur Krieg aller gegen alle wäre, und Tarnung und Mimikry wären das einzige Überlebenselixier, dann hätten sich vermutlich sämtliche Lebewesen zu nato-olivgrünen, stachligen, übel schmeckenden Gebilden aus dem Gruselkabinett entwickelt. Das Leben sei nichts als Kampf, lesen wir bei Demokrit, Spencer, Nietzsche und Darwin; dem Tüchtigsten gebührt der Sieg, die Untüchtigen werden ohne Bedauern vernichtet. Dies ist eine völlige Verfälschung unseres »menschlichen« Weltbildes – es stimmt ganz einfach nicht mit den Tatsachen in der Natur überein. Von den Eintagsfliegen, die am Abend sämtlich ungefressen in ihren sanften Tod hinüberdämmern, bis zu den Nashörnern, die gewissermaßen feindlos ihre physiologisch festgelegte Zeitspanne ausfüllen, gibt es unzählige Wesen, die niemals als Futter dienen und niemals andere Tiere verzehren. Die Ameisen, die mengenmäßig die überwiegende Erdbevölkerung stellen, werden selten getötet.

Zahlreiche Naturwissenschaftler haben eine Heidenangst vor der Vermenschlichung ihres Forschungsgegenstands, sie wollen unter allen Umständen vermeiden, der »tumben« Natur Zweckhaftes und Fortschrittliches zu unterstellen. Warum eigentlich? Sind wir denn nicht selber – und dazu gehören auch Techniker und Wissenschaftler – »verwandt allem Lebendigen«, wie Hölderlin schon wusste, »verständigt« mit den inneren Naturkräften, wie Rilke dies wünschte? Dichter haben manchmal tiefere Einsichten als Experten. Bisweilen können wir von ihnen mehr lernen als von einem Nobelpreisträger.

Zufall oder göttlicher Plan – im Grunde genommen möchte ich die Antwort gar nicht wissen. Denn es sollte immer ein paar Geheimnisse geben, die uns vor der Arroganz der Allwissenheit bewahren.

Ausgewählte Literatur

Das folgende Verzeichnis enthält eine Auswahl der vom Autor benutzten oder zitierten Literatur. Sie soll interessierten Lesern die Vertiefung in einzelne Themenbereiche dieses Buches erleichtern. Von der Aufzählung schwer zugänglicher, spezialistischer Arbeiten wurde im Allgemeinen abgesehen. Viele der angeführten Werke enthalten ebenfalls ausführliche Literaturangaben, mit denen sich weitere Quellen bequem finden lassen. Die Jahreszahlen beziehen sich jeweils auf die vom Autor verwerteten Ausgaben.

Ablay, Paul: Optimieren mit Evolutionsstrategien – Reihenfolgeprobleme, Nichtlineare und Ganzzahlige Optimierung. Diss. zur Erlangung des Dr. rer. pol. an der Univ. Heidelberg 1980.

–: »Optimieren mit Evolutionsstrategien«. In: *Spektrum der Wissenschaft*, Juli 1987, S.104–115.

–: »Konstruktion kontrollierter Evolutionsstrategien zur Lösung schwieriger Optimierungsprobleme der Wirtschaft«. In: Jörg Albertz (Hrsg.): Evolution und Evolutionsstrategien in Biologie, Technik und Gesellschaft. Wiesbaden 1989.

–: »Ten theses regarding the design of controlled evolutionary strategies«. In: J. D. Becker, I. Eisele, F. W. Mündemann (Hrsg.): Parallelism, Learning, Evolution – Lecture Notes in Artifcial Intelligence. Berlin/Heidelberg 1992.

Adams, Douglas, und Mark Carwardine: Die Letzten ihrer Art – Eine Reise zu den aussterbenden Tieren unserer Erde. München 1993.

Akimuschkin, Igor: Launen der Natur – Plaudereien über Kuriositäten in der Tier- und Pflanzenwelt. Leipzig 1988.

Alberts, B.: Molekularbiologie der Zelle. Weinheim (VCH) 1986.

Albertz, Jörg (Hrsg.): Evolution und Evolutionsstrategien in Biologie, Technik und Gesellschaft. Wiesbaden 1989.

Alexander, R. McNeill: »Biomechanics in the Days Before Newton«. In: *New Scientist*, 30. September 1989.

–: »Factors of safety in the structures of animals«. In: Sci. Prog., Oxford 67/1981, pp. 109–130.

–: Exploring Biomechanics – Animals in Motion. New York 1992.

Angier, Natalie: Schön scheußlich. Neue Ansichten von der Natur – Von brutalen Delfinen, zärtlichen Schaben und hinterhältigen Orchideen. München 2001.

Asimov, Isaac: Die exakten Geheimnisse unserer Welt. München 1988.

Attenborough, David: Das Leben auf unserer Erde. Hamburg/Berlin 1979.

–: Das geheime Leben der Pflanzen. München 1995.

Audus, L. J.: »Plant geosensors«. In: *Journal of Experimental Botany* 30/1979, S. 1051–1073.

Aufsess, A. von: »Geruchliche Nahorientierung der Biene bei entomophilen und ornithophilen Blüten«. In: Zeitschrift vergl. Physiologie 43/1960, S. 469–498.

Bacon, Thorn: »The Man who Reads Nature's Secret Signals«. In: *National Wildlife*, Febr./März 1969, Bd. 7, Nr. 2, S. 4 ff.

Bannasch, Rudolf: »Widerstandsverminderung bei Meerestieren – Was und wie Ingenieure von der Natur lernen können«. In: Bionik – Ökologische Technik nach dem Vorbild der Natur? Stuttgart 1998.

Bardens, Dennis: Die geheimen Kräfte der Tiere. München 1989.

Barth, Friedrich G.: »›Technische‹ Perfektion in der belebten Natur«. Sitzungsbericht Wiss. Ges. Univ. Frankfurt/M. 28 (5), S. 5–35. Stuttgart 1992.

–: Biologie einer Begegnung – Die Partnerschaft der Insekten und Blumen. Stuttgart 1982.

Barthlott, Wilhelm, und Christoph Neinhuis: »Lotusblumen und Autolacke – Ultrastruktur pflanzlicher Grenzflächen und biomimetische unverschmutzbare Werkstoffe«. In: Werner Nachtigall & Alfred Wisser (Hrsg.): *BIONA-report* 12, 4. Bionik-Kongress, München 1998.

Bechert, Dietrich W.: »Turbulenzbeeinflussung zur Widerstandsverminderung«. In: Gleich, Arnim v. (Hrsg.): Bionik – Ökologische Technik nach dem Vorbild der Natur? Stuttgart 1998.

Beckmann, D., Meister, M., Heiden, S., Erb, R. (Hrsg.): »Technische Systeme für Biotechnologie und Umwelt – Biosensorik und Zellkulturtechnik«. In: INITIATIVEN für den Umweltschutz der DBU-Stiftung, Nr. 41. Berlin 2002.

Begley, Sharon, und Carolyn Friday: »Nature at the Patent Office«. In: *Newsweek*, 14. Dezember 1992.

Beier, Walter, und Glaß, Karl: Bionik – eine Wissenschaft der Zukunft. Leipzig u. a. 1968.

Berg, H. C.: »Dynamic Properties of Bacterial Flagellar Motors«. In: *Nature* 249/1974, pp. 77–79.

Bergier, Jacques, und Louis Pauwels: Der Planet der unmöglichen Möglichkeiten. Bern/München/Wien 1968.

Bezzel, Einhard: Paschas, Paare, Partnerschaften – Strategien der Geschlechter im Tierreich. München 1993.

Blakemore, R.: »Magnetotactic bacteria«. In: *Science* 190/1975, pp. 377–379.

Blech, Jörg: Die Krankheitserfinder – Wie wir zu Patienten gemacht werden. Frankfurt/M. 2003.

–: Leben auf dem Menschen – Die Geschichte unserer Besiedler. Reinbek 2000.

Blüchel, Kurt G., und Werner Nachtigall: Das große Buch der Bionik – Neue Technologien nach dem Vorbild der Natur. Stuttgart/München 2001.

–: Projekt Übermensch – Die biologische Revolution beginnt. Bern 1971.

Boblan, Ivo, und Bannasch, Rudolf (Hrsg.): First International Industrial Conference Bionik 2004. Fortschritt-Berichte VDI, Reihe 15, Nr. 249. Düsseldorf 2004.

Bonabeau, Eric, Marco Dorigo und Guy Theraulaz: Swarm Intelligence – From Natural to Artificial Systems. Oxford 1999.

Borchard-Tuch, Claudia, und Michael Groß: Was Biotronik alles kann – Blind sehen, gehörlos hören. Weinheim (VCH) 2002.

Boschke, F. L.: Die Herkunft des Lebens – Wissenschaftler auf den Spuren der letzten Rätsel. Düsseldorf/Wien 1970.

–: Das Unerforschte, Düsseldorf (Econ) 1975.

Botthof, A., und J. Pelka (Hrsg.): Mikrosystemtechnik – Zukunftsszenarien. Reihe *Engeneering*. Berlin u. a. 2003.

Bresch, Carsten: Zwischenstufe Leben – Evolution ohne Ziel? München/Zürich 1977.

Bristow, Alec: Wie die Pflanzen lieben – Ein Blick in die Seele der Natur. Darmstadt 1978.

Broad, William, und N. Wade: Betrug und Täuschung in der Wissenschaft. Basel 1984.

Brockman, John: Die neuen Humanisten – Wissenschaftler, die unser Weltbild verändern. Berlin 2003.

–: Die dritte Kultur. Das Weltbild der modernen Naturwissenschaft. München 1996.

Buddenbrock, W. von: Das Liebesleben der Tiere. Bonn 1953.

Burke, J. G., und M. C. Eakin: Technology and Change. San Francisco 1979.

Calder, Nigel: Einsteins Universum. Frankfurt/M. 1983.

Capra, Fritjof: Wendezeit – Bausteine für ein neues Weltbild. Bern/München 1987.

Chadwick, G. F.: The Works of Joseph Paxton (1801–1865). London 1961.

Channel, D. F.: The Vital Machine. New York 1991.

Coutts, M. P., und J. Grace (Hrsg.): Wind and Trees. Cambridge (UK) 1995.

Crick, Francis: Was die Seele wirklich ist – Die naturwissenschaftliche Erforschung des Bewusstseins. München 1994.

Crosby, A. W.: Ecological Imperialism – The Biological Expansion of Europe, 900-1900. Cambridge (UK) 1986.

Dawkins, Richard: Und es entsprang ein Fluß in Eden – Das Uhrwerk der Evolution, München 1995.

–: Der blinde Uhrmacher. München 1987.

–: Gipfel des Unwahrscheinlichen – Wunder der Evolution. Reinbek 2001.

Dennert, Wolfgang (Hrsg.): Die Natur – Das Wunder Gottes. Mit Beiträgen von Werner Heisenberg, Hermann Staudinger, Jakob von Üxküll, Max Planck u.v.a. Bonn 1950.

Dennett, D. C.: Darwins gefährliches Erbe. Hamburg 1997.

Denny, M. W.: Air and Water – The Biology and Physics of Life's Media. Princeton (NJ) 1993.

Diamond, Jared M.: »How to Fuel a Hummingbird«. In: *Nature* 348/1990.

Dithfurth, Hoimar von, und Volker Arzt: Dimensionen des Lebens. Stuttgart 1974.

Doczi, György: Die Kraft der Grenzen – Harmonische Proportionen in Natur, Kunst und Architektur. München 1984.

Drexler, K. Eric: Engines of Creation. Garden City (NY) 1986.

Dröscher, Vitus B.: Magie der Sinne im Tierreich. München 1980.

–: Klug wie die Schlangen – Die Erforschung der Tierseele. Oldenburg 1965.

–: Überlebensformel – Wie Tiere Umweltgefahren meistern. München 1981.

Dyllick, T. (Hrsg.): Ökologische Lernprozesse in Unternehmungen. Bern 1990.

Eibl-Eibesfeldt, Irenäus: Im Reich der tausend Atolle. München 1964.

Eigen, Manfred: »The Physics of Molecular Evolution«. In: *Chemica Scripta*, 268/1986, S. 13–26.

–: Stufen zum Leben. München 1987.

Einstein, Albert: The World As I See It. New York 1949. (Deutsch: Mein Weltbild. Berlin 1969.

Eisely, Loren: The Unexpected Universe. New York 1972.

Feldhaus, F.: Leonardo – der Techniker und Erfinder. Jena 1912.

Feynman, Richard P.: Abenteuer eines neugierigen Physikers, München 1993.

Fischer, Ernst Peter, und Henning Genz: Was Professor Kuckuck noch nicht wusste – Naturwissenschaftliches in den Romanen Thomas Manns. Reinbek 2004.

Fletcher, Rachel: Harmony by Design. Chicago 1993.

Forel, A.: Das Sinnesleben der Insekten. München 1910.

Forth, Eberhard, und Eberhard Schewitzer: Bionik. Meyers Taschenlexikon. Leipzig 1976.

Francé, Raoul Heinrich: Die technischen Leistungen der Pflanzen. Leipzig 1919.

–: Die Pflanze als Erfinder. Stuttgart 1920.

–: Das Sinnesleben der Pflanzen. Stuttgart 1905.

–: BIOS. Die Gesetze der Welt. Heilbronn 1923.

Franke, Herbert W.: Kunst kontra Technik? – Wechselwirkungen zwischen Kunst, Naturwissenschaft und Technik. Frankfurt/M. 1978.

Franks, N. R.: »Army Ants: A Collective Intelligence«. In: *American Scientist* 77/1989, pp. 139–145.

French, M.: Invention and Evolution – Design in Nature and Engineering. Cambridge (UK) 1994.

Frisch, Karl von: Tiere als Baumeister. Frankfurt/M. 1974.

–: »Über den Geruchssinn der Bienen und seine blütenbiologische Bedeutung«. In: Zool. Jahrb. Physiol. 37/1919, S. 1–238.

Gerardin, Lucien: Natur als Vorbild – Die Entdeckung der Bionik. Frankfurt/M. 1972.

de Geus, Arie: The Living Company – Habits for Suvival in a Turbulent Business Environment. Boston 1997.

Glaser, Roland: Biophysik. Jena/Stuttgart 1996.

Gleich, Arnim von (Hrsg.): Bionik. Ökologische Technik nach dem Vorbild der Natur?. Stuttgart 1998.

Gorb, Stanislav: »Reibungssysteme bei Insekten«. In: *BIONA-report* 12, Stuttgart u. a. 1998.

Gould, Stephen J.: Der falsch vermessene Mensch. Frankfurt/M. 1986.

–: Der Daumen des Panda – Betrachtungen zur Naturgeschichte. Frankfurt/M. 1989.

–: Zufall Mensch – Das Wunder des Lebens als Spiel der Natur. München 1991.

Grassmann, P.: »Läßt sich die technische Entwicklung mit der biologischen Evolution vergleichen?« In: *Naturwissenschaften* 72/1985, S. 567–573.

Groß, Michael: Expeditionen in den Nanokosmos – Die technologische Revolution im Zellmaßstab. Basel u. a. 1995.

Haken, H.: Erfolgsgeheimnisse der Natur – Synergetik: Die Lehre vom Zusammenwirken. Berlin 1984.

Halacy, D. S.: Bionics – The Science of Living Machines. New York 1965.

Hansell, M. H.: Animal Architecture and Building Behaviour. London 1984.

Hansen, P.-D., und Usedom, A. v.: »New Biosensors for Environmental Analysis«. In: Scheller (Hrsg.) et al.: Frontiers in Biosensorics II – Practical Applications. Basel 1997, S. 109–120.

Harder, W.: »Elektrische Fische«. In: *Umschau* 65/1965, S. 467 u. 492.

Harris, Marvin: Kannibalen und Könige – Die Wachstumsgrenzen der Hochkulturen. Stuttgart 1990.

Hayek, A. v.: Der Weg zur Knechtschaft. München 1994.

Hayes, B.: »Space-time on a Seashell«. In: *American Scientist* 83/1995, pp. 214–218.

Hayward, V.: »Borrowing Some Ideas from Biological Manipulators to Design an Artificial One«. In: P. Dario, G. Sandini, P. Aebischer (Hrsg.): Robots and Biological Systems – Toward an New Bionics. NATO ASI Series F. (1993), vol. 102, pp. 139–152.

Hediger, H., und H. Heusser: »Zum ›Schießen‹ des Schützenfisches, Toxotes jaculatrix«. In: *Natur und Volk* 91/1961, S. 237.

Heinroth, O.: Aus dem Leben der Vögel. Berlin u. a. 1955.

Heitler, Walter: »Die Definition des Menschen und ihre Folgen«. In: Friedrich Wagner (Hrsg.): Menschenzüchtung – Das Problem der genetischen Manipulierung des Menschen. München 1969.

Helmcke, G.: Ein Beispiel für die praktische Anwendung der Analogieforschung. Institut für Leichte Flächentragwerke, Universität Stuttgart (IL) 4/1972, S. 6–15.

Hertel, H.: Biologie und Technik. Struktur – Form – Bewegung. Mainz 1963.

Heynert, H.: Grundlagen der Bionik. Berlin 1976.

Heydemann, Berndt: Vielfalt im Leben. Biologische Diversität. Vorbilder für die Ökotechnologie – Ausblicke in die Zukunft – Menschen lernen vom Ingenieurbüro Natur. Nieklitzer Ökotechnologie-Stiftung NICOL. Kiel 2004.

–: »Die Natur als System-Managerin und ihr Leistungs-Spektrum«. In: Strassert, G. (Hrsg.): Ökologie und Ökonomie – eine vernetzte Welt. Auf dem Wege zu einem integrativen Ansatz. Vereinigung für Ökologische Ökonomie, Universität Karlsruhe. Beiträge und Berichte 3/2001, S. 2–10.

–: »Strategien der Evolution«. In: *Politische Ökologie* 17/1999, S. 46 ff.

–: »Das Fortschritts-Potential der Ökotechnologie – Nachahmen erwünscht«. In: *Politische Ökologie* 65/2000, S. 58 ff.

Heydemann, Berndt, und Jutta Müller-Karch: Elementare Kunst in der Natur. Form – Farbe – Funktion. Neumünster 1989.

Heywang, H.: »Intelligente Sensorsysteme in der Natur«. In: *Physik in unserer Zeit* 20 (2)/1989, S. 40–47.

Hill, Bernd: »Orientierungsmodelle und ihre heuristische Nutzung im bionisch orientierten Konstruktionsprozeß (naturorientierte Innovationsstrategie)«. In: *BIONA-report* 12. Stuttgart u. a. 1998.

–: Bionik – Lernen von der Natur. Hildesheim 2001.

–, und Nader, Werner: Der Schatz im Tropenwald – Biodiversität als Inspirations- und Innovationsquelle. Aachen 2000.

–: Erfinden mit der Natur – Funktionen und Strukturen biologischer Konstruktionen als Innovationspotential für die Technik. Aachen 1998.

–: Innovationsquelle Natur – Naturoriente Innovationsstrategie für Entwicklung, Konstrukteure und Designer. Aachen 1997.

–: Naturorientierte Lösungsfindung – Entwickeln und Konstruieren nach biologischen Vorbildern, Renningen 1999.

–: Naturorientiertes Lernen im Technikunterricht – Eine Einführung in die Bionik für Lehrer. Aachen 1996.

–: Von der Natur lernen – Unterricht Arbeit + Technik 10/2000. Heft mit Themenschwerpunkt Bionik im Unterricht. Seelze 2000.

Hölldobler, B., und E. O. Wilson: The Ants. Berlin 1990.

Illies, Joachim: Adams Handwerk. Hamburg 1967.

Isenmann, R.: »Natur als Vorbild – Paradigma für Sustainability und ökologische Innovationen«. In: *BIONA-report* 12. Stuttgart u. a. 1998.

Judson, Horace Freeland: The Search for Solutions. New York 1980.

Kahn, F.: The Secret of Life – The Human Machine and How It Works. London 1949.

Kalle, Kurt: »Die rätselhafte und unheimliche Naturerscheinung des explodierenden und des rotierenden Meeresleuchtens«. In: *Deutsche Hydrographische Zeitschrift* 13/1960, S. 49.

Kauffmann, Stuart: Der Öltropfen im Wasser – Chaos, Komplexität, Selbstorganisation in Natur und Gesellschaft. München 1996.

Keller, Werner: Was gestern noch als Wunder galt – Die Entdeckung geheimnisvoller Kräfte des Menschen. München 1976.

Kesel, Antonia B.: »Biologisches Vorbild Insektenflügel – Mehrkriterienoptimierung ultraleichter Tragflächen«. In: *BIONA-report 12*. Stuttgart u. a. 1998.

–, M. Philippi und W. Nachtigall: »Einfluß des 3D-Profils auf die Statik des Insektenflügels«. In: Verh. Dt. Zool. Ges. 88 (1)/1995, S. 165.

Kilian, Ernst: »Wie verhalten sich die Tiere bei Erdbeben?«. In: *Naturwissenschaftliche Rundschau* 17/1964, S. 135 ff.

Kirschfeld, K.: »Mit Flußkrebsaugen ins Weltall blicken – Augen mit Spiegeloptik:

Ein biologisches Vorbild für Röntgenteleskope«. In: Max-Planck-Gesellschaft, *Spiegel* 1/1964, S. 38f.

Kleisny, Helga: Warum Fliegen sich im Kino langweilen – Bionische Methoden als Chance für die Zukunft. Langen 2001.

Koestler, Arthur: Der Krötenküsser. Wien 1972.

–: Das Gespenst in der Maschine. Wien 1968.

Kramer, M. O.: »The Dolphin's Secret«. In: *New Scientist* 7/1960, pp. 1118–1120.

Krause, Herbert: Natur – Vorbild der Technik. Thun (Schweiz)/Frankfurt/M. 1986.

Kresling, Biruta: »Folded Structures in Nature-Lessons in Design«. In: Proc. Int. Symp.: Natürliche Konstruktionen, Part 2, S. 155–161, Stuttgart 1991. Publ. SFB 230, Stuttgart 1992.

–: »Bistability As A Necessary Condition for the Deployment and Stabilization of Structures in Nature and Engineering«. In: *BIONA-report* 12. Stuttgart u. a. 1998.

Kreuzer, Franz, und Reinhard Fink (Hrsg.): Nobelpreis für den lieben Gott – Chancen und Grenzen der BIONIK. Wunder und Rätsel der EVOLUTION. Offene und versperrte Tore der ERKENNTNIS. Wien 2004.

Küppers, Udo: »Bionik des Verpackungsmanagements und der Verpackung – Bewährte Naturstrategien und zivilisatorische Herausforderung«. In: Gleich, Arnim von (Hrsg.): Bionik – Ökologische Technik nach dem Vorbild der Natur?. Stuttgart 1998.

–: »Fallstudie für eine optimale Verpackung«. In: *Verpackungs-Rundschau* 6/1992, S. 38ff.

–: Naturstrategien für optimierte Verpackungen. Studie im Auftrag der Technischen Fachhochschule Berlin 1991, S. 72.

–: »Bionisches Organisationsmanagement«. In: *BIONA-report* 12 (s.o.).

Kuhn, Thomas S.: Die Struktur wissenschaftlicher Revolutionen. Frankfurt/M. 1973.

Kursawe, Frank, und Hans-Paul Schwefel: »Künstliche Evolution als Modell für natürliche Intelligenz«. In: Gleich, Arnim von (Hrsg.): Bionik – Ökologische Technik nach dem Vorbild der Natur?. Stuttgart 1998.

Lebedew, J. S.: Architektur und Bionik. Berlin 1983.

Löbsack, Theo: Versuch und Irrtum – Der Mensch: Fehlschlag der Natur. München 1974.

London, Jack: Der Ruf der Wildnis. Zürich 1987.

Lorenz, Konrad: »Naturschönheit und Daseinskampf«. In: Darwin hat recht gesehen. Opuscula 20, Pfullingen 1965.

–: Die Rückseite des Spiegels – Versuch einer Naturgeschichte menschlichen Erkennens. München/Zürich 1973.

Lovelock, J.: Die Erde ist ein Lebewesen. Bern 1992.

–: Das Gaia-Prinzip. München 1991.

Maar, Christa, und Hubert Burda (Hrsg.): Iconic Turn. Köln 2004.

Maier, Wolfgang, und Zoglauer, Thomas: Technomorphe Organismuskonzepte – Modellübertragungen zwischen Natur und Technik. *Problemata* 128. Stuttgart 1994.

Malik, Fredmund: Management-Perspektiven. Bern 1994.

–: Führen – Leisten – Leben. Wirksames Management für eine neue Zeit. Stuttgart/München 2000.

Mandelbrot, B.: Die fraktale Geometrie der Natur, Basel 1989.

Marais, Eugène N.: Die Seele der weißen Ameise. München/Wien 1970.

Marguerre, Hans: Bionik – Von der Natur lernen. Berlin/München 1991.

Margulis, Lynn, und Dorion Sagan: Microcosmos – Four Billion Years of Microbial Evolution. New York 1986.

Markl, Hubert: Natur als Kulturaufgabe. Stuttgart 1986.

–: »Grenzen und Grenzüberschreitungen lebender Systeme«. In: Jörg Albertz (Hrsg.): Evolution und Evolutionsstrategien in Biologie, Technik und Gesellschaft. Wiesbaden 1989.

Mattheck, Claus: »Design and Growth Rules for Biological Struktures and their Application to Engineering«. In: *Fatigue of Engineering Materials* 13/1990, S. 535–550.

–: Trees – The Mechanical Design. New York 1991.

–: »Soft Kill Option – The Biological Way to Find an Optimum Structure Topology«. In: *International Journal of Fatigue* 14/1992, pp. 387–393.

–: Die Baumgestalt als Autobiographie – Einführung in die Mechanik der Bäume und ihre Körpersprache. Thalacker 1992.

–: Design in der Natur – Der Baum als Lehrmeister. Freiburg 1997.

–: »Der Baum hat es immer schon gewußt – Design in der Natur und nach der Natur«. In: Gleich, Arnim von (Hrsg.): Bionik – Ökologische Technik nach dem Vorbild der Natur? Stuttgart 1998.

–, und H.-J. Hötzel: Baumkontrolle mit VTA. Freiburg (Rombach) 1997.

–, F. Schwarze, K. Bethge: Baummechanik und Baumkontrollen – 200 Fragen und Antworten. Freiburg 1995.

Mayr, Ernst: Evolution und die Vielfalt des Lebens. Berlin u. a. 1979.

Medawar, Peter B.: Die Kunst des Lösbaren. Göttingen 1972.

Meeuse, B., und S. Morris: The Sex Life of Plants. London 1984.

Mensch, Gerhard: Das technologische Patt – Innovationen überwinden die Depression. Frankfurt/M. 1975.

Meyer-Krahmer, Frieder, und Siegfried Lange: Geisteswissenschaften und Innovationen. Schriftenreihe des Fraunhofer Instituts für Systemtechnik und Innovationsforschung (ISI), Bd. 35. Heidelberg 1999.

Miura, K.: Folding a Plane – Scenes From Nature Technology and Art Symmetry of Structure. Proceedings Interdisc. Symp. Budapest 1989, p. 391.

Möhres, F. P.: »Die elektrischen Fische«. In: *Natur und Volk* 91/1961, S. 1.

Monod, Jacques: Zufall und Notwendigkeit. München 1972.

Murphy, M.: Der Quanten-Mensch. Wessobrunn 1994.

Myrberg Arthur A. jr.: »Elektroortung«. In: Helmut Altner, Dietrich Burkhardt und Wolfgang Schleidt (Hrsg.): Signale in der Tierwelt. München 1972.

–: »Geräusche im Wasser«. In: Helmut Altner, Dietrich Burkhardt und Wolfgang Schleidt (Hrsg.): Signale in der Tierwelt. München 1972.

Nachtigall, Werner: Gläserne Schwingen. München 1968.

–: Biotechnik – Statische Konstruktionen in der Natur. Heidelberg 1971.

–: »Technische Konstruktionselemente in der Biologie«. In: *Umschau* 26/1971, S. 966 ff.

–: Phantasie der Schöpfung – Faszinierende Entdeckungen der Biologie und Biotechnik. Hamburg 1974.

–: »Werkstoffe und Leichtbauweisen in der Natur«. In: Verein Deutscher Ingenieure (Hrsg.).: Verbundwerkstoffe und Werkstoffverbunde in der Kunststofftechnik. Düsseldorf 1982, S. 1–25.

–: Biostrategie – Eine Überlebenschance für unsere Zivilisation. Hamburg 1983.

–: Erfinderin Natur – Konstruktionen der belebten Welt. Hamburg/Zürich 1984.

–: Konstruktionen – Biologie und Technik. Düsseldorf 1986.

–: »Der Pneu-Begriff in der Botanik des 19. und 20. Jahrhunderts«. In: Jahrbuch Wissenschaftskolleg. Mainz 1986, S. 313–327.

–: Bionik – Grundlagen und Beispiele für Ingenieure und Naturwissenschaftler. Heidelberg/New York 1988.

–: Vorbild Natur – Bionik-Design für funktionelles Gestalten. Berlin u. a. 1997.

–: Bionik – Grundlagen und Beispiele für Ingenieure und Naturwissenschaftler. Berlin u. a. 1998.

–: »Technische Biologie und Bionik«. In: Gleich, Arnim von (Hrsg.): Bionik. Ökologische Technik nach dem Vorbild der Natur?. Stuttgart 1998.

–: »10 Grundprinzipien natürlicher Konstruktion – ›10 Gebote‹ bionischen Designs«. In: *BIONA-report* 12. Stuttgart u. a. 1998.

–: Bau-Bionik, Berlin u. a. 2003.

–, A. Wisser, C. Wisser: Pflanzenbiomechanik. Konzepte SFB 230 der DFG. Heft 24, Stuttgart, 1986.

–, und Biruta Kresling: »Bauformen der Natur. Teil I: Technische Biologie und Bionik von Knoten-Stab-Tragwerken«. In: *Naturwissenschaften* 79/1992, S. 193-201.

–, und Alfred Wisser: Technische Biologie und Bionik. 3. Bionik-Kongreß, Mannheim, *BIONA-report* 10, Stuttgart (G. Fischer) 1996.

–, und Kurt G. Blüchel: Das große Buch der Bionik – Neue Technologien nach dem Vorbild der Natur. Stuttgart/München 2001.

Neumann, D. (Hrsg.): Bionik Technologieanalyse. Düsseldorf 1993.

Nöllke, Matthias: So managt die Natur. München 2004.

Oligmüller, D.: »Ganzheitliche Betrachtungsweise bei der Weiterentwicklung bionischer Systeme in der Architektur, im Städtebau und im Verkehrswesen«. In: Wisser A., Nachtigall W. (Hrsg.): *BIONA-report* 15. Akad. Wiss. Lit., Mainz, 2001, S. 254–262.

–: »How To Scratch Skies. Wie man Wolken kratzt – Eine zeitgemäße Hochhausstruktur im Spannungsfeld vielfältiger bionischer Aspekte«. In: Wisser A. (Hrsg.): *BIONA-report* 16. Akad. Wiss. Lit., Mainz 2003.

Osman, A. H. und W. H.: Pigeons in Two World Wars. London 1976.

Ostwald, W.: Der biologische Faktor in der Technik. Berlin 1929.

Otto, Frei: Natürliche Konstruktionen – Formen und Konstruktionen in Natur und Technik und ihre Entstehung. Stuttgart 1982.

–: »Animate Structure and Technical Structures«, und mit J. G. Helmcke: »Lebende und technische Konstruktionen«. In: *Deutsche Bauzeitung* 67/1962, S. 855–861.

–: »Der Pneu – Bauprinzip des Lebens«. In: *Bild der Wissenschaft* 10/1978, S. 124-135.

Park, Robert: Betrug und Irrtum in den Wissenschaften – Wie wir reingelegt werden und uns schützen können. Hamburg/Wien 2002.

Pascale, Richard T., et al.: Chaos ist die Regel – Wie Unternehmen Naturgesetze erfolgreich anwenden. München 2003.

Paturi, Felix R.: Geniale Ingenieure der Natur – Wodurch uns Pflanzen technisch überlegen sind. Düsseldorf 1974.

Patzelt, Otto: Wachsen und Bauen – Konstruktionen in Natur und Technik. Berlin (VEB) 1973.

Peat, F. David: Synchronizität – Die verborgene Ordnung. Bern u.a. 1989.

Petroski, Henry: Messer, Gabel, Reißverschluß – Die Evolution der Gebrauchsgegenstände. Basel 1994.

Pfeiffer F., und H. Cruse: »Bionik des Laufens – Technische Umsetzung biologischen Wissens«. In: Konstruktion, Bd. 46, S. 261–266. Heidelberg 1994.

Pflüger, H.: Die teleologische Mechanik der lebendigen Natur. Archiv f. d. ges. Physiologie, Bd. 15. Bonn 1877.

Piano, R.: Mein Architektur-Logbuch. Ostfildern-Ruit 1997.

Pollan, Michael: Die Botanik der Begierde – Vier Pflanzen betrachten die Welt. München 2002.

Popper, Karl R.: Die Logik der Forschung. Tübingen 1966.

–: Die offene Gesellschaft und ihre Feinde. Tübingen 1992.

–: Alles Leben ist Problemlösen. München 1999.

–, und J. Eccles: Das Ich und sein Gehirn. München 1982.

Portmann, Adolf: Biologische Fragmente zu einer Lehre vom Menschen. Basel 1951.

–: Tarnung im Tierreich. Berlin u.a. 1956.

–: An den Grenzen des Wissens. Düsseldorf 1974.

Prigogine, Ilya, und I. Stengers: Dialog mit der Natur. München 1990.

Rambeck, Bernhard: Mythos Tierversuch – Eine wissenschaftskritische Untersuchung. Frankfurt/M. 1996.

Ranke-Graves, Robert: Die weiße Göttin. Berlin 1980.

Rechenberg, Ingo: Evolutionsstrategie – Optimierung technischer Systeme nach Prinzipien der biologischen Evolution. *Problemata* 15, Stuttgart 1973.

–: Werkstatt-Bionik und Evolutionstechnik. Stuttgart 1994.

–: Photobiologische Wasserstoffproduktion in der Sahara. Stuttgart 1994.

Rees, Martin: Unsere letzte Stunde – Warum die moderne Naturwissenschaft das Überleben der Menschheit bedroht. München 2003.

Regau, Thomas: Menschen nach Maß – Werkstoff Mensch im Griff einer seelenlosen Wissenschaft. München 1967.

Reng, German: »Bau und Funktion der Seeigelstacheln«. In: *Naturwissenschaft und Medizin n+m*, Nr. 18, 4. Jg. 1967, S. 20–32.

Reulieux, F.: »Kinematik im Tierreich«. In: Lehrbuch der Kinematik, Bd. II. Braunschweig 1900.

Riedl, Rupert: Die Spaltung des Weltbildes – Biologische Grundlagen des Erklärens und Verstehens. Berlin/Hamburg 1985.

Rose, Michael R.: Darwins Schatten. München/Stuttgart 2001.

Rossmann, Thorsten, und Cameron Tropea: Bionik – Aktuelle Forschungsergebnisse in Natur-, Ingenieur- und Geisteswissenschaft. Berlin 2004.

Rostand, J.: Das Abenteuer des Lebens. Frankfurt/M. 1956.

Rummel, G.: »Bionische Strategie zur Entwicklung eines neuen audiovisuellen Raumkonzepts für die Oper in Oslo«. In: Wisser A., und W. Nachtigall (Hrsg.): *BIONA-report 15*. Akad. Wiss. Lit., Mainz 2001, S. 40–51.

Sacks, Oliver: Der Mann, der seine Frau mit einem Hut verwechselte. Reinbek 1990.

Sagan, C.: Signale der Erde. München 1982.

Santibánez-Koref, Ivan: »Parallele Modelle für Evolutionsstrategien«. In: *BIONA-report 12*. Stuttgart u. a. 1998.

Sarikaya, M., und I. A. Aksay: Biomimetics – Design and Processing of Materials. Woodbury (NY) 1995.

–, C. E. Furlong und J. T. Staley: »Nanodesigning and Properties of Biological Composites – Advances in Bioengineering«. In: ASME BED Publication 28/1994, S. 47 f.

Schätzing, Frank: Der Schwarm. Köln 2004.

Scheller, Frieder W.: »Neue Dimensionen der Biosensorik«. In: Gleich, Arnim von (Hrsg): Bionik – Ökologische Technik nach dem Vorbild der Natur?. Stuttgart 1998.

Scherge, M., und S. Gorb: Biological Micro- and Nanotribology. Berlin u. a. 2001.

Schirrmacher, Frank (Hrsg.): Die Darwin AG – Wie Nanotechnologie, Biotechnologie und Computer den neuen Menschen träumen. Köln 2001.

Schleidt, Wolfgang, Helmut Altner, Dietrich Burkhardt (Hrsg.): Signale in der Tierwelt – Vom Vorsprung der Natur. München 1972.

Schmidt-Koenig, Klaus: Das Rätsel des Vogelzugs. Berlin u. a. 1986.

Schmitz, Helmut: »Infrarotdetektion mit einem photomechanisch arbeitenden Infrarotrezeptor – Kann der ›Waldbranddetektor‹ des Schwarzen Kieferprachtkäfers als Vorlage für einen entsprechenden IR-Sensor dienen?«. In: *BIONA-report 12*. Stuttgart u. a. 1998.

Schmitz, H., und Helmut Tributsch: »Die Eigenschaften von Schmetterlingsflügeln als Solarabsorber«. In: Verh. Dt. Zool. Ges. 87/1994, S. 112.

Schneider, G.: Erdbeben. Stuttgart 1975.

Schneider, H.: »Neuere Ergebnisse der Lautforschung bei Fischen«. In: *Naturwissenschaften* 48/1961, S. 513.

Schrödinger, Erwin: What is Life?. Cambridge (UK) 1962.

Schulenburg, Matthias: Nanotechnologie – Die letzte industrielle Revolution. Frankfurt/M u. a. 1995.

Schwefel, H.-P.: Numerische Optimierung von Computer-Modellen mittels der Evolutionsstrategie. Basel/Stuttgart 1977.

Schweisfurth, K. L.: Wenn's um die Wurst geht. München 1999.

Schwertner, Peter: PSI in der Tierwelt. Hannover 1984.

Seilacher, Adolf: »Self-Organisating Mechanisms in Morphogenesis and Evolution«. In: Norbert Schmidt-Kittler und Klaus Vogel (Hrsg.): Construction Morphology and Evolution. New York 1991.

Serpell, James A.: Das Tier und wir – Eine Beziehungsstudie. Cham 1990.

Shapiro, A. K.: »Placebo Effect in Psychotherapy and Psychoanalysis«. In: *Journal of Clinical Pharmacology* 10/1970, S. 73 ff.

Sheldrake, Rupert: Das schöpferische Universum – Die Theorie des morphogenetischen Feldes. München 1985.

–: Das Gedächtnis der Natur – Das Geheimnis der Entstehung der Formen in der Natur. München 1993.

–: Die Wiedergeburt der Natur – Wissenschaftliche Grundlagen eines neuen Verständnisses der Lebendigkeit und Heiligkeit der Natur. Bern u. a. 1993.

–: Sieben Experimente, die die Welt verändern könnten – Anstiftung zur Revolutionierung des wissenschaftlichen Denkens. Bern u. a. 1994.

–, T. McKenna und Ralph Abraham: Denken am Rande des Undenkbaren – Über Ordnung und Chaos. Physik und Metaphysik, Ego und Weltseele. Bern u. a. 1993.

Siegmund, Karl: Spielpläne, Zufall, Chaos und die Strategien der Evolution. Hamburg 1995.

Snow, C. P.: The Two Cultures. Cambridge (UK) 1959.

Speck, O., T. Speck, H.-C. Spatz: »Viscoelastizität und Plastizität – oder wie vermeiden Pflanzen destruktive Oszillationen? Eine biomechanisch-funktionsanatomische Analyse des Rhizoms von Arundo donax«. In: W. Nachtigall, A. Wisser (Hrsg.): *BIONA-report* 12. Akad. Wiss. Lit. Mainz/Stuttgart 1998, S. 91–106.

Sprengel, Christian Konrad: Das entdeckte Geheimnis der Natur im Bau und in der Befruchtung der Blumen. Berlin 1793 (Nachdruck Lehre 1972).

Steadman, P.: The Evolution of Design – Biological Analogy in Architecture and the Applied Arts. Cambridge (UK) 1979.

Street, Philip: Die Waffen der Tiere. Frankfurt/M. 1976.

Szodruch, J.: »Riblets – Haarfeine Rillen verringern den Reibungswiderstand von Flugzeugen«. In: *Spektrum der Wissenschaften* 12/1991, S. 41 ff.

Tavolga, W. N. (Hrsg.): Marine Bio-Acoustics. New York 1964.

Thompson, D'Arcy: Über Wachstum und Form. Frankfurt/M. 1982.

Tompkins, Peter, und Christopher Bird: Das geheime Leben der Pflanzen. Bern/München 1974.

Toynbee, Arnold: Kultur am Scheideweg. Frankfurt/M. 1958.

Tributsch, Helmut: How Life Learned to Live. Cambridge (Mass.) 1982.

–: »Bionische Vorbilder für eine solare Energietechnik«. In: Gleich, Arnim von (Hrsg): Bionik. Ökologische Technik nach dem Vorbild der Natur?. Stuttgart 1998.

–, und Udo Kuppers: Verpacktes Leben, verpackte Technik – Bionik der Verpackung. Weinheim 2001.

Vester, Frederic: Bausteine der Zukunft. Frankfurt/M., Hamburg 1968.

–: Die Kunst, vernetzt zu denken – Ideen und Werkzeuge für einen neuen Umgang mit Komplexität. Stuttgart 1999.

Vöhringer, K.-D.: »Vorbild Natur«. In: *Bild der Wissenschaft* 10/1998.

Vogel, Steven: Von Grashalmen und Hochhäusern – Mechanische Schöpfungen in Natur und Technik. Weinheim 2000.

Vollmer, Gerhard: »Der Evolutionsbegriff als Mittel zur Synthese – Leistungen und Grenzen«. In: Jörg Albertz (Hrsg.): Evolution und Evolutionsstrategien in Biologie, Technik und Gesellschaft. Wiesbaden 1989.

Wainright, S. A., W. D. Biggs, J. D. Currey und J. M. Gasline: Mechanical Design in Organisms. Princeton (NJ) 1982.

Waldrop, M. Mitchell: Inseln im Chaos – Die Erforschung komplexer Systeme. Reinbek 1993.

Warnke, Ulrich: »Aspekte zur magnetischen Kraftwirkung auf biologische Systeme«. In: *Die Heilkunst*, Heft 91 (1)/1978.

–: »Zur Sensibilität der Versuche mit pulsierenden Magnetfeldern«. In: *Die Heilkunst*, Heft 2/1986.

–: »Wie Lichtenergie beim Menschen zu Zellenergie wird«. In: *BIONA-report* 8/1993, S. 123-134,.

–: Der Mensch und die 3. Kraft – Elektromagnetische Wechselwirkung zwischen Streß und Therapie. Saarbrücken 1994.

Waters, Frank: Das Buch der Hopi. Köln 1980.

Watson, Peter: Das Lächeln der Medusa – Die Geschichte der Ideen und Menschen, die das moderne Denken geprägt haben. München 2000.

Weil, Simone: Schwerkraft und Gnade. München 1981.

Weiner, Jonathan: Der Schnabel des Finken oder Der kurze Atem der Evolution – Was Darwin noch nicht wusste. München 1994.

Weiser, Eric: Biologische Rätsel – Im Niemandsland der Naturwissenschaft. Wien/Düsseldorf 1976.

Weizsäcker, E. U. von, A. B. Lovins und L. Hunter-Lovins, L.: Faktor Vier. München 1995.

Whitehead, Alfred North: Abenteuer der Ideen. Frankfurt/M. 1971.

Wicke, Lutz: Die ökologischen Milliarden. Das kostet die zerstörte Umwelt – So können wir sie retten. München 1986.

Wickler, Wolfgang: »Orchideen und Mimikry«. In: Helmut Altner, Dietrich Burkhardt und Wolfgang Schleidt (Hrsg.): Signale in der Tierwelt. München 1972.

–: Dialekte im Tierreich – Ihre Ursachen und Konsequenzen. Münster 1985.

_, und U. Seibt: Das Prinzip Eigennutz. Hamburg 1977.

–: Männlich – Weiblich. Ein Naturgesetz und seine Folgen. München 1990.

Williams, George C.: Das Schimmern des Ponyfischs – Plan und Zweck in der Natur. Heidelberg/Berlin 1998.

Willis, Delta: Der Delphin im Schiffsbug – Wie die Natur die Technik inspiriert. Basel u. a. 1997.

Wilson, Edward O.: Biologie als Schicksal – Die soziobiologischen Grundlagen menschlichen Verhaltens. Berlin 1980.

–: Der Wert der Vielfalt – Die Bedrohung des Artenreichtums und das Überleben des Menschen. München/Zürich 1995.

–: Die Einheit des Wissens. München 2000.

Winnacker, Ernst-Ludwig: Viren – Die heimlichen Herrscher. Frankfurt/M. 1999.

Wolpert, L.: Regisseure des Lebens. Heidelberg 1993.

Woodhouse, Barbara: Ich spreche mit Tieren. Hildesheim 1955.

Wuketits, Franz M.: »Ist menschliches Sozialverhalten genetisch programmiert ?«. In: *Die Umschau* 86/1986, S. 442 ff.

–: »Moderne Evolutionstheorien – Ein Überblick«. In: *Biologie in unserer Zeit* 18/1988, S. 47 ff.

Wunderlich, Klaus und Wolfgang Gloede: Natur als Konstrukteur. Leipzig 1977.

Zillmer, Hans-Joachim: Darwins Irrtum. München 2000.

Zimmer, Carl: Parasitus Rex – Die bizarre Welt der gefährlichsten Kreaturen der Natur. Frankfurt/Main 2001.

Register

Personenregister

Aischylos 298
Aksay, Ilhan 203
Alberti, Leon Battista 53
Alexi, Kusha 53
Anaximes 48
Archimedes 265
Aristoteles 28, 40f., 140, 301
Aristoteles von Stagira 38
Asimov, Isaac 37f., 40, 280
Assas, Christopher 216
Athene (griech. Mythologie) 299
August der Starke, poln.-sächs. König 191
Augustinus, Aurelius 366

Bacon, Francis 20
Bannasch, Rudolf 285
Baranger, Pierre 191f.
Barbarigo (ital. Pater) 333
Barbarossa (Friedrich I.), röm.-dt. Kaiser 56
Barthlott, Wilhelm 23
Bass, Henry 242
Bauer, Joachim 377
Bäuerle, Erich 257

Beauregard, Costa de 266
Beethoven, Ludwig van 41
Bentley, Peter 291
Bernard, Claude 67f., 321
Birkhoff, George David 48
Bishop, Mike 80
Bismarck, Otto von 183
Blackmore, Susan 268
Blake, William 60
Blech, Jörg 336
Boppre, Michael 224, 226
Born, Max 343
Böttger, Johann Friedrich 191
Botticelli, Sandro 30
Bradley, Richard 128f.
Braun, Wernher von 317
Breuer, Hubertus 227
Bristow, Alec 120ff., 126, 131, 134f., 161
Brockman, John 11
Bronowski, J. 48
Brown, Keith S. 226
Bruyère, Jean de la 335
Buber, Martin 257
Buddha (Religionsgründer) 59f., 170
Bulmahn, Edelgard 145
Burke, Edmund 52

Caesar, Gaius Julius 56
Calder, Nigel 10
Camerarius, Rudolf Jacob 128
Carson, Rachel 151
Carus, Julius Victor 312
Casanova, Giacomo Girolamo 332f.
Cézanne, Paul 30
Chamfort, Nicolas de 335
Chargaff, Erwin 366
Chladni, Ernst Florens Friedrich 258
Chrisholm, Brock 96
Clarke, Arthur 170
Colani, Luigi 52
Coleman, Edith 162f.
Cook, Theodora Andrea 50
Couples, Gary 244
Crick, Francis 268
Croce, Pietro 65

Dahl, Jürgen 335
Darwin, Charles 62, 67ff., 117, 130ff., 136f., 140ff., 145ff., 170f., 174, 267, 310, 312, 316, 322, 325, 328, 342, 348, 352, 355, 380
Darwin, Erasmus 130, 310

Dawkins, Richard 90, 140
Demokrit 380
Descartes, René 140, 171
Dirac, Paul 30
Döblin, Alfred 228 f.
Donne, John 30
Drew, Kelly 196 f.
Drewermann, Eugen 344
Drexler, K. Eric 110 f.
Dufour, L. (napoleon.
  Militärarzt) 88 f., 99
Dürer, Albrecht 30, 52,
  260
Dürr, Hans-Peter 343

Eichendorff, Joseph von
  259
Einstein, Albert 26, 28,
  30, 37, 58, 141, 171,
  263, 265, 267, 309, 317
Eisner, Thomas 224, 226
Elizabeth II., brit. Köni-
  gin 169
Epicharmos 315
Eser, Albin 329, 341
Euklid 40 f., 56
Euripides 299
Eva (bibl. Urmutter) 34

Faraday, Michael 25 f.,
  171
Farman, Joe 305, 308
Feinberg, Gerald 266
Fermi, Enrico 282, 323
Fibonacci, Leonardo 15,
  56 f.
Fischer, Gabriele 326
Fludd, Robert 53
Ford, Henry 374
Förster, Thomas 103
Francé, Raoul Heinrich
  31, 185, 264 f.
Francke, Wittko 158
Franke, Herbert W. 260 f.

Frerichs, Kai 197
Freud, Sigmund 30,
  170 f., 325, 371
Friedrich II. (der Große),
  preuß. König 332
Friedrich II., röm.-dt.
  Kaiser 56
Frölich, Jürgen C. 84
Fulfort, Philip 340

Galilei, Galileo 71, 118 f.,
  140, 143, 171, 257,
  265
Gallegher, James 66
Garces, Milton 241 f.
Gell-Mann, Murray 268
Gérardien, Lucien 214
Godfrey, M. J. 123
Goethe, Johann Wolf-
  gang von 41, 62,
  124 f., 168, 302 f., 345,
  366
Gogh, Vincent van 26
Gohlike, Leo 304
Gould, Stephen Jay
  143 ff.
Greenspan, Ralph 227 f.
Grew, Nehemiah 128
Gutenberg, Johannes 171

Haber, Fritz 92 f., 101
Haeckel, Ernst 207, 213,
  260, 328
Hahn, Otto 171
Haldane, John 23
Hamm, Christian 206 ff.
Hardy, Sir Godfrey
  Harold
Harvey, William 23
Haselhoff, David 166
Hearne, Samuel 142
Heckl, Wolfgang M.
  110 ff., 177 f.
Heden, Carl-Goran 96

Hedlin, Michael 240 f.
Hegel, Georg Wilhelm
  Friedrich 171
Heinemann, Stefan 189
Heisenberg, Werner 262,
  265, 322 f.
Heitler, Walter Heinrich
  378
Heldmaier, Gerhard 199
Helmholtz, Hermann von
  215 ff.
Heraklit 48
Herder, Johann Gottfried
  von 302
Herzeele, Albrecht von
  191 f.
Heydemann, Berndt
  285
Hilbig, Reinhard 232
Hill, Bernd 277
Hippokrates 46, 298
Hitler, Adolf 92 f., 362 f.
Hoffmann, Wolfgang
  243
Hogarth, William 52
Horaz 299
Hoy, Ron 195
Humboldt, Aexander
  von 168, 301
Hume, David 52,
  140
Hussein, Saddam 94
Hutton, James 342
Huxley, Julian 351

Jaspers, Karl 364
Jesus Christus 170
Johannes Paul II., Papst
  147, 349
Julius II., Papst 56
Jungk, Robert 173

Kage, Christina 207
Kage, Manfred, 207

Kaiser, Gert 186
Kammerer, Paul 319
Kant, Immanuel 171
Kashefi, Kazem 107
Katharina II. (die Große),
  russ. Zarin 332
Keats, John 23, 26, 34
Kepler, Johannes 24, 34,
  171, 260
Kind, Rainer 253
Kipling, Rudyard 22
Kirby, William 193
Klöppel, Valentin 211
Knuth, Paul 133
Kobayashi, Teisaku 49
Koestler, Arthur 24, 29,
  34, 169, 266
Kolumbus, Christoph 171
Konfuzius 170
Kopernikus, Nikolaus
  171, 267, 325
Kraismer, Leonid Pawlo-
  witsch 214
Kratochvil, Helmut 254
Kullenberg, Bertil 123

Lamarck, Jean-Baptiste
  319 f.
Landolt, Oliver 216
Langmuir, Irving 141
Laotse 54, 170
Laplace, Pierre Simon
  353 ff.
Leibniz, Gottfried Wil-
  helm 140, 353
Lem, Stanislaw 280
Leonardo da Vinci 30,
  52, 183, 260, 366
Leonardo von Pisa siehe
  Fibonacci, Leonardo
Libbrecht, Kenneth 48 f.
Libby, Willard 330
Lilienthal, Otto 183 f.,
  232

Linné, Carl von 119,
  123 ff., 130 ff., 220
Lister, Joseph 28
Löbsack, Theo 219 f.
Locadou, Walter von 268
Locke, John 171
Loew, Ernst 133
Lombroso, Cesare 371
Lorenz, Konrad 141, 149,
  325, 368 f.
Lorenzen, Sievert 347
Lötschert, Wilhelm 105
Lovelock, James 307
Lovley, Derek 107
Ludwig XIV., franz. Kö-
  nig 335
Ludwig XV., franz. Kö-
  nig 332
Luhmann, Hans-Jochen
  305, 307
Luther, Martin 299

Machiavelli, Niccolò
  143
Malpighi, Marcello 127
Mange, Daniel 292
Margulis, Lynn 315
Markl, Hubert 341
Marx, Karl 30
Mason, Andrew 196
Mattheck, Claus 290
Maxwell, James 26
McCaskill, John S. 190
Mendel, Gregor 134
Miegel, Meinhard 378
Millington, Sir Thomas
  127 f.
Mitros, Ania 216
Molina, Mario 309
Monod, Jacques, 313
Montaigne, Michel Ey-
  quem 50
Moratti, Letizia 145
Moses (Bibel AT) 294

Nachtigall, Werner 86,
  184, 218, 285 f.
Napoleon Bonaparte
  353 f.
Narins, Peter 288
Neptun (röm. Mytholo-
  gie) 46
Newton, Isaac 26, 28, 30,
  71, 140, 171, 353, 379
Nietzsche, Friedrich 353
Nobel, Alfred 207
Noble, G. K. 320

Oppenheimer, Robert 23
Ostwald, Wilhelm 301

Pandora (griech. Mytho-
  logie) 34
Panksepp, Jaak 83
Park, Robert 340
Pascal, Blaise 169
Pasteur, Louis 28, 107
Pauwels, Louis 254
Pawson, Tony 288
Pearson, Paul 342
Picht, Georg 377
Pinker, Steven 268 f.
Plato 39 ff., 54, 56 f., 63,
  170, 299, 301
Pliske, Thomas 225
Plinius (Gaius Secundus)
  d. Ä. 126
Plotin 171
Poincaré, Jules Henri 29,
  273, 320 f.
Pollio, Marcus Vitruvius
  51 f.
Polykleitos 55
Pompadour, Jeanne
  Antoinette Poisson
  322
Popper, Karl 44, 343
Porsche, Ferdinand 217
Portmann, Adolf 317

Pouyanne (franz. Hobby-
botaniker) 122f., 160
Prestwich, Glenn D.
220f.
Protagoras 55
Protsch von Zieten, Rei-
ner 320
Puthoff, Harald 266
Pythagoras (von Samos)
39, 56f., 262

Rambeck, Bernhard 69,
73
Rao, V. K. 271f.
Rechenberg, Ingo 231ff.
Renneberg, Reinhard
180f.
Rensch, B. 152
Rhine, J. B. (Joseph
Banks) 141
Rice, Margaret 200
Richardson, Michael 328
Richelieu, Armand-Jean
du Plessis 332
Riedl, Rupert 347
Rieß, Jürgen 371
Rikitake, Tsuneji 255
Rostand (franz. Biologe)
172
Roth, Gerhard 357f.
Rothman (Lehrer Linnés)
125
Rousseau, Jean Jacques
332
Rovelli, Carlo 305
Rowland, Sherwood 308
Ruskin, John 52

Sagan, Carl 237
Salomo (bibl. König) 23
Schätzing, Frank 245f.,
248f.
Schiller, Friedrich von
303

Schirrmacher, Frank 11
Schmidt-Salomon,
Michael 354ff.
Schmieger, Marc 210
Schmitz, Helmut 289
Schockenhoff, Eberhard
358
Schöndorf, Erich 337f.
Schopenhauer, Arthur
301
Schrader, Gerhard 99
Schrödinger, Erwin 60
Schulz, Matthias 331
Schumacher, Michael
194
Schütz, Stefan 289
Schwanitz, Dietrich 16f.
Schwarzenegger, Arnold
315
Schwendener, Simon
184
Scopes, John 62
Scott, John D. 288
Semmelweis, Ignaz 28
Seurat, Georges 31
Shakespeare, William 41,
116, 247
Shaw, Chris 188f.
Simpson, George G. 329
Sloterdijk, Peter 246
Smith, Adam 337
Snow, Charles Percy 10,
230, 259
Sobrero, Ascania 207
Sokrates 46, 63, 198,
366
Sosigenes (alexandrin.
Mathematiker) 56
Spence, William 193
Spencer, Herbert 380
Spengler, Oswald 378
Spindler, Klaus-Dieter
204
Spinoza, Baruch 171

Sprengel, Christian Kon-
rad 130
Stalin, Josef 362f.
Steele, J. O. 217
Stemmer, Andreas 174
Sternberger, Joel 289
Stetter, Karl Otto 103,
105
Stösser, Adelheid von
376
Strauss, Andrew 246
Strohmann, Richard
77ff., 82
Swinderen, Bruno van
227

Targ, Russell 266
Teilhard de Chardin,
Pierre 23, 167
Thales von Milet 36,
48
Theophrastos 126
Thomas von Aquin 171
Thomas, Antony 86
Thompson, Francis 265
Thor (nord.-germ. My-
tholgie) 36
Thürkauf, Max 365ff.,
370, 372f.
Töpfer, Klaus 306
Tournefort, Joseph Pit-
ton de 128

Ulmer-Scholle, Dana 292

Vaillant (Botaniker) 125
Vester, Frederic 178,
278f.
Vöhringer, Klaus-Dieter
217
Voland, Eckart 326

Warnke, Ulrich 287
Watson, James 268

Weber, Carl Maria von 259

Wehlig, Manfred 84

Weill, Simone 54

Weinheber, Josef 302

Wells, H. G. (Herbert George) 19, 228

Weninger, Bernhard 331

Werfel, Franz 172

Wickler, Wolfgang 149, 152, 154

Wiener, Norbert 229

Wilde, Oscar 257

Wille, Peter 243

Wilson, E. O. (Edward Osborne) 142, 205

Wuketits, Franz M. 343 ff., 347 ff., 356, 359, 371

Zarathustra 170

Zeus (griech. Mythologie) 36

Zieten, Hans Joachim von 331

Orts- und Sachregister

Halbfette Seitenangaben verweisen auf Themenschwerpunkte.

Abstammung (des Menschen) 62

Abstammungstheorie, Darwin'sche siehe Darwin'sche Evolutionstheorie

Abwehr von Fressfeinden 223, 226

AC (Acetylcholin) 99 f.

Acetylsalizylsäure siehe Aspirin

Aerosolgenerator 96

»Affäre Kammerer« 319 f.

Agnostizismus 344

Ägypter 54, 70

Aids 85

Akasha-Chronik 46

Alchimie 190, 192 f., 332 f.

– und Kernphysik 192 f.

Alfred-Wegener-Institut (AWI), Bremerhaven 206 ff.

Alkaloide siehe C-Waffen

Alkoholabhängigkeit 73

Alkylphosohate 100

alternative Frühwarnung siehe Naturkatastrophen, Warnung vor

Altersdiabetes 288

Alzheimer 375 f.

Amati (ital. Geigenbauer) 258

Analyse, genetische 81

Andamaneninseln 257, 271 f.

Angkor 19

Angkor Vat 19

Anpassungen, biologische 147–163

Antarktis 305, 308

Anthropological Survey of India 271 f.

Antibiotika 189

Antisense-RNA 335

Aphrodite von Kyrene (Statue) 55

»Apollo«-Raumschiffe 291

Apulien 57

Araber 56

Architektur, griechische 56

–, römische 56

Arterien, menschliche 202

Arterhaltung (der Pflanzen) siehe S., b., Pflanzen, Fortpflanzung

Arzneimittel, chemische, Herkunft 188

-geschädigte 84

-therapie 84

-tote 84

Ärzte, Anzahl der 336

Asilomar, Konferenz von 323

Aspirin 63 f., 72, 176

Assembler 109 ff., 177

– im Umweltschutz 113

Astrologie 274

Atacama-Wüste 212

Atbash-Ziffern 46

Äthanol siehe Äthylalkohol

Atheismus (naturwissenschaftlicher) 328, 344, 347, 351, 353

Äthylalkohol 72 f.

Atlantischer Ozean 248

Atomwaffenteststopps, Überwachung von 241, 243

Auge, menschliches 215

Augen, Roboter- 216

–, tierische 216, 280

–, –, Fliege 280

–, –, Springspinne 216

–, –, Wassersalamander 216

Aureomyzin 92

Auslese, natürliche 117, 342, 348

Babylonier 36, 273 f.

Bakterien siehe S., b., Tiere, Bakterien

–, radioaktive Verstrahlung von 282
–, Resistenz von 97
Bangkok 55
Beschneidung 311
Bibel (AT) 34, 36, 46, 131, 151
Bioangebote 339
Bioethik 366
Biogenetisches Grundgesetz (Haeckel) 328
»bioinspirierte Computersysteme« 292 f.
Biokratie 365, 370
Biologie und Religion, Unvereinbarkeit von 327 f.
Biologie, Wesen der 215
biologische Evolution siehe E., b. (Evolution, biologische)
– Kriegführung siehe B-Waffen, Einsatz von
– Systeme siehe S., b. (Systeme, biologische)
Biomaschinenbau, molekularer 233 f.
Biomasse (der Erde) 178, 278
Bionik als Innovationsmotor 276–293
–, Aufgabe der 30 f.
–, Definition 182, 214, 230 f., 284
–, Entwicklung der 218
–, Zukunftsperspektiven 230–238
Biosensoren 179 ff.
Biosphäre (der Erde) 21, 178, 230, 365
–, Belastung durch Termiten 221
Biostrategiekatalog (B. Hill) 277

Biostrategien siehe S., b., Biostrategien
»Bisoziation« 24
B-Kampfstoffe siehe B-Waffen
Blausäure siehe Zyklon B
Blühzeiten siehe S., b., Pflanzen, Blühzeiten
»Blumenpredigt« (Buddha) 59 f.
Blütenblätter, Anzahl der 57
Bluthochdruck 64, 79 ff., 98, 189
Botanical Society of the British Isles 120
Botulin 63
Botulinus-Erreger siehe B-Waffen, Einsatz von
BRCA-I-Gen 78
Brucellabakterien siehe B-Waffen
Brucellose (siehe auch B-Waffen) 95
»Brunftschwielen« 320
Bundesanstalt für Geowissenschaften und Rohstoff 241
B-Waffen 95 ff.
–, Einsatz von 95 ff.
–, Lagerung von 98
BZ (Kampfgas) siehe C-Waffen, künstliche
–, Auswirkungen 101 f.

C 14 (Datierungsmethode) 330 f.
Cadmium als Zinkersatz 213 f.
California Institute of Technology 109, 216
Carboanhydrase 213
Carbonyle 91

Chairmen's Symposium (Stuttgart) 186 f.
Chiloglotton 158
China 251 f.
Chinesinnen 311
Chitin 89, 204
–, Nutzung des 204
Chlorgas siehe C-Waffen, künstliche
Chloroplasten 176, 279
Cholinesterase 100
Chungungo 212
Ciba-Syposium (London) 172
»Code, genetischer« 311 f.
»Columbia« (US-Raumfähre) 240
Committee for Scientific Dishonesty 330
– for the Scientific Investigation of Claims of the Paranormal 268
– on Publication Ethics 340
Comprehensive Test Ban Treaty Organization 243
Contergan 62, 70, 374
Cortison 64
C-Waffen 89 ff., 226
–, künstliche 92 ff., 97 ff., 246
–, –, Einsatz von 93, 246
–, –, Erprobung von 98
–, natürliche 92
–, tierische 220, 222, 226
–, Verteidigung mit 89

Daimler-Chrysler 217
(Darwin'sche) Evolutionstheorie 130, 143 ff., 261, 267, 316 f., 343, 346, 349 ff.

401

Darwin'sches Entwicklungsmodell 291
Darwinismus (siehe auch Neodarwinismus) 140, 355, 370
»Datierung, mentale« siehe Fehldatierungen, anthropologische
DDT 374
Delfiplaque 234
Demenz 376
Denver 100
Deshnoke 86
Deutsche 300
Deutsche Forschungsgemeinschaft 329, 340 f.
Deutsche Physikalische Gesellschaft 379
Deutschland 17
Devas (hinduistische Mythologie) 265
DFG siehe Deutsche Forschungsgemeinschaft
Diatomeen siehe S., b., Tiere, Kieselalgen
Dihydropyrrolizine 225 f.
DNS 50, 79, 109, 334
»Doryphoros« (Statue) 55
3-D-Seismik 244
3M (US-Konzern) 286
Drosophila-Forschung (siehe auch S., b., Tiere, Taufliege) 334
Drudenfuß siehe Pentagramm
Dschuka (afrikan. Volksstamm) 72
Duftpinsel (Schmetterlinge) 224 f., 227
Duftstoffe als Lockmittel 153 ff.

Dugway 98
Dynamit 207

EADS (Ottobrunn) 210 f.
–, Eurocopter 210
E. b. (Evolution, biologische) passim
– als Ideenlieferant siehe Natur als Ideenlieferant
–, Auslese, natürliche 141, 310, 312 f., 316 f.
–, Aussterben in der 349
–, Entwicklung höherer Arten 310
–, »Gleichgewicht des Schreckens« 227
–, Intelligenz von Tieren 33
–, Prinzip der 324 f.
–, Selbstorganisation 202
–, Selbstreparatur 202
–, Selektionsdruck 198
–, Verlauf der 355 f.
–, Vorbilder siehe Natur als Vorbild
–, Wettbewerb in der 310
Ebolaviren 111
Echolotprinzip siehe Ultraschall
Edgewood Arsenal 98
Edinburgh 342
Egoismus, menschlicher 325 f.
Einehe 327
»Einheit in der Vielheit« (Natur) 48 ff., 54
Elastizität, biologische 202 f.
Elchtest-Effekt 291
Elektroaerosole 273
Elemente, chem., Umwandlung 191 f.

England 128, 247
Entwicklung, demographische 376
Eoanthropus dawsoni 340
Epigenetik 83
Epilepsie 288
Erbmasse, menschliche 312 f., 334
Erdbeben siehe Naturkatastrophen
Erde, Ausbeutung der 378
–, Erwärmung der 246 f.
Erdöl, Suche nach 244
Erfindungen (des Menschen und der Natur) 185
Erster Weltkrieg 92 f., 101, 121, 246
Evolution (biologische) siehe E. b.
Evolution siehe E. b.
–, von Gott gesteuerte 147
Evolutionsbiologie 325, 327, 345 f., 349
Evolutionstheorie siehe (Darwin'sche) Evolutionstheorie
Extremisten (in der Natur) 193

»Fall Herrmann« 329
Faraday-Käfige 273
Farbenblindheit 299
FCKW(-Ausstoß) 306 ff.
Fehldatierungen, anthropologische 331
Festkörperreibung 234
Feuilletonismus, wissenschaftlicher 12
Food Machinery and

402

Chemical Corporation
(USA) 98
Forschung, Finanzierung
der 25
–, med.-pharmakol.,
Missbrauch der 102
–, medizinische 13 f.
–, –, Kosten 13 f.
Fortpflanzung (Pflanzen
und Tiere) siehe S., b.,
Fortpflanzung
Frankreich 54, 204
Franzosen 92
Französische Gesell-
schaft für Hortikultur
121
Fraunhofer-Institut für
Solare Ernergiesys-
teme, Freiburg 291
– für Biomedizinische
Technik, Sankt Ingbert
208 ff.
Freie Radikale 200
Freimaurer 332
Fremdbestäubung siehe
S., b., Pflanzen,
Fremdbestäubung
Frühjahrsmüdigkeit 199
Frühwarnsystem vor Na-
turkatastrophen siehe
Naturkatastrophen,
Warnung vor
Fundamentalismus, reli-
giöser 145 f., 350

Gabun 282
Galapagosinseln 152
Galaxien, Spiralmuster
50
Gallup-Institut 146
Geburtenkontrolle (bei
Pflanzen) siehe S., b.,
Pflanzen, Geburten-
kontrolle

Gehirn, menschliches 33,
179
Gene 83, 311, 334, 355
– als Leidensverursacher
268 f.
–, Egoismus 357
–, Eigennutz der 325 f.
Genetik 83
Genfer Protokoll 93
Genfer See 258 f.
Genmutationen 79 f.
Gentechnik(technologie)
11 f., 109, 174, 215,
269, 334
Gentherapie 77, 82,
334 f.
Geometrie 39
Germanen 299
Gesundheitskosten
336 f.
–, Eindämmung der 336
Gesundheitswesen und
Justiz 337 f.
Giftgase siehe C-Waffen,
künstliche
Giordano-Bruno-Stif-
tung 354, 359
»Global Warning Law-
suits« 246
Goldener Schnitt 46 ff.,
51, 55
Gravitation 71
Griechen (der Antike) 19,
34, 36 ff., 55 f., 70,
250, 261, 298 f.,
Griechenland 41, 52, 260
Grimani (Patrizierfami-
lie) 333
Grönland 247
Guarneri (ital. Geigen-
bauer) 258

Haber-Bosch-Verfahren
93

Halabdscha 94
Halluzinogene 101
Harmonie(lehre) 52 f.
–, Natur 59 ff.
Harmonie, Sphären- 24
Hasenpest-Erreger siehe
B-Waffen, Einsatz von
Heiliger Gral 46
Heilmethoden, alterna-
tive 69 f.
Heilung, ganzheitliche
siehe Medizin, ganz-
heitliche
Heisenberg'sche Un-
schärferelation 262,
265
»Hellsichtigkeit« (Tiere)
siehe S., b., Tiere,
»sechster Sinn«
Henkel (Konzern, Düssel-
dorf) 103
Heriot-Watt University
(Edinburgh) 244
Herzglykoside 188, 223,
226
Hesmonik 237
Hindus 265
Hirnschäden 197
Hochschulpolitik, huma-
nistische 373
Homologie 143
Homophobie siehe S., b.,
Tiere, Homophobie
Homosexualität siehe
S., b., Tiere, Homo-
sexualität
Hubschrauber, Rotoren-
lärm 210 f.
»Humane Genome Pro-
ject« 77
Humangenetik 78 f.
Humanismus 41, 351,
355 f., 359 f., 363 f.,
372 f.

403

–, atheistischer 351
–, evolutionärer 360, 364
Humanisten siehe Humanismus
Hurrikane siehe Naturkatastrophen
Hybriden, künstliche 129
Hydrochinon(e) 89 ff.
Hygieia (Skulptur) 55
Hypnos (Skulptur) 55
Hypoglykämie 288

IBM 177
IHA-Gfk (Meinungsforschungsinstitut) 146
Immunisator 236
Immunsensoren siehe Biosensoren
Immunsystem, menschliches 181
Inder 54, 299
Indiana (US-Bundesstaat) 98
Indien 242 f., 251
Indischer Ozean 245, 249, 253, 255, 271, 289
Indonesien 245
Industrialisierung 313 f.
Industriemelanismus 313
Informatik 190
Informationstechnologie 109
Infraschall (siehe auch Ultraschall) 239 ff., 274
Inkarnation 86
Inkas 70
Inquisition, röm.-kath. 118
Insekten und Pflanzen, Beziehung 222 f., 227
Instinkt, Definition 379

Insulin 64
Internationaler Gerichtshof (Den Haag) 246 f., 275
Inuit (Eskimos) 71 f.
Iran 242, 249
Island 105, 247
Italien 204

Jagdameisen siehe S., b., Tiere, Insekten, Ameisen
Japan 47, 204, 251, 376 f.
Jena, Planetarium 287
Johannesoffenbarung 57
Juden 57, 310
Judenvernichtung (siehe auch Völkermord) 93
Julianischer Kalender 56

Kabbala 46, 53
Kalifornien 240, 251, 290
Kältestarre 199
Kalzium 192
Kampfstoffe, biologische siehe B-Waffen
–, chemische siehe C-Waffen
Kapverdische Inseln 242
Kelten 265
Kevlar 201
Kew Gardens (bot. Garten, London) 264
Khmer (siehe auch Rote Khmer) 19
Kiel 243
Kieselgur 207
Kieselsäure 206
Kindersterblichkeit 326
»Knock-out-Mäuse« 80 f.
Kompasspflanze siehe S., b., Pflanzen, Kompasspflanze

»Kompetenznetz Bionik« 218
Königgrätz (Schlacht von) 270
Kopierfehler siehe S., b., Fehleranfälligkeit
Koran 36
Körper, menschlicher, Proportonen 51 ff., 55
–, –, Selbstheilungskräfte 167
Körpertemperatur, Absenkung der 200
Krankheiten, monogene 77 ff.
Krankmeldungen 336
Kreationismus 319, 350
Krebs 78 ff., 85, 288
–, Behandlung von 13, 189 f.
–, Brustkrebs 78
–, Lungenkrebs 335
-forschung 64
-gene 80
»Krebsmaus« 64, 77, 80 f.
Krieg 88 f., 93 ff.
–, iran.-irak. 94
–, ital.-äthiop. 93
–, jap.-chin. 93
–, napoleonische 88 f.
–, Vietnamkrieg 95, 97
Kriegführung, biologische siehe B-Waffen, Einsatz von
–, »humane« 102
Krummhörn 326
Krummhörner Erbrecht 326
»Kult der Nutzlosigkeit« 39
Kunst und Wissenschaft siehe Wissenschaft und Kunst
künstliche Befruchtung

siehe S., b., Pflanzen, Befruchtung, künstliche
Kybernetik 229, 237
Kyoto-Protokoll 247

La Jolla 241
Lamarckisten 319
Laufmobile, zukünftige 233
Lehre, pythagoreeische 261
Leiden, neurologische 375
Liaoning 251
Liquor, zerebraler 200
Lost (Senfgas) siehe C-Waffen, künstliche
Lotoseffekt 23
LSD 101 f.
Luftverkehr, zukünftiger 233
Luganer See 259

Madagaskar 136, 138
Malaria 72
Manoa 241
Marchfeld, Schlacht auf dem 89
Marokko 234, 251
Mars-Rover 216 f.
Martirano 333
Maryland (US-Bundesstaat) 98
»Maschinengenetik« 229
Maschinenmenschen 228
Matecumbe-Indianer 149
Mathematik 56 f.
Max-Planck-Gesellschaft 329, 340 f.
Maya 19
Medikamente, Neuentwicklung 13 f.
–, Rücknahme von 65

Medizin, experimentelle siehe Tierversuche
–, ganzheitliche 69, 77
–, zukünftige 76 f., 82
Meere, wissenschaftl. Erkundung der 189
Mehrkomponenten-Materialien 203
Membranpumpe 176
Mendel'sche Vererbungslehre 134
Mensch, Abstammung 355
–, als Krone der Schöpfung 355
–, Definition 171 f.
–, Entstehung 295
–, Entwicklung **164–173**
–, mechanistischer 358
– und Natur 37
–, zukünftiger 172 f.
Menschheit, Zukunft der 228
Messtechnik, zukünftige 232 f.
»Metabolic Pathways« 279
Metamorphose 194, 287
Methaneis 247 f.
Methanol siehe Methylalkohol
Methylalkohol 63, 72 f.
»Miasmen« 27 f.
Mikrobarographen 242
Mikroben siehe S., b., Tiere, Mikroben
Mikromaschinen, kommunizierende siehe Assembler
Mikroorganismen, Bedeutung der 185
»Mir« (russisches Raumschiff) 291
Mississippi 264

Mitochondrien 176, 279
Mobilität, zukünftige 233
Mohammedaner 311
Mojave-Wüste 290
Molekularbiologie 109, 167, 190, 370, 379
-genetik 82
-motoren im Landverkehr 234
Moskau 96, 98
MPG siehe Max-Planck-Gesellschaft
Muskelschwund 77
Mutagenese-Experimente siehe Tierversuche
Mutation 137, 311 f., 314 f., 355
–, spontane 312
–, genetische 117

Namib-Wüste 211 f.
Nanobionik 178
Nanomaschinen, selbst organisierende siehe Assembler
Nanoroboter siehe Assembler
Nanotechnik(technologie) 11 f., 107 ff., 111 ff., 174 ff., 232 f.
, Verschmelzung mit der Gentechnologie 109
–, Zukunftsperspektiven 110 f., 113
Nanotribonik 234
Narkose, Komplikationen bei 197
NASA 305, 308
– Jet Propulsion Laboratory 216

405

»Nasdaq-Medizin« 333
Nationalsozialisten 54,
  93
Natur als Ideenlieferant
  (siehe auch Natur als
  Vorbild) 103, 164 ff.,
  175
– – Medikamentenliefe-
  rant 188 f.
– – Vorbild (siehe auch
  Natur als Ideenliefe-
  rant) 108, 110, 115 f.,
  178, **187–205**,
  209–229, 256, 277 f.,
  283, 286 ff.
– – –, Antikollisions-
  computer 286
– – –, Architektur, geo-
  dätische 287
– – –, »Belauschen« von
  Zellen 288
– – –, Brandmeldesenso-
  ren 289 f.
– – –, DNS als Photo-
  nenspeicher 286 f.
– – –, Giftstoffabsorp-
  tion 287
– – –, Hummelflug 292
– – –, Hunde als Lebens-
  retter 288
– – –, Kopplung von
  menschlichem Gehirn
  und Maschine 287 f.
– – –, Material für Auto-
  und Flugzeugindustrie
  290
– – –, milit. Verteidigung
  291
– – –, »Mottenaugen-
  Effekt« 291
– – –, Polyoxid-Ethylen
  286
– – –, Riblet-Folie 286
– – –, Seeigelschalen 286

– – –, seismographische
  Lauschanlage 290
– – –, Selbstverjüngung
  287
– – –, sich selbst repro-
  duzierende Rennwa-
  gen 291
– – –, Spinnenfaden 201,
  286
– – –, Tsunami-Früh-
  warnsystem 288 f.
– – –, Uranabsorption
  292
– – –, Vogelflug 183 f.
– – –, Wachstumsförde-
  rung von Pflanzen
  289
Natur, Beobachtung der
  37 f., 183 ff., 252 f.
–, Fehlerbeseitigung der
  182 f.
–, Harmonie in der 262 f.
–, Inspirationen aus der
  siehe Bionik als Inno-
  vationsmotor
–, Mathematik in der
  261 f.
–, Nachahmung der
  284 f.
–, Werkzeuge der 202
Natural Enviromental
  Research 307
Naturkatastrophen 20,
  239–277, 351
–, Erdbeben 249 ff.
–, –, Agadir 251
–, –, Bam 249
–, –, Haicheng 251 f.
–, –, Kobe 251
–, –, Lissabon 251
–, –, Mexico City 251
–, –, Opfer von 249 ff.
–, –, San Francisco 251
–, –, Tangschau 251

–, –, Türkei 250
–, Hurrikane 242
–, Taifune 241
–, Tsunami 243, 248 f.,
  255, 267, 271, 282
–, Vulkanausbrüche 241,
  243, 247
–, Warnung vor 239,
  241 ff., 249 ff., 254 f.,
  263 ff., 282, 306
–, –, durch Tiere 245,
  252, 257, 263 f.,
  271 ff., 285
natürliche Auslese siehe
  E., b., Auslese, natürliche
»natürliche Zuchtwahl«
  siehe E., b., Auslese,
  natürliche
»Natur und Technik«
  (Unterrichtsfach) 187
Natur- und Umwelt-
  schutz 19
»Naturwissenschaft, mo-
  derne«, Definition 366
Naturwissenschaften,
  Status 15 f.
Neodarwinismus (siehe
  auch Darwinismus)
  170, 322, 324, 327,
  369, 371
Neoliberalismus 339
Nervengas siehe C-Waf-
  fen, künstliche
Nervengase (siehe auch
  C-Waffen), Auswir-
  kungen 99 f.
–, Entsorgung von (USA)
  100
Neugier(verhalten) 31 ff.,
  38 f., 167 ff., 368
Neurobiologie 227, 357
Neurosciences Institute
  (La Jolla, Kal.) 227

New Mexico 240
Newport 98
Nikobareninseln 271 f.
Nitroglyzerin 207, 213
– als Medikament 207
Nordkorea 242
Norwegen 247
Nürnberger Rassenge-
setze 371

Obsidian 206
Office of Research Inte-
grity (USA) 330
Oklo 282
»On the Origin of
Species ...« siehe »Über
die Entstehung der
Arten...«
»Onko-Maus« siehe
»Krebsmaus«
Opal 206
Orchideen siehe S., b.,
Pflanzen
»Ordnung in der Vielfalt«
(Natur) 48
Ordnungssystem, botani-
sches (Linné) 118,
124 f.
Osteoporose 197
Österreicher 89, 270
»Outbreak« (Spielfilm)
111
Ovulationshemmer 188
Ozonloch 305, 307 f.
Ozonschicht, Schutz der
308

PA 223 ff.
Pakistan 242
Paradies, Legende vom
337
Parapsychology Founda-
tion 266
Parasiten (Tiere) siehe

S., b., Tiere, (Brut-)
Parasiten
Parthenon (Athen, Akro-
polis) 55
Pazifischer Ozean 212
»Peers, Tyrannei der« 307
Penizillin 63, 92, 188
Pentagon (Washington)
46
Pentagramm (Drudenfuß)
46
Perser 70
Petersdom (Rom) 56
Pflanzen und Insekten,
Beziehung 162
– – –, Kommunikation
156
Pflanzenbeispiele im
Text siehe S., b.,
Pflanzen
Pheromone 179, 224 f.
–, Balz- 224
–, Bombykol 179
–, Donaidon 225
Philosophie, altgriech.
36, 38 ff., 48, 54 f., 198
–, – und Mathematik 40
Photosynthese, künstli-
che 231
Physik, Entwicklung der
305
– und Philosophie 305
PISA-Studie 15, 19, 173,
373
Polen (Soldaten) 270
Pollenverbreitung siehe
S., b., Pflanzen,
Fremdbestäubung
Preußen (Soldaten) 270
Princeton University 213
Produktion, bioanaloge
232
PROMIM 236
Prophet, Definition 296

Prophetentum, bibl. 296
»protschern« siehe Fehl-
datierungen, anthro-
pologische
Pskow 198
Pyrazinamid (Tb-Präpa-
rat) 180
Pyrenäen, Schlacht in
den 88
Pyrrolizidin-Alkaloide
siehe PA
Pythagoreer (phil.
Zweig) 24, 54 f., 261

Quantentheorie 305
Queen's University
(Kingston) 200

Radiolarien siehe S., b.,
Tiere, Strahlentierchen
Raubaffe 8
Raubameisen siehe S., b.,
Tiere, Ameisen
Raumfahrt, zukünftige
237
Recycling 231 f., 235 f.
–, bioanaloges 231 f., 236
Reform, wissenschaft-
liche 14
Reibungswiderstand,
Reduzierung 235
Renaissance 52
Revolution, bionische
232
–, chemische 18
–, genetische 18
–, medizinische 18
–, technische 18, 187
–, wissenschaftliche 10 f.,
167
Rezeptoren 179 f., 254,
293
Richter-Skala 245, 249,
251 f.

407

Richtunghören 195
Rickettsien siehe B-Waffen
Robotik 6
Rockefeller-Stiftung 97
Rocky Mountain Arsenal 100
Rom, antikes 52
Römer (Antike) 19, 55 f., 220, 299 f.
Rosenkreuz(l)er 53, 332
Rote Khmer (siehe auch Khmer) 19
Royal College of Physicians 127 f.
– Society (London) 118
Russen 198 f.
Russland 100
»Rüstungswettlauf« (in der Natur) siehe S., b., Pflanzen, Wettrüsten

Salizylsäure 188
Samenverteiler, tierische 152 ff.
Sankt Augustin 190
Santa Maria della Salute 333
Sapporo 49
Sargassosee 233
Sarin siehe C-Waffen, künstliche
»Satz des Pythagoras« 39
S., b., passim
–, Biostrategien 116
–, Evolution der siehe E., b.
–, Extremisten 102 ff.
–, Fähigkeiten 178 f.
–, Fehleranfälligkeit 80, 117
–, Fortpflanzung (Pflanzen und Tiere) 117, 151 ff., 156 ff.

–, Fremdbestäubung 136 ff.
–, Haustiere und Menschen, Beziehungen 267
–, Optimierung der 315
–, Pflanzen 117–139
–, –, Aaronstabgewächse 153 f.
–, –, Ackerschmalwand (*Arabidopsis thaliana*) 298
–, –, Affenbrotbaum (*Adansonia*) 152
–, –, Algen 178, 213
–, –, angebl. Geschlechtslosigkeit der 118, 126 f.
–, –, Apfelblüten 47
–, –, Aster 57
–, –, Befruchtung, künstliche 129
–, –, Berberitze 153
–, –, Bermudagras 152
–, –, Blühzeiten 155
–, –, Blütenblätter 120
–, –, Chrysanthemen 213
–, –, Dotterblume 57
–, –, Ejakulation, frühzeitige 120
–, –, Eukalyptus (*Eucalyptus globulus*) 212 f.
–, –, Fähigkeiten von 264 f.
–, –, Feinstofflichkeit 264 f.
–, –, Filterung von Schadstoffen 212 f.
–, –, Fremdbestäubung 120 f., 153 ff., 158
–, –, »Frigidität« 121
–, –, Gänseblümchen 57, 192

–, –, Geburtenkontrolle 129
–, –, genetische Manipulation von 269
–, –, Geschlechtsleben 117–139
–, –, Geschlechtsorgane 134
–, –, Gloxinien 156
–, –, Gras 193
–, –, Heckenkirsche 153
–, –, Kanarische Kiefer (*Pinus canariensis*) 212
–, –, Kompasspflanze (*Silphium lacinatum*) 264
–, –, Kraut, indisches (*Arbus precatorius*) 264
–, –, Kreuzkraut 223
–, –, Leberwurstbaum (*Kigelia*) 152
–, –, Madonnenlilie (*Lilium candidum*) 119
–, –, Maiglöckchen 193
–, –, Mimose (*Mimosa pudica*) 135
–, –, Mohn (Klatschmohn) 129, 185
–, –, Mutterkornpilz (*Claviceps purpurea*) 102
–, –, Orchideen 122 f. 133, 136 ff., 156 ff.
–, –, – *Angreacum sesquipedale* 136
–, –, – Bienenorchis 159 f.
–, –, – *Catasetinae* 156
–, –, – *Chiloglottis trapeziformis* 158 f.
–, –, – *Oncidium planilabre* 157

, –, – Ophrys speculum
122 f.
–, –, – Zungenorchis
(Cryptostylis lepto-
chila) 162
–, –, Orgasmusschwie-
rigkeiten 120
–, –, Passionsblume
(Passiflora) 153
–, –, Petunie 193
–, –, Purzelbaumkraut
(Salsola tragus) 291 f.
–, –, Recycling 202
–, –, Ringelblume 57
–, –, Rittersporn 57
–, –, Roter Fingerhut 188
–, –, Schneeglöckchen 57
–, –, Schwalbenwurz 223
–, –, Selbstbefruchtung
121
–, –, Selbstbestäubung
159 f.
–, –, Sennesstrauch (Cas-
sia) 156
–, –, sexuelle Stimulanz
135
–, –, – Täuschung 157 f.
–, –, Spritzgurke 134
–, –, Stinkmorchel 153
–, –, Transvestitentum
158 ff.
–, –, Weide 188
–, –, Wettrüsten 155 f.
–, –, Yams 188
–, –, zwittrige 121
–, –, technische Nutzung
von 180
S., b., Tiere, Aal 179, 233
–, –, Albatros 233
–, –, Algen 207, 237 f.
–, – als Warner vor Na-
turkatastrophen 245,
252, 257, 263 f.,
271 ff., 285

–, –, Anconschaf 312
–, –, Anpassung 367
–, –, Bakterien 103 f.,
107, 109, 200
–, –, Bär 196 f.
–, –, Bernsteinschnecke
(Succinea) 150 f.
–, –, Blaue Krabbe
(Callinectes sapidus)
180
–, –, Bombardierkäfer
(Brachynus crepitans)
88 ff., 93, 95, 98
–, –, (Brut-)Parasiten
149, 151 f.
–, –, Delfin 209, 233,
235, 270,
–, –, Drossel 153
–, –, Echse (Palmato-
gecko rangei) 212
–, –, Eisbär 233
–, –, Eiswürmer 248
–, –, Elefant 240 f., 254,
263
–, –, Elefantenschild-
kröte 152
–, –, Eule 210
–, –, »Exzessivbildun-
gen« bei 347
–, –, Falken 148
–, –, Fettschwanz-Maki
198
–, –, Feuersalamander
92, 99
–, –, Fische 199
–, –, Fledermaus 194 f.,
209 f., 233, 244
–, –, Gartengrasmücke
152
–, –, Geburtshelferkröte
(Alytes obstetricans)
319 f.
–, –, Gelber Israelischer
Skorpion (Leiurus

quinquestriatus
hebraeus) 189
–, –, Giraffe 310
–, –, Hai 235
–, –, Haubentaucher
(Podiceps cristatus
Pontopp) 367
–, –, Heimfindesinn 264,
285
–, –, Homophobie 157
–, –, Homosexualität 157
–, –, Hund 288
–, –, Igel 172, 196
–, –, Igelfisch (Diodon) 51
–, –, Insekten 137, 148 f.,
193 ff., 204 f., 219 ff.,
223 ff.
–, –, –, Ameisen 91, 221,
267, 309, 324 f., 380
–, –, –, Arion-Bläuling
324
–, –, –, Borkenkäfer
223 f.
–, –, –, Dunkelkäfer
(Onymacris unguicula-
ris) 211 f.
–, –, –, Eintagsfliegen
380
–, –, –, Erdfloh 194
–, –, –, Fliegen 291
–, –, –, Fruchtfliege
227 f.
–, –, –, Goldfliege 153
–, –, –, Grille 196
–, –, –, Grünfliege 172
–, –, –, Heuschrecke 194
–, –, –, Japanische Raub-
wanze (Ptilocerus
ochraceus) 148
–, –, –, Kleine Essigfliege
(Drosophila melano-
gaster) 175
–, –, –, Leuchtkäfer (Gat-
tung Photinus) 148 f.

–, –, –, – Gattung *Photuris* 148 f.

–, –, –, Mehlwurmkäfer 200

–, –, –, Prachtbiene (*Centris*) 156 f.

–, –, –, Raupenfliege (*Ormia ochracea*) 195 f.

–, –, –, Sandskorpion 290

–, –, –, Schmeißfliege 153

–, –, –, Schmetterlinge 178 f., 222–227, 287, 379 f.

–, –, –, –, Birkenspanner 313 f.

–, –, –, –, Jakobskrautbär (*Tyria jacobaeae*) 223

–, –, –, –, Monarchfalter (*Danaus plexippus*) 222 ff.

–, –, –, –, –, Sexualität 225 f.

–, –, –, –, Nachtfalter 156

–, –, –, –, –, *Xanthopan morgani praedictus* 136 ff.

–, –, –, –, Seidenspinner 179

–, –, –, –, Totenkopffalter 194

–, –, –, Schwarzer Kiefernprachtkäfer 289 f.

–, –, –, Schwarzer Zuckerkäfer 204

–, –, –, Schwarzkäfer (Tenebrioniden) 91

–, –, –, Schwimmkäfer 91

–, –, –, Spinne 201

–, –, –, Springspinne 216

–, –, –, Stechmücken 219 f.

–, –, –, Tannensprossenkäfer 200

–, –, –, Taufliege (*Drosophila*) 175

–, –, –, Termiten 194, 220 f., 267

–, –, –, Wanze 217

–, –, –, Wespe (*Lissopimpla semi-punctata*) 162

–, –, –, –, *Neozeleboria cryptoides* 158

–, –, –, –, Kopulation mit Pflanzen 160, 162 f.

–, –, Kanadischer Waldfrosch (*Rana sylvatica*) 199

–, –, Känguru 172

–, –, Kieselalgen (*Thalassiosira weissflogii*) 206 ff., 213

–, –, Klappergrasmücke 152

–, –, Kolkrabe (*Corvus corax L.*) 367 f.

–, –, Krabben 178

–, –, Krustenlederschwamm (*Ircinia fasciculata*) 189 f.

–, –, Kuckuck 151 f.

–, –, Languste (*Procambarus clarkii*) 180

–, –, Mikroben 104 f., 108, 282, 288

–, –, –, Fähigkeiten von 105

–, –, –, »Verborgenes Feuernetz« (*Pyrodictium occultum*) 105

–, –, Möwe 148

–, –, Murmeltier 196

–, –, Muscheln 205

–, –, Nautilusschnecke 172

–, –, Nordamerikanischer Bussard (*Buteo albonatus*) 148

–, –, Ohrwurm 91

–, –, Parasiten 196

–, –, Pfau 316

–, –, Pinguin 235

–, –, Qualle (*Turritopsis nutricola*)

–, –, Regenwurm 172

–, –, Rotkehlchen 153

–, –, Sandfisch 234

–, –, Saugwürmer (Trematoden) 149 ff.

–, –, –, *Leucochloridium macrostomum* 149 ff.

–, –, Schildkröte 199

–, –, Schmarotzerraubmöwe 148

–, –, Schnecken 203

–, –, –, Meerohr 203, 205

–, –, Schwertträger (*Xipophorus*) 172, 316

–, –, »sechster Sinn«, 249, 253, 272, 285

–, –, Seescheide (*Ciona intestinalis*) 319

–, –, Seeschwalben 148

–, –, Siebenschläfer 196

–, –, Sonnenfisch (*Orthagoriscus mola*) 51

–, –, Spezialistentum 367

–, –, Stahlentierchen 206 ff., 213

–, –, Storch 184

–, –, Streifenhörnchen 200

–, –, Taube 263 f.

–, –, –, Heimfindesinn 264

410

–, –, Tausendfüßler
(*Glomeris marginata*)
91 f., 99
–, –, Totenkäfer 91
–, –, Truthahngeier 148
–, –, Überlebenstechni-
ken 211 f.
–, –, Umweltanpassung
311, 313 f.
–, –, und Maschine,
Unterschied 370
–, –, »Untreue« 121
–, –, Vergleiche mit der
Technik 176
–, –, Vorbilder siehe
Natur als Vorbild
–, –, Wal 209, 240 f., 263
–, –, Wanzen 91
–, –, Wassermolch 172
–, –, Weißlippenfrosch
288 f.
–, –, Wettrüsten 114,
206–229, 325
–, –, Wiederverwertung
115
–, –, Wirtswechsel 149 ff.
–, –, Witwenvogel 151
–, –, Ziesel 196 f., 200
Schädlingsbekämpfung,
Folgen der 219
Schall, molekularer« 234
Schamanismus 267
Schiefer Turm, Pisa 71
Schizophrenie 81
Schmerztherapie 189
Schnee(flocken), 48 ff.,
379
–, Form der 379
–, Wirkung 48 ff.
Schönheit (der Mathe-
matik) 30
Schöpfungsgeschichte,
bibl. 118 f., 145 f., 169,
294 f., 343, 349 f.

Schriftrollen vom Toten
Meer 46
Schulwissenschaft, Um-
denken in der 255 ff.
– und sog. Parawissen-
schaften 266 ff., 271 ff.
»Schwarze Raucher« 107
Schwingungen von Ge-
wässern 257 ff.
»sechster Sinn« von Tie-
ren siehe S., b., Tiere,
»sechster Sinn«
Seebeben siehe Natur-
katastrophen, Tsunami
Seismographen, natür-
liche 254 f.
–, Ablehnung durch die
Schulwissenschaft
253 f.
Selbstbefruchtung siehe
S., b., Pflanzen,
Selbstbefruchtung
Selbstorganisation 187
-reproduktion 237
Selektion siehe E., b.,
Auslese, natürliche
–, natürliche siehe Aus-
lese, natürliche
Senfgas (Lost) siehe
C-Waffen, künstliche
Sensorchips 216
Sensoren, tierische siehe
Biosensoren
Seven Pines Symposium
(Stillwater/Minnesota)
304
Sexualität, pflanzliche
siehe S., b., Pflanzen,
Geschlechtsleben
Sexuallockstoffe 158 ff.,
179, 223 ff.
sexuelle Täuschung
siehe S., b., Pflanzen,
sexuelle Täuschung

»Shackleton« (For-
schungsschiff) 307
Shanghai 52
Sherpas 326
Signale, olfaktorische
siehe Sexuallockstoffe
Silizium 192
Soman siehe C-Waffen,
künstliche
Sonarsysteme, zukünf-
tige siehe Ultraschall
Sonnenfinsternis, Vor-
hersage von 250
Sorbicillacton 189
Spitzbergen 103
Sporocysten 150
Sprache 298 ff., 303
–, Verflachung der
303
–, Verschiedenheit der
298 ff.
»Sputnik« (sowjet. Satel-
lit) 169
Sri Lanka 254, 272
–, Yala-Nationalpark 272
»Stamm 121« siehe S., b.,
Tiere, Bakterien
Ständige Kultusminister-
konferenz (Deutsch-
land) 18
»Stars & Stripes«
(US-Segelboot) 286
Stickoxid siehe S., b.,
Pflanzen, Filterung
von Schadstoffen
Stradivari (ital. Geigen-
bauer) 258
Strategien, evolutionäre
siehe Evolution, biolo-
gische = E. b.
Strychnin 63
Sumatra 245, 248
Symbiose 104 f.
Systeme, biologische

(siehe auch S., b.)
passim

Tabun siehe C-Waffen, künstliche
Taifune siehe Naturkatastrophen
Täuschung, sexuelle siehe S., b., Pflanzen, sexuelle Täuschung
Technische Universität Berlin 290
– – München 206, 218
Teheran 249
Temperatursinn, menschlicher 217
Termitenstaaten 220
»Terraforming der Venus« 237
Terrorismus 95 f., 98 f., 246, 356 f., 360
Texas 240
Thailand 245
Tierbeispiele im Text siehe S., b., Tiere
Tiere als Stellvertreter des Menschen 64, 68, 72 f., 86, 141
– und Pflanzen, Fähigkeiten 297 f.
Tierexperimente siehe Tierversuche
Tierverhalten vor Naturkatastrophen siehe Naturkatastrophen, Warnung vor, durch Tiere
–, Erforschung von 274
Tierversuche 62–87, 141, 172, 175, 319 f., 334, 357, 367
– und Pharmaindustrie 68
–, Gegner von 85

»Total Quality Management« 279
Tränengas siehe C-Waffen, künstliche
Transvestitentum siehe S., h., Pflanzen, Transvestitentum
Treiberameisen siehe S., b., Tiere, Insekten, Ameisen
Trematoden siehe S., b., Tiere, Saugwürmer
Trinity College, Cambridge 60
Tschernobyl, Reaktorkatastrophe von 16
Tschetschenen 98
Tsunami siehe Naturkatastrophen
Tuberkulose 180
Tularämie 96
Tumorforschung siehe Krebsforschung
Türkei 250
Tuvalu 246
»Über die Entstehung der Arten ...« (Buch, C. Darwin) 62, 131 f., 142 f., 342
Überschwemmungen siehe Naturkatastrophen
Ultraschall (siehe auch Infraschall) 83, 194 ff., 209 f., 233
Universität Bremen 208
– Hiroshima 213
University of Alaska 199
– of Washington 205
Unterrichtsmethodik (in Deutschland) 15, 17
Uranspaltung 282
USA 93, 96, 100, 146, 203 f., 240, 343, 350

US-Luftwaffe (im Vietnamkrieg) 97
Utah (US-Bundesstaat) 98

»Variationen« (Darwin) 117
Venedig 247, 332
Vereinigte Staaten (von Amerika) siehe USA
Vielehe 326
Viren siehe B-Waffen
Vogelflug als Vorbild für die Luftfahrt siehe Natur als Vorbild
Völkermord (siehe auch Judenvernichtung) 94
Von-Neumann-Sonden 237
Vormensch 8
Vulkanausbrüche siehe Naturkatastrophen
Vulkane, unterseeische siehe »Schwarze Raucher«
Waffen, biologische siehe B-Waffen
Waffen, chemische siehe C-Waffen
Wagram 89
Wahrnehmung, außersinnliche (Tiere/Pflanzen) 268
–, selektive 181
Wasserstoffbombentest 323
Wasserstoffsuperoxid 89 ff.
Wasserverkehr, zukünftiger 235
WDR 86
Weltaustellung 2005 (Japan) 283

Weltbild, mechanisti-
sches 120, 371 f.
Weltsicht, menschliche
296 f.
Wetterpflanze siehe
S., b., Pflanzen, Kraut,
indisches
Wettrüsten siehe S., b.,
Wettrüsten
Wiederverwertung in der
Natur siehe S., b.,
Wiederverwertung
Willensfreiheit, Befrei-
ung von der 361 f.
Winterschlaf 196 ff.
–, Anwendbarkeit für
den Menschen 198
–, Erwachen aus 198 ff.
Wirtswechsel (Tiere)
siehe S., b., Tiere,
Wirtswechsel
Wissbegier siehe Neu-
gier(verhalten)
Wissenschaft, Betrug in
der 305, **319–342**
–, Definition von 142
–, Expertisen 374 f.
–, Glaubwürdigkeit der
359
–, Hypothesen als Ersatz
für Schöpfungsfragen
354
–, Integration in die Ge-
sellschaft 378
–, Irrtümer in der 310 f.

–, »käufliche« 338
–, Konkurrenzdruck in
der 342 f.
–, mechanistische
378 f.
–, Missbrauch im Natio-
nalsozialismus 371
–, Moral und Ethik in
der 343, 362 ff.
–, Selbstbezogenheit der
335 f.
–, Selbstverständnis der
308 f.
– und Ethik siehe Wis-
senschaft, Moral und
Ethik in der
– – Internet 304 f.
– – Kunst 26 ff., 34 f.,
259 f.
– – Politik 339
– – Religion 344 f.,
349 ff., 358
– – Technik, Verschmel-
zung 321 f.
–, Verlagerung der
321 ff.
–, Verlässlichkeit der
303 f.
–, Vermenschlichung der
380
–, Veröffentlichungen in
Fachpublikationen
307
–, Verzicht auf Entde-
ckungen 378

–, Vorsorgeprinzip in der
306
Wissenschaftler, Fehl-
barkeit von 324
–, Reputation der 354
Wissenschaftsfälschun-
gen siehe Wissen-
schaft, Betrug in der
Wissenschaftskrimina-
lität siehe Wissen-
schaft, Betrug in der
World Ozon Data Center
308
WTO 247
Wüstenskink siehe S., b.,
Tiere, Sandfisch
XV (Nervengas) siehe
C-Waffen, künstliche

Ypern 92, 246

Zahlen, Mystik der 56 f.
–, Wissenschaft der
siehe Mathematik
Zerkarien 150 f.
Zölibat 357
»Zwei Kulturen« 10,
230
Zwei-Komponenten-
Technik siehe PRO-
MIM
Zweiter Weltkrieg 93,
271
Zyklon B (Blausäure)
93

413

Dank

Die Arbeit an diesem Buch war ein intellektueller Hochgenuss, den ich vor allem dem Altmeister der Technischen Biologie und Bionik, Professor Dr. Werner Nachtigall von der Universität Saarbrücken, zu verdanken habe. Als wir uns vor fast fünfzehn Jahren das erste Mal begegneten, hielt ich das Rad noch für etwas typisch Menschliches, etwas Großartiges und Einmaliges, mit dem die Natur nichts zu schaffen hat; aber Professor Nachtigall lehrte mich zum einen, dass wir selbst ein Naturprodukt sind wie alle Pflanzen und Tiere, und zum anderen, dass das Rad für die Natur längst Schnee von gestern ist: Neu war das nur für uns Menschen, denn die Organismen mit Rädern und Achsen sind fast zwei Milliarden Jahre alt. Seit Howard Berg und seine Mitarbeiter vor drei Jahrzehnten dieses evolutionär konstruierte Rad entdeckt haben, darf man bestenfalls noch fragen, warum wir erst so spät auf diese Technik gestoßen sind. Der Geißel-Antrieb eines Bakteriums hat immerhin überraschende Ähnlichkeit mit einem Elektromotor, der wie ein Propeller ein Schiff schiebt oder ein Flugzeug zieht – mit sagenhaften 18 000 Umdrehungen pro Minute!

Dass Menschen von der Natur viel lernen können, hatte ich schon in den Sechzigerjahren aus den Medien erfahren. Damals brachte *Der Spiegel* einen Artikel mit der Überschrift »Zickzack nach Darwin« – gewissermaßen als öffentliches Echo auf die erste gelungene technische Evolutionssimulation. Ein paar Monate vorher, am 12. Juni 1964, hatte der gelernte Ingenieur Professor Dr. Ingo Rechenberg von der Technischen Universität Berlin – damals noch Student – im Hermann-Föttinger-Institut für Strömungstechnik einen Seminarvortrag über Optimierungsstrategien gehalten und dabei als Erster das Wort »Evolutionsstrategie« benutzt. Was ich heute an Professor Rechenberg besonders bewundere, ist sein Forschungsdrang an der bionischen Front: Jedes Jahr verbringt er mutterseelenallein in der marokkanischen Wüste ein paar Monate, um hinter die evolutionären Geheimnisse der »photobiologischen Wasserstoffproduktion« durch Bakterien zu kommen, oder er ist dem eidechsenähnlichen Sandfisch auf der Spur, der die Sahara tagtäglich kilometerweit durchquert – einen halben Meter unter der Sandoberfläche! Die spannenden Erzählungen des Berliner Wissenschaftlers gehörten bisher zu den Höhepunkten meiner bionischen Recherchen.

Besonderer Dank gebührt Dr. Klaus-Eberhard Haase, dem mitfühlenden Arzt und Freund, für seine konstruktive Kritik, die er zu einem frühen Zeitpunkt vorgebracht und die daher ganz wesentlich die Konzeption des Buches mitbestimmt hat. Ebenso schulde ich Dank dem Wissenschaftler und Nanotechnologen Professor Dr. Wolfgang Heckl, der mir das Tor in die Zauberwelt des Allerkleinsten geöffnet hat; als Generaldirektor des Deutschen Museums in München hat er mittlerweile seinen Lehrstuhl an der Technischen Universität München mit der beneidenswerten Aufgabe eingetauscht, künftig vielen Menschen die Attraktivität von Technik und Naturwissenschaft zu vermitteln. Rat und Hilfe verdanke ich auch Dr. Rudolf Bannasch, dem Vorsitzenden des BIOKON-Netzwerks, dem heute fast vierzig Universitäts- und Hochschulinstitute Deutschlands angeschlossen sind. Mit Freude und Dankbarkeit denke ich an den regen Gedankenaustausch mit dem Entdecker des Lotoseffekts, Professor Dr. Wilhelm Barthlott vom Botanischen Garten Bonn, mit dem Mitbegründer des BIOKON-Netzwerks, Dr. Jörn Hansen, mit den Vollblutbionikern Knut Braun und Dr. Alfred Wisser von der Universität Saarbrücken und mit dem »Herrn der Bäume«, Professor Dr. Claus Mattheck von der Universität Karlsruhe, ohne dessen bionischen Erkenntnisreichtum so manches Auto auf unseren Straßen weniger umweltfreundlich daherkäme. Für die Bereitschaft, sich immer wieder meinen neugierigen Fragen zu stellen und sie geduldig zu beantworten, danke ich meinem Freund und ausgewiesenen Bioniklehrer Professor Dr. Bernd Hill, der für fast jedes technische Problem einen realistischen Lösungsvorschlag aus der Natur parat hat. Mit besonderer Freude denke ich schließlich an die zahlreichen Gespräche mit meinem Freund Paul Ablay, der mir als promovierter Evolutionstheoretiker an manch langen Herbst- und Winterabenden – zuweilen bei einem Gläschen Frankenwein – auch die naturphilosphischen Hintergründe der Bionik klar zu machen versuchte.

Bei dieser Gelegenheit möchte ich auch den mehr als fünfhundert Bionikern, Technischen Biologen, Ingenieuren, Physikern, Nanotechnologen und Wissenschaftspublizisten in der ganzen Welt danken, die so entscheidend an dem Bemühen mitwirken, die Grundlagen der Bionik öffentlich und für viele verständlich zu machen. Ohne ihre zum Teil mühevollen Forschungsarbeiten hätte auch dieses Buch niemals geschrieben werden können. Meine Entschuldigung gilt dabei all denen, deren Arbeit an dieser Stelle nicht ausdrücklich erwähnt wird, ohne die jedoch so manches unvollständig geblieben wäre. Ich danke all denen besonders, die unmittelbar zur Entstehung des Buches beigetragen haben, die mir zu Freunden wurden, von denen ich lernen durfte, mit denen ich arbeiten und diskutieren konnte, die mich auf ihrem so spannenden Fachgebiet willkommen geheißen haben.

In besonderer Herzlichkeit möchte ich mich bei Professor Dr. Berndt Heydemann bedanken, der keine Mühe scheute, mir in seinem weltweit vermutlich einzigartigen Erlebnispark in Mecklenburg-Vorpommern die Natur als goldenen Standard des Designs und als ergiebigste Quelle technologischer Durchbrüche näher zu bringen. Das ökotechnologische Zukunftszentrum »Mensch – Natur –

Technik – Wissenschaft«, das von Professor Heydemann bei Nieklitz in der Nähe von Schwerin errichtet wurde, ist für Bionikinteressierte *der* Geheimtipp.

Sehr dankbar bin ich auch meiner Literaturagentin Margit Schönberger und ihrem Mann Karl-Heinz Bittel für ihre klugen und wertvollen Empfehlungen und Ratschläge, für ihr unbestechliches Auge fürs Detail und für ihre kenntnisreiche Betreuung des Buches vom ersten Entwurf bis zur Veröffentlichung. Frau Schönberger stand zu jeder Zeit ermutigend im Hintergrund, ohne sich jemals einzumischen, war jedoch immer zur Stelle, wenn ich ihre Unterstützung brauchte.

Vielen Menschen schulde ich Dank für die Hilfe, die sie mir bei der Abfassung des Buchmanuskripts zuteil werden ließen – so auch den Kolleginnen und Kollegen des Verlagslektorats C. Bertelsmann, die stets klugen Rat wussten und Ungereimtheiten ausgemerzt haben, was der endgültigen Fassung sehr zugute gekommen ist; die mich mit wertvollen Hinweisen und Ratschlägen auch in schwierigen Phasen der Manuskripterstellung ermutigten und niemals ungeduldig wurden. Dank gebührt an dieser Stelle aber auch der Leitung der Verlagsgruppe Bertelsmann/Random House für ihren großzügigen Vertrauensvorschuss in einer schwierigen Zeit.

Nicht zuletzt gilt ein großes Dankeschön meiner Enkelin Ariane und ihrem Freund Thorsten, die für mich das Internet nach Brauchbarem durchstöberten, meinem stets hilfsbereiten Kollegen Hans Olbrich, meinem langjährigen Freund und Geschäftspartner Klaus Griehl für viele aufmunternde Worte zur rechten Zeit und meinem Geschäftsfreund Robert Riezouw für seine stets sprudelnden Ideen zum Thema »Spirit of Nature«.

Für anregende Gespräche und Diskussionen über das Thema dieses Buches danke ich vor allem auch dem besonders umweltbewussten Unternehmer Dr. Georg Winter, dem BMW-Manager Klaus Wegner, dem begnadeten Radiolarien-Fotografenehepaar Christina und Manfred Kage, dem bionikorientierten Wirtschaftswissenschaftler Professor Fredmund Malik sowie den BIONALE-Mitbegründern Monika Scherer und Dr. med. Joachim Graf von Finckenstein.

Sie alle haben auf ihre Weise dazu beigetragen, dass das Buch entstehen konnte. Über allem aber steht der Dank an meine Frau für ihre hingebungsvolle Mitarbeit. Ohne ihre unerschütterliche Liebe und geduldige Unterstützung wäre dieses (und viele andere Bücher vorher) nie entstanden. Sie hat ihm über Monate ebenso viel Zeit gewidmet wie ich und hat still und leise dafür gesorgt, dass ich auch in den schwierigsten Phasen nicht den Faden verlor. Für dich, kleiner Schatz, habe ich dieses Buch vor allem geschrieben. Und dir ist auch dieser kleine Vers einer italienischen Dichterin gewidmet:

> »Kein Mensch hat je den Wind gesehen.
> Doch wenn die Wipfel erdwärts drehen,
> Dann geht der Wind vorbei...«

München, im Februar 2005   Kurt G. Blüchel